大学物

修订

主　编　骆成洪　刘笑兰
副主编　辛　勇　胡爱荣
　　　　黄国庆　邓新发

北京邮电大学出版社
www.buptpress.com

内 容 简 介

本书是在《大学物理》第1版的基础上，根据教育形势的发展，结合编者多年的教学实践修订而成的。全书分上下两册，上册包括力学、狭义相对论力学基础和电磁学，下册包括振动和波、波动光学、气体动理论及热力学和量子物理基础。教材编写力求简明凝练，深广度适当，适用面宽，便于教学。

本书可作为普通高等院校非物理类专业的本科生教材，也可供相关专业的师生选用和参考。

图书在版编目(CIP)数据

大学物理．上册 / 骆成洪，刘笑兰主编．--修订本．--北京：北京邮电大学出版社，2013.12（2024.7重印）

ISBN 978-7-5635-3768-6

Ⅰ.①大…　Ⅱ.①骆…　②刘…　Ⅲ.①物理学—高等学校—教材　Ⅳ.①O4

中国版本图书馆CIP数据核字（2013）第281274号

书　　名： 大学物理(上册)修订版

主　　编： 骆成洪　刘笑兰

责任编辑： 刘春棠

出版发行： 北京邮电大学出版社

社　　址： 北京市海淀区西土城路10号(邮编：100876)

发 行 部： 电话：010-62282185　传真：010-62283578

E-mail： publish@bupt.edu.cn

经　　销： 各地新华书店

印　　刷： 河北虎彩印刷有限公司

开　　本： 787 mm×960 mm　1/16

印　　张： 17.5

字　　数： 379千字

版　　次： 2012年1月第1版　2013年12月第2版　2024年7月第14次印刷

ISBN 978-7-5635-3768-6　　　　定　价：35.00元

前　言

物理学是研究物质的基本结构、基本运动形式、相互作用和转化规律的学科，它的基本理论渗透在自然科学的各个领域，应用于生产技术的许多部门，是自然科学和工程技术的基础。

以经典物理、近代物理和物理学在科学技术中的初步应用为内容的大学物理课程是高等学校理工科各专业学生一门重要的必修基础课，这些物理基础知识是构成科学素养的重要组成部分，更是一个科学工作者和工程技术人员所必备的。

大学物理课程在为学生较系统地打好必要的物理基础，培养学生的现代科学的自然观、宇宙观和辨证唯物主义世界观，培养学生的探索、创新精神，培养学生的科学思维能力，掌握科学方法等方面，都是有其他课程不能替代的重要作用。通过大学物理课程的教学，应使学生对物理学的基本概念、基本理论、基本方法能够有比较全面和系统的认识和正确的理解，为进一步学习打下坚实的基础。在大学物理的各个教学环节中，都必须注意在传授知识的同时着重培养分析问题和解决问题的能力，努力实现知识、能力、素质的协调发展。

本教材是在编者们原先编写的《大学物理》第1版的基础上，根据教育形势的发展，重新修订而成的。修订中体系未作大的改动，注意保持原有的风格和特点，包括重物理基础理论，重分析问题、解决问题能力的培养和训练，以及结合教学实践经验，使教材便于教和学。在此基础上，力图在不增加教学负担的情况下，多介绍一些新知识，扩大学生的视野，提高学生的科学素养。

修订中，精选和充实了少量例题和习题，对例题的求解过程注意了解题思路和方法的引导；改正了原书中出现的错误和个别表达欠确切的内容和词句，对文字进行了进一步的润色，力求语言流畅，通俗易懂，并按照全国科学技术名词审定委员会公布的《物理学名词》，对全书的物理学名词进行了核实。

修订后，全书仍分上下两册，上册包括力学和电磁学，下册包括振动和波、波动光学、气体动理论及热力学和量子物理基础。书中除阅读材料供学生选读外，凡冠以 * 号的章节供教师根据课时数和专业的需求选用。

本书可作为普通高等院校非物理类专业的本科生教材，也可供相关专业的师生选用和参考。

本书由骆成洪、刘笑兰任主编，辛勇、胡爱荣、黄国庆、邓新发任副主编。参加本书编写工作的有：骆成洪、刘笑兰、胡爱荣、黄国庆、邓新发、吴评、辛勇、刘崧、廖清华、徐雪春、杨蓓、魏昇、于天宝、陈华英、赵书毅、姜卫群、陈国云、章冬英、于洋等。

本书在编写过程中还参考了大量兄弟院校的教材以及其他相关书籍和文献，在此对相关的作者致以衷心的感谢。

由于编者水平有限，书中难免有瑕疵之处，恳请读者批评指正。

编　者

第1版前言

本书是为适应当前教学改革的需要，参照新颁布的教育部《理工科类大学物理课程教学基本要求》(2008年版)，结合编者多年的教学实践编写而成的，是一套实用、现代的大学物理教材。

“大学物理”课程是高等院校理工科各专业的一门重要必修基础课。学习这门课程不仅能使学生对物理学的基本概念、基本理论和基本方法有比较系统的认识和理解，增强他们分析问题、解决问题的能力，而且能使学生树立科学的世界观，培养其探索精神和创新意识，提高科学素养。

本书是以目前多数高等学校的物理课程教学学时数64～120学时为参考配置的，面向新时期应用型人才培养，基本概念、基本规律突出，充分考虑学生学习物理知识的认知规律，构建了合理的知识框架，使读者由浅入深、系统地学习大学物理的基本内容和科学方法，力求便于教、便于学。全书分上下两册，上册包括力学、狭义相对论力学基础和电磁学，下册包括振动和波、波动光学、气体动理论及热力学和量子物理基础。在此基础上，对教学内容作了部分调整。对例题和习题进行了精选，注意了题型的多样化，既注意尽量用到高等数学的知识求解，减少了与中学物理的重复，又能较好地配合理解核心内容。并在不过多增加教学负担的情况下，增加了阅读材料，这些内容对于扩大学生的知识面、激发学生学习物理的兴趣是非常有益的。

本书由骆成洪、刘笑兰任主编，胡爱荣、黄国庆、邓新发任副主编。参加本书编写工作的有：骆成洪、刘笑兰、胡爱荣、黄国庆、邓新发、吴评、辛勇、刘崧、廖清华、徐雪春、杨蓓、魏昇、于天宝、陈华英、赵书毅、姜卫群、陈国云、章冬英、于洋等。

本书在编写过程中还参考了大量兄弟院校的教材以及其他相关书籍和文献，在此对相关的作者致以衷心的感谢。

由于编者水平有限，书中难免有瑕疵之处，恳请读者批评指正。

编　者

目　　录

第1章　质点运动学

机械运动是指物体在空间的位置随时间变化，或者一个物体内部各部分之间的相对位置随时间变化，是物质运动最简单、最基本和最普遍的运动形式。研究机械运动规律的学科称为力学。物质运动的所有形式中都包含机械运动，因此力学是物理学的重要组成部分，也是许多工程技术学科的基础。

本章的主要任务是掌握机械运动的描述方法。首先介绍参考系、坐标系和质点模型，引入描述质点运动的物理量，如位置矢量、位移、速度、加速度及运动学方程；继而讨论圆周运动的角量表示以及角量与线量的关系；最后介绍不同参考系中速度和加速度的变换。

1.1　参考系、坐标系和质点

任何一个物理过程都是很复杂的，为了清楚地描述物体的运动，给出其在任意时刻的数学表达，必须选择参考系，建立坐标系，提出物理模型。

1.1.1　参考系和坐标系

物体的运动是绝对的，但对于运动的描述却是相对的。描述同一个物体的运动，不同的人往往得出不同的结论。例如，研究列车茶几上茶杯的运动，列车上的乘客认为茶杯是静止的，但站在站台上的人则认为茶杯是运动的。为什么对于同一个物体的运动，不同的人会得出不同的观察结果呢？原因就是这两个人在描述茶杯运动情况时选择了不同的参考物体，列车上的乘客以茶几为参考物体，得出茶杯静止的结论；而站台上的人以地面为参考物体，则得出茶杯运动的结论。再比如，从匀速上升电梯的顶棚落下一枚钉子，在电梯中的人看来，这枚钉子做的是自由落体运动，钉子直接下落到电梯的地面上；而在地面上的人看来，这枚钉子则在做有一定初速度的竖直上抛运动，钉子是先上升一段高度，然后再下落。这两个人描述同一枚钉子的运动却得出不同的结论，仍然是因为他们选择了不同的物体作为参考物体，电梯中的人是以电梯的地面作为参考物体，而地面的人则是以电梯外的地面作为参考物体。

可见，描述物体运动时，必须选择另一个物体作为参考物，离开所选择的参考物去描述某一个运动是没有意义的，这个运动也是无法描述的。在描述物体运动时，选作参考的物体称为**参考系**。在以后描述物体运动时，必须事先指出选择什么物体作为参考系。参考系的选择可以是任意的，可视问题的性质和研究问题的方便而定。例如，研究地面附近物体的运动时，一般选择地球或相对于地球静止的物体为参考系（如不加特殊说明，在本书中都是以地球或相对于地球静止的物体为参考系讨论问题）；而如果研究天体的运动，则一般选择太阳为参考系。

在选择合适的参考系之后，要定量地描述物体相对于参考系的运动情况，还需要在选定的参考系中建立适当的**坐标系**，坐标系是参考系的数学表示。坐标系有许多种，如直角坐标系、极坐标系、自然坐标系等。坐标系的选择也是任意的，一般视问题的性质和方便而定，无论选取哪类坐标系，物体运动性质都不会改变。当然，如果选取的坐标系适当，可以使问题的研究得以简化。

最常用的坐标系是直角坐标系（也称笛卡儿坐标系）。坐标系的原点 O 与参考系固定在一起，沿相互垂直的方向选取 3 个坐标轴，分别记为 x、y、z 轴，这样的坐标系称为空间直角坐标系，记为 $Oxyz$ 坐标系；如果所研究的物体做平面运动，也可以在平面内沿相互垂直的方向建立两个坐标轴，分别记为 x、y 轴，这样的坐标系称为平面直角坐标系，记为 xOy 坐标系；如果所研究的物体做直线运动，则只需建立一个坐标轴，记为 Ox 轴。在具体问题中，需要建立几个坐标轴，坐标轴的正向指向哪里，同样视解决问题的方便而定。

1.1.2 质点模型

实际问题中的物理过程往往都是比较复杂的，在讨论问题的过程中，经常把实际的问题进行适当的简化，抓住问题的主要矛盾，从实际的问题中抽象出可以进行数学描述的理想物理模型，从而找出问题中最基本、最本质的规律。

质点就是力学中常用的一种理想物理模型。如果在某些运动中，有大小和形状的物体的各个组成部分具有相同的运动规律，或者物体的大小和形状对于所研究的问题没有影响，或者即使有影响，其影响也可以忽略不计，这时就可以把物体视为一个没有大小和形状而有质量的点，这个点即为**质点**。一般地，在以下两种情形中可以把物体视为质点。

(1) 物体运动时，其上所有点的运动情况都相同，物体的大小和形状对于所研究的问题没有影响。例如，在桌面上平移一个杯子，组成杯子的各点运动情况相同，此时如果了解了杯子上任意一个点的运动情况，那么杯子上其他点的运动情况也就清楚了。因此，可以用这一个点来代替其他所有的点，通过研究这个点的运动来了解整个杯子的运动。也就是说，此时在研究杯子的运动时把整个杯子视为一个有质量的点——质点，而没有必要去考虑杯子的大小和形状。

(2) 物体的大小和形状对所讨论问题的影响可以忽略不计。例如，在研究地球绕太阳的公转时，虽然地球自身尺度和形状会使地球上各点的运动情况不尽相同，但相比较地球到太阳的距离（约 1.5×10^8 km）而言，地球的尺度（约 6 370 km）太小了，地球尺度造成的各点运动情况的差异也太小了，这个差异不会影响对公转运动的研究，因此也可以把地球视为一个质点来研究其绕太阳的公转问题。

需要指出的是，一个物体是否可以视为质点还要视具体问题而定。例如，同是地球，在研究地球绕太阳的公转时可以把它视为质点，但如果要研究地球自转问题，地球则不可以视为质点。因为此时地球自身的大小和形状所引起的各点运动情况的差异是不可以忽略的，正是这种差异才使地球能够自转，如果忽略了这种差异，那么地球的自转是无法解释的。

建立理想物理模型是物理学中常用的研究方法之一。在以后的学习中，还会接触到质点系、刚体、弹簧振子、理想气体等理想物理模型。

1.2　位置矢量和质点的运动学方程

1.2.1　位置矢量

我们知道，当质点处于空间某一位置时，这个位置与所建立的坐标系中的一组坐标值是一一对应的，如图 1-1 所示，因而可以用这一组坐标值(x,y,z)来描述质点的位置。

还可以用一个矢量来描述这个点的位置。如图 1-1 所示，对于坐标系中的一个点 P，可以从原点 O 引一条指向该点的有向线段$\overrightarrow{OP}$，有向线段可以用来表示矢量，$\overrightarrow{OP}$所表示的矢量可以记为 $\boldsymbol{r}$。在坐标系中，点的位置与有向线段是一一对应的，而有向线段与矢量也是一一对应的。因而，可以说，点的位置与矢量是一一对应的，可以用矢量 $\boldsymbol{r}$ 来描述质点的位置。这个用来描述质点位置的矢量称为**位置矢量**（简称**位矢**，又称**径矢**）。相应地，质点在坐标系中的坐标 x、y、z 称为位置矢量在对应坐标轴上的分量。

如图 1-2 所示，在直角坐标系中，位置矢量 $\boldsymbol{r}$ 可以表示成

$$\boldsymbol{r}=x\boldsymbol{i}+y\boldsymbol{j}+z\boldsymbol{k} \tag{1-1}$$

式中，$\boldsymbol{i}$、$\boldsymbol{j}$、$\boldsymbol{k}$ 分别表示沿 x、y、z 这 3 个坐标轴方向的单位矢量，它们的方向分别与 3 个坐标轴的正向一致，大小都为 1。式(1-1)称为位置矢量在坐标系中的分量形式。

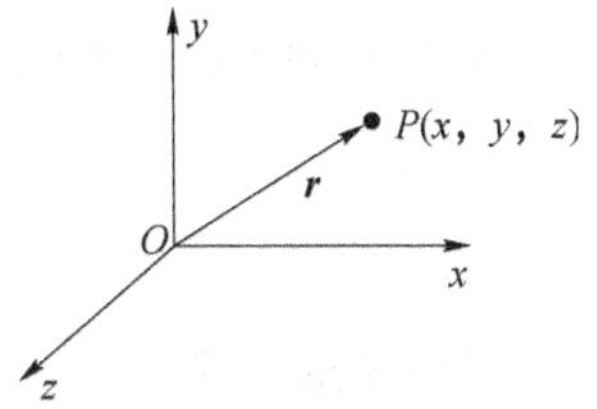

图 1-1　位置矢量

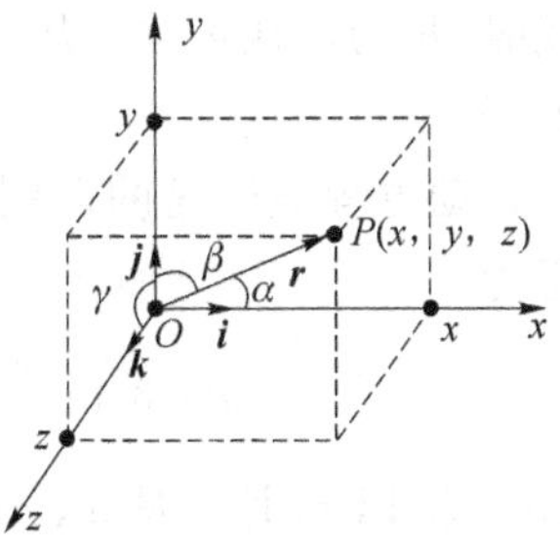

图 1-2　位置矢量的坐标表示

位置矢量的大小为

$$|\boldsymbol{r}|=r=\sqrt{x^2+y^2+z^2} \tag{1-2}$$

位置矢量的方向可以用矢量与坐标轴夹角的余弦表示，分别为

$$\cos\alpha=\frac{x}{r},\cos\beta=\frac{y}{r},\cos\gamma=\frac{z}{r} \tag{1-3}$$

需要说明的是，在直角坐标系中，由于存在关系 $\cos^2\alpha+\cos^2\beta+\cos^2\gamma=1$，所以以后说明矢量方向时，仅使用其中的两个角度即可。

例 1-1 如图 1-3 所示，试写出 A 点对应位置矢量的分量形式，并求出其大小和方向。

解 在平面直角坐标系中，A 点对应位置矢量的分量形式可写为

$$\boldsymbol{r}_A=(\boldsymbol{i}+2\boldsymbol{j})\ \text{m}$$

位置矢量的大小为

$$r_A=\sqrt{1^2+2^2}\ \text{m}=\sqrt{5}\ \text{m}$$

与 x 轴正向夹角的余弦为

$$\cos\alpha=\frac{x}{r}=\frac{1}{\sqrt{5}}=\frac{\sqrt{5}}{5}$$

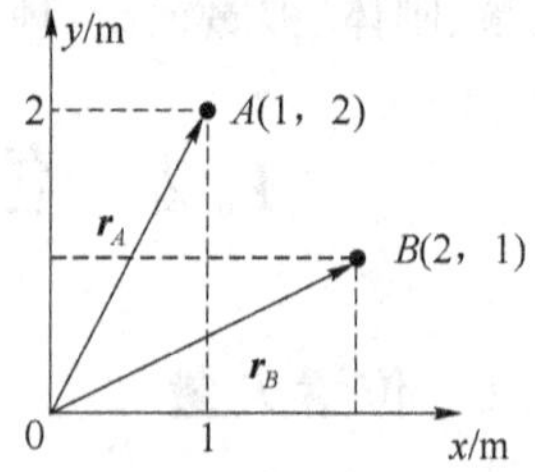

图 1-3 例 1-1 图

1.2.2 质点的运动学方程

质点的机械运动是质点的空间位置随时间变化的过程。这时质点的坐标 x、y、z 和位矢都是时间 t 的函数。表示运动过程的函数式称为**运动方程**，可以写成

$$x=x(t),y=y(t),z=z(t) \tag{1-4a}$$

或

$$\boldsymbol{r}=\boldsymbol{r}(t) \tag{1-4b}$$

知道了运动方程，就能确定任一时刻质点的位置，从而确定质点的运动。力学的主要任务之一正是根据各种问题的具体条件，求解质点的运动方程。

质点在空间的运动路径称为**轨道**。质点的运动轨道为直线时，称为直线运动；质点的运动轨道为曲线时，称为曲线运动。从式(1-4a)中消去 t 即可得到**轨道方程**，式(1-4a)就是轨道的参数方程。

轨道方程和运动方程最明显的区别就在于轨道方程不是时间 t 的显函数。例如，某质点的运动方程为

$$x=3\sin\frac{\pi}{6}t,y=3\cos\frac{\pi}{6}t,z=0$$

式中，t 以 s 计，x、y、z 以 m 计。从 x、y 两式中消去 t 后，得到轨道方程

$$x^2+y^2=9,z=0$$

这表明质点是在 $z=0$ 的平面内，做以原点为圆心、半径为 3 m 的圆周运动。

1.3　质点的位移、速度和加速度

1.3.1　位移与路程

1. 位移

在质点运动的过程中，曲线 AB 是其运动轨迹的一部分，如图 1-4(a)所示。设 t 时刻质点位于 A 点处，位矢为 $\boldsymbol{r}_A$；$t+\Delta t$ 时刻质点运动到 B 点处，位矢为 $\boldsymbol{r}_B$。在 Δt 时间内，质点位置的变化可用从 A 指向 B 的有向线段 $\Delta\boldsymbol{r}$ 来表示，$\Delta\boldsymbol{r}$ 称为质点的**位移**。由图 1-4(a)可得

$$\Delta\boldsymbol{r}=\boldsymbol{r}_B-\boldsymbol{r}_A \tag{1-5a}$$

根据式(1-1)，A、B 两点的位矢 $\boldsymbol{r}_A$ 与 $\boldsymbol{r}_B$ 分别写成

$$\boldsymbol{r}_A=x_A\boldsymbol{i}+y_A\boldsymbol{j}+z_A\boldsymbol{k}$$

$$\boldsymbol{r}_B=x_B\boldsymbol{i}+y_B\boldsymbol{j}+z_B\boldsymbol{k}$$

则位移 $\Delta\boldsymbol{r}$ 可表示为

$$\begin{aligned}\Delta\boldsymbol{r}&=\boldsymbol{r}_B-\boldsymbol{r}_A=(x_B-x_A)\boldsymbol{i}+(y_B-y_A)\boldsymbol{j}+(z_B-z_A)\boldsymbol{k}\\&=\Delta x\boldsymbol{i}+\Delta y\boldsymbol{j}+\Delta z\boldsymbol{k}\end{aligned} \tag{1-5b}$$

位移的大小为

$$|\Delta\boldsymbol{r}|=\sqrt{\Delta x^2+\Delta y^2+\Delta z^2} \tag{1-6}$$

位移的方向由起点 A 指向终点 B。

位移的模(大小)只能记作$|\Delta\boldsymbol{r}|$，不能写成 Δr，Δr 通常表示位置矢量大小的增量。如图 1-4(b)所示，有

$$\Delta r=|\boldsymbol{r}_B|-|\boldsymbol{r}_A|$$

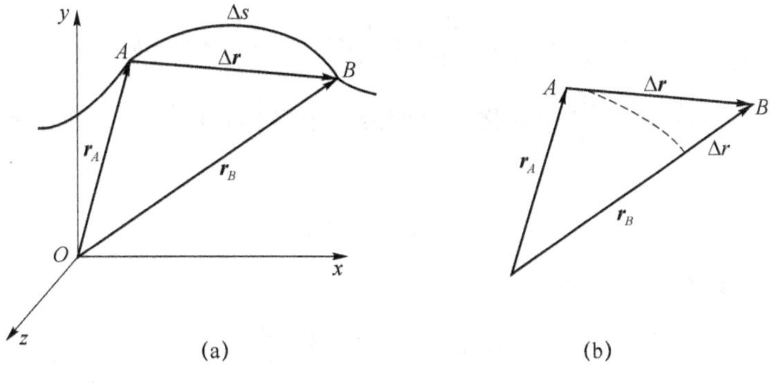

图 1-4　位移

2. 路程

路程是质点实际运动轨迹的长度，用 Δs 表示。要注意位移和路程的区别，位移是矢量，表示质点位置的变化，并非质点所经历的路程。在图 1-4(a)中，位移的大小 $|\Delta \boldsymbol{r}|$ 为 A、B 两点间的直线距离；路程是标量，它是 A、B 两点间的弧长 Δs。一般情况下，$|\Delta \boldsymbol{r}| \leqslant \Delta s$，当 $\Delta t \to 0$ 时，有 $\lim\limits_{\Delta t \to 0} \Delta s = \lim\limits_{\Delta t \to 0} |\Delta \boldsymbol{r}|$，即 $|\mathrm{d}\boldsymbol{r}| = \mathrm{d}s$。

位移和路程的单位均是长度的单位，国际单位制(SI)单位为米(m)，常用的单位还有千米(km)和厘米(cm)等。

1.3.2 速度和速率

1. 平均速度和瞬时速度

速度是描述物体运动快慢的物理量。一段时间内物体的位移 $\Delta \boldsymbol{r}$ 与发生这段位移所经历的时间 Δt 的比值称为这段时间内物体的**平均速度**，用 $\bar{\boldsymbol{v}}$ 表示，即

$$\bar{\boldsymbol{v}} = \frac{\Delta \boldsymbol{r}}{\Delta t} \tag{1-7}$$

式中，$\Delta \boldsymbol{r}$ 是矢量，Δt 是标量，因而平均速度 $\bar{\boldsymbol{v}}$ 是矢量，其方向与 $\Delta \boldsymbol{r}$ 方向相同，如图 1-5 所示。平均速度只能是这段时间内物体运动快慢及运动方向的一个粗略的描述，如果想知道某一时刻质点运动的快慢和运动的方向如何，则需要把考虑的时间间隔 Δt 尽可能取小，时间间隔越小，描述将是越细致的。当 $\Delta t \to 0$ 时，平均速度的极限值称为**瞬时速度**(简称**速度**)，用 $\boldsymbol{v}$ 表示，即

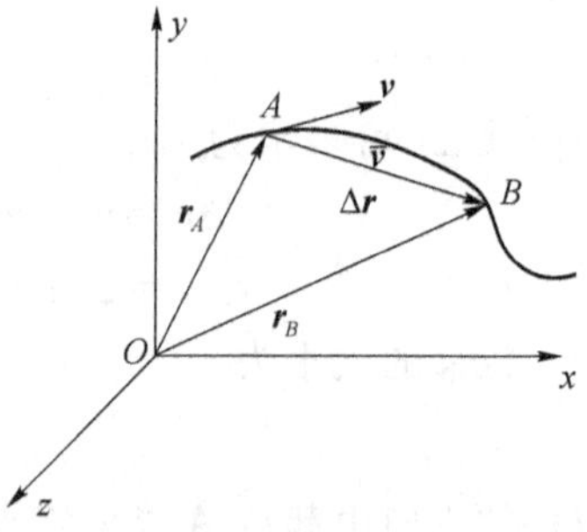

图 1-5 平均速度和瞬时速度

$$\boldsymbol{v} = \lim_{\Delta t \to 0} \frac{\Delta \boldsymbol{r}}{\Delta t}$$

根据微积分知识可知，这个极限应等于位置矢量 $\boldsymbol{r}$ 对时间的一阶导数，即

$$\boldsymbol{v} = \frac{\mathrm{d}\boldsymbol{r}}{\mathrm{d}t} = \frac{\mathrm{d}x}{\mathrm{d}t}\boldsymbol{i} + \frac{\mathrm{d}y}{\mathrm{d}t}\boldsymbol{j} + \frac{\mathrm{d}z}{\mathrm{d}t}\boldsymbol{k} = v_x \boldsymbol{i} + v_y \boldsymbol{j} + v_z \boldsymbol{k} \tag{1-8}$$

式中，$v_x = \frac{\mathrm{d}x}{\mathrm{d}t}$、$v_y = \frac{\mathrm{d}y}{\mathrm{d}t}$、$v_z = \frac{\mathrm{d}z}{\mathrm{d}t}$ 分别称为速度沿 3 个坐标轴的分量。根据各分量可计算速度大小为

$$v = \sqrt{v_x^2 + v_y^2 + v_z^2}$$

速度的方向可表示为

$$\cos\alpha = \frac{v_x}{v},\ \cos\beta = \frac{v_y}{v}$$

速度是矢量，速度的方向为 $\Delta t \to 0$ 时 $\Delta \boldsymbol{r}$ 的方向。由图 1-5 可知，$\Delta t \to 0$ 时 $\Delta \boldsymbol{r}$ 的方向为轨迹的切线方向，所以速度的方向应沿该时刻质点所在位置轨迹切线且指向运动的前方。

2. 平均速率和瞬时速率

一段时间内物体运动的路程 Δs 与发生这段路程所经历的时间 Δt 的比值称为这段时间内物体的**平均速率**，用 $\bar{v}$ 表示，即

$$\bar{v}=\frac{\Delta s}{\Delta t} \tag{1-9}$$

式中，Δs 是标量，Δt 是标量，因而平均速率 $\bar{v}$ 是标量。

与平均速度相似，平均速率也只能是这段时间内物体运动快慢的一个粗略的描述，如果想知道某一时刻质点运动的快慢如何，则需要把考虑的时间间隔 Δt 尽可能取小，当 $\Delta t\to 0$时，平均速率的极限值称为**瞬时速率**（简称**速率**），用 v 表示，即

$$v=\lim_{\Delta t\to 0}\frac{\Delta s}{\Delta t}=\frac{\mathrm{d}s}{\mathrm{d}t} \tag{1-10}$$

瞬时速率也是标量。

对于以上 4 个物理量的理解，需要注意以下几点。

(1) 在国际单位制中，它们的单位都是米每秒(m/s)，生活中常用的单位还有千米每秒(km/s)和千米每小时(km/h)。

(2) 平均速度和瞬时速度都是矢量，既有大小又有方向；平均速率和瞬时速率都是标量，只有大小，没有方向。

(3) 平均速率和平均速度的大小并不相等。平均速率的大小是路程除以时间，而平均速度的大小是位移的大小除以时间，因为路程与位移的大小通常不相等，因而平均速率与平均速度的大小也通常不相等。

(4) 瞬时速率和瞬时速度的大小相等。由前面的分析可知，当 $\Delta t\to 0$ 时，路程与位移的大小相等，因而有

$$v=\lim_{\Delta t\to 0}\frac{\Delta s}{\Delta t}=\lim_{\Delta t\to 0}\frac{|\Delta \boldsymbol{r}|}{\Delta t}=|\bar{\boldsymbol{v}}| \tag{1-11}$$

例 1-2 已知一质点的运动方程为 $\boldsymbol{r}=t^2\boldsymbol{i}+2t\boldsymbol{j}$，式中 $\boldsymbol{r}$ 的单位是 m，t 的单位是 s。试求：

(1) 质点在 $t=1$ s 至 $t=3$ s 时间内的位移；

(2) $t=1$ s 时质点速度的大小和方向。

解 (1) 根据 $\boldsymbol{r}=t^2\boldsymbol{i}+2t\boldsymbol{j}$，把时间 $t=1$ s 和 $t=3$ s 分别代入运动方程，可得两时刻质点的位置矢量分别为

$$\boldsymbol{r}_1=(1^2\boldsymbol{i}+2\times 1\boldsymbol{j})\ \mathrm{m}=(\boldsymbol{i}+2\boldsymbol{j})\ \mathrm{m}$$
$$\boldsymbol{r}_3=(3^2\boldsymbol{i}+2\times 3\boldsymbol{j})\ \mathrm{m}=(9\boldsymbol{i}+6\boldsymbol{j})\ \mathrm{m}$$

质点的位移为

$$\Delta\boldsymbol{r}=\boldsymbol{r}_3-\boldsymbol{r}_1=[(9\boldsymbol{i}+6\boldsymbol{j})-(\boldsymbol{i}+2\boldsymbol{j})]\ \mathrm{m}=(8\boldsymbol{i}+4\boldsymbol{j})\ \mathrm{m}$$

(2) 根据运动方程，可得速度表达式为

$$\boldsymbol{v}=\frac{\mathrm{d}\boldsymbol{r}}{\mathrm{d}t}=\frac{\mathrm{d}(t^2)}{\mathrm{d}t}\boldsymbol{i}+\frac{\mathrm{d}(2t)}{\mathrm{d}t}\boldsymbol{j}=2t\,\boldsymbol{i}+2\boldsymbol{j}$$

代入时间值，得 $t=1$ s 时质点的速度为

$$\boldsymbol{v}_1=(2\times1\boldsymbol{i}+2\boldsymbol{j})\ \text{m/s}=(2\boldsymbol{i}+2\boldsymbol{j})\ \text{m/s}$$

速度的大小为

$$v_1=\sqrt{2^2+2^2}\ \text{m/s}=2\sqrt{2}\ \text{m/s}$$

方向与 x 轴正向夹角为

$$\alpha=\arccos\frac{v_{1x}}{v_1}=\arccos\frac{2}{2\sqrt{2}}=\arccos\frac{\sqrt{2}}{2}=45°$$

1.3.3 加速度

当质点的运动速度随时间改变时，常常要搞清速度的变化情况，速度的变化情况常以另一个物理量——加速度来表示，因此引入加速度这一物理量来描述速度变化的快慢。加速度的定义方法与速度类似。下面先定义平均加速度，再用极限方法定义瞬时加速度。

1. 平均加速度

设质点在 t 时刻的速度为 $\boldsymbol{v}(t)$，在 $t+\Delta t$ 时刻的速度为 $\boldsymbol{v}(t+\Delta t)$，则 Δt 时间内速度的增量为

$$\Delta\boldsymbol{v}=\boldsymbol{v}(t+\Delta t)-\boldsymbol{v}(t)$$

将速度增量 $\Delta\boldsymbol{v}$ 与发生这一增量经历的时间间隔 Δt 的比值称为质点在这段时间内的**平均加速度**，用 $\overline{\boldsymbol{a}}$ 表示，即 $\overline{\boldsymbol{a}}=\dfrac{\Delta\boldsymbol{v}}{\Delta t}$。显然，平均加速度是矢量，其大小为

$$|\overline{\boldsymbol{a}}|=\left|\frac{\Delta\boldsymbol{v}}{\Delta t}\right|$$

其方向与速度增量 $\Delta\boldsymbol{v}$ 方向相同。

2. 瞬时加速度

为了精确描述质点在某一瞬时速度变化的情况，下面引入瞬时加速度的概念。定义在 Δt 趋近于零时平均加速度矢量的极限为**瞬时加速度**，简称为**加速度**，即

$$\boldsymbol{a}=\lim_{\Delta t\to0}\frac{\Delta\boldsymbol{v}}{\Delta t}=\frac{\mathrm{d}\boldsymbol{v}}{\mathrm{d}t}=\frac{\mathrm{d}^2\boldsymbol{r}}{\mathrm{d}t^2}\tag{1-12}$$

显然，瞬时加速度是速度对时间的一阶导数，也等于位矢对时间的二阶导数。因此只要知道了速度 $\boldsymbol{v}(t)$ 或位矢 $\boldsymbol{r}(t)$ 就可以求出加速度。

瞬时加速度为矢量，它的大小为

$$|\boldsymbol{a}|=\frac{|\mathrm{d}\boldsymbol{v}|}{\mathrm{d}t}$$

其方向与 $\Delta\boldsymbol{v}$ 的极限方向相同，如图 1-6 所示。$\Delta\boldsymbol{v}$ 的方向和它的极限方向一般并不在速度 $\boldsymbol{v}$ 的方向上，因而瞬时加速度的方向一般与该时刻速度的方向不一致。由于 $\Delta\boldsymbol{v}$ 的极限方向总是指向轨迹曲线凹侧，所以曲线运动中加速度总是指向运动轨迹凹侧。在一维运动情况下，$\boldsymbol{a}$ 与 $\boldsymbol{v}$ 的方向在同一直线上。

在直角坐标系中，加速度的矢量表达式为

$$\boldsymbol{a}=\frac{\mathrm{d}\boldsymbol{v}}{\mathrm{d}t}=\frac{\mathrm{d}v_x}{\mathrm{d}t}\boldsymbol{i}+\frac{\mathrm{d}v_y}{\mathrm{d}t}\boldsymbol{j}+\frac{\mathrm{d}v_z}{\mathrm{d}t}\boldsymbol{k}$$

$$=a_x\boldsymbol{i}+a_y\boldsymbol{j}+a_z\boldsymbol{k} \tag{1-13}$$

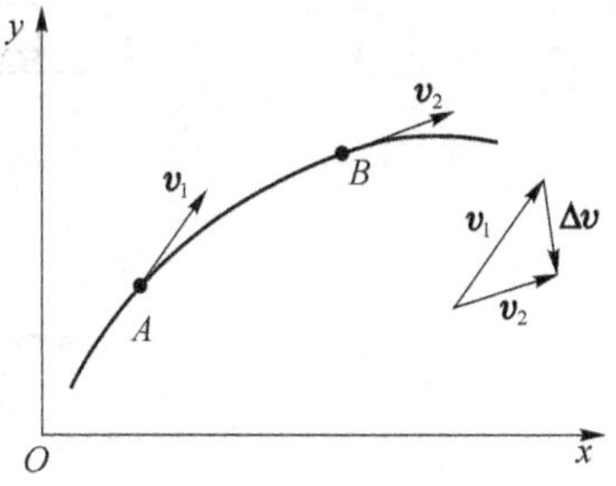

图 1-6　瞬时加速度

其中

$$a_x=\frac{\mathrm{d}v_x}{\mathrm{d}t}=\frac{\mathrm{d}^2x}{\mathrm{d}t^2}$$

$$a_y=\frac{\mathrm{d}v_y}{\mathrm{d}t}=\frac{\mathrm{d}^2y}{\mathrm{d}t^2}$$

$$a_z=\frac{\mathrm{d}v_z}{\mathrm{d}t}=\frac{\mathrm{d}^2z}{\mathrm{d}t^2}$$

加速度在某一坐标轴上的分量等于速度沿同一坐标轴分量对时间的一阶导数，或等于质点对应该轴的位置坐标对时间的二阶导数。加速度的大小和方向余弦可表示如下：

$$a=|\boldsymbol{a}|=\sqrt{a_x^2+a_y^2+a_z^2}$$

$$\cos\alpha=\frac{a_x}{a},\cos\beta=\frac{a_y}{a},\cos\gamma=\frac{a_z}{a}$$

在一维运动的情况下，加速度

$$\boldsymbol{a}=a_x\boldsymbol{i}=\frac{\mathrm{d}v_x}{\mathrm{d}t}\boldsymbol{i}=\frac{\mathrm{d}^2x}{\mathrm{d}t^2}\boldsymbol{i}$$

其方向可用正负号来表示：$\boldsymbol{a}>0$，其方向沿 x 轴正向；$\boldsymbol{a}<0$，其方向沿 x 轴负向。应该注意，$\boldsymbol{a}<0$ 时，质点不一定做减速运动，质点做加速运动还是减速运动并不是由 $\boldsymbol{a}$ 的正负确定的，而是由 $\boldsymbol{a}$ 与 $\boldsymbol{v}$ 的符号（正或负）相同或相反来确定的。$\boldsymbol{v}$ 与 $\boldsymbol{a}$ 同号，质点做加速运动；$\boldsymbol{v}$ 与 $\boldsymbol{a}$ 异号，质点做减速运动。对此，读者只要联系自由落体和上抛运动的实例是不难理解的。

在定义速度和加速度时，都用到了求极限的方法，这种做法在物理学各部分经常出现。求极限是人类对物质和运动作定量描述时在准确程度上的一次重大飞跃。实际上，极限概念是牛顿在 17 世纪对物体的运动作定量研究时提出的，可见微积分的创立是与对物体运动的定量研究分不开的。微积分是数学的一个重要分支，也是研究物理学不可缺少的重要工具。

例 1-3　如图 1-7 所示，一人用绳子拉着小车前进，小车位于高出绳端 h 的平台上，人的速率 v_0 不变，求小车的速度和加速度大小。

解　小车沿直线运动，以小车前进方向为 x 轴正方向，以滑轮为坐标原点，小车的坐标为 x，人的坐标为 s，由速度的定义得，小车和人的速度大小应为

$$v_{车}=\frac{\mathrm{d}x}{\mathrm{d}t},v_{人}=\frac{\mathrm{d}s}{\mathrm{d}t}=v_0$$

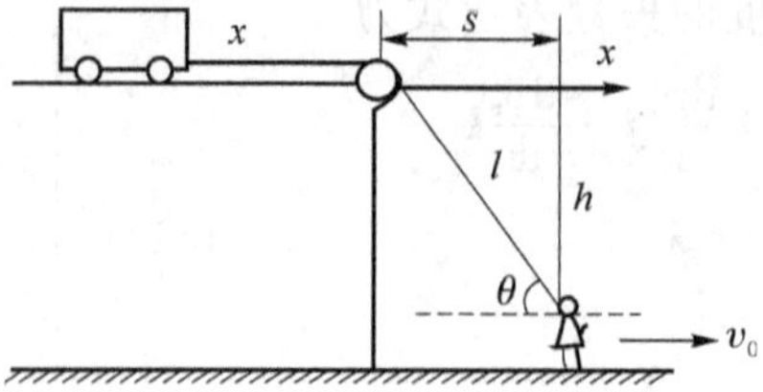

图 1-7　例 1-3 图

由于定滑轮不改变绳长，所以小车坐标的变化率等于拉小车的绳长的变化率，即

$$v_{车}=\frac{\mathrm{d}x}{\mathrm{d}t}=\frac{\mathrm{d}l}{\mathrm{d}t}$$

又由图 1-7 可以看出，有 $l^2=s^2+h^2$，两边对 t 求导得

$$2l\frac{\mathrm{d}l}{\mathrm{d}t}=2s\frac{\mathrm{d}s}{\mathrm{d}t}$$

或

$$v_{车}=\frac{v_{人}s}{l}=v_{人}\frac{s}{\sqrt{s^2+h^2}}=\frac{v_0 s}{\sqrt{s^2+h^2}}$$

同理可得小车的加速度大小为

$$a=\frac{\mathrm{d}v_{车}}{\mathrm{d}t}=\frac{v_0^2h^2}{(s^2+h^2)^{\frac{3}{2}}}$$

1.3.4　质点运动学中的两类题型

1. 第一类题型

从前面的介绍可以看出，如果知道了质点的位矢，即运动学方程，对时间求一阶导数，得质点的速度 $\boldsymbol{v}=\frac{\mathrm{d}\boldsymbol{r}}{\mathrm{d}t}$；对时间求二阶导数，得质点的加速度 $\boldsymbol{a}=\frac{\mathrm{d}^2\boldsymbol{r}}{\mathrm{d}t^2}$。像这类已知位矢（或位置坐标）求速度或加速度的问题称为运动学的第一类基本题型。求解这类问题的关键是设法写出位矢或位置坐标随时间的变化规律，然后进行求导。

例 1-4　已知一质点的运动方程为 $\boldsymbol{r}=3t\boldsymbol{i}-4t^2\boldsymbol{j}$，式中 $\boldsymbol{r}$ 以 m 计，t 以 s 计，求质点运动的轨道、速度和加速度。

解　将运动方程写成分量式

$$x=3t, y=-4t^2$$

消去参变量 t 得轨道方程：$4x^2+9y=0$，这是一条顶点在原点的抛物线，如图 1-8 所示。

由速度的定义得

$$\boldsymbol{v}=\frac{\mathrm{d}\boldsymbol{r}}{\mathrm{d}t}=3\boldsymbol{i}-8t\boldsymbol{j}$$

其模为 $v=\sqrt{3^2+(8t)^2}$，与 x 轴的夹角 $\theta=\arctan\frac{-8t}{3}$。

由加速度的定义得

$$\boldsymbol{a}=\frac{\mathrm{d}\boldsymbol{v}}{\mathrm{d}t}=-8\boldsymbol{j}$$

即加速度的方向沿 y 轴负方向，大小为 8 m/s²。

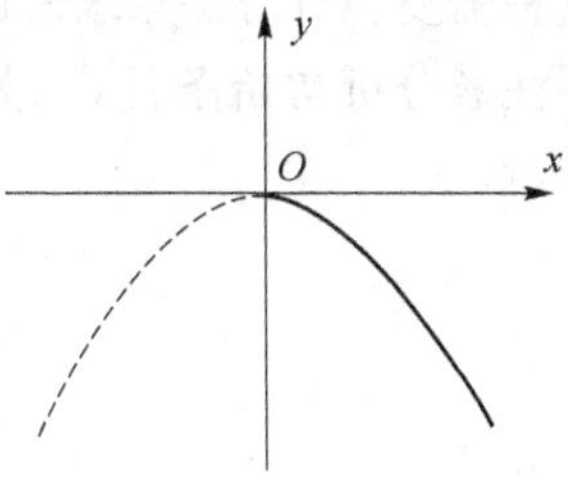

图 1-8　例 1-4 图

例 1-5　在离水平高度为 h 的岸边以匀速 v_0 拉船，求船离岸 x 远处的速度及加速度。

解　这是一个一维运动求 v 及 a 的问题。关键是要找出船的位置坐标，然后对时间 t 求导。

如图 1-9 所示，以岸为参考系建立坐标轴 Ox，由图可知，船的位置坐标

$$x=\sqrt{l^2-h^2}$$

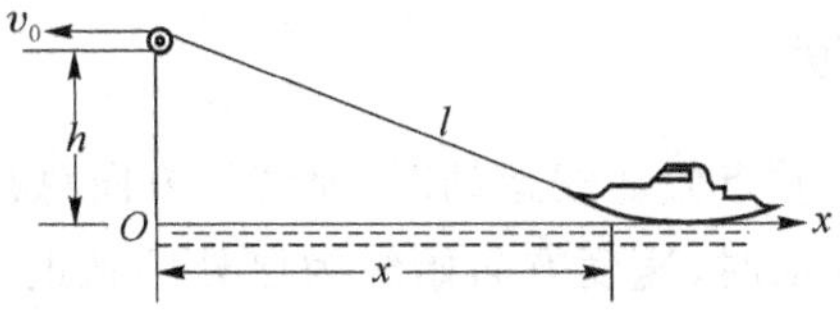

图 1-9　例 1-5 图

故船速

$$v=\frac{\mathrm{d}x}{\mathrm{d}t}=\frac{\mathrm{d}x}{\mathrm{d}l}\frac{\mathrm{d}l}{\mathrm{d}t}=\frac{l}{\sqrt{l^2-h^2}}\frac{\mathrm{d}l}{\mathrm{d}t}=\frac{\sqrt{h^2+x^2}}{x}\frac{\mathrm{d}l}{\mathrm{d}t}$$

式中，$\frac{\mathrm{d}l}{\mathrm{d}t}$为绳长 l 随时间的变化率，其大小等于速率 v_0。由于 l 随时间缩短，$\frac{\mathrm{d}l}{\mathrm{d}t}=-v_0$，于是速度的大小为

$$v=-\frac{\sqrt{h^2+x^2}}{x}v_0$$

加速度的大小为

$$a=\frac{\mathrm{d}v}{\mathrm{d}t}=\frac{\mathrm{d}v}{\mathrm{d}l}\frac{\mathrm{d}l}{\mathrm{d}t}=-\frac{v_0^2h^2}{x^3}$$

式中，负号表示速度和加速度的方向沿 x 轴负方向。

2. 第二类题型

由加速度 $\boldsymbol{a}=\frac{\mathrm{d}\boldsymbol{v}}{\mathrm{d}t}$及速度 $\boldsymbol{v}=\frac{\mathrm{d}\boldsymbol{r}}{\mathrm{d}t}$的定义可知，如果知道了质点运动的加速度和初始条件（$t=0$ 时的速度 $\boldsymbol{v}_0$ 或位矢 $\boldsymbol{r}_0$ 称为初始条件），则可用积分方法来求其速度或位矢，即

$$\boldsymbol{v}-\boldsymbol{v}_0=\int_0^t\boldsymbol{a}\mathrm{d}t$$

$$\boldsymbol{r}-\boldsymbol{r}_0=\int_0^t\boldsymbol{v}\mathrm{d}t$$

这种需要积分方法来求解的问题称为运动学中的第二类基本题型。求解此类问题，一是要注意分析初始条件，二是对于比较复杂的积分要注意积分元的变换，以使积分易于进行。

1.4 圆周运动

圆周运动也是一种比较常见的、特殊的平面曲线运动，当物体绕固定轴转动时，其上的每个点所做的都是圆周运动。对于圆周运动，我们同样把它分解为相互垂直的两个方向的运动，通过研究两个分运动进而得出圆周运动的规律。对于圆周运动，可以沿圆周轨迹的切向和法向进行分解。本节主要介绍圆周运动的速度、加速度的特点以及圆周运动的角量描述方法。

1.4.1 圆周运动的速度

由 1.3 节的内容可知，质点做曲线运动时，速度的方向总是沿着轨迹的切线并指向前进方向，因而质点做圆周运动时，速度方向始终为该处圆弧的切线方向。因此，圆周运动的速度可表示为

$$\boldsymbol{v}=v\,\boldsymbol{e}_\tau \tag{1-14}$$

式中，$v=\dfrac{\mathrm{d}s}{\mathrm{d}t}$，表示速度的大小，即速率；$\boldsymbol{e}_\tau$ 表示圆弧切向的单位矢量。

由于圆弧切向方向处处不同，所以圆周运动的速度方向是时时变化的，因而速度也是时时变化的，如图 1-10 所示。如果圆周运动的速度大小随时间变化，则称为**变速率圆周运动**，通常称之为**变速圆周运动**；如果圆周运动的速度大小不随时间变化，则称为**匀速率圆周运动**，通常称之为**匀速圆周运动**。可见，即使是匀速圆周运动，其速度也不是恒定的。

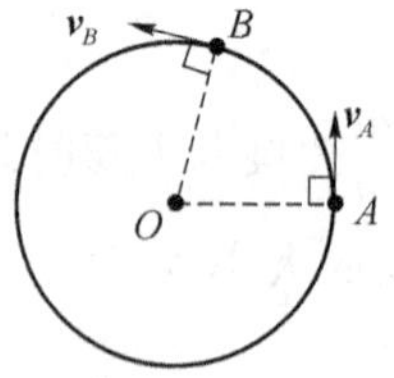

图 1-10 圆周运动的速度

1.4.2 圆周运动的加速度

如图 1-11(a)所示，t 时刻质点位于 A 点，速度为 $\boldsymbol{v}_A$，$t+\Delta t$ 时刻质点运动到 B 点，速度为 $\boldsymbol{v}_B$。在 t 至 $t+\Delta t$ 时间内，质点速度的变化为 $\Delta\boldsymbol{v}=\boldsymbol{v}_B-\boldsymbol{v}_A$。

在图 1-11(b)中，由矢量 $\boldsymbol{v}_B$、$\boldsymbol{v}_A$ 和 $\Delta\boldsymbol{v}$ 构成的矢量△CDE 中，取$\overline{CF}=\overline{CD}$，则 A、B 两点的速度差 $\Delta\boldsymbol{v}$ 可以写成

$$\Delta\boldsymbol{v}=\Delta\boldsymbol{v}_\mathrm{n}+\Delta\boldsymbol{v}_\tau$$

式中，$|\Delta\boldsymbol{v}_\tau|=\overline{FE}$，它反映了 A、B 两点速度大小的变化；$|\Delta\boldsymbol{v}_\mathrm{n}|=\overline{DF}$，它反映了 A、B 两点速度方向的变化。

根据加速度的定义，有

$$\boldsymbol{a}=\lim_{\Delta t\to 0}\frac{\Delta \boldsymbol{v}}{\Delta t}=\lim_{\Delta t\to 0}\frac{\Delta \boldsymbol{v}_{\mathrm{n}}}{\Delta t}+\lim_{\Delta t\to 0}\frac{\Delta \boldsymbol{v}_{\tau}}{\Delta t}=\boldsymbol{a}_{\mathrm{n}}+\boldsymbol{a}_{\tau} \tag{1-15}$$

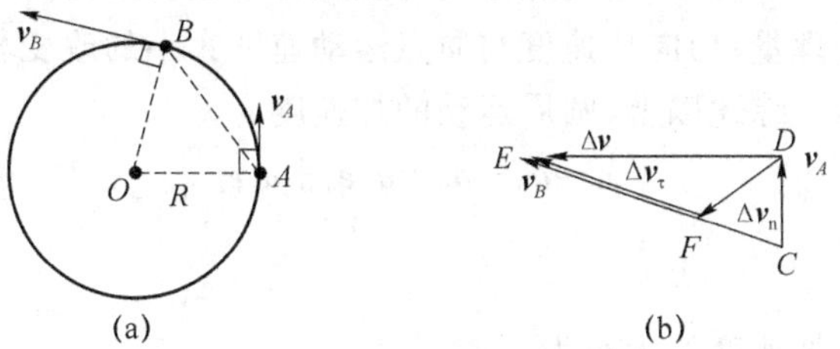

图 1-11 圆周运动的加速度

1. 法向加速度

在式(1-15)中，$\boldsymbol{a}_{\mathrm{n}}=\lim\limits_{\Delta t\to 0}\frac{\Delta \boldsymbol{v}_{\mathrm{n}}}{\Delta t}$。当 $\Delta t\to 0$ 时，B 点无限地接近 A 点，$\boldsymbol{v}_B$、$\boldsymbol{v}_A$ 的方向无限地靠近，此时 $\Delta \boldsymbol{v}_{\mathrm{n}}$ 的极限方向将垂直于 $\boldsymbol{v}_A$，即 $\Delta \boldsymbol{v}_{\mathrm{n}}$ 的极限方向沿圆周半径指向圆心。沿圆周半径指向圆心的方向称为轨道的**法向**，因而加速度的这个分量称为**法向加速度**(也称向心加速度)。法向的单位矢量用 $\boldsymbol{e}_{\mathrm{n}}$ 表示，因而法向加速度可以写为

$$\boldsymbol{a}_{\mathrm{n}}=a_{\mathrm{n}}\boldsymbol{e}_{\mathrm{n}}$$

式中，a_{n} 称为法向加速度的大小。下面利用相似三角形的知识讨论法向加速度大小的表达式。

在图 1-11 中，由于对应边相互垂直，有$\triangle AOB\backsim\triangle DCF$，因而有

$$\frac{\overline{AB}}{|\Delta \boldsymbol{v}_{\mathrm{n}}|}=\frac{R}{v_A}$$

即 $|\Delta \boldsymbol{v}_{\mathrm{n}}|=\frac{v_A}{R}\overline{AB}$，则 A 点的法向加速度大小为

$$a_{\mathrm{n}}=|\boldsymbol{a}_{\mathrm{n}}|=\lim_{\Delta t\to 0}\frac{|\Delta \boldsymbol{v}_{\mathrm{n}}|}{\Delta t}=\frac{v_A}{R}\lim_{\Delta t\to 0}\frac{\overline{AB}}{\Delta t}=\frac{v_A^2}{R}$$

由于 A 点是任取的，所以对于圆周轨迹上的任意一点，法向加速度的大小均为

$$a_{\mathrm{n}}=|\boldsymbol{a}_{\mathrm{n}}|=\frac{v^2}{R}$$

2. 切向加速度

在式(1-15)中，$\boldsymbol{a}_{\tau}=\lim\limits_{\Delta t\to 0}\frac{\Delta \boldsymbol{v}_{\tau}}{\Delta t}$。当 $\Delta t\to 0$ 时，B 点无限地接近 A 点，$\boldsymbol{v}_B$、$\boldsymbol{v}_A$ 的方向无限地靠近，此时 $\Delta \boldsymbol{v}_{\tau}$ 的极限方向将与 $\boldsymbol{v}_A$ 方向一致，即 $\Delta \boldsymbol{v}_{\tau}$ 的极限方向沿圆周的切向，因而加速度的这个分量称为**切向加速度**，即

$$\boldsymbol{a}_{\tau}=a_{\tau}\boldsymbol{e}_{\tau}$$

式中，a_{τ} 称为切向加速度的大小，其值为

$$a_{\tau}=|\boldsymbol{a}_{\tau}|=\lim_{\Delta \tau\to 0}\frac{|\Delta \boldsymbol{v}_{\tau}|}{\Delta t}=\lim_{\Delta t\to 0}\frac{\Delta v}{\Delta t}=\frac{\mathrm{d}v}{\mathrm{d}t}$$

3. 加速度

通过上面的讨论可以看出，法向加速度与质点运动速度方向的改变相关，它是描述质点速度方向变化的物理量；切向加速度与质点运动速度大小的改变相关，它是描述质点速度大小变化的物理量。综述以上，圆周运动的加速度为

$$\boldsymbol{a}=\boldsymbol{a}_{\mathrm{n}}+\boldsymbol{a}_{\tau}=a_{\mathrm{n}}\boldsymbol{e}_{\mathrm{n}}+a_{\tau}\boldsymbol{e}_{\tau} \tag{1-16}$$

其中，$a_{\mathrm{n}}=\dfrac{v^2}{R}$，$a_{\tau}=\dfrac{\mathrm{d}v}{\mathrm{d}t}$。

如图 1-12 所示，加速度的大小为

$$a=\sqrt{a_{\mathrm{n}}^2+a_{\tau}^2}$$

加速度的方向用加速度与半径夹角的正切值表示，即

$$\tan\theta=\frac{a_{\tau}}{a_{\mathrm{n}}}$$

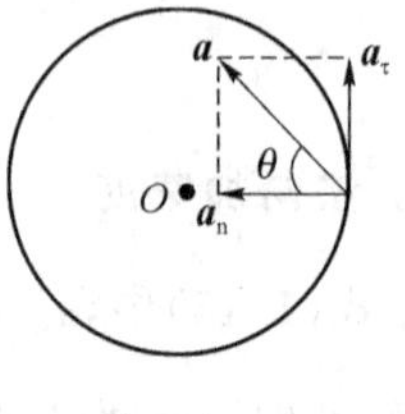

图 1-12　加速度的大小和方向

质点做匀速圆周运动时，由于速度的大小不变，仅速度的方向改变，因而加速度只有法向加速度分量，而没有切向加速度分量；质点做变速圆周运动时，由于速度的大小和方向都变化，因而加速度既有切向分量，又有法向分量。

例 1-6　一质点在平面内做半径为 $R=0.1\ \mathrm{m}$ 的圆周运动，已知质点所经历的路程随时间的变化关系为 $s=2+3t-4t^2$，式中 s 以 m 为单位，t 以 s 为单位。试求：

（1）$t=2\ \mathrm{s}$ 时质点的速度；

（2）$t=2\ \mathrm{s}$ 时质点的加速度。

解　（1）根据路程随时间的变化关系，可得质点运动的速率为

$$v=\frac{\mathrm{d}s}{\mathrm{d}t}=3-8t$$

把 $t=2\ \mathrm{s}$ 代入上式，可得 $v_2=-13\ \mathrm{m/s}$。

速度为

$$\boldsymbol{v}_2=-13\boldsymbol{e}_{\tau}\ \mathrm{m/s}$$

（2）根据速率表达式，可得法向加速度和切向加速度大小分别为

$$a_{2\mathrm{n}}=\frac{v_2^2}{R}=\frac{(-13)^2}{0.1}\mathrm{m/s^2}=1\ 690\ \mathrm{m/s^2}$$

$$a_{2\tau}=\frac{\mathrm{d}v}{\mathrm{d}t}=\frac{\mathrm{d}(3-8t)}{\mathrm{d}t}=-8\ \mathrm{m/s^2}$$

切向加速度的大小恒定，所以 $a_{2\tau}=-8\ \mathrm{m/s^2}$。

$t=2\ \mathrm{s}$ 时，质点的加速度为

$$\boldsymbol{a}=a_{2\mathrm{n}}\boldsymbol{e}_{\mathrm{n}}+a_{2\tau}\boldsymbol{e}_{\tau}=(1\ 690\boldsymbol{e}_{\mathrm{n}}-8\boldsymbol{e}_{\tau})\ \mathrm{m/s^2}$$

4. 自然坐标系中平面曲线运动的速度与加速度

研究质点的平面曲线运动时，为使加速度的物理意义更为清晰，常采用自然坐标系。

如图1-13所示，在质点运动轨道上任取一点O作为自然坐标系的原点，在质点的运动轨道上沿轨道的切线方向和法线方向建立两个相互垂直的坐标轴。切向坐标轴的方向指向质点前进的方向，其单位矢量用$\boldsymbol{e}_\tau$表示，规定法向坐标轴的方向指向曲线的凹侧，其单位矢量用$\boldsymbol{e}_n$来表示，这样的坐标系称为**自然坐标系**。显然，沿轨道上各点，自然坐标轴的方位是不断变化的。

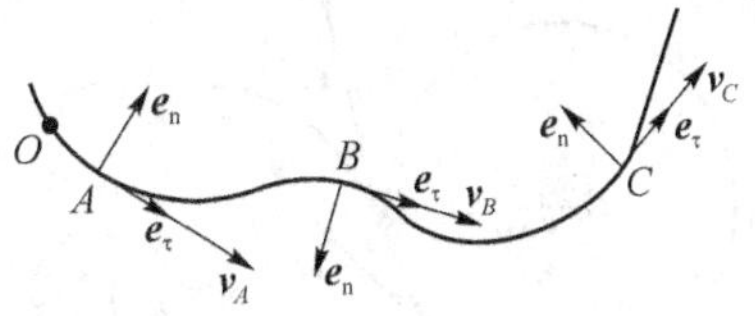

图1-13　自然坐标系

运动质点在轨道上某一点的坐标用质点离开原点O的路程s表示。运动质点的位置坐标s随时间t的变化规律可表示为

$$s=s(t)$$

这就是自然坐标系中质点的运动方程。

如图1-14(a)所示，质点在Δt时间内沿曲线经历一段弧线，该处曲率中心为O，相应的曲率半径为ρ，由于质点运动的方向总是沿轨道切线方向，因此在自然坐标系中，质点速度可表示为

$$\boldsymbol{v}=v\boldsymbol{e}_\tau$$

应该注意，上式中速率v和单位矢量$\boldsymbol{e}_\tau$均为变量。由加速度的定义得

$$\boldsymbol{a}=\frac{\mathrm{d}\boldsymbol{v}}{\mathrm{d}t}=\frac{\mathrm{d}v}{\mathrm{d}t}\boldsymbol{e}_\tau+v\frac{\mathrm{d}\boldsymbol{e}_\tau}{\mathrm{d}t} \tag{1-17}$$

式中，右边第一项的大小$\mathrm{d}v/\mathrm{d}t$表示质点速率变化的快慢，其方向指向曲线的切线方向，即$\boldsymbol{e}_\tau$的方向，用$\boldsymbol{a}_\tau$表示，则

$$\boldsymbol{a}_\tau=\frac{\mathrm{d}v}{\mathrm{d}t}\boldsymbol{e}_\tau=\frac{\mathrm{d}^2 s}{\mathrm{d}t^2}\boldsymbol{e}_\tau \tag{1-18}$$

式(1-17)中等式右边第二项$\mathrm{d}\boldsymbol{e}_\tau/\mathrm{d}t$，表示切向单位矢量随时间的变化率，设在$t$时刻，质点位于点$A$，其速度为$\boldsymbol{v}_1$，切向单位矢量为$\boldsymbol{e}_{\tau1}$；在$t+\Delta t$时刻，质点位于点$B$，速度为$\boldsymbol{v}_2$，切向单位矢量为$\boldsymbol{e}_{\tau2}$，在$\Delta t$时间内的增量$\Delta\boldsymbol{e}_\tau$表示该时间内质点运动方向的变化，如图1-14(b)所示，因为$|\boldsymbol{e}_{\tau1}|=|\boldsymbol{e}_{\tau2}|=1$，因而$|\Delta\boldsymbol{e}_\tau|=\Delta\theta\times1=\Delta\theta$。当$\Delta t\to0$时，$\Delta\theta$亦趋于零，此时$\Delta\boldsymbol{e}_\tau$的方向趋于$\boldsymbol{e}_\tau$的垂直方向并指向圆心，也就是$\boldsymbol{e}_n$的方向。于是$\mathrm{d}\boldsymbol{e}_\tau=\mathrm{d}\theta\boldsymbol{e}_n$，因而

$$\lim_{\Delta t\to0}\frac{\Delta\boldsymbol{e}_\tau}{\Delta t}=\frac{\mathrm{d}\boldsymbol{e}_\tau}{\mathrm{d}t}=\frac{\mathrm{d}\theta}{\mathrm{d}t}\boldsymbol{e}_n$$

则式(1-17)中等式右边的第二项可表示为

$$\boldsymbol{a}_n=v\frac{\mathrm{d}\theta}{\mathrm{d}t}\boldsymbol{e}_n=\frac{v}{\rho}\frac{\mathrm{d}s}{\mathrm{d}t}\boldsymbol{e}_n=\frac{v^2}{\rho}\boldsymbol{e}_n \tag{1-19}$$

式中，$\mathrm{d}s$为质点在时间$\mathrm{d}t$内经过的弧长。法向加速度$\boldsymbol{a}_n$的大小$\dfrac{v^2}{\rho}$表示质点速度方向变化的快慢，其方向始终指向该处的曲率中心。这样，总加速度$\boldsymbol{a}$可表示为

$$a=a_\tau+a_n=\frac{dv}{dt}e_\tau+\frac{v^2}{\rho}e_n \tag{1-20}$$

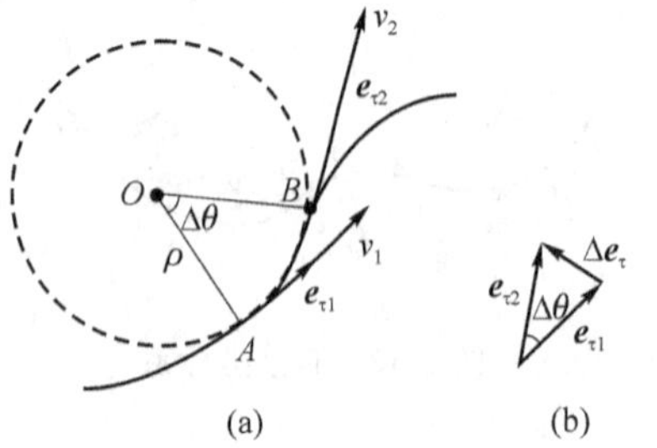

图 1-14　切向单位矢量随时间的变化

与圆周运动的速度和加速度对比可知，圆周运动是一般曲线运动的一个特例，即圆周运动是曲率中心和曲率半径均始终保持不变的平面曲线运动。

一般曲线运动中，质点既有切向加速度，又有法向加速度，因而质点运动速度的大小和方向均发生变化；如果质点只有切向加速度，而没有法向加速度，则质点只有速度大小的变化，而没有速度方向的变化，即质点所做的是直线运动；如果质点只有法向加速度而没有切向加速度，则质点只有速度方向的变化，而没有速度大小的变化，即质点所做的是匀速率的曲线运动；如果质点的法向加速度始终指向一个固定的点，即质点所做的是圆周运动。

1.4.3　圆周运动的角量描述

1. 圆周运动的角量描述

圆周运动除了可以用位移、速度、加速度这些线量描述之外，还通常用角位置、角位移、角速度、角加速度等角量来描述。

（1）角位置

如图 1-15 所示，质点在平面内绕 O 点做半径为 R 的圆周运动。t 时刻质点位于 A 点，则 A 点的位置可以用该点对应的位矢$\overrightarrow{OA}$与 Ox 轴正向的夹角 θ 来描述，这个用来描述质点位置的角量称为**角位置**。

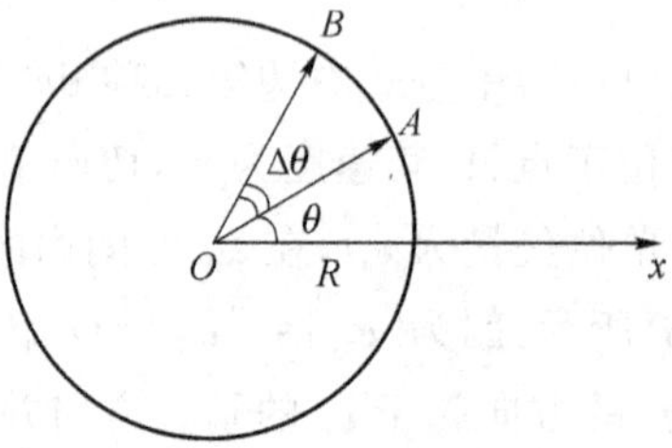

图 1-15　角位置和角位移

（2）角量描述的运动方程

如果质点运动，则其对应的角位置是一个随时间变化的函数，可写为

$$\theta=\theta(t) \tag{1-21}$$

上式称为用角量描述的圆周运动的**运动方程**。

（3）角位移

若质点在 $t+\Delta t$ 时刻运动到 B 点，则 A 点和 B 点对应位矢之间的夹角 $\Delta\theta$ 反映了 Δt 时间内质点位置的变化情况，这个用角量描述的位移称为**角位移**。角位移也可以说成是该段时间内质点转过的角度。质点沿圆周绕行的方向不同，角位移的转向不同。一般地，规定质点沿逆时针方向绕行时角位移为正，即 $\Delta\theta>0$；质点沿顺时针方向绕行时角位移为负，即 $\Delta\theta<0$。

在国际单位制中，角位置和角位移的单位都是弧度(rad)。

(4) 角速度

角位移 $\Delta\theta$ 与产生这段角位移所经历时间 Δt 的比值称为这段时间内质点的**平均角速度**，用 $\overline{\omega}$ 表示，即

$$\overline{\omega}=\frac{\Delta\theta}{\Delta t} \tag{1-22}$$

平均角速度只能粗略地描述质点转动的快慢，若想精确地知道质点在某一时刻转动的快慢，则需要把所讨论的时间段尽可能取小一点。当 $\Delta t\to 0$ 时，平均角速度的极限值称为质点 t 时刻的**瞬时角速度**(简称**角速度**)，用 ω 表示，即

$$\omega=\lim_{\Delta t\to 0}\frac{\Delta\theta}{\Delta t}=\frac{\mathrm{d}\theta}{\mathrm{d}t} \tag{1-23}$$

在国际单位制中，平均角速度和角速度的单位都是弧度每秒(rad/s)，常用的单位还有转每分(r/min)、转每小时(r/h)。

(5) 角加速度

与定义角速度类似，定义角加速度为

$$\beta=\lim_{\Delta t\to 0}\frac{\Delta\omega}{\Delta t}=\frac{\mathrm{d}\omega}{\mathrm{d}t} \tag{1-24}$$

角加速度的单位是弧度每二次方秒($\mathrm{rad/s^2}$)。

圆周运动中，角速度和角加速度的方向也用其值的正负反映。若角加速度与角速度符号相同，则为加速圆周运动；若角加速度与角速度符号相反，则为减速圆周运动；若角加速度 $\beta=0$，角速度不变，则为匀速圆周运动，此时角位移 $\Delta\theta=\omega t$；若角加速度恒定不变，则为匀变速圆周运动。与匀变速直线运动相比，很容易得出匀加速圆周运动的一组关系，即

$$\begin{cases}\omega=\omega_0+\beta t\\ \theta=\theta_0+\omega_0 t+\dfrac{1}{2}\beta t^2\\ \omega^2-\omega_0^2=2\beta(\theta-\theta_0)\end{cases} \tag{1-25}$$

例 1-7　一飞轮以转速 $n=900$ r/min转动，受到制动后均匀地减速，经 $t=50$ s 静止。试求：

(1) 飞轮的角加速度 β；

(2) 从制动开始至静止飞轮转过的圈数；

(3) $t=25$ s 时飞轮的角速度。

解　(1) 由题意可知

$$\omega_0=\frac{2\pi\times 900}{60}\mathrm{rad/s}=30\pi\ \mathrm{rad/s}$$

根据匀变速圆周运动的角速度公式 $\omega=\omega_0+\beta t$，得角加速度为

$$\beta=\frac{\omega-\omega_0}{t}=\frac{0-30\pi}{50}\mathrm{rad/s^2}=-0.6\pi\ \mathrm{rad/s^2}$$

（2）根据角位置公式 $\theta=\theta_0+\omega_0 t+\frac{1}{2}\beta t^2$，得出这段时间内飞轮的角位移为

$$\Delta\theta=\theta-\theta_0=\omega_0 t+\frac{1}{2}\beta t^2=(30\pi\times50-\frac{1}{2}\times0.6\pi\times50^2)\ \text{rad}=750\pi\ \text{rad}$$

飞轮转过的圈数为

$$N=\frac{\Delta\theta}{2\pi}=\frac{750\pi}{2\pi}\ \text{r}=375\ \text{r}$$

（3）根据 $\omega=\omega_0+\beta t$，得 $t=25$ s 时角速度为

$$\omega=\omega_0+\beta t=(30\pi-0.6\pi\times25)\ \text{rad/s}=15\ \pi\ \text{rad/s}$$

2. 角量和线量的关系

在圆周运动中，线量和角量都是描述同一对象的，因而二者之间必然有着联系。如图 1-16 所示，设圆周半径为 R，则 Δt 时间内质点经过的弧长 Δs 与角位移之间存在如下关系：

$$\Delta s=R\Delta\theta$$

质点运动的速率为

$$v=\lim_{\Delta t\to0}\frac{\Delta s}{\Delta t}=\lim_{\Delta t\to0}\frac{R\Delta\theta}{\Delta t}=R\lim_{\Delta t\to0}\frac{\Delta\theta}{\Delta t}=R\omega$$

进而，有

$$a_{\text{n}}=\frac{v^2}{R}=\frac{(R\omega)^2}{R}=R\omega^2$$

$$a_{\tau}=\frac{\text{d}v}{\text{d}t}=\frac{\text{d}(R\omega)}{\text{d}t}=R\frac{\text{d}\omega}{\text{d}t}=R\beta$$

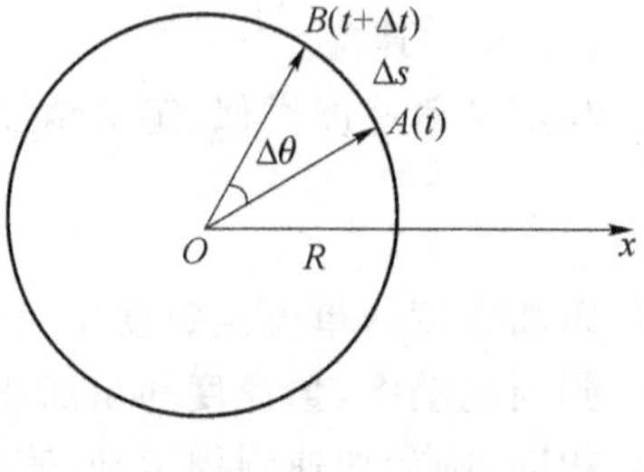

图 1-16 角量和线量的关系

整理以上结论，得圆周运动的角量和线量的关系为

$$\Delta s=R\Delta\theta, v=R\omega, a_{\text{n}}=R\omega^2, a_{\tau}=R\beta \tag{1-26}$$

例 1-8 一质点沿半径为 $R=0.1$ m 的圆周运动，运动方程为 $\theta=2-4t^3$，式中 θ 的单位为 rad，t 的单位为 s。试求：

（1）$t=2$ s 时，质点的切向加速度和法向加速度的大小；

（2）θ 为多大时，切向加速度和法向加速度的大小相等。

解 （1）根据 $\theta=2+4t^3$，可得

$$\omega=\frac{\text{d}\theta}{\text{d}t}=-12t^2,\ \beta=\frac{\text{d}\omega}{\text{d}t}=-24t$$

把 $t=2$ s 代入上式，可得

$$\omega_2=-12\times2^2\ \text{rad/s}=-48\ \text{rad/s},\ \beta_2=-24\times2\ \text{rad/s}^2=-48\ \text{rad/s}^2$$

根据角量和线量的关系，有

$$a_{2\text{n}}=R\omega_2^2=0.1\times(-48)^2\ \text{rad/s}^2=200.4\ \text{m/s}^2$$

$$a_{2\tau}=R\beta_2=0.1\times(-48)\ \text{rad/s}^2=-4.8\ \text{m/s}^2$$

（2）若 $|a_{\text{n}}|=|a_{\tau}|$，应有

$$|R\omega^2|=|R\beta|$$

把 $\omega=-12t^2$，$\beta=-24t$ 代入上式，并整理得

$$144t^4=24t$$

解方程得 $t^3=1/6$，代回运动方程，得

$$\theta=2-4t^3=\left(2-4\times\frac{1}{6}\right)\text{rad}=1.33\ \text{rad}$$

1.5 相对运动

在 1.1 节中曾指出，由于选取不同的参考系，对同一物体运动的描述就会不同，这反映了运动描述的相对性。下面我们研究同一质点在有相对运动的两个参考系中的位移、速度和加速度之间的关系。

当我们研究大轮船上物体的运动时，一方面既要知道该物体对于河岸的运动，另一方面又要知道该物体相对于轮船的运动。为此，我们把河岸(即地球)定义为静止参考系，而把轮船定义为运动参考系。但是，当我们研究宇宙飞船的发射时，则只能把太阳作为静止参考系，而把地球作为运动参考系。这就是说，“静止参考系”、“运动参考系”的称谓都是相对的。在一般情况下，研究地面上物体的运动，把地球作为静止参考系比较方便。

如图 1-17 所示，在一辆相对地面运动的火车中，一物体(视为质点)在 Δt 时间间隔内由 A 点运动到 B 点，物体相对车的位移为 $\Delta\boldsymbol{r}_{物对车}$。从地面参考系来看，在 Δt 内车由 C 点运动到 C' 点，车对地的位移为 $\Delta\boldsymbol{r}_{车对地}$。因此，从地面参考系来看，物体是由 A 点到达 B' 点，其位移为 $\Delta\boldsymbol{r}_{物对地}$。由图 1-17 不难得出如下关系：

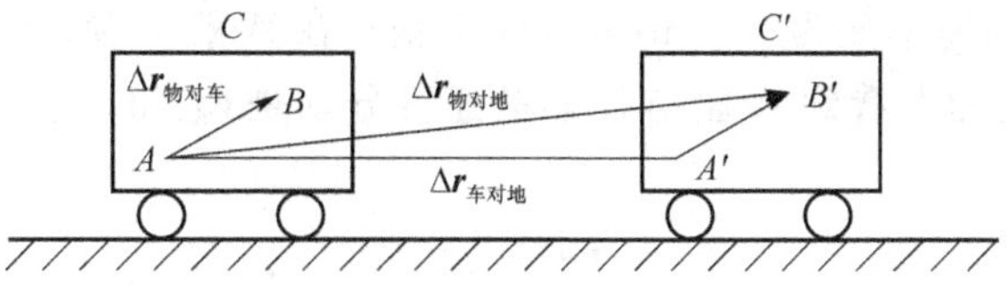

图 1-17 相对运动

$$\Delta\boldsymbol{r}_{物对地}=\Delta\boldsymbol{r}_{物对车}+\Delta\boldsymbol{r}_{车对地} \tag{1-27}$$

式(1-27)就是相对位移之间的关系式。

由速度的定义，物体相对地面的速度为

$$\boldsymbol{v}_{物对地}=\lim_{\Delta t\to 0}\frac{\Delta\boldsymbol{r}_{物对地}}{\Delta t}=\lim_{\Delta t\to 0}\frac{\Delta\boldsymbol{r}_{物对车}}{\Delta t}+\lim_{\Delta t\to 0}\frac{\Delta\boldsymbol{r}_{车对地}}{\Delta t}$$

即

$$\boldsymbol{v}_{物对地}=\boldsymbol{v}_{物对车}+\boldsymbol{v}_{车对地} \tag{1-28}$$

式(1-28)就是物体速度变换的关系式。一般地，地球可以看成“静止”参考系，则物体相对地球的速度叫作**绝对速度**，物体相对运动参考系的速度叫作**相对速度**，运动参考系相对地球参考系的速度叫作**牵连速度**。因此，式(1-28)可以理解为：物体相对地球参考系的绝对速度等于物体相对运动参考系的相对速度与运动参考系相对地球参考系的牵连速度

的矢量和。

式(1-28)可推广到一般情况。以 B、C 代表两个平动参考系，A 代表运动质点，则有

$$\boldsymbol{v}_{A对C}=\boldsymbol{v}_{A对B}+\boldsymbol{v}_{B对C}$$

即一个质点相对参考系 C 的速度等于这个质点相对另一个参考系 B 的速度与参考系 B 相对于参考系 C 的速度的矢量和。这一关系叫作**伽利略速度相加原理**。

若将上式对时间取一阶导数，可得

$$\boldsymbol{a}_{A对C}=\boldsymbol{a}_{A对B}+\boldsymbol{a}_{B对C} \tag{1-29}$$

这就是物体加速度的变换关系式。

当讨论处于同一参考系内质点系各质点间的相对运动时，可以利用以上结论表示质点间的相对位矢和相对速度。

设某质点系由 A 和 B 两质点组成，它们对某一参考系的位矢分别为 $\boldsymbol{r}_A$ 和 $\boldsymbol{r}_B$，如图 1-18 所示。质点系内 B 质点对 A 质点的位矢显然是由 A 引向 B 的矢量 $\boldsymbol{r}_{BA}$。由图可知，利用矢量减法的三角形法则，则有

$$\boldsymbol{r}_{BA}=\boldsymbol{r}_B-\boldsymbol{r}_A \tag{1-30}$$

$\boldsymbol{r}_{BA}$ 称为 B 对 A 的**相对位矢**。

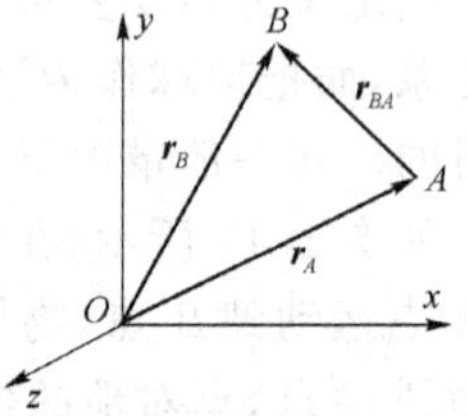

图 1-18　相对位矢

将式(1-30)对时间求一阶导数，可得 B 对 A 的相对速度

$$\boldsymbol{v}_{BA}=\boldsymbol{v}_B-\boldsymbol{v}_A$$

例 1-9　在湖面上以 3.0 m/s 的速率向东行驶的 A 船上看到 B 船以 4.0 m/s 的速率由北面驶近 A 船。

(1) 在湖岸上看，B 船的速度如何？

(2) 如果 A 船的速率变为 6.0 m/s(方向不变)，在 A 船上看，B 船的速度又如何？

解　(1) 设岸上的人看到 A 船与 B 船的速度分别是 $\boldsymbol{v}_A$ 和 $\boldsymbol{v}_B$。A 船看到 B 船的速度为 v，由式(1-28)有

$$\boldsymbol{v}_B=\boldsymbol{v}_A+\boldsymbol{v}$$

$$\boldsymbol{v}=\boldsymbol{v}_B-\boldsymbol{v}_A$$

矢量关系如图 1-19(a)所示。

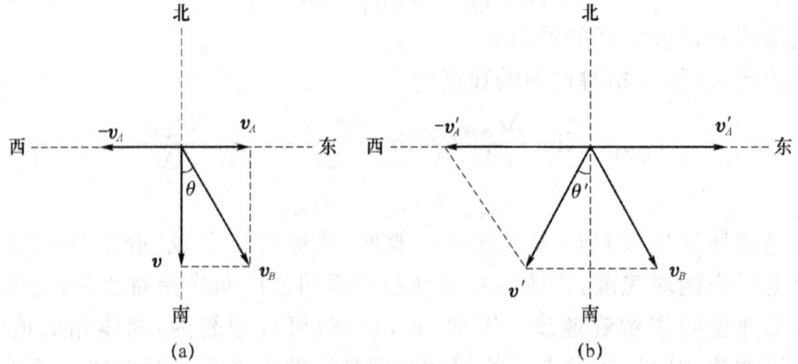

图 1-19　例 1-9 图

由图中很容易得出

$$v_B=\sqrt{v_A^2+v^2}=\sqrt{3^2+4^2}\ \mathrm{m/s}=5.0\ \mathrm{m/s}$$

$$\theta=\arctan\frac{v_A}{v}=\arctan\frac{3}{4}\approx 36°54'$$

即 B 船向南偏东 $36°54'$ 方向行进。

(2) 设 A 船速度为 $\boldsymbol{v}'_A$，在 A 船上看 B 船的速度为 $\boldsymbol{v}'$，其矢量图如图 1-19(b)所示，由于 $v'_A=2v_A$，所以，很容易证明

$$v'=v_B=5.0\ \mathrm{m/s},\theta'\approx 36°54'$$

即方向变为向南偏西 $36°54'$。

例 1-10　一人能在静水中以 1.10 m/s 的速度划船前进，今欲横渡一条宽为 1.00×10^3 m、水流速度为 0.55 m/s 的大河。

(1) 若要从出发点横渡该河而到达正对岸的一点，那么应如何确定划行方向？到达正对岸需多长时间？

(2) 如果希望用最短的时间过河，应如何确定划行方向？船到达岸的位置在什么地方？

解　(1) 船到达对岸所需时间是由船相对于岸的速度 $\boldsymbol{v}$ 决定的，$\boldsymbol{v}$ 的方向应沿正对岸的方向。设水流速度为 $\boldsymbol{u}$，船在静水中划行的速度为 $\boldsymbol{v}'$，由式(1-28)可知，三者满足 $\boldsymbol{v}=\boldsymbol{u}+\boldsymbol{v}'$，如图 1-20 所示，可得

$$\theta=\arcsin\frac{u}{v'}=\arcsin\frac{0.55}{1.10}=30°$$

则船到达正对岸所需时间

$$t=\frac{d}{v}=\frac{d}{v'\cos\theta}=1.05\times10^3\ \mathrm{s}$$

(2) 在划船速度一定的条件下，沿垂直河岸方向划行，过河的时间最短，所需时间为

$$t'=d/v'$$

船达到距正对岸为 l 的下游处，有

$$l=ut'=u\frac{d}{v'}=500\ \mathrm{m}$$

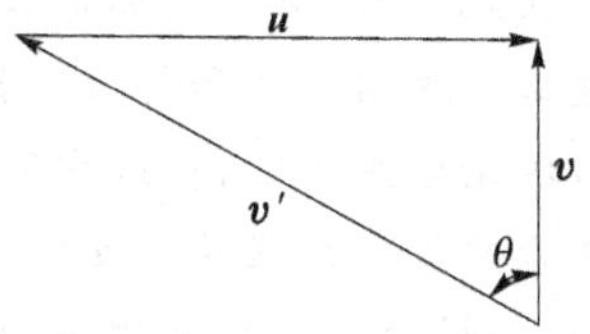

图 1-20　例 1-10 图

阅读材料一

力学的发展

力学又称经典力学，是研究通常尺寸的物体在受力下的形变以及速度远低于光速的运动过程的一门自然科学。力学是物理学、天文学和许多工程学的基础，机械、建筑、航天器和船舰等的合理设计都必须以经典力学为基本依据。

机械运动是物质运动的最基本的形式。机械运动亦即力学运动，是物质在时间、空间中的位置变化，包括移动、转动、流动、变形、振动、波动、扩散等。而平衡或静止则是其中的特殊情况。物质运动的其他形式还有热运动、电磁运动、原子及其内部的运动和化学运动等。

力是物质间的一种相互作用，机械运动状态的变化是由这种相互作用引起的。静止和运动状态不变，则意味着各作用力在某种意义上的平衡。因此，力学可以说是力和（机械）运动的科学。

力学知识最早起源于对自然现象的观察和在生产劳动中的经验。人们在建筑、灌溉等劳动中使用杠杆、斜面、汲水器具，逐渐积累起对平衡物体受力情况的认识。古希腊的阿基米德对杠杆平衡、物体重心位置、物体在水中受到的浮力等作了系统研究，确定了它们的基本规律，初步奠定了静力学即平衡理论的基础。古代人还从对日、月运行的观察和弓箭、车轮等的使用中了解了一些简单的运动规律，如匀速的移动和转动。但是对力和运动之间的关系，只是在欧洲文艺复兴时期以后才逐渐有了正确的认识。伽利略在实验研究和理论分析的基础上，最早阐明自由落体运动的规律，提出加速度的概念。牛顿继承和发展前人的研究成果（特别是开普勒的行星运动三定律），提出物体运动三定律。伽利略、牛顿奠定了动力学的基础。牛顿运动定律的建立标志着力学开始成为一门科学。此后力学的进展在于它所考虑的对象由单个的自由质点转向受约束的质点和受约束的质点系，这方面的标志是达朗贝尔提出的达朗贝尔原理和拉格朗日建立的分析力学。欧拉又进一步把牛顿运动定律推广用于刚体和理想流体的运动方程。欧拉建立理想流体的力学方程可看作是连续介质力学的开端。在此以前，有关固体的弹性、流体的黏性、气体的可压缩性等的物质属性方程已经陆续建立。运动定律和物性定律这两者的结合促使弹性固体力学基本理论和黏性流体力学基本理论孪生于世，在这方面作出贡献的是纳维、柯西、泊松、斯托克斯等人。弹性力学和流体力学基本方程的建立使得力学逐渐脱离物理学而成为独立的学科。另一方面，从拉格朗日分析力学基础上发展起来的哈密顿体系继续在物理学中起作用。从牛顿的运动定律到哈密顿的理论体系组成物理学中的牛顿力学或经典力学。在弹性和流体基本方程建立后，所给出的方程一时难于求解，工程技术中许多应用力学问题还需依靠经验或半经验的方法解决。这使得 19 世纪后半叶在材料力学、结构力学同弹性力学之间，水力学和水动力学之间一直存在着风格上的显著差别。到 20 世纪初，在流体力学和固体力学中，实际应用同数学理论的上述两个方面开始结合。此后力学便蓬勃发展起来，创立了许多新的理论，同时也解决了工程技术中大量的关键性问题，如航空工程中的声障问题和航天工程中的热障问题。这种理论和实际密切结合的力学的先导者是普朗特和卡门。他们在力学研究工作中善于从复杂的现象中洞察事物本质，又能寻找合适的解决问题的数学途径，逐渐形成一套特有的方法。从 20 世纪 60 年代起，电子计算机应用日益广泛，力学无论在应用上或理论上都有了新的进展。力学继承它过去同航空和航天工程技术结合的传统，在同其他各种工程技术以及同自然科学的其他学科的结合中，开拓自己新的应用领域。

思考题

1-1　试写出质点的运动学方程。

1-2　位移和路程有何区别？

1-3　速度和速率有何区别？

1-4　描述圆周运动的物理量一般有哪些？如何用角量对其进行描述？

1-5　如果一个质点的加速度与时间的关系是线性的，那么该质点的速度和位矢与时间的关系是否也是线性的呢？

1-6　请结合匀速圆周运动比较平均速度和瞬时速度。

1-7　物体速度为零时，其加速度是否也一定为零？物体的加速度为零时，其速度是否一定为零？

练习题

1-1　一质点的运动方程为 $\boldsymbol{r}=3t^2\boldsymbol{i}\ \mathrm{m}+(t^3-4)\boldsymbol{j}\mathrm{m}$。试求：

(1) $t=2$ s 时，质点的位置矢量；

(2) 0～2 s 质点的位移及平均速度；

(3) $t=2$ s 时，质点的速度和加速度。

1-2　一汽车在半径为 400 m 的圆弧弯道上行驶。某时刻汽车的速率为 36 km/h，切向加速度的大小为 0.2 $\mathrm{m/s^2}$，切向加速度的方向与速度的方向相反。试求：

(1) 此时汽车的法向加速度的大小；

(2) 角加速度的大小。

1-3　质点在半径为 10 m 的圆轨道上运动，其切向加速度大小为 0.20 $\mathrm{m/s^2}$。$t=0$ 时，质点从某点出发，初速度为零，求 $t=10$ s 时的法向加速度和总加速度。

1-4　一运动质点在某瞬时位于矢径 $\boldsymbol{r}(x,y)$ 的端点处，其速度大小为（　　）。

A. $\dfrac{\mathrm{d}r}{\mathrm{d}t}$　　　　B. $\dfrac{\mathrm{d}\boldsymbol{r}}{\mathrm{d}t}$

C. $\dfrac{\mathrm{d}|\boldsymbol{r}|}{\mathrm{d}t}$　　　　D. $\sqrt{\left(\dfrac{\mathrm{d}x}{\mathrm{d}t}\right)^2+\left(\dfrac{\mathrm{d}y}{\mathrm{d}t}\right)^2}$

1-5　一人以与地面成 $30°$ 夹角将足球踢出，其球速为 20 m/s，而空气对足球的影响可以忽略。求：

（1）足球轨迹最高点处的曲率半径；

（2）足球落地时所飞行的水平距离。

1-6　一人乘摩托车跳越一个大矿坑，他以与水平方向成 $22.5°$ 夹角的初速度 65 m/s 从西边起跳，准确地落在坑的东边，已知东边比西边低 70 m，忽略空气阻力。问：

（1）矿坑有多宽？他飞越的时间多长？

（2）他在东边落地时的速度多大？速度与水平面的夹角多大？

1-7　一辆汽车沿笔直的公路前进，运动方程为 $x=30t-8t^2$，式中，x 以 m 为单位，t 以 s 为单位。试求：

（1）0～3 s 时间内汽车的位移；

（2）汽车在何时改变行驶方向，此时汽车距出发点的距离；

（3）0～3 s 时间内汽车行驶的路程。

1-8　商场扶梯可以在 30 s 内把在扶梯上静止的人送到楼上。如果扶梯不动，人自己沿扶梯上楼，则需 90 s。试求：若扶梯开动，人同时拾阶而上，则人需多长时间到达楼上？

1-9　一质点具有恒定加速度 $\boldsymbol{a}=6\boldsymbol{i}+4\boldsymbol{j}$，式中 $\boldsymbol{a}$ 的单位为 $\mathrm{m/s^2}$。在 $t=0$ 时，其速度为零，位置矢量 $\boldsymbol{r}_0=10\ \mathrm{m}\boldsymbol{i}$。求：

（1）在任意时刻的速度和位置矢量；

（2）质点在 xOy 平面上的轨道方程，并画出轨道的示意图。

1-10　在相对地面静止的坐标系内，A、B 两船都以 2 m/s 速率匀速行驶，A 船沿 x 轴正向行驶，B 船沿 y 轴正向行驶。今在 A 船上设置与静止坐标系方向相同的坐标系（x、y 方向单位矢量用 $\boldsymbol{i}$、$\boldsymbol{j}$ 表示），那么在 A 船上的坐标系中，B 船的速度（以 m/s 为单位）为（　　）。

A. $2\boldsymbol{i}+2\boldsymbol{j}$　　B. $-2\boldsymbol{i}+2\boldsymbol{j}$　　C. $-2\boldsymbol{i}-2\boldsymbol{j}$　　D. $2\boldsymbol{i}-2\boldsymbol{j}$

1-11　大爆炸宇宙学认为，我们的宇宙产生于一次大爆炸，而后各星云便以一定的速度飞离银河系中心。天文观测发现，牧夫座内一星云离银河系中心的距离约为 2.74×10^9 光年，目前正以 3.93×10^7 m/s 的速度离中心而去，据此估算宇宙的年龄。

1-12　在离水面高度为 h 的岸壁上，有人用绳子拉船靠岸，船位于离岸壁 s 距离处，当以 v_0 的速度收绳时，试求船的速度、加速度的大小各为多少？

1-13　一个人扔石头，如习题 1-13 图所示，他的最大出手速率为 $v_0=25\ \mathrm{m/s}$，若忽略空气阻力。试求：

(1) 他能否击中与他水平距离为 $L=50\ \mathrm{m}$、距手高度为 $h=13\ \mathrm{m}$ 的一个目标；

(2) 若保持水平距离不变，则他能击中的最大高度是多少？

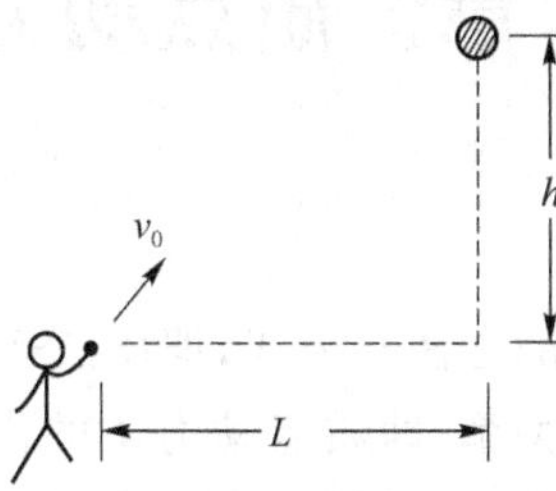

习题 1-13 图

1-14　跳水运动员自 10 m 跳台自由下落，入水后因受水的阻碍而减速，设加速度 $a=-kv^2$，$k=0.4\ \mathrm{m^{-1}}$，求运动员速度减为入水速度的 1/10 时的入水深度。

1-15　一质点从静止开始做直线运动，开始时加速度为 a_0，此后加速度随时间均匀增加，经过时间 τ 后，加速度为 $2a_0$，经过时间 2τ 后，加速度为 $3a_0$……求经过时间 $n\tau$ 后，该质点的速度和走过的距离。

1-16　一学生进行铅球比赛，设铅球出手时离地面高度为 1.6 m，速度大小为8 m/s，方向与地面成 45°角，问该学生的铅球能投多远？

1-17　一质点由静止开始做直线运动，初始加速度为 a_0，以后加速度均匀增加，每经过 τ 增加 a_0，求经过 t 后质点的速度和运动的距离。

1-18　一无风的下雨天，一列火车以 $v_1=20.0\ \mathrm{m/s}$ 的速度匀速前进，在车内的旅客看见玻璃窗外的雨滴和垂线成 75°角下降，求雨滴下落的速度 v_2（设下降的雨滴做匀速运动）。

1-19　河水自西向东流动，速度为 10 km/h。一轮船在水中航行，船相对于河水的航向为北偏西 30°，相对于河水的航速为 20 km/h。此时风向为正西，风速为 10 km/h。试求在船上观察到的烟囱冒出烟缕的飘向（设烟离开烟囱后很快就获得与风相同的速度）。

1-20　一高速柴油机飞轮的直径为 0.5 m，当其转速达到 20 r/s 时，距转轴 0.1 m 及 0.25 m 处质量元的角速度及线速度各为多少？

1-21　一质点沿半径为 0.1 m 的圆周运动，其角坐标 θ 可用下式来表示：

$$\theta=2+4t^3\ (\theta\ 以\ \mathrm{rad}\ 计，t\ 以\ \mathrm{s}\ 计)$$

试问：

(1) 在 $t=2\ \mathrm{s}$ 时，法向加速度和切向加速度各是多少？

(2) 当 θ 等于多少时，其总加速度与半径成 45°角。

第 2 章　质点动力学

第 1 章讨论了描述质点运动的方法和公式，即质点运动学的相关知识，从本章开始研究质点运动状态变化与其受力的关系，即质点动力学的内容。力是改变物体运动状态的原因，力与物体运动状态变化之间的关系可以通过牛顿运动定律来反映。牛顿运动定律是质点动力学的理论基础，也是整个物理学的基础。本章首先介绍牛顿运动定律以及如何利用它们分析解决问题，然后介绍力对时间及空间的积累效果，即动量守恒和能量守恒的相关知识。

2.1　牛顿运动定律

1687 年牛顿在《自然哲学的数学原理》中提出了三条运动定律，后来这三条定律分别被称为牛顿第一定律、牛顿第二定律和牛顿第三定律。

2.1.1　牛顿第一定律

任何物体都将保持静止或匀速直线运动状态，直到作用在它上面的力迫使它改变这种状态为止。这一规律称为**牛顿第一定律**。

对于牛顿第一定律的理解需要注意以下几点。

(1) 第一定律表明，任何物体都具有保持其原有运动状态不变的性质，我们把这个性质称为物体的**惯性**。因而，第一定律又被称为惯性定律。惯性是物体本身所固有的属性，任何物体在任何状态下都具有惯性。在质点力学范畴，物体的惯性大小与物体的质量有关，因而物体的质量有时也被称为惯性质量。

(2) 第一定律指出，力是改变物体运动状态的原因。力是物体间的相互作用，是使物体产生加速度的原因，而不是使物体运动的原因。第一定律定性地给出了力和加速度之间的关系。

(3) 第一定律定义了一类特殊的参考系——惯性系。依据第一定律可知，当物体不受外力作用时将保持原来的运动状态——静止或匀速直线运动。但第 1 章中已经介绍了，运动的描述是相对的，在不同的参考系中观察同一个运动往往得出不同的结论。例如，车厢中光滑的桌面上放置一物体，在车由静止突然开动时物体会滑向车厢的后侧。如果在地面参考系中,这一现象很容易解释:物体不受水平方向的力,要保持原来的静止状态,而车向前运动,因而物体相对于车向后运动。但如果在车厢参考系中,这一现象就很难解释了:物体不受水平力作用,应保持其原来的相对于车厢静止的状态,但物体却突然向后运动,这向后运动的力从哪里来的呢?显然,在车厢这一参考系中,牛顿第一定律不再适用。我们把牛顿定律不适用的参考系称为**非惯性系**,相应地,牛顿定律适用的参考系称为**惯性系**。

严格的惯性系是没有的。地球是最常用的惯性系,但精确的观察表明,地球不是严格的惯性系,因为地球既有绕太阳的公转,又有自转现象。于是人们又想到选太阳作惯性系,但太阳也有转动现象,也不是严格的惯性系。不过,对于大多数地球上物体的运动问题,如果精度要求不是很高,地球可以作为近似的惯性系。而对于太阳系内物体的运动,太阳则可作为近似的惯性系。另外,可以证明(证明从略),如果选定了惯性系,则相对于惯性系静止或匀速直线运动的参考系也都是惯性系,而相对于惯性系做加速运动的参考系则是非惯性系。

2.1.2 牛顿第二定律

物体所获得的加速度 a 的大小与物体所受的合外力 $\boldsymbol{F}=\sum \boldsymbol{F}_i$ 的大小成正比,与物体的质量 m 成反比,加速度的方向与合外力的方向相同。这一规律称为**牛顿第二定律**。

牛顿第二定律确定了力、质量和加速度三者之间的关系,其数学表达式为

$$\boldsymbol{F}=m\boldsymbol{a} \tag{2-1}$$

考虑到加速度 $\boldsymbol{a}=\dfrac{\mathrm{d}\boldsymbol{v}}{\mathrm{d}t}=\dfrac{\mathrm{d}^2\boldsymbol{r}}{\mathrm{d}t^2}$,牛顿第二定律的表达式还可写为

$$\boldsymbol{F}=m\frac{\mathrm{d}\boldsymbol{v}}{\mathrm{d}t}=m\frac{\mathrm{d}^2\boldsymbol{r}}{\mathrm{d}t^2} \tag{2-2}$$

以上两式都是矢量式,在具体应用时,往往采用投影式。在直角坐标系中,式(2-1)、式(2-2)的投影式为

$$\left.\begin{aligned} F_x&=ma_x=m\frac{\mathrm{d}v_x}{\mathrm{d}t}=m\frac{\mathrm{d}^2x}{\mathrm{d}t^2}\\ F_y&=ma_y=m\frac{\mathrm{d}v_y}{\mathrm{d}t}=m\frac{\mathrm{d}^2y}{\mathrm{d}t^2}\\ F_z&=ma_z=m\frac{\mathrm{d}v_z}{\mathrm{d}t}=m\frac{\mathrm{d}^2z}{\mathrm{d}t^2}\end{aligned}\right\} \tag{2-3}$$

式中,F_x、F_y、F_z 分别是合外力 $\boldsymbol{F}$ 在 x、y、z 轴上的投影;a_x、a_y、a_z,v_x、v_y、v_z 和 x、y、z 分别是质点的加速度 $\boldsymbol{a}$、速度 $\boldsymbol{v}$、位矢 $\boldsymbol{r}$ 在各坐标轴上的投影。

在自然坐标系中,研究质点在某个平面上的运动时,牛顿第二定律的投影式可写成

$$\left.\begin{aligned} F_\tau&=ma_\tau=m\frac{\mathrm{d}v}{\mathrm{d}t}\\ F_\mathrm{n}&=ma_\mathrm{n}=m\frac{v^2}{\rho}\end{aligned}\right\} \tag{2-4}$$

式中，F_τ、F_n 分别是合外力 $\boldsymbol{F}$ 在切向和法向上的投影；a_τ 及 a_n 分别是质点的加速度 $\boldsymbol{a}$ 在切向和法向上的投影；ρ 是质点所在处的曲率半径。

以上这些方程都叫质点动力学方程。从原则上讲，只要知道了质点运动的初始条件（即 $t=t_0$ 时，质点的位置 x_0、y_0、z_0 和速度 v_{0x}、v_{0y}、v_{0z}）及所受的作用力，就可以通过质点的动力学方程来确定该质点在任一时刻（$t>t_0$）的状态及其变化情况。

牛顿第二定律是经典力学的核心，应用它来处理力学问题时，如下几点应该引起注意。

(1) 牛顿定律只适用于处理宏观、低速（远小于光速）物体的运动，对于微观物体（粒子）的运动，需要用量子力学来处理；对于高速（可与光速相比拟）运动的物体，则需应用相对论来处理。

(2) 牛顿第二定律的数学表达式中力 $\boldsymbol{F}$ 是个合外力，只有合外力才能改变物体运动的状态，产生加速度。换言之，合外力是产生加速度的原因。

(3) 牛顿第二定律是合外力与加速度之间的瞬时关系：某一时刻合外力作用，那一时刻的物体就有加速度，否则就没有加速度，反之亦然。

2.1.3 牛顿第三定律

当物体 A 以力 F_1 作用在物体 B 上时，物体 B 也必定同时以力 F_2 作用在物体 A 上。F_1 和 F_2 大小相等，方向相反，且力的作用线在同一直线上，即

$$\boldsymbol{F}_1=-\boldsymbol{F}_2 \tag{2-5}$$

这一规律称为**牛顿第三定律**。

对于牛顿第三定律，必须注意如下几点。

(1) 作用力与反作用力总是成对出现，且作用力与反作用力之间的关系是一一对应的。

(2) 作用力与反作用力是分别作用在两个物体上的，因此绝对不是一对平衡力。

(3) 作用力与反作用力一定是属于同一性质的力。如果作用力是万有引力，那么反作用力也一定是万有引力；作用力是摩擦力，反作用力也一定是摩擦力；作用力是弹力，反作用力也一定是弹力。

在牛顿力学中强调作用力与反作用力大小相等，方向相反，且力的作用线在同一直线上，这种情况只在物体的运动速度远小于光速时成立。若相对论效应不能忽略时，牛顿第三定律的这种表达就失效了，这时取而代之的是动量守恒定律。因此，有人说，牛顿第三定律只是动量守恒定律在经典力学中的一种推论。

2.1.4 牛顿运动定律的应用

利用牛顿运动定律求解力学问题时，可按下述思路分析。

(1) 选取研究对象。应用牛顿运动定律求解质点动力学问题时，首先应选定一个物体(当成质点)作为分析对象。进行具体分析时，可以把研究对象从一切和它有关联的其他物体中隔离出来，称之为**隔离体**。隔离体可以是几个物体的组合或某个特定物体，也可以是某个物体的一部分，视问题性质而定。

(2) 画出受力图。分析研究对象的运动状态，包括它的轨迹、速度和加速度，问题涉及几个物体时，还要找出它们的运动之间的联系，并进而找出研究对象所受的所有外力。画简单的示意图表示物体受力情况与运动情况，这种图叫**受力图**。

(3) 选取坐标系。根据题目具体条件选取坐标系是解动力学问题的一个重要步骤，坐标系选取得适当可使运算简化。

(4) 列方程求解。根据选取的坐标系，列出研究对象的运动方程和其他辅助方程。

(5) 讨论。讨论结果的物理意义，判断其是否合理和正确。

动力学问题一般有两类，一类是已知力的作用情况求运动；另一类是已知运动情况求力。这两类问题的分析方法都是一样的，都可以按上面的步骤进行，只是未知数不同。

例 2-1　升降机内有一光滑斜面，固定在底板上，斜面倾角为 θ。当升降机以匀加速度 $\boldsymbol{a}_1$ 竖直上升时，质量为 m 的物体从斜面顶端沿斜面开始下滑，如图 2-1 所示。已知斜面长为 l，求物体对斜面的压力以及物体从斜面顶点滑到底部所需的时间。

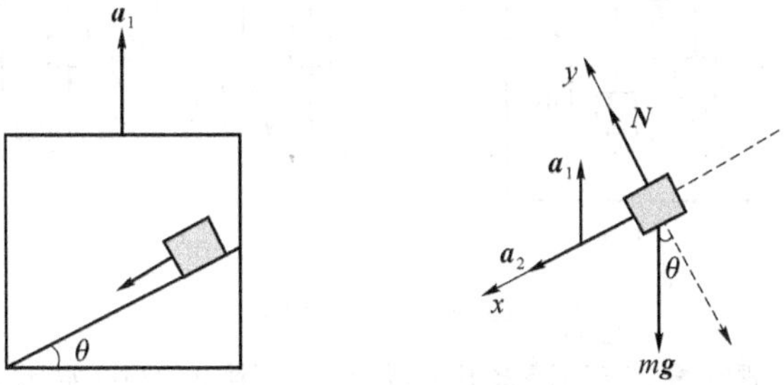

图 2-1　例 2-1 图

解　以物体 m 为研究对象，其受到斜面的正压力 $\boldsymbol{N}$ 和重力 $m\boldsymbol{g}$。以地面为参考系，设物体 m 相对于斜面的加速度为 $\boldsymbol{a}_2$，方向沿斜面向下，则物体相对于地面的加速度为

$$\boldsymbol{a}=\boldsymbol{a}_1+\boldsymbol{a}_2$$

设 x 轴正向沿斜面向下，y 轴正向垂直斜面向上，则对 m 应用牛顿定律列方程如下：

x 方向　　$mg\sin\theta=m(a_2-a_1\sin\theta)$

y 方向　　$N-mg\cos\theta=ma_1\cos\theta$

解方程，得

$$a_2=(g+a_1)\sin\theta$$

$$N=m(g+a_1)\cos\theta$$

由牛顿第三定律可知，物体对斜面的压力 N' 与斜面对物体的压力 N 大小相等，方向相反，即物体对斜面的压力为

$$N'=m(g+a_1)\cos\theta$$

垂直指向斜面。

因为 m 相对于斜面以加速度

$$a_2=(g+a_1)\sin\theta$$

沿斜面向下做匀变速直线运动，所以

$$l=\frac{1}{2}a_2t^2=\frac{1}{2}(g+a_1)\sin\theta t^2$$

得

$$t=\sqrt{\frac{2l}{(g+a_1)\sin\theta}}$$

例 2-2 如图 2-2(a)所示，设电梯中有一质量可以忽略的滑轮，在滑轮两侧用轻绳悬挂着质量分别为 m_1 和 m_2 的两个物体 A 和 B，且 $m_1>m_2$。若滑轮与绳间无滑动以及轮轴的摩擦力略去不计，当电梯(1)匀速上升，(2)匀加速上升时，求绳中的张力和物体相对于电梯的加速度。

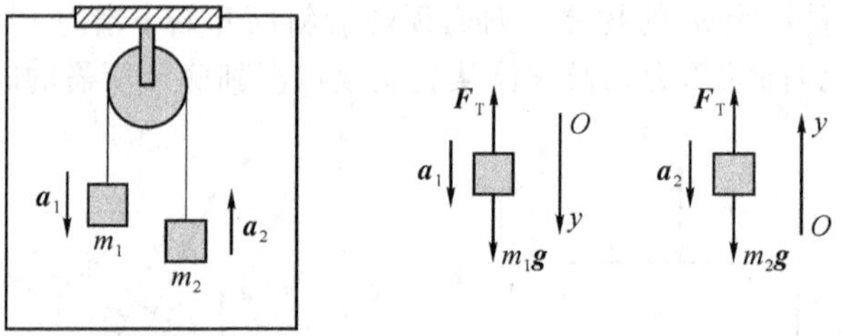

图 2-2 例 2-2 图

解 选取地面为惯性参考系，隔离出两物体，如图 2-2(b)所示，物体都受两力作用：绳的拉力和重力。

(1) 当电梯匀速上升时，物体对电梯的加速度等于它们对地面的加速度。考虑滑轮与绳间无滑动。且绳子无伸缩，故两物体加速度的大小应相等，即 m_1 以 a_1 向下运动，m_2 以 a_2 向上运动，且 $a_1=a_2=a_r$，而且绳中的张力处处相等，即 $F_{T1}=F_{T2}=F_T$，选取如图 2-2(b)所示的坐标系，根据牛顿第二定律，有

$$m_1g-F_T=m_1a_1 \quad ①$$

$$F_T-m_2g=m_2a_2 \quad ②$$

联立①、②两式，并由 $a_1=a_2=a_r$ 可得两物体相对电梯的加速度大小为

$$a_r=\frac{m_1-m_2}{m_1+m_2}g$$

把 a_r 代入式①，解得绳中的张力为

$$F_T=\frac{2m_1m_2}{m_1+m_2}g \quad ③$$

(2) 当电梯以加速度 $\boldsymbol{a}$ 上升时，两物体相对地面的加速度分别为 $a_1=a_r-a$ 和 $a_2=a_r+a$，

且 $F_{T1}=F_{T2}=F_T$，由牛顿第二定律，有

$$m_1g-F_T=m_1(a_r-a) \quad ④$$

$$F_T-m_2g=m_2(a_r+a) \quad ⑤$$

由式④和式⑤，可得相对电梯的加速度大小及绳中的张力分别为

$$a_r=\frac{m_1-m_2}{m_1+m_2}(g+a)$$

$$F_T=\frac{2m_1m_2}{m_1+m_2}(g+a)$$

显然，如果 $a=0$，归结为电梯匀速上升的结果。如果 $a=-a$，可得电梯以加速度 $\boldsymbol{a}$ 下降的结果：

$$a_r=\frac{m_1-m_2}{m_1+m_2}(g-a)$$

$$F_T=\frac{2m_1m_2}{m_1+m_2}(g-a)$$

2.2　非惯性系与惯性力

通过 2.1 节的学习可以知道，在惯性系中可以应用牛顿定律研究问题，而在非惯性系中牛顿运动定律不再适用。但实际中，人们常常需要接触非惯性系，这时该应用什么规律研究问题呢？

下面以 2.1 节所提的车厢中光滑桌面上物体的运动为例来讨论这个问题。如图 2-3(a)所示，在车开动的瞬间，以车厢为参考系对物体进行受力分析并画出受力图，如图 2-3(b)所示。物体受两个力作用，一个是竖直向下的重力，另一个是竖直向上的支持力，物体不受水平方向的力，因而物体应保持原来的状态——静止。但实际上，车厢内的人却看到了物体水平方向的运动，显然这是用牛顿定律无法解释的。为什么在车厢参考系中用牛顿定律解释不了这一现象呢？原因很简单，车厢由静止开始运动，必然有相对于地面的加速度，地面是惯性系，相对于惯性系加速运动的参考系不再是惯性系，而是非惯性系。在非惯性系中牛顿定律是不适用的，因而在车厢参考系中，用牛顿定律无法解释物体的运动。

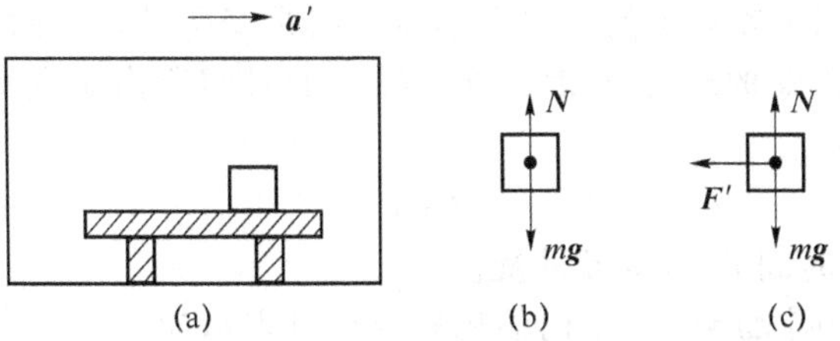

图 2-3　非惯性力

那么，能不能把原来的牛顿定律加以适当的修改，从而使其在非惯性系中仍然适用呢？仍以车厢中运动的物体为例，如果在车厢这一非惯性系中，对物体进行受力分析时，除了前面所画出的两个实际存在的力之外，再人为地假想出一个力 $\boldsymbol{F}'$，如图 2-3(c)所示，这个力的方向与车厢的加速度 $\boldsymbol{a}'$ 方向相反，大小为物体的质量与车厢加速度大小的乘积，即 $\boldsymbol{F}'=-m\boldsymbol{a}'$，在此基础上，再应用牛顿定律解释物体的运动。根据牛顿定律，得

$$\boldsymbol{F}'+\boldsymbol{N}+m\boldsymbol{g}=m\boldsymbol{a}$$

式中，重力和支持力是一对平衡力，相互抵消；代入假想的力 $\boldsymbol{F}'=-m\boldsymbol{a}'$，则有

$$-m\boldsymbol{a}'=m\boldsymbol{a}$$

在车厢参考系中观测，物体相对于车厢的加速度为

$$\boldsymbol{a}=-\boldsymbol{a}'$$

该式表明，物体具有一个相对于车厢向后的加速度。可见，人为引入假想力之后，在车厢这一非惯性系中就可以使用牛顿运动定律研究问题了。

在非惯性系中，为使牛顿运动定律仍然适用而人为引入的假想力 $\boldsymbol{F}'$ 称为**惯性力**。对于惯性力的理解需要注意以下两点。

(1) 惯性力是假想力。惯性力是为了在非惯性系中使用牛顿定律而人为引入的，它与重力、支持力等不同，它不是实际存在的力，没有施力物体，只有受力物体。

(2) 惯性力的大小等于研究对象的质量与非惯性系加速度大小的乘积，惯性力的方向与非惯性系加速度 $\boldsymbol{a}'$ 的方向相反，即

$$\boldsymbol{F}'=-m\boldsymbol{a}' \tag{2-6}$$

2.3 动量定理与动量守恒定律

牛顿第二定律给出了力的瞬时效应，而伴随着物体运动状态的改变，必定要经历时间和空间的积累过程。本节将研究力对时间的积累效果。首先为了描述力在一段时间的积累作用，引入冲量的概念。在冲量的作用下，质点的动量发生了变化，引入动量定理进行定量描述，之后讨论一种特殊情况——动量守恒定律。

2.3.1 冲量与动量

1. 冲量

一般情况下，作用于物体上的力的大小和方向是变化的，但在极短的时间间隔内，可认为其不变，$\mathrm{d}t$ 表示极短的时间，$\boldsymbol{F}$ 表示这一极短的时间段内质点所受的力，该力所产生的积累效果可表示为

$$\mathrm{d}\boldsymbol{I}=\boldsymbol{F}\mathrm{d}t \tag{2-7}$$

式中，$\mathrm{d}\boldsymbol{I}$ 称为力 $\boldsymbol{F}$ 在时间 $\mathrm{d}t$ 内的**元冲量**。

变力 $\boldsymbol{F}$ 在时间间隔 $\Delta t=t_2-t_1$ 内的积累效果可表示为

$$\boldsymbol{I}=\int_{t_1}^{t_2}\boldsymbol{F}\mathrm{d}t \tag{2-8}$$

式中，I 称为力 F 在时间 Δt 内的**冲量**。

冲量是过程量，它描述了力在这段时间内的积累效果。冲量的单位是牛[顿]秒(N·s)。冲量是矢量，在直角坐标系下有如下的分量形式：

$$I_x = \int_{t_1}^{t_2} F_x \mathrm{d}t$$

$$I_y = \int_{t_1}^{t_2} F_y \mathrm{d}t$$

$$I_z = \int_{t_1}^{t_2} F_z \mathrm{d}t$$

2. 动量

速度是反映物体运动状态的物理量。经验告诉我们，要使速度相同的两辆车停下来，质量大的要比质量小的困难些；同样，要使质量相同的两辆车停下来，速度大的要比速度小的困难些。类似的例子还有很多，也就是说，从动力学的角度来考察物体机械运动状态时，必须同时考虑速度和质量这两个因素。为此，人们引入动量的概念。

质点的质量 m 与速度 $\boldsymbol{v}$ 的乘积定义为质点的动量，用 $\boldsymbol{p}$ 表示，即

$$\boldsymbol{p}=m\boldsymbol{v} \tag{2-9a}$$

动量 $\boldsymbol{p}$ 是描述质点运动的状态量，是矢量，其方向与速度 $\boldsymbol{v}$ 的方向相同。在国际单位制中，动量的单位是千克米每秒(kg·m·s^{-1})。

对于由 n 个质点所构成的质点系，若各质点的质量分别为 $m_1, m_2, \cdots, m_n$，速度分别为 $\boldsymbol{v}_1, \boldsymbol{v}_2, \cdots, \boldsymbol{v}_n$，则系统的动量定义为系统内各质点动量的矢量和，即

$$\boldsymbol{p} = \sum_{i=1}^{n} \boldsymbol{p}_i = \sum_{i=1}^{n} m_i \boldsymbol{v}_i \tag{2-9b}$$

2.3.2　动量定理

1. 质点的动量定理

在牛顿力学范围内，物体的质量是一个不变量，所以牛顿第二定律可表述为

$$\boldsymbol{F}=m\frac{\mathrm{d}\boldsymbol{v}}{\mathrm{d}t}=\frac{\mathrm{d}\boldsymbol{p}}{\mathrm{d}t} \tag{2-10}$$

上式表明，**质点所受到的合外力等于质点的动量对时间的变化率。**式(2-10)比式(2-2)更具有普遍意义，它在相对论力学中依然适用。将式(2-10)化为

$$\boldsymbol{F}\mathrm{d}t=\mathrm{d}(m\boldsymbol{v})=\mathrm{d}\boldsymbol{p}$$

设外力对质点的作用时间从 t_1 到 t_2，将上式积分得

$$\int_{t_1}^{t_2} \boldsymbol{F}(t)\mathrm{d}t = \boldsymbol{p}_2 - \boldsymbol{p}_1 = m\boldsymbol{v}_2 - m\boldsymbol{v}_1 \tag{2-11}$$

式中，$\boldsymbol{v}_1$ 和 $\boldsymbol{p}_1$ 是质点在 t_1 时刻的速度和动量；$\boldsymbol{v}_2$ 和 $\boldsymbol{p}_2$ 是质点在 t_2 时刻的速度和动量；而 $\int_{t_1}^{t_2} \boldsymbol{F}(t)\mathrm{d}t$ 是质点所受的外力在 t_1 到 t_2 这段时间内的累积量，称为**力的冲量**，用符号 $\boldsymbol{I}$ 表示。冲量 $\boldsymbol{I}$ 是矢量，其方向与质点动量增量的方向一致。式(2-11)表明，**质点在运动过程**

中所受合外力的冲量等于质点在这段时间内动量的增量。这就是**质点的动量定理**。在国际单位制中，冲量的单位为牛[顿]秒(N·s)。

如果力 $\boldsymbol{F}$ 在运动过程中时刻改变着，物体的速度可以逐点不同，但不管物体在运动过程中的动量如何变化，质点所受合外力的冲量只与物体始末状态的动量有关，这便是应用动量定理解决问题的优势所在。

若 $\boldsymbol{F}$ 是恒力，则冲量为 $\boldsymbol{I}=\boldsymbol{F}\Delta t$。在打击、碰撞等问题中，物体与物体之间的相互作用时间极其短暂，但作用力却很大，这种力称为**冲力**。由于冲力随时间的变化非常大，很难用确切的函数式来表示，因此可用平均冲力来替代，此时的冲量可表示为 $\boldsymbol{I}=\overline{\boldsymbol{F}}(t_2-t_1)$。

引入平均冲力后，动量定理可表示为

$$\boldsymbol{I}=\overline{\boldsymbol{F}}(t_2-t_1)=\boldsymbol{p}_2-\boldsymbol{p}_1 \tag{2-12}$$

在处理一般的碰撞问题时，可以从质点动量的变化求出作用时间内的平均冲力。可以看出，在物体的动量变化一定的情况下，作用时间越短，物体受到的平均冲力就越大；反之，作用时间越长，物体受到的平均冲力就越小。例如，易碎物品在装运过程中采取的松软包装，体育场地内的沙坑、软垫子等都是通过延长作用时间而减小物体受到的冲力。

式(2-11)、式(2-12)是动量定理的矢量表达式，应用中常采用分量式。在直角坐标系中，其分量式为

$$\begin{aligned} I_x &= \int_{t_1}^{t_2} F_x \mathrm{d}t = mv_{2x} - mv_{1x} \\ I_y &= \int_{t_1}^{t_2} F_y \mathrm{d}t = mv_{2y} - mv_{1y} \\ I_z &= \int_{t_1}^{t_2} F_z \mathrm{d}t = mv_{2z} - mv_{1z} \end{aligned} \tag{2-13}$$

上式表明，**质点在某一方向上所受的外力的冲量等于质点在该方向上动量的增量。**

例 2-3 一质量为 $m=0.2$ kg 的小球以 $v_0=8$ m/s 的速率沿与地面法向成 60°角的方向射向光滑水平地面，与地面碰撞后，以同样大小的速率沿与地面法向成 60°角的方向飞出，如图 2-4(a)所示。设球与地面的碰撞时间为 $\Delta t=0.01$ s，试求小球给地面的平均冲力。

解 以小球为研究对象，对小球进行受力分析。小球受力与运动方向不在同一直线上，建立直角坐标系，如图 2-4(b)所示。

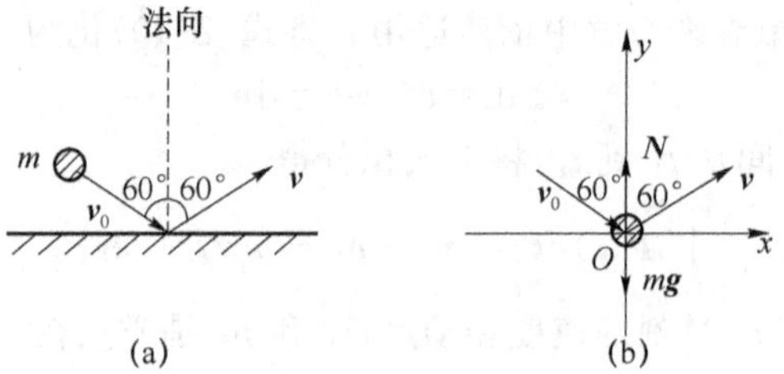

图 2-4　例 2-3 图

在两坐标轴方向分别列动量定理分量式，有

x 方向　　　　$F_x\Delta t=mv_x-mv_{0x}=mv\sin 60^\circ-mv_0\sin 60^\circ$

把 $v=v_0$ 代入，解此方程可得，小球在水平方向动量变化为零，因而小球在水平方向受力 $F_x=0$。

y 方向　　　　$(N-mg)\Delta t=mv_y-mv_{0y}=2mv_0\cos 60^\circ$

解此方程可得，小球受地面给的支持力大小为

$$N=\frac{2mv_0\cos 60^\circ}{\Delta t}+mg=161.96\ \mathrm{N}$$

小球给地面的平均冲力与地面给小球的支持力是作用力和反作用力，因而小球给地面的平均冲力大小为 161.96 N，方向竖直向下。

比较平均冲力与小球的重力 $mg=1.96$ N 可知，重力占冲力的很小一部分，可以忽略不计。在许多实际问题中，有限大小的力(如重力)和冲力同时存在时，有限大小的力都可以忽略不计。

2. 质点系的动量定理

如果研究的对象是多个质点，则称为**质点系**。一个不能抽象为质点的物体也可认为是由多个(直至无限个)质点所组成。从这种意义上讲，力学又可分为质点力学和质点系力学。从现在开始我们将多次涉及质点系力学的某些内容。

当研究对象是质点系时，其受力就可分为"内力"和"外力"。凡质点系内各质点之间的作用称为内力(如图 2-5 所示)，质点系以外物体对质点系内质点的作用力称为外力。由牛顿第三定律可知，质点系内质点间相互作用的内力必定是成对出现的，且每对作用内力都必沿两质点连线的方向。这些就是研究质点系力学的基本观点。

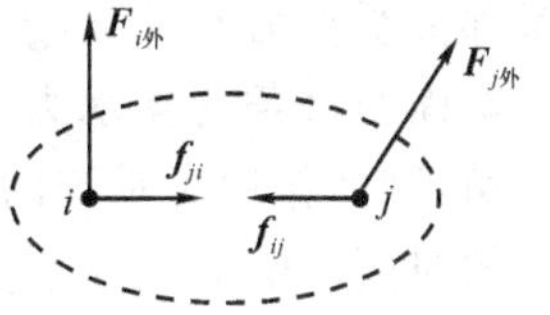

图 2-5　内力示意图

设质点系是由有相互作用力作用的 n 个质点所组成。现考察第 i 个质点的受力情况。首先考察质点 i 所受内力的矢量和。设质点系内第 j 个质点对质点 i 的作用力为 $\boldsymbol{f}_{ji}$，则质点 i 所受内力为

$$\sum_{\substack{j=1\\(j\neq i)}}^{n}\boldsymbol{f}_{ji} \tag{2-14}$$

若设质点 i 受到的外力为 $\boldsymbol{F}_{i外}$，则其受到的合力为 $\boldsymbol{F}_{i外}+\sum\limits_{\substack{j=1\\(j\neq i)}}^{n}\boldsymbol{f}_{ji}$，对质点 i 运用动量定理有

$$\int_{t_1}^{t_2}\Big(\boldsymbol{F}_{i外}+\sum_{\substack{j=1\\(j\neq i)}}^{n}\boldsymbol{f}_{ji}\Big)\mathrm{d}t=m_i\boldsymbol{v}_{i2}-m_i\boldsymbol{v}_{i1} \tag{2-15}$$

对 i 求和，并考虑到所有质点相互作用的时间 $\mathrm{d}t$ 都相同，此外求和与积分顺序可互换，于是得

$$\int_{t_1}^{t_2}\Big(\sum_{i=1}^{n}\boldsymbol{F}_{i外}\Big)\mathrm{d}t+\int_{t_1}^{t_2}\Big(\sum_{i=1}^{n}\sum_{\substack{j=1\\(j\neq i)}}^{n}\boldsymbol{f}_{ji}\Big)\mathrm{d}t=\sum_{i=1}^{n}m_i\boldsymbol{v}_{i2}-\sum_{i=1}^{n}m_i\boldsymbol{v}_{i1}$$

由于内力总是成对出现，且每对内力都等值反向，因此所有内力的矢量和

$$\sum_{i=1}^{n}\sum_{\substack{j=1\\(j\neq i)}}^{n}\boldsymbol{f}_{ji}=0$$

于是有

$$\int_{t_1}^{t_2}\Big(\sum_{i=1}^{n}\boldsymbol{F}_{i外}\Big)\mathrm{d}t=\sum_{i=1}^{n}m_i\boldsymbol{v}_{i2}-\sum_{i=1}^{n}m_i\boldsymbol{v}_{i1}\tag{2-16}$$

这就是质点系动量定理的数学表达式，即**质点系总动量的增量等于作用于该系统上合外力的冲量**。这个结论说明内力对质点系的总动量无贡献。但由式(2-15)可知，在质点系内部动量的传递和交换中，则是内力起作用。

例 2-4 如图 2-6 所示，一根柔软链条长为 l，单位长度的质量为 λ。链条放在桌上，桌上有一小孔，链条的一端由小孔稍伸下，其余部分堆在桌面上小孔的周围。由于某种扰动，链条因自身重量开始下落。求链条下落速度与落下距离之间的关系。设链条与各处的摩擦均略去不计。

解 选取如图 2-6 所示的坐标系，设 t 时刻，链条下垂部分的长度为 y，质量为 m_1，此时在桌面上尚有长为 $l-y$ 的链条，其质量为 m_2。若取整个链条作为一个系统，这样链条的悬挂部分和在桌面上部分之间的作用力为内力。由于链条与各处的摩擦均略去不计，故系统受到的外力有：链条的下垂部分受重力 $\boldsymbol{G}_1=m_1\boldsymbol{g}$，桌面上的部分受重力 $\boldsymbol{G}_2=m_2\boldsymbol{g}$，以及桌面对链条的支承力 $\boldsymbol{F}_\mathrm{N}$。$\boldsymbol{G}_2$ 和 $\boldsymbol{F}_\mathrm{N}$ 将不断变化，且保持平衡，因此作用于系统的外力仅为 $\boldsymbol{G}_1=m_1\boldsymbol{g}=\lambda y\boldsymbol{g}$。在无限小的时间间隔 $\mathrm{d}t$ 内，在 y 轴上对系统应用动量定理，有

$$G_1\mathrm{d}t=\lambda yg\mathrm{d}t=\mathrm{d}p \qquad ①$$

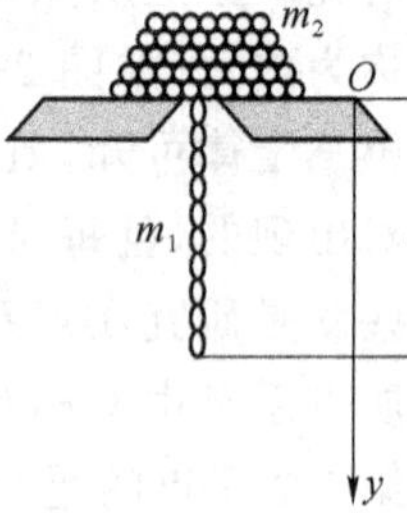

图 2-6 例 2-4 图

式中，$\mathrm{d}p$ 为系统的动量增量，即链条下垂部分的动量增量。

在时刻 t，链条下垂长度为 y，下落速度为 v，因此这部分链条的动量为

$$p=m_1v=\lambda yv$$

随着链条的下落，下垂部分的长度及速度均在增加。所以，在 $\mathrm{d}t$ 时间里，下垂部分链条动量的增量为

$$\mathrm{d}p=\lambda\mathrm{d}(yv)$$

将上式代入式①，有

$$\lambda yg\mathrm{d}t=\lambda\mathrm{d}(yv)$$

即

$$yg=\frac{\mathrm{d}(yv)}{\mathrm{d}t}$$

等式两边各乘以 $y\mathrm{d}y$，上式成为

$$gy^2\mathrm{d}y=y\frac{\mathrm{d}y}{\mathrm{d}t}\mathrm{d}(yv)=yv\mathrm{d}(yv)$$

由题意知，开始时链条尚未下落，其下落速度为零，即$(yv)_{t=0}=0$。于是对上式积分，有

$$g\int_0^y y^2\mathrm{d}y=\int_0^{yv}yv\mathrm{d}(yv)$$

得

$$\frac{1}{3}gy^3=\frac{1}{2}(yv)^2$$

则链条下落速度与落下距离之间的关系为

$$v=\sqrt{\frac{2}{3}gy}$$

2.3.3　动量守恒定律

从质点系的动量定理可知，如果质点系所受的合外力(或合外力的冲量)为零，质点系的动量将保持不变，即如果

$$\boldsymbol{F}=0$$

则

$$\boldsymbol{p}=\sum_i m_i\boldsymbol{v}_i=\text{恒量}$$

$$\frac{\mathrm{d}\boldsymbol{p}}{\mathrm{d}t}=0 \tag{2-17}$$

这个规律就是**质点系的动量守恒定律**。式(2-17)表明，如果作用在质点系上的合外力为零，则该系统的动量保持不变。

在应用动量守恒定律时，应注意下面几点。

(1) 动量守恒的条件是系统所受合外力的矢量和为零，即系统内各物体不受外力或各物体所受外力的矢量和为零。不过在处理具体问题时，这个条件往往得不到严格的满足。例如，在爆炸、碰撞、冲击等过程中，合外力不一定为零，但由于内力往往比外力大得多，这时外力(如摩擦力、重力等)就可以忽略不计，而认为这个过程动量近似守恒。

(2) 在实际问题中，质点系的合外力可能不为零，此时系统的总动量虽不守恒，但如果质点系所受的合外力在某个方向的分量为零，则该系统的总动量在该方向的分量守恒，即

$$\left.\begin{aligned}\text{如果}\quad \sum_i F_{ix}=0,\quad \text{则}\quad \sum_i p_{ix}=c_1\\ \text{如果}\quad \sum_i F_{iy}=0,\quad \text{则}\quad \sum_i p_{iy}=c_2\\ \text{如果}\quad \sum_i F_{iz}=0,\quad \text{则}\quad \sum_i p_{iz}=c_3\end{aligned}\right\} \tag{2-18}$$

由此可见，若系统所受的合外力不等于零，但所受的合外力在某方向上的分量为零时，系统的总动量虽然不守恒，但总动量在该方向上的分量守恒。例如，地球附近的抛体只受竖直向下的重力作用，竖直方向的动量虽然不守恒，但水平方向的动量守恒。

(3) 在质点系所受的合外力为零时，系统的动量守恒。动量守恒并不意味着系统内各质点的动量保持不变，在系统内部各质点间可以发生动量的转移。在内力的作用下，系统内各质点一般均不断地改变动量，若一个质点在某方向上的动量增加，则必有一个或几个其他的质点在该方向的动量等值减少。

在所有的惯性系中，动量守恒定律都成立，但在应用该定律时应注意，各质点的动量都应是相对同一参考系而言的。

动量守恒定律是关于自然界一切过程的一条最基本的定律。动量守恒定律远比牛顿运动定律更广泛、更深刻，更能揭示物质世界的一般性规律。动量守恒定律适用的质点系范围大到宇宙，小到微观粒子。当把质点系的范围扩展到整个宇宙时，可以得出宇宙中动量的总量是一个不变量的结论，这就使得动量守恒定律成为自然界普遍遵从的定律。而牛顿运动定律只是在宏观物体做低速运动的情况下成立，超越这个范围，牛顿运动定律不再适用。

将动量守恒定律应用于力学以外的领域，不仅导致一系列重大发现，而且使定律自身的概念得以发展和完善。例如，原子核在 β 衰变中，放射出一个电子后自身转变为一个新原子核，如果衰变前原子核是静止的，根据动量守恒定律，新原子核必定在射出电子相反方向上反冲，以使衰变后总动量为零。但在云室照片上发现，两者的径迹不在一条直线上。是动量守恒定律不适用于微观粒子，还是有什么别的原因呢？泡利为解释这种现象，于 1930 年提出中微子存在的假说，即在 β 衰变中除了放射出电子以外，还产生一个中微子，它与新原子核和电子共同保证了动量守恒定律的成立。26 年后，终于在实验中找到了中微子，动量守恒定律也经受了一次重大的考验。

例 2-5 在光滑的水平面上停放着一辆质量为 M 的小车，小车上站着两个质量都为 m 的人。现让人相对于小车以水平速度 u 沿同一方向同时跳离小车。试求小车获得的水平速度。

解 以人和车为系统，进行受力分析。水平面光滑，因而在人跳离车的过程中，系统水平方向合外力为零，系统在水平方向动量守恒。选择地面为参考系，设两人跳离后，车的速度为 v，以车的速度方向为正方向，则人相对于地面的速度为 $v-u$。初始系统静止，则在水平方向，根据动量守恒定律，有

$$0=Mv+2m(v-u)$$

解方程得

$$v=\frac{2mu}{M+2m}$$

根据此例，可以总结应用动量守恒定律解题的基本步骤如下。

(1) 选择系统并进行受力分析,确定符合动量守恒定律的情况。选择系统时,要适当确定范围,不能范围过大,也不能遗漏系统中的质点。例如,此题中如果把地面包括在系统之内,则动量守恒表达式不好确定;而如果把人选在系统之外,则不符合动量守恒条件。选择好系统后,要根据受力分析情况,确定系统是总动量守恒,还是某个方向的动量守恒。

(2) 选择合适的参考系,并根据系统内质点的运动情况,确定正方向,或建立坐标系。动量守恒定律中各量都是相对于同一参考系的,因而要先选定参考系,以方便下一步确定各物理量的值。例如,在此例中,速度 $\boldsymbol{u}$ 是人相对于车的,而如果选择地面为参考系,则写方程时,人的速度应为人相对于地面的,即应为 $v-u$;如果问题中各量的方向在同一直线上,则确定正方向即可,此例即属于这种情况。而如果问题中各量的方向不在同一直线上,则需建立直角坐标系。

(3) 写出动量守恒定律的表达式。表达式中各量的正负要参照所选取的正方向或坐标系,与正方向一致者为正,否则为负。

(4) 解方程,代入已知数据并讨论。

例 2-6　如图 2-7 所示,在平滑的路面上停有质量为 m_0、长为 L 的平板车,一质量为 m 的小孩从车上的一端由静止开始走到车的另一端,求平板车在路面上移动的距离。

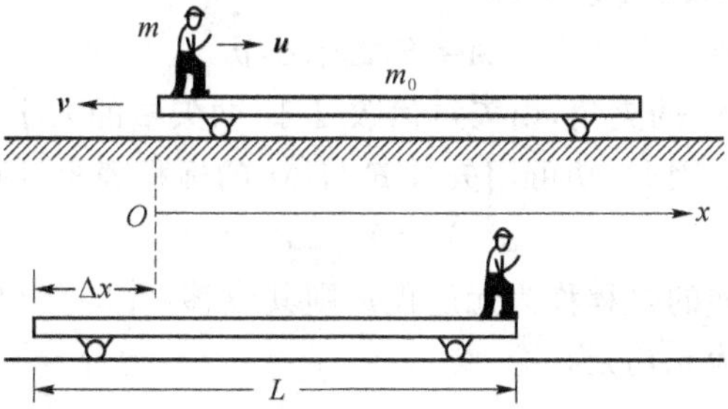

图 2-7　例 2-6 图

解　以小孩与平板车为系统,则系统在水平方向不受外力作用,故水平方向的动量守恒。以 $\boldsymbol{u}$ 表示小孩相对于车的速度,$\boldsymbol{v}$ 表示车相对地面的速度。于是,小孩相对地面的速度为 $\boldsymbol{u}+\boldsymbol{v}$。取人车运动方向为 x 轴正方向,则有

$$m(u_x+v_x)+m_0v_x=0$$

解之得

$$v_x=-\frac{m}{m_0+m}u_x$$

将上式两边分别对小孩在车上行走的时间积分,得

$$\int_0^t v_x\mathrm{d}t=-\frac{m}{m_0+m}\int_0^t u_x\mathrm{d}t$$

显然,$\int_0^t v_x\mathrm{d}t$ 为平板车的位移 Δx,$\int_0^t u_x\mathrm{d}t$ 为小孩在车上的行走距离,亦即平板车的长度 L,故

$$\Delta x=-\frac{m}{m_0+m}L$$

负号表示车的位移与小孩行走方向相反。

2.4 能量守恒

2.3 节所介绍的动量定理是从力在时间上累积的角度研究力作用的效果，本节我们将研究力持续作用在物体上并发生一段位移所产生的空间累积效应。首先引入功的概念来描述力对空间的累积效应。而做功总是伴随着能量的改变，所以又引入动能和势能的概念，得出功能之间的定量关系，即动能定理、功能原理以及机械能守恒定律。

2.4.1 功和功率

1. 恒力的功

大小和方向不变的力称为**恒力**。如图 2-8 所示，设物体在恒力 $\boldsymbol{F}$ 的作用下，由 A 沿直线运动到 B，其位移为 $\Delta\boldsymbol{r}$。我们将**力在位移方向上的投影** $F\cos\theta$ **与位移大小** $|\Delta\boldsymbol{r}|$ **的乘积定义为恒力** $\boldsymbol{F}$ **做的功**，以 A 表示，即

$$A=F|\Delta\boldsymbol{r}|\cos\theta \tag{2-19a}$$

式中，θ 为力 $\boldsymbol{F}$ 与位移 $\Delta\boldsymbol{r}$ 的夹角，由矢量代数可知，两矢量的大小与它们之间夹角余弦的积为一标量，称为标积。因此，功可用矢量 $\boldsymbol{F}$ 与 $\Delta\boldsymbol{r}$ 的标积表示，即

$$A=\boldsymbol{F}\cdot\Delta\boldsymbol{r} \tag{2-19b}$$

如果过程极短（这样的过程称为元过程），则其位移（称为元位移）需用 $\mathrm{d}\boldsymbol{r}$ 表示，于是元过程中恒力的功（称为元功）为

$$\mathrm{d}A=\boldsymbol{F}\cdot\mathrm{d}\boldsymbol{r}=F|\mathrm{d}\boldsymbol{r}|\cos\theta \tag{2-19c}$$

从式(2-19)可以看出，功是标量，其正负主要由 θ 角决定：当 $\theta<\frac{\pi}{2}$，即 $\cos\theta>0$ 时，功为正（如物体下落时重力做的功）；当 $\theta>\frac{\pi}{2}$，即 $\cos\theta<0$ 时，功为负（如物体上升时重力做的功）；当 $\theta=\frac{\pi}{2}$，即 $\cos\theta=0$ 时，功为零（如物体做圆周运动时向心力做的功）。

2. 变力的功

大小或方向随时间变化的力称为**变力**。如图 2-9 所示，设物体在变力 $\boldsymbol{F}$ 的作用下，由 A 沿曲线运动到 B。为计算此变力的功，可在物体运动的路径上任取一足够小的元弧 $\mathrm{d}s$，它所对应的位移为 $\mathrm{d}\boldsymbol{r}$，其上的力可以认为是恒力。由式(2-19c)可知，上述过程中的元功

$$\mathrm{d}A=\boldsymbol{F}\cdot\mathrm{d}\boldsymbol{r}=F|\mathrm{d}\boldsymbol{r}|\cos\theta \tag{2-20a}$$

式中，θ 为力与元位移 $\mathrm{d}\boldsymbol{r}$ 的夹角。当物体由 A 运动到 B 时，变力的功

$$A=\int_A^B \mathrm{d}A=\int_A^B \boldsymbol{F}\cdot \mathrm{d}\boldsymbol{r}=\int_A^B F|\mathrm{d}\boldsymbol{r}|\cos\theta \tag{2-20b}$$

式(2-20b)表明，**变力的功等于力对位移的积分。**

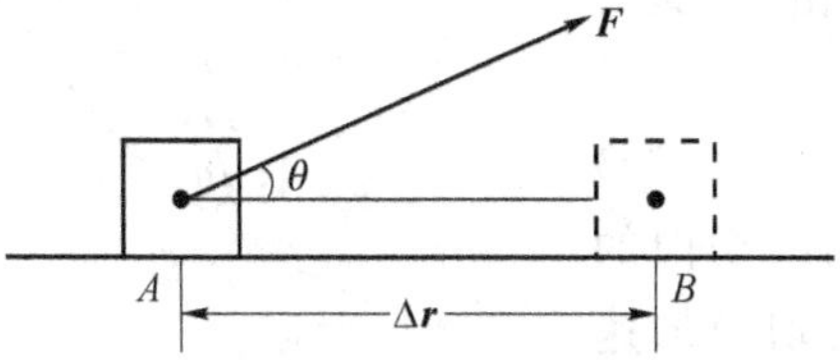

图 2-8　恒力的功

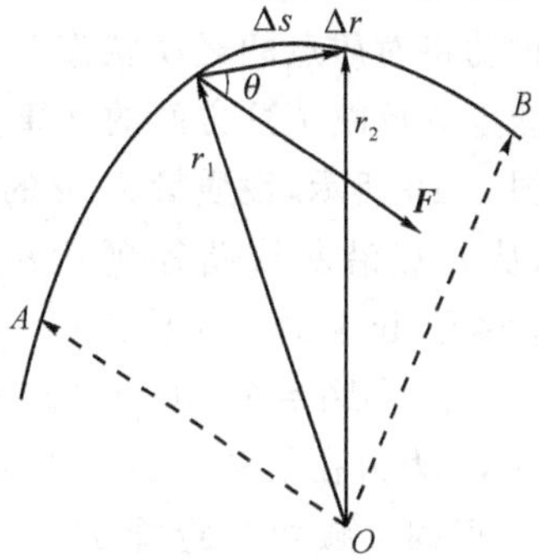

图 2-9　变力的功

3. 合力的功

当几个力 $\boldsymbol{F}_1,\boldsymbol{F}_2,\cdots$同时作用在一个物体上时，这些力的矢量和称为作用在该物体上的合力 $\boldsymbol{F}$。设物体在合力作用下发生的位移为 $\mathrm{d}\boldsymbol{r}$，则合力的元功

$$\mathrm{d}A=\boldsymbol{F}\cdot\mathrm{d}\boldsymbol{r}=(\boldsymbol{F}_1+\boldsymbol{F}_2+\cdots)\cdot\mathrm{d}\boldsymbol{r} \tag{2-21a}$$

在物体从 A 经路径$\overset{\frown}{AB}$运动到 B 的过程中，合力做的功

$$\begin{aligned}A&=\int_A^B \mathrm{d}A=\int_A^B \boldsymbol{F}\cdot\mathrm{d}\boldsymbol{r}=\int_A^B \boldsymbol{F}_1\cdot\mathrm{d}\boldsymbol{r}+\int_A^B \boldsymbol{F}_2\cdot\mathrm{d}\boldsymbol{r}+\cdots\\&=A_1+A_2+\cdots\end{aligned} \tag{2-21b}$$

式中，$A_1,A_2,\cdots$分别为力 $\boldsymbol{F}_1,\boldsymbol{F}_2,\cdots$的功。式(2-21b)表明，**合力的功等于各分力功的代数和。**换言之，功有可加性。

功的单位为焦[耳](J)，1 J=1 N · m。

4. 功率

表征力做功快慢的物理量为功率。如果在 Δt 时间内，力 $\boldsymbol{F}$ 对物体所做的功为 ΔA，则比值$\dfrac{\Delta A}{\Delta t}$称为力 $\boldsymbol{F}$ 的平均功率，用$\overline{P}$表示，即

$$\overline{P}=\frac{\Delta A}{\Delta t} \tag{2-22a}$$

平均功率的极限$\dfrac{\mathrm{d}A}{\mathrm{d}t}$称为瞬时功率，简称功率，用 P 表示，即

$$P=\frac{\mathrm{d}A}{\mathrm{d}t}=\frac{\boldsymbol{F}\cdot\mathrm{d}\boldsymbol{r}}{\mathrm{d}t}=\boldsymbol{F}\cdot\boldsymbol{v}=Fv\cos\theta \tag{2-22b}$$

式中，θ 为力与速度的夹角。

功率的单位为瓦[特](W)，1 W=1 J/s。

2.4.2 动能定理

1. 质点的动能定理

力做功将对质点的运动状态产生怎样的影响，即力在空间上的累积作用效果如何？质点动能定理反映了这方面的规律。

如图 2-10 所示，设质量为 m 的物体在合外力 $\boldsymbol{F}$ 的作用下，从 a 点沿曲线路径到达 b 点，速度由 $\boldsymbol{v}_a$ 变为 $\boldsymbol{v}_b$。在位移元 $\mathrm{d}\boldsymbol{r}$ 上力的元功为

$$\mathrm{d}A=\boldsymbol{F}\cdot\mathrm{d}\boldsymbol{r}=F\cos\theta\mathrm{d}r \tag{2-23}$$

式中，$F\cos\theta$ 为力在位移元方向的分量，即曲线切向的分量 F_τ。根据牛顿第二定律 $F_\tau=ma_\tau$，以及切向加速度与速率的关系 $a_\tau=\dfrac{\mathrm{d}v}{\mathrm{d}t}$，则式(2-23)可改写为

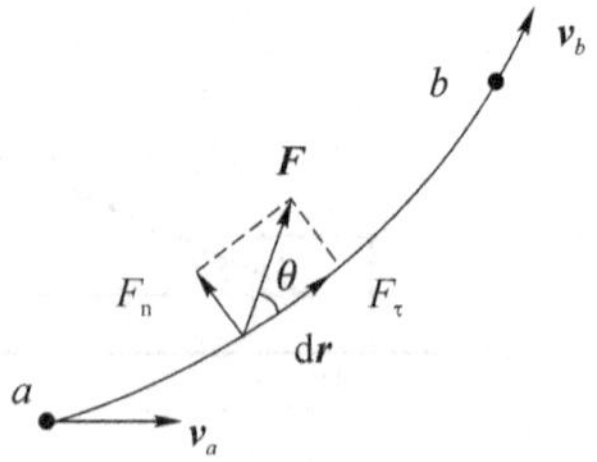

图 2-10 质点动能定理

$$\mathrm{d}A=F_\tau\mathrm{d}r=m\frac{\mathrm{d}v}{\mathrm{d}t}\mathrm{d}r=mv\mathrm{d}v$$

整个过程中，物体所受合外力做的功为

$$A=\int_a^b\mathrm{d}A=\int_{v_a}^{v_b}mv\mathrm{d}v=\frac{1}{2}mv_b^2-\frac{1}{2}mv_a^2$$

等式的右侧是速率函数 $E_\mathrm{k}=\dfrac{1}{2}mv^2$ 在末态与初态值的差额，这个速率函数也是描述质点运动状态的物理量，称为**动能**。动能是标量，只有大小，没有方向。在国际单位制中，动能的单位与功的单位相同，都为焦[耳]。

式(2-23)表明，合外力对物体做的功等于物体动能的增量，这称为**质点的动能定理**。用 E_k 表示动能，则动能定理的数学表达式可以写为

$$A=E_\mathrm{k}-E_\mathrm{k0} \tag{2-24}$$

对于动能定理的理解需要注意以下几点。

(1) 由式(2-24)可知，当合外力的功 $A>0$ 时，$E_\mathrm{k}>E_\mathrm{k0}$，质点动能增加，外力做功转化为质点的动能；当 $A<0$ 时，$E_\mathrm{k}<E_\mathrm{k0}$，质点动能减少，质点牺牲自己的动能用来转化为对外界做的功。可见，功是能量变化的量度。

(2) 质点的动能是与物体某时刻的运动速率相关，与状态相对应的物理量，这类物理量称为**状态量**。前面我们接触的物理量如速度、加速度、动量等都是状态量。功则对应于一段路程、一段时间，即对应于一个过程，这类物理量称为**过程量**。前面我们接触的物理量路程、冲量等都为过程量。动能定理实际上是把描述一个过程的过程量与该过程始末状态量的变化联系在一起。前面学习的动量定理也属于这类关系，这点有时可以带来许多的方便。比如可以利用状态量的变化求解对应的过程量，也可以利用过程量去求解某个状态量。

例 2-7 一质量为 4 kg 的物体可沿 Ox 轴无摩擦地滑动，$t=0$ 时物体静止于原点。

试求下列情况中物体的速度大小：

(1) 物体在力 $F=3+2t$ 的作用下运动了 3 s；

(2) 物体在力 $F=3+2x$ 的作用下运动了 3 m。

解　(1) 根据动量定理 $\int_{t_0}^{t} F\mathrm{d}t = mv - mv_0$ 及 $v_0=0$ 可得

$$v = \frac{1}{m}\int_{t_0}^{t} F\mathrm{d}t = \frac{1}{4}\int_{0}^{3}(3+2t)\mathrm{d}t = 4.5\ \mathrm{m/s}$$

此问还有一种求解方法：根据牛顿第二定律 $F=ma$，可得物体获得的加速度随时间变化的关系为

$$a=\frac{F}{m}=\frac{1}{m}(3+2t)$$

根据加速度与速度的关系 $a=\frac{\mathrm{d}v}{\mathrm{d}t}$，有 $\mathrm{d}v=a\mathrm{d}t$，结合上式得

$$\mathrm{d}v=\frac{1}{m}(3+2t)\mathrm{d}t$$

对两侧进行积分，得

$$v = \int_{v_0}^{v}\mathrm{d}v = \int_{0}^{3}\frac{1}{m}(3+2t)\mathrm{d}t = 4.5\ \mathrm{m/s}$$

两种解法的结果相同，但显然后一种解法相对烦琐。

(2) 根据动能定理 $\int_{x_0}^{x} F\mathrm{d}x = \frac{1}{2}mv^2 - \frac{1}{2}mv_0^2$ 及 $v_0=0$ 可得

$$v = \sqrt{\frac{2}{m}\int_{x_0}^{x} F\mathrm{d}x} = \sqrt{\frac{2}{4}\int_{0}^{3}(3+2x)\mathrm{d}x} = 3\ \mathrm{m/s}$$

例 2-8　如图 2-11 所示，一根链条总长为 L，质量为 m，放在光滑水平桌面上，并使其下垂，下垂一段的长度为 a，令链条由静止开始运动。试求链条离开桌面时的速率。

解　建立如图 2-11 所示的坐标系。选链条为研究对象，对其受力做功情况进行分析。桌面光滑，没有摩擦力，桌面上链条的重力、支持力方向与运动方向垂直，都不做功。因而，链条下落过程中，只有下垂部分的重力做功。

设链条下垂的顶端所在位置为 x，下垂部分的重力大小为 mgx/L，重力的大小随下落的长度变化，重力方向与运动方向一致，当链条下落一个微小位移 $\mathrm{d}x$ 时，重力做的元功可写为

$$\mathrm{d}A=mg\,\frac{x}{L}\mathrm{d}x$$

链条由静止至离开桌面，重力的功为

$$A = \int\mathrm{d}A = \int_{a}^{L} mg\,\frac{x}{L}\mathrm{d}x = \frac{1}{2L}mg(L^2 - a^2)$$

根据动能定理 $A=\frac{1}{2}mv^2-\frac{1}{2}mv_0^2$ 及初始链条静止 $v_0=0$，可得

$$v=\sqrt{\frac{2A}{m}}=\sqrt{\frac{g}{L}(L^2-a^2)}$$

2. 质点系的动能定理

下面仍以两个质点构成的最简单的质点系为例,研究系统的功与动能变化之间的关系。如图 2-12 所示,设 m_1、m_2 组成的质点系所受外力分别为 $\boldsymbol{F}_1$、$\boldsymbol{F}_2$,内力分别为 $\boldsymbol{f}_1$、$\boldsymbol{f}_2$,m_1 的始末速率分别为 v_{10}、v_1,m_2 的始末速率分别为 v_{20}、v_2。对两质点分别运用动能定理,有

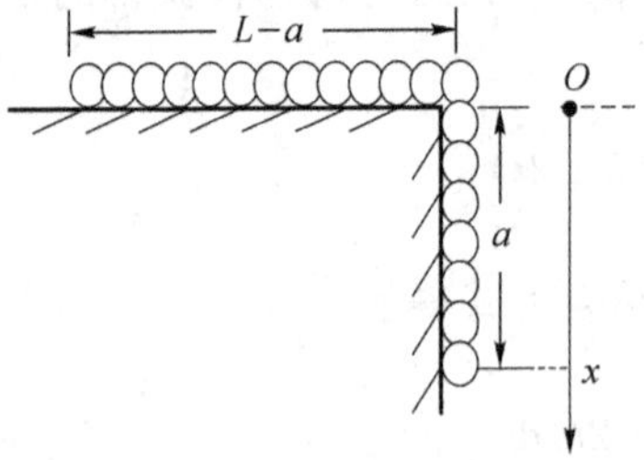

图 2-11　例 2-8 图

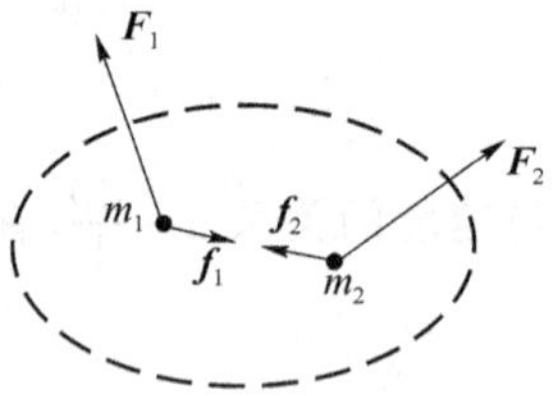

图 2-12　质点系动能定理

$$\int\boldsymbol{F}_1\cdot\mathrm{d}\boldsymbol{r}_1+\int\boldsymbol{f}_1\cdot\mathrm{d}\boldsymbol{r}_1=\frac{1}{2}m_1v_1^2-\frac{1}{2}m_1v_{10}^2$$

$$\int\boldsymbol{F}_2\cdot\mathrm{d}\boldsymbol{r}_2+\int\boldsymbol{f}_2\cdot\mathrm{d}\boldsymbol{r}_2=\frac{1}{2}m_2v_2^2-\frac{1}{2}m_2v_{20}^2$$

将两式相加得

$$\int\boldsymbol{F}_1\cdot\mathrm{d}\boldsymbol{r}_1+\int\boldsymbol{F}_2\cdot\mathrm{d}\boldsymbol{r}_2+\int\boldsymbol{f}_1\cdot\mathrm{d}\boldsymbol{r}_1+\int\boldsymbol{f}_2\cdot\mathrm{d}\boldsymbol{r}_2$$
$$=\left(\frac{1}{2}m_1v_1^2+\frac{1}{2}m_2v_2^2\right)-\left(\frac{1}{2}m_1v_{10}^2+\frac{1}{2}m_2v_{20}^2\right)\qquad(2\text{-}25)$$

此式左侧的前两项为系统所受外力做功的和,即合外力的功,可用 $A_{外}$ 表示;左侧后两项为系统内力做功的和,即内力的功,可用 $A_{内}$ 表示;右侧第一项为末态各质点动能之和,即系统的末态动能,用 E_k 表示;右侧第二项为初态各质点动能之和,即系统的初态动能,用 E_{k0} 表示。式(2-25)可整理为

$$A_{外}+A_{内}=E_k-E_{k0}\qquad(2\text{-}26)$$

可以证明,此式可以推广到多个质点组成的质点系情况。式(2-26)表明,一切外力所做功与一切内力所做功的代数和等于质点系动能的增量,这称为**质点系动能定理**。

前面学习了质点系的动量定理,在动量定理中,只考虑外力的冲量,因为内力的冲量为零。那么,在质点系动能定理中,是否也可以仅考虑外力的功呢?这取决于质点系内力的功是否也为零。下面以图 2-13 所示情况为例,讨论内力的功。设两物体的质量分别为 m_1、m_2,二者间摩擦力大小分别为 f_1、f_2,对于 m_1、m_2 所构成的系统来说,这对摩擦力为内力。现用外力 $\boldsymbol{F}$ 作用于 m_1,使 m_1 向右运动。由于摩擦力作用,m_2 也将向右运动,运动

过程中，摩擦内力的功的代数和为

$$A_{内}=A_1+A_2=-f_1\Delta r_1+f_2\Delta r_2$$

根据作用力与反作用力大小相等，即 $f_1=f_2$，则有

$$A_{内}=f_1(-\Delta r_1+\Delta r_2)$$

显然内力的功是否为零取决于两质点运动位移是否相同。如果两质点位移相同(即两者间无相对位移)，如图 2-13(a)所示，$\Delta r_1=\Delta r_2$，则有 $A_{内}=0$；如果两质点位移不同(即两者间有相对位移)，如图 2-13(b)所示，$\Delta r_1\neq\Delta r_2$，则有 $A_{内}\neq 0$。

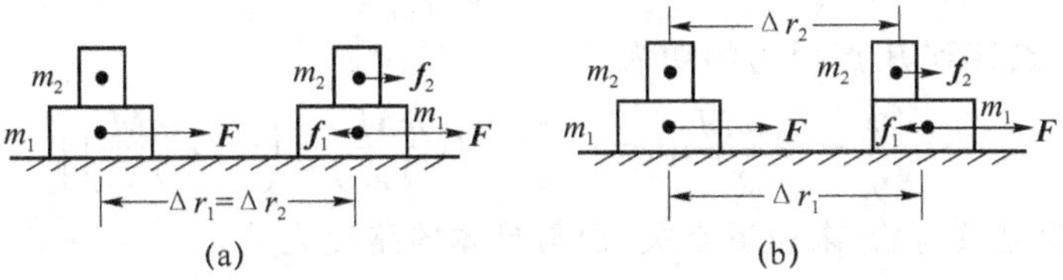

图 2-13　内力的功

显然，内力的功与内力的冲量不同，内力的冲量不能改变系统的总动量，但内力的功却可以改变系统的总动能。内力做功的例子很多，如地雷爆炸时，弹片四处飞溅，有很大的动能，这动能即来自于火药爆炸力这一内力所做的功。

2.4.3　保守力的功

下面通过分析重力、万有引力和弹簧弹性力做功的特点，引入保守力的概念。

1. 重力的功

我们这里讨论的重力是指地面附近几百米高度范围内的重力，就是说这里所指的重力可视为恒力。

设质量为 m 的质点在重力 $\boldsymbol{G}$ 作用下由 A 点沿任意路径移到 B 点，如图 2-14 所示，选取地面为坐标原点，z 轴垂直于地面，向上为正。重力 $\boldsymbol{G}$ 只有 z 方向的分量，即 $F_z=-mg$，应用式(2-26)，有

$$A=\int_{z_0}^{z}F_z\mathrm{d}z=\int_{z_0}^{z}-mg\,\mathrm{d}z=-(mgz-mgz_0)\tag{2-27}$$

式(2-27)表明，重力的功只由质点相对于地面的始、末位置 z_0 和 z 来决定，而与所通过的路径无关。

2. 万有引力的功

考虑质量分别为 m 和 M 的两质点，质点 m 相对于 M 的初位置为 $\boldsymbol{r}_A$，末位置为 $\boldsymbol{r}_B$，如图 2-15 所示。质点 m 受到 M 的引力的矢量式为

$$\boldsymbol{F}=-G\frac{mM}{r^2}\boldsymbol{e}_r$$

式中，$\boldsymbol{e}_r$ 表示 m 相对 M 位矢的单位矢量。则引力的元功为

$$\mathrm{d}A=\boldsymbol{F}\cdot\mathrm{d}\boldsymbol{r}=-G\frac{mM}{r^2}\boldsymbol{e}_r\cdot\mathrm{d}\boldsymbol{r}$$

因为

$$\boldsymbol{r}\cdot \mathrm{d}\boldsymbol{r}=(x\boldsymbol{i}+y\boldsymbol{j}+z\boldsymbol{k})\cdot(\mathrm{d}x\boldsymbol{i}+\mathrm{d}y\boldsymbol{j}+\mathrm{d}z\boldsymbol{k})=x\mathrm{d}x+y\mathrm{d}y+z\mathrm{d}z$$
$$=\frac{1}{2}\mathrm{d}(x^2+y^2+z^2)=r\mathrm{d}r$$

又考虑 $\boldsymbol{e}_r=\frac{\boldsymbol{r}}{r}$，所以

$$\mathrm{d}A=-G\frac{mM}{r^2}\mathrm{d}r$$

于是，质点由 A 点移到 B 点引力的功为

$$A=\int_{r_A}^{r_B}-G\frac{mM}{r^2}\mathrm{d}r=-\left[\left(-G\frac{mM}{r_B}\right)-\left(-G\frac{mM}{r_A}\right)\right] \tag{2-28}$$

这说明引力的功也只与始、末位置有关，而与具体的路径无关。

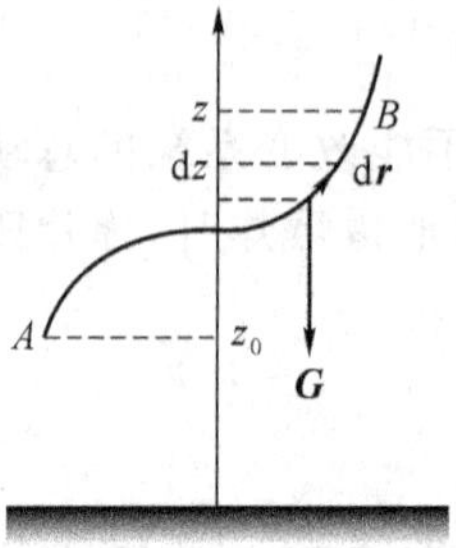

图 2-14　重力的功

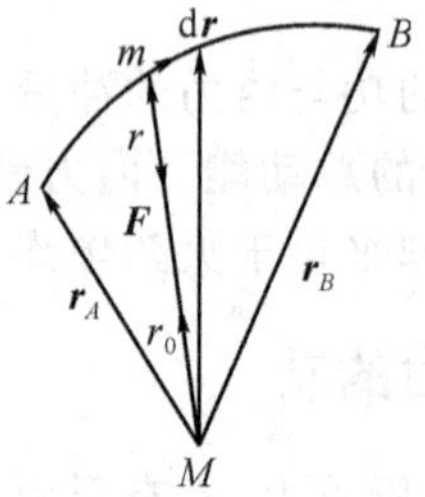

图 2-15　引力的功

3. 弹簧弹性力的功

如图 2-16 所示，选取弹簧自然伸长处为 x 坐标的原点，则当弹簧形变量为 x 时，弹簧对质点的弹性力为

$$F=-kx$$

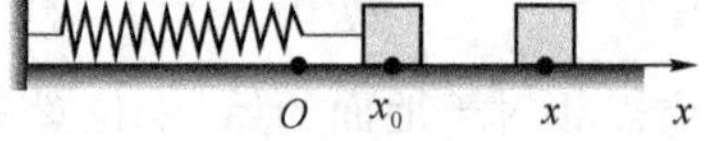

图 2-16　弹簧力的功

式中，负号表示弹性力的方向总是指向弹簧的平衡位置，即坐标原点；k 为弹簧的劲度系数，单位是 N/m。因为作用力只有 x 分量，故可得

$$A=\int_{x_0}^{x}F_x\mathrm{d}x=\int_{x_0}^{x}-kx\,\mathrm{d}x=-\left(\frac{1}{2}kx^2-\frac{1}{2}kx_0^2\right) \tag{2-29}$$

这说明弹簧弹性力的功只与始、末位置有关，而与弹簧的中间形变过程无关。

综上所述，重力、万有引力、弹簧弹性力的功的特点是，它们的功值都只与物体的始、末位置有关，而与具体路径无关。或者说，当在这些力作用下的物体沿任意闭合路径绕行

一周时，它们的功值均为零。在物理学中，除了这些力之外，静电力、分子力等也具有这种特性。我们把具有这种特性的力统称为**保守力**。保守力可用下面的数学式来定义，即

$$\oint_l \boldsymbol{F}_{保} \cdot \mathrm{d}\boldsymbol{r} = 0 \tag{2-30}$$

如果某力的功与路径有关，或该力沿任意闭合路径的功值不等于零，则称这种力为非保守力，如摩擦力、爆炸力等。

2.4.4　势能

1. 势能

在第 1 章已指出，描述质点机械运动状态的参量是位矢 $\boldsymbol{r}$ 和速度 $\boldsymbol{v}$。对应于状态参量 $\boldsymbol{v}$，我们引入了动能 $E_\mathrm{k}=E_\mathrm{k}(v)$，那么对应于状态参量 $\boldsymbol{r}$ 我们将引入什么样的能量形式呢？下面讨论这个问题。

在前面的讨论中已指出，保守力的功与质点运动的路径无关，仅取决于相互作用的两物体初态和终态的相对位置。如重力、万有引力、弹簧力的功，其值分别为

$$A_{重} = -(mgz - mgz_0)$$

$$A_{引} = -\left[\left(-G\frac{mM}{r}\right) - \left(-G\frac{mM}{r_0}\right)\right]$$

$$A_{弹} = -\left(\frac{1}{2}kx^2 - \frac{1}{2}kx_0^2\right)$$

可以看出，保守力做功的结果总是等于一个由相对位置决定的函数增量的负值。而功总是与能量的改变量相联系的。因此，上述由相对位置决定的函数必定是某种能量的函数形式。我们现在将其称为**势能函数**，用 E_p 表示，即

$$\int_1^2 \boldsymbol{F}_{保} \cdot \mathrm{d}\boldsymbol{r} = -(E_\mathrm{p} - E_{\mathrm{p}0}) = -\Delta E_\mathrm{p} \tag{2-31}$$

式(2-31)定义的只是势能之差，而不是势能函数本身。为了定义势能函数，可以将式(2-31)的定积分改写为不定积分，即

$$E_\mathrm{p} = -\int \boldsymbol{F}_{保} \cdot \mathrm{d}\boldsymbol{r} = E(r) + C \tag{2-32}$$

式中，C 是一个由系统零势能位置决定的积分常数。

式(2-32)表明，只要已知一种保守力的力函数，即可求出与之相关的势能函数。例如，已知万有引力的力函数为

$$\boldsymbol{F} = -G\frac{mM}{r^2}\boldsymbol{e}_r$$

那么与万有引力相对应的势能函数形式为

$$E_\mathrm{p} = -\int -G\frac{mM}{r^2}\boldsymbol{e}_r \cdot \mathrm{d}\boldsymbol{r} = -G\frac{mM}{r} + C \tag{2-33}$$

如令 $r\to\infty$ 时，$E_{p引}=0$，则 $C=0$，即取无穷远处为引力势能零点时，引力势能函数为

$$E_{p引}=-G\frac{mM}{r} \tag{2-34}$$

读者自己可以证明：若取离地面高度 $z=0$ 的点为重力势能零点（此时 $C=0$），则重力势能函数为

$$E_{p重}=mgz \tag{2-35}$$

对于弹簧弹性力，若取弹簧自然伸长处为坐标原点和弹性势能零点（此时 $C=0$），则弹性势能函数为

$$E_{p弹}=\frac{1}{2}kx^2 \tag{2-36}$$

关于势能进行如下几点讨论。

(1) 势能是相对量，其值与零势能参考点的选择有关。零势能位置点选的不同，式(2-32)中的常数 C 就不同。上面的讨论说明，对于给定的保守力的力函数，只要选取适当的零势能的位置，总可使 $C=0$。在一般情况下，这时的势能函数形式较为简洁，如式(2-34)、式(2-35)和式(2-36)所示。必须说明的是，并非在任何情况下，式(2-32)中的积分常数一定能为零，这一点在静电场中尤为突出。

(2) 势能函数的形式与保守力的性质密切相关，对应于一种保守力的函数就可以引进一种相关的势能函数。因此，势能函数的形式就不可能像动能那样有统一的表示式。

(3) 势能是以保守力形式相互作用的物体系统所共有。例如，式(2-35)所表示的实际上是某物体与地球互以重力作用的结果；式(2-34)所表示实际上是 m 和 M 互以万有引力作用的结果；式(2-36)所表示的则是物块 M 与弹簧相互作用的结果。在平常的叙述中，说某物体具有多少势能，这只是一种简便叙述，不能认为势能是某一物体所有。

(4) 由于势能是属于相互以保守力作用的系统所共有，因此式(2-31)的物理意义可解释为：**保守力的功等于相关势能增量的负值。因此，当保守力做正功时，系统势能减少；保守力做负功时，系统势能增加。**

2. 势能曲线

将势能随相对位置变化的函数关系用一条曲线描绘出来，就是势能曲线。图 2-17 中(a)、(b)、(c)分别给出的就是重力势能、弹性势能及引力势能的势能曲线。

势能曲线可给我们提供多种信息。

(1) 质点在轨道上任一位置时，质点系所具有的势能值。

(2) 势能曲线上任一点的斜率($\mathrm{d}E_p/\mathrm{d}l$)的负值表示质点在该处所受的保守力。

设有一保守系统，其中一质点沿 x 方向做一维运动，则由式(2-32)有

$$\mathrm{d}E_p=-F(x)\mathrm{d}x \tag{2-37}$$

故可知

$$F(x)=-\frac{\mathrm{d}E_p}{\mathrm{d}x}$$

由图 2-17 可知，凡势能曲线有极值时，即曲线斜率为零处，其受力为零。这些位置即为平衡位置。进一步的理论指出，势能曲线有极大值的位置点是不稳定平衡位置，势能曲

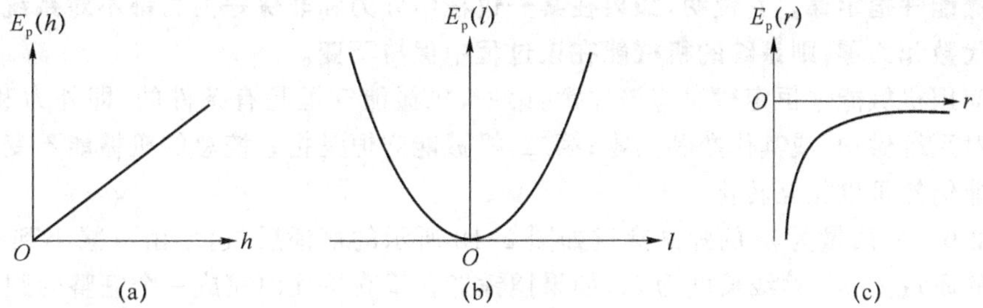

图 2-17　势能曲线

线极小值的位置点是稳定平衡位置。

若质点做三维运动，则有

$$F=F_x i+F_y j+F_z k=-\left(\frac{\partial E_p}{\partial x}i+\frac{\partial E_p}{\partial y}j+\frac{\partial E_p}{\partial z}k\right) \tag{2-38}$$

这是直角坐标系中由势能函数求保守力的一般式。

2.4.5　机械能守恒定律

1. 功能原理

以物体系为研究对象，其作用力可分为内力与外力，而内力又可分为保守内力与非保守内力，因此作用力对系统所做的功应为外力的功 $A_{外}$ 与保守内力及非保守内力做功 $A_{保内}$ 与 $A_{非保内}$ 之和，即

$$A=A_{外}+A_{保内}+A_{非保内} \quad ①$$

根据系统的动能定理，有

$$A=E_k-E_{k0} \quad ②$$

由势能的概念可得

$$A_{保内}=-(E_p-E_{p0}) \quad ③$$

联立①、②、③三式，得

$$A_{外}+A_{非保内}=(E_k+E_p)-(E_{k0}+E_{p0})=E-E_0 \tag{2-39}$$

式中，$E=E_k+E_p$ 为机械能。

式(2-39)说明，外力与非保守内力对系统做功之和等于物体系机械能的增量。这一规律称为系统的**功能原理**。

2. 机械能守恒定律

如果外力和非保守内力都不对系统做功，或外力和非保守内力对系统做功的代数和为零，由式(2-39)可得

$$\Delta E=E-E_0=0 \tag{2-40}$$

即

$$E=E_k+E_p=常量 \tag{2-41}$$

此即**机械能守恒定律**。它说明，**如果在某一过程中外力和非保守内力都不对系统做功，或做功之代数和为零，则系统的机械能在该过程中保持不变。**

在应用机械能守恒定律时应该注意：第一，机械能守恒是有条件的，即外力和非保守内力不对系统做功，或其代数和为零；第二，机械能守恒是指系统总的机械能不变，但其动能和势能仍然可以相互转化。

例 2-9 一质量为 m 的弹丸穿过如图 2-18 所示的摆锤后，速率由 v 减小到 $v/2$。已知摆锤的质量为 m'，摆线长度为 l。如果摆锤能在垂直平面内完成一个完整的圆周运动，弹丸速度的最小值应为多少？

解 以弹丸、摆锤为一系统，弹丸穿过摆锤的瞬间，系统水平方向上不受外力，满足动量守恒的条件。设弹丸穿过时，摆锤的速率为 v_1，由动量守恒定律，有

$$mv=m\frac{v}{2}+m'v_1$$

为使摆锤恰好能在垂直平面内做圆周运动，在最高点时摆线中的张力 $F_T=0$，则

$$m'g=\frac{m'v_2^2}{l}$$

式中，v_2 为摆锤在圆周最高点时的运动速率。

摆锤在垂直平面内做圆周运动的过程中，只有重力做功，满足机械能守恒定律的条件，故有

$$\frac{1}{2}m'v_1^2=2m'gl+\frac{1}{2}m'v_2^2$$

解上述三个方程，可得弹丸所需速率的最小值为

$$v=\frac{2m'}{m}\sqrt{5gl}$$

例 2-10 如图 2-19 所示，一劲度系数为 k 的轻弹簧上端固定，下端悬挂一质量为 m 的物体。先用手将物体托住，使弹簧保持原长。试求下列情况中弹簧的最大伸长量：

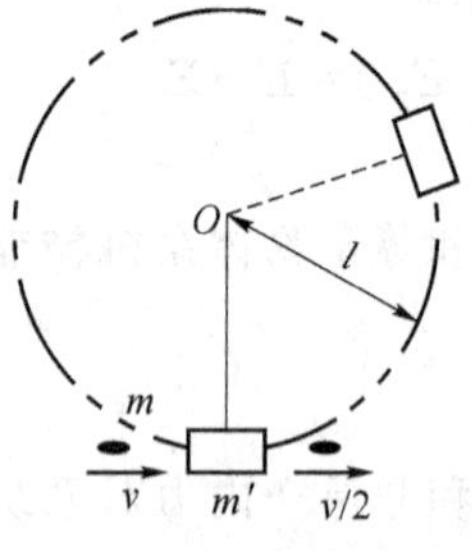

图 2-18 例 2-9 图

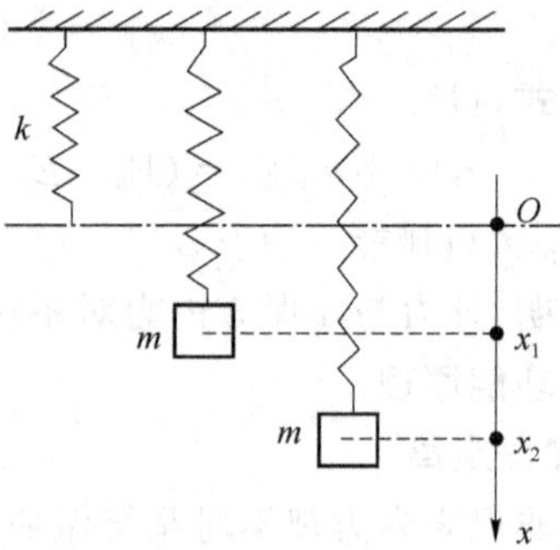

图 2-19 例 2-10 图

(1) 将物体托住慢慢放下；

(2) 突然撒手，使物体落下。

解　(1) 选物体为研究对象,进行受力分析。将物体慢慢放下,则可以认为在整个过程中物体受力平衡。在弹簧最大伸长时,作用在物体上的重力应与弹力相平衡,故此位置称为平衡位置。若以弹簧原长时下端所在处为坐标原点,向下为正向,建立坐标轴,则弹簧伸长可用其下端坐标值 x_1 表示。根据受力平衡,有

$$mg-kx_1=0$$

解方程得 $x_1=\frac{mg}{k}$。

(2) 选择物体、弹簧、地面为系统,进行受力分析。若突然撤手,物体落下过程中,外力和非保守内力不做功,只有重力和弹性力这两个保守内力做功,系统机械能守恒。选图中 O 点为重力势能和弹性势能零点,则刚撤手时系统机械能为 $E_0=0$。设弹簧最大伸长为 x_2,则最大伸长时系统的机械能为

$$E=0+\frac{1}{2}kx_2^2-mgx_2$$

根据机械能守恒定律,有 $E=E_0$,即

$$0=0+\frac{1}{2}kx_2^2-mgx_2$$

解方程得 $x_2=\frac{2mg}{k}$。

阅读材料二

科学家简介:牛顿

艾萨克·牛顿(1643—1727 年):英国物理学家、天文学家和数学家。

主要成就:物理方面,发现万有引力定律,提出牛顿运动三定律,实现了经典力学的统一;用三棱镜分析光的组成,为光谱分析打下基础,并提出光本性的微粒说;确定了冷却定律。天文学方面,创制了反射天文望远镜,奠定了现代大型光学天文望远镜的基础;解释潮汐现象;预言地球不是正球体,并由此说明岁差现象等。数学方面,发现了二项式定理,提出“流数法”,和莱布尼茨一道并称为微积分的创始人;著有《自然哲学的数学原理》、《光学》、《解析几何》、《三次曲线枚举》等。

1643 年 1 月 4 日,牛顿出生于英格兰林肯郡小镇沃尔索浦的一个自耕农家庭里。牛顿是个早产儿,接生婆和他的亲人都担心他能否活下来。谁也没有料到,这个瘦弱的、只有 3 磅重的婴儿后来竟成了一位震古烁今的科学巨人,并且活到了 85 岁的高龄。

少年的牛顿家境贫寒，而且资质平常，因而一度停学在家务农。但牛顿很喜欢动手制作，喜欢思考，更喜欢读书。有一次，母亲让他同佣人一道去市场熟悉生意之道，牛顿恳求佣人一个人上街，自己则躲在树丛后钻研一个数学问题。这件事被他的舅父发现了，他的好学精神深深地打动了他的舅父，于是在舅父的帮助下，牛顿得以重返学堂。

19 岁时，牛顿以减费生的身份进入剑桥大学三一学院。在大学期间，牛顿开始接触到大量自然科学著作，经常参加卢卡斯创设的各类讲座，如自然科学知识、地理、物理、天文和数学课程等。讲座的第一任教授伊萨克·巴罗是个博学的科学家，尤其精于数学和光学。这位学者独具慧眼，看出了牛顿具有深邃的观察力和敏锐的理解力，于是将自己的数学知识全部传授给牛顿，并把牛顿引向了近代自然科学的研究领域。牛顿在巴罗门下的这段时间是他学习的关键时期。1665 年，牛顿获得学士学位。1665—1666 年，牛顿返回家乡躲避鼠疫，这段时间牛顿进行了深入的思考，以旺盛的精力从事着科学创造。他的三大成就：微积分、万有引力、光学分析的思想都是在这时孕育成形的。1667 年复活节后不久，牛顿返回剑桥大学，被选为三一学院的仲院侣(初级院委)，于翌年 3 月 16 日获得硕士学位，同时成为正院侣(高级院委)。1669 年 10 月 27 日，比牛顿仅大 12 岁的巴罗为了提携牛顿而辞去了教授之职，使 26 岁的牛顿晋升为数学教授，并担任卢卡斯讲座的教授，巴罗为牛顿的科学生涯打通了道路。巴罗让贤，这在科学史上一直被传为佳话。

牛顿一生研究所涉及的领域极为广泛，所取得的成果也很多，但由于其性格原因，很少公开发表。1672 年，牛顿把自己关于光学方面的研究成果发表在《皇家学会哲学杂志》上，这是他第一次公开发表的论文。早在牛顿发现万有引力定律以前，已经有许多科学家严肃认真地考虑过这个问题：开普勒认识到要维持行星沿椭圆轨道运动必定有一种力在起作用，1659 年，惠更斯提出这种力为向心力，胡克等人认为这个向心力是引力，并得出力与距离的平方成反比关系。1685 年，哈雷登门拜访牛顿时，牛顿已经发现了万有引力定律：两个物体之间有引力，引力和距离的平方成反比，和两个物体质量的乘积成正比。牛顿向哈雷证明了地球的引力是使月亮围绕地球运动的向心力，也证明了在太阳引力作用下，行星运动符合开普勒运动三定律。但直至 1687 年，在哈雷的敦促和帮助下，牛顿才发表了划时代的伟大著作《自然哲学的数学原理》一书。在这本书中，牛顿把经典力学确立为完整而严密的体系，把天体和地面上物体的运动规律概括在一个严密的统一理论之中，实现了物理学第一次大的综合。

另外，历史上有名的关于微积分最早发现权的争论也是与牛顿的这一性格有关。牛顿关于微积分的思考早在 1665 年，其研究成果的取得也可能比莱布尼茨早一些，但他没有及时发表他的成果。莱布尼茨的著作出版时间比牛顿的早，而且莱布尼茨所采取的表达形式更加合理。为争夺微积分创立权的争吵在牛顿和莱布尼茨各自的学生、支持者和数学家中持续了相当长的一段时间，造成了欧洲大陆的数学家和英国数学家的长期对立。牛顿在英国的声望极高，这使得英国数学在一个时期里过于拘泥在牛顿的“流数法”中止步不前，其数学发展也因此而整整落后了 100 年。应该说，一门科学的创立绝不是某一个人的业绩，它必定是经过多少人的努力后，在积累了大量成果的基础上，最后由某个人或几个人总结完成的。正像牛顿自己所说的那样："如果说我看得远，那是因为我站在巨人的肩上。"微积分也是这样，是牛顿和莱布尼茨在前人的基础上各自独立地建立起来的，因而后人现在认为是牛顿和莱布尼茨共同创立了微积分。

晚年的牛顿地位显赫，生活富足。1727 年 3 月 20 日，伟大的艾萨克・牛顿在伦敦逝世，在威斯敏斯特教堂以国礼埋葬。他的墓碑上镌刻着：

让人类欢呼

曾经存在过这样一位

伟大的人类之光

牛顿对自己的评价是：我不知道在别人看来，我是什么样的人；但在我自己看来，我不过就像是一个在海滨玩耍的小孩，为不时发现比寻常更为光滑的一块卵石或比寻常更为美丽的一片贝壳而沾沾自喜，而对于展现在我面前的浩瀚的真理海洋，却全然没有发现。

思考题

2-1　牛顿运动定律的适用范围是什么？

2-2　在惯性系中，质点受到的合力为零，该质点是否一定处于静止状态？

2-3　质点相对于某参考系静止，该质点所受的合力是否一定为零？

2-4　质心和重心是否一样？

2-5　当物体的动能发生变化时，其动量是否也一定发生变化？反过来，当物体的动量发生变化时，其动能是否也一定发生变化？

2-6　作用力与反作用力的冲量是否等值反向？为什么？

2-7　动量守恒定律的适用条件是什么？

2-8　功和能有何区别？功和动能与参考系的选择有没有关系？

2-9　保守力有何特点？

2-10　试述动能定理的内容。

2-11　机械能守恒定律的适用条件是什么？

练习题

2-1　在升降机天花板上拴有轻绳，其下端系一重物，当升降机以加速度 a_1 上升时，绳中的张力正好等于绳子所能承受的最大张力的一半，问升降机以多大加速度上升时，绳子刚好被拉断？（　　）。

A. $2a_1$　　B. $2(a_1+g)$　　C. $2a_1+g$　　D. a_1+g

2-2　一质量为 0.5 kg 的质点从原点由静止开始沿 x 轴正向运动，其速度与位置的关系为 $v=3x$，式中，x 以 m 为单位，v 以 m/s 为单位，则在 $x=2$ m 处质点在 x 方向上所受合力的大小为______ N。

2-3　如习题 2-3 图所示，质量为 m 的物体用细绳水平拉住，静止在倾角为 θ 的固定光滑斜面上，则斜面给物体的支持力为（　　）。

A. $mg\cos\theta$　　B. $mg\sin\theta$　　C. $\frac{mg}{\cos\theta}$　　D. $\frac{mg}{\sin\theta}$

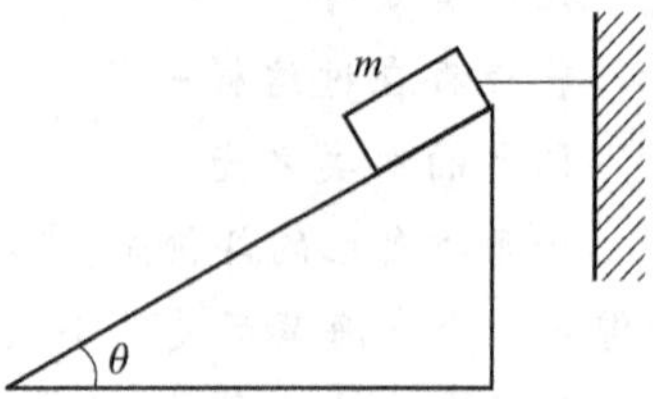

习题 2-3 图

2-4　人造地球卫星绕地心做圆周运动，运动速度与轨道半径的关系为 $v\propto R^n$，则 n 的值为（　　）。

A. 1　　B. $\frac{1}{2}$　　C. $-\frac{1}{2}$

D. -1

2-5　质量分别为 m_1 和 m_2 的两滑块 A 和 B 通过一轻弹簧水平连接后置于水平桌面上，滑块与桌面的摩擦因数均为 μ，系统在水平拉力 $\boldsymbol{F}$ 作用下匀速运动，如习题 2-5 图所示。如突然撤销拉力，则撤销瞬间，两者的加速度 a_A 和 a_B 分别为（　　）。

A. $a_A=0, a_B=0$　　B. $a_A>0, a_B<0$

C. $a_A=0, a_B>0$　　D. $a_A<0, a_B=0$

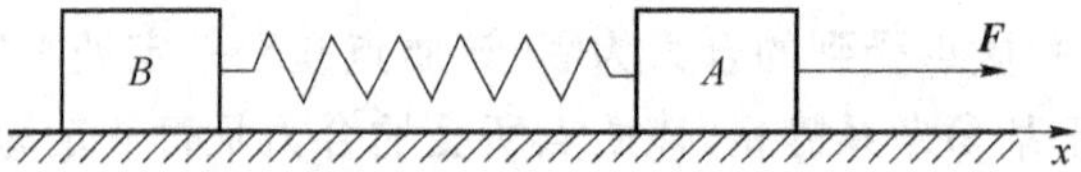

习题 2-5 图

2-6　质量为 m 的雨滴在下落过程中受到的阻力与下落速度成正比，其比例系数为 k，则雨滴下落时速度为________。

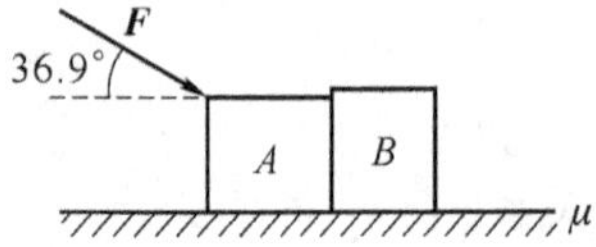

习题 2-7 图

2-7　在水平桌面上有两个物体 A 和 B，它们的质量分别为 $m_1=1.0$ kg，$m_2=2.0$ kg，它们与桌面间的滑动摩擦因数 $\mu_k=0.5$，如习题 2-7 图所示。现在 A 上施加一个与水平成 36.9°角的指向斜下方的力 $\boldsymbol{F}$，恰好使 A 和 B 做匀速直线运动，求所施力的大小和物体 A 与 B 间的相互作用力的大小（$\cos 36.9°=0.8$）。

2-8　固定斜面上放一质量为 $m=10$ kg 的物体，已知物体与斜面间的静摩擦系数 $\mu_0=0.4$，斜面倾角 $\alpha=30°$，今以一沿斜面方向的力 F 向上推物体，问：

（1）要使物体不下滑，推力至少要多大？

（2）要向上推动物体，推力至少要多大？

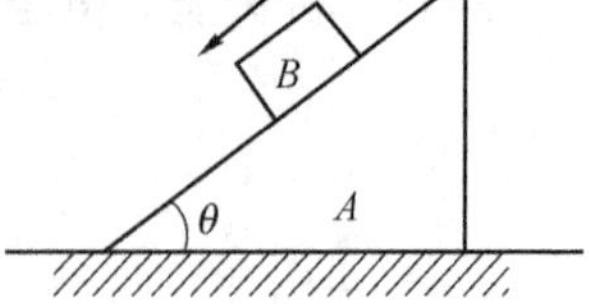

习题 2-9 图

2-9　一质量为 m_1、角度为 θ 的劈形斜面 A 放在粗糙的水平面上。斜面上有一质量为 m_2 的物体 B 沿斜面下滑，如习题 2-9 图所示。若 A、B 之间的滑动摩擦因数为 μ，且 B 下滑时 A 保持不动，求斜面 A 对地面的压力和摩擦力。

2-10　为了产生车子拐弯所需的向心力，铁路和公路在拐弯处的路面都是倾斜的，其倾斜角 θ 与车速 v 及弯曲轨道的曲率半径 ρ 有关，求三者的关系。

2-11　一条轻绳跨过一轻滑轮（滑轮与轴间摩擦可忽略），在绳的一端挂一质量为 m_1 的物体，在另一侧有一质量为 m_2 的环，如习题 2-11 图所示。求当环相对于绳以恒定的加速度 $\boldsymbol{a}_2$ 沿绳向下滑动时，物体和环相对地面的加速度各是多少？环与绳间的摩擦力多大？

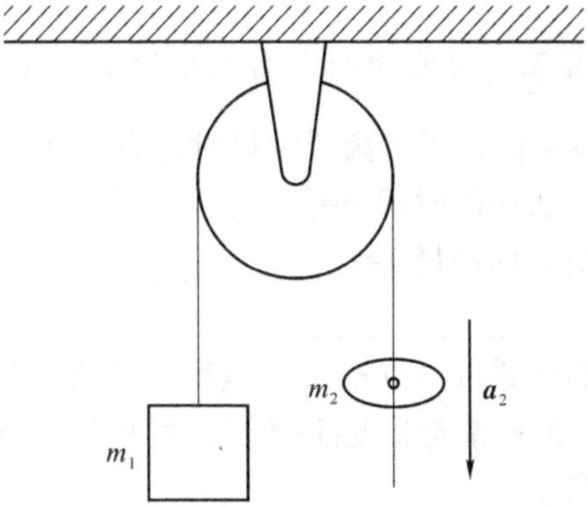

习题 2-11 图

2-12　质量为 m 的轮船在停靠码头之前使发动机停机，这时轮船的速率为 v_0，设水的阻力与轮船的速率成正比，比例系数为 k，求轮船在发动机停机后所能前进的最大距离。

2-13　质量为 20 g 的子弹沿 x 轴正方向以 500 m/s 的速率射入一木块后，与木块一起仍沿 x 轴正方向以 50 m/s 的速率前进，在此过程中木块所受冲量的大小为（　　）。

A. 9 N·s　　B. −9 N·s　　C. 10 N·s　　D. −10 N·s

2-14　某人用自动步枪进行实弹射击，每秒射出 3 颗子弹，若每颗子弹的质量为 0.2 kg，出口速率为 800 m/s，则子弹射击时人所受到的平均冲力为______。

2-15　一名质量为 $m=60$ kg 的跳高运动员从高 $h=2.5$ m 处自由下落。试求：

(1) 运动员下落过程中，重力的冲量；

(2) 若运动员落到地面海绵垫上，与海绵垫的作用时间为 2 s，运动员受到的平均冲力为多大？

2-16　在水平冰面上以一定速度向东行驶的炮车向东南（斜向上）方向发射一炮弹，对于炮车和炮弹这一系统，在此过程中（忽略冰面摩擦力及空气阻力）（　　）。

A. 总动量守恒

B. 总动量在炮身前进方向上的分量守恒，其他方向动量不守恒

C. 总动量在水平面上任意方向的分量守恒，竖直方向分量不守恒

D. 总动量在任何方向的分量均不守恒

2-17 煤矿中常用高压水枪喷射高压水柱来采煤。设高压水柱的直径 $d=30$ cm，水的流速 $v=56$ m/s，水柱垂直射向煤层，冲击煤层后的速度为零，求水柱对煤层的平均冲力。

2-18 一质量为 m 的物体在弹簧弹力作用下做简谐振动。弹力随位移变化的关系为 $F=-kx$，位移随时间变化的关系为 $x=A\cos\omega t$，其中 k、A、ω 都为常量。试求：$0\sim\frac{2\pi}{\omega}$ 时间内力的冲量。

2-19 一颗子弹在枪筒里前进所受的合力大小为 $F=400-\frac{4\times10^5}{3}t$(SI)，子弹从枪口射出时的速率为 300 m/s。假设子弹离开枪口时合力刚好为零，则

(1) 子弹走完枪筒全长所用的时间 $t=$__________；

(2) 子弹在枪筒中所受力的冲量 $I=$__________；

(3) 子弹的质量 $m=$__________。

2-20 质量为 50 kg 的炸弹以 200 m/s 的速率向北飞行时，爆炸成三块。第一块的质量 $m_1=25$ kg，以 400 m/s 的速率向北飞行；第二块的质量 $m_2=15$ kg，以 200 m/s 的速率向东飞行。求第三块的速度。

2-21 两名质量分别为 $m_1=50$ kg、$m_2=60$ kg 的滑冰运动员开始以 $v=6$ m/s 的速率一起由南至北滑行。现两人忽然用力推开对方，分开后 m_1 以速率 $v_1=8$ m/s 向北偏东 45°方向滑行。试求：分开后 m_2 运动速度的大小和方向。

2-22 质量为 1 kg 的球 A 以 5 m/s 的速率和另一静止的、质量也为 1 kg 的球 B 在光滑水平面上做弹性碰撞，碰撞后球 B 以 2.5 m/s 的速率沿与 A 原先运动的方向成 60°的方向运动，则球 A 的速率为________，方向________。

2-23 质量 $m_1=100$ g 和 $m_2=500$ g 的两个小球以速率 $v_1=0.3$ m/s 和 $v_2=0.1$ m/s 相向运动而发生正碰。

(1) 若碰后 m_2 恰好静止，求 m_1 的速度；

(2) 若 m_2 固定不动，碰撞后 m_1 仍以原速度反弹回来，此时两小球组成的系统是否动量守恒？

(3) 上述两种情况是否属弹性碰撞？

2-24 光滑水平面上有两个质量不同的小球 A 和 B。A 球静止，B 球以速率 v 和 A 球发生碰撞，碰撞后 B 球速度的大小为 $\frac{1}{3}v$，方向与 v 垂直，求碰后 A 球的运动方向。

2-25 如习题 2-25 图所示，有两个长方形的物体 A 和 B 紧靠着静止放在光滑的水平桌面上，已知 $m_A=2$ kg，$m_B=3$ kg。现有一质量 $m=100$ g 的子弹以速率 $v_0=800$ m/s 水平射入长方体 A，经 $t=0.01$ s，又射入长方体 B，最后停留在长方体 B 内未射出。设子弹射入 A 时所受的摩擦力为 $F=3\times10^3$ N，求：

(1) 子弹在射入 A 的过程中,B 受到 A 的作用力的大小;

(2) 当子弹留在 B 中时,A 和 B 的速度大小。

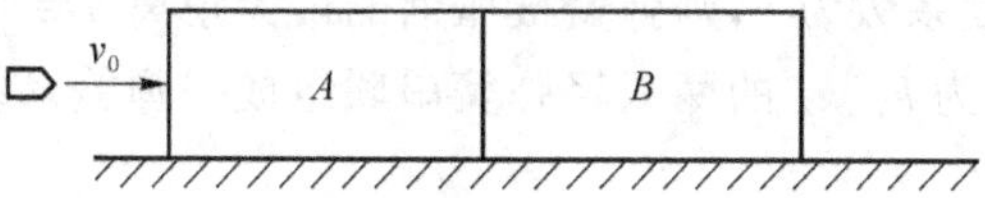

习题 2-25 图

2-26 一辆汽车从静止出发在平直公路上加速前进,如果发动机的功率一定,下面哪一种说法是正确的?( )。

A. 汽车的加速度是不变的

B. 汽车的加速度随时间减小

C. 汽车的加速度与它的速度成正比

D. 汽车的速度与它通过的路程成正比

E. 汽车的动能与它通过的路程成正比

2-27 动能为 E_k 的物体 A 与静止的物体 B 碰撞,设物体 A 的质量 m_A 是物体 B 的质量 m_B 的两倍。若碰撞是完全弹性的,则碰撞后两物体的总动能为( )。

A. E_k　　B. $\frac{E_k}{2}$　　C. $\frac{E_k}{3}$　　D. $\frac{2E_k}{3}$

2-28 对功的概念有以下几种说法:

(1) 保守力做正功时,系统内相应的势能增加;

(2) 质点运动经一闭合路径,保守力对质点做的功为零;

(3) 作用力和反作用力大小相等、方向相反,所以两者所做功的代数和必为零。

在上述说法中,( )。

A. (1)、(2)是正确的　　B. (2)、(3)是正确的

C. 只有(2)是正确的　　D. 只有(3)是正确的

2-29 关于功的概念,下列说法中正确的是( )。

A. 保守力做正功时,系统的势能增加

B. 保守力做负功时,系统的势能减少

C. 质点沿闭合路径运动一周时,保守力对质点做的功为零

D. 以上说法都不对

2-30 已知地球质量为 m_E,半径为 R。一质量为 m 的火箭从地面上升到距地面高度为 $2R$ 处。在此过程中,地球引力对火箭做的功为__________。

2-31 质量为 m 的轮船在水中行驶,停机时的速度为 v_0,水的阻力为 $-kv$(k 为常量)。求停机后轮船滑行 l 距离时水的阻力做的功。

2-32 一汽车以 $v_0=36\ \text{km/h}$ 的速率从斜坡底端冲上斜坡。斜坡与水平方向的夹角为 $30°$,轮胎与路面间的摩擦系数为 $\mu=0.05$。试求:如果关闭发动机,汽车能沿斜坡前进

多远？

2-33　质量为 m 的物体从高出弹簧上端 h 处由静止自由下落到竖直放置在地面上的轻弹簧上，弹簧的劲度系数为 k，则弹簧被压缩的最大距离 $x=$________。

2-34　将劲度分别为 k_1、k_2 的两只轻弹簧串联组成一弹簧系统，要使该系统伸长 Δl，则至少应对它做多少功？

2-35　两质点的质量分别为 $m_1=100$ g 和 $m_2=40$ g，各具有初速度 $\boldsymbol{v}_{10}=(2.8\boldsymbol{i}-3.0\boldsymbol{j})$ m/s 和 $\boldsymbol{v}_{20}=7.5\boldsymbol{j}$ m/s，它们碰撞后的速度分别为 $\boldsymbol{v}_1=(1.2\boldsymbol{i}-2.0\boldsymbol{j})$ m/s 和 $\boldsymbol{v}_2=(4.0\boldsymbol{i}+5.0\boldsymbol{j})$ m/s。求：

（1）该系统的总动量；

（2）试问碰撞后不再作为动能出现的那部分能量占初始动能的几分之几？这个碰撞是弹性碰撞吗？

2-36　用铁锤将钉打入板内，设木板对钉的阻力与钉进入木板的深度成正比，在第一次打击时，能将钉击入 1 cm 的深处，问以与第一次相同的速度再次击钉时，能将钉击入木板多深？

2-37　质量分别为 m_A、m_B 的两个物体通过弹簧连接在一起。初始时把物体放置在光滑水平面上，并用外力将物体拉开，使弹簧伸长一段距离。然后突然撤去外力，使物体由静止释放。试求：外力撤去后，两物体的动能之比。

2-38　质量为 m 的小球系于轻绳下端，绳长为 l，要使小球绕悬点做圆周运动，至少应给小球多大的水平初速度 v_0？当小球通过水平位置时，绳的张力为多少？

2-39　如习题 2-39 图所示，弹簧一端固定，另一端连接一质量为 8.98 kg 的木块，初始系统静止于水平面上。现有一质量为 0.02 kg 的子弹沿水平方向射入木块，并与木块一起压缩弹簧。测得弹簧的最大压缩量为 10 cm，木块与水平面间的摩擦系数为 0.2，弹簧的劲度系数为 100 N/m。试求：子弹射入木块前的速度。

习题 2-39 图

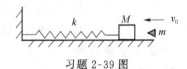

第3章　刚体的定轴转动

前两章研究了质点的运动规律，而质点的运动只代表了物体的平动，物体是有大小和形状的，它还可以有转动、振动甚至更复杂的运动形式。其中转动是物体机械运动的一种基本的运动形式，大至星系，小至原子、电子等微观粒子都在不停地转动。在讨论物体转动时，显然不能把物体简化为一个质点。然而，可以把物体看作质点系。当物体运动或受到外力作用时，如果物体内任意两点之间的距离保持不变，那么此物体的形状和大小就保持不变，这样的物体称为刚体。刚体是一种特殊的质点系，因此可以从质点及质点系的运动规律出发来讨论刚体的运动，这是研究刚体运动的基本方法。刚体的运动十分复杂，本章只讨论一种基本而又常见的运动——刚体的定轴转动。

3.1　刚体的运动

3.1.1　刚体

在我们所讨论的问题中，如果物体的大小或形状不能被忽略，前面所采用的质点模型就不再适用了，此时需要引入一个新的理想模型——**刚体**。

我们知道，力作用的另一个效果是引起物体的形变，与通常的弹性体、流体、柔性体等相比，大多数固体的形变是极其微小的，为使问题简化，我们引入刚体的概念。刚体是指在力的作用下不发生形变的物体，即刚体上任意两点之间的距离都保持恒定。

刚体力学的研究方法是将整个刚体设想成由无数个连续分布的**质元**所组成。这些质元可视为质点，因此在研究刚体的机械运动时，相当于在研究一个特殊的质点系统。

3.1.2　刚体的平动和转动

一般的刚体运动是很复杂的。刚体最简单的运动形式是平动和转动，可以证明任何复杂的刚体运动都可看作是平动和转动的合成运动。

如果刚体内任意两点间的连线在运动过程中始终保持平行，这种运动叫作刚体的平行移动，简称为**平动**。例如，电梯的升降、车床刀具的运动、活塞的往返等都是平动。刚体平动可以是直线运动，也可以是曲线运动，如图 3-1(a)所示。

刚体平动过程中，刚体内所有点的轨道都是相互平行的，各点在任意一段时间内的位移以及任一时刻的速度和加速度都分别相等。因此，刚体上的任意一个质点的运动都可代表整个刚体的运动。通常以质心为代表点。这就是刚体平动时，可用质点动力学来处理的原因。

在刚体运动过程中，如果刚体上的所有质元都绕同一直线做圆周运动，这种运动就称为刚体的转动，这一直线称为转轴。如果转轴上一点相对于参考系是静止的，而转轴的方向随时间不断在变化，这类转动叫作**定点转动**，如雷达天线、陀螺的转动等。如果轴相对所选的参考系是固定不动的，此时刚体的转动就称为**定轴转动**，如图 3-1(b)所示。定轴转动是最简单、最基本的转动。本章我们将重点讨论刚体的定轴转动。

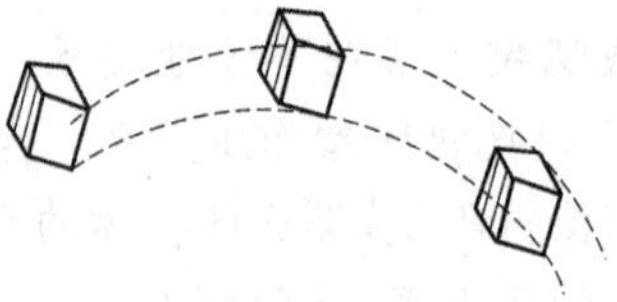

(a)平动

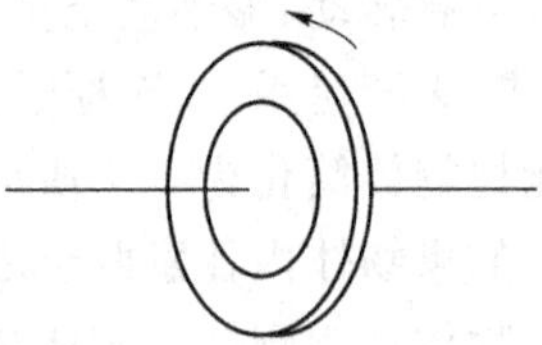

(b)定轴转动

图 3-1　刚体的平动和定轴转动

3.1.3　刚体定轴转动的描述

刚体定轴转动时，其上各点的运动有如下 3 个特点：一是到轴距离不同的点在相同时间内的位移不同，速度、加速度也不同，如图 3-2 所示，因而刚体定轴转动无法用位移、速度、加速度等线量描述；二是轴上各点都不动，其他点都绕轴做圆周运动，圆周运动所在的平面都与轴垂直，这样的平面称为**转动平面**；三是相同的时间内各点转过的角位移相同，如果我们选择角量描述刚体的转动，则可以用任意一点代替整个刚体，从而使描述得以简化。因而，对于刚体的定轴转动，可以选择角量描述。把刚体上任一点的角位移、角速度、角加速度作为定轴转动刚体的角位移、角速度和角加速度。这样，便可以用第 1 章中圆周运动的有关公式描述刚体的定轴转动。

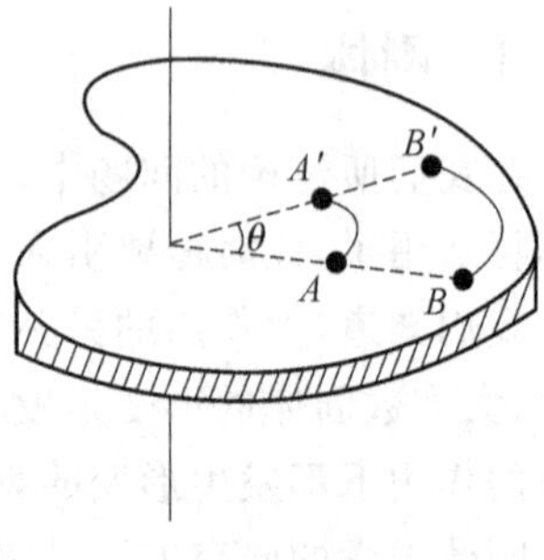

图 3-2　刚体的转动

如果刚体匀速转动，则有

$$\theta=\theta_0+\omega t$$

式中，θ_0 为刚体初始的角位置；ω 为刚体转动的角速度。

如果刚体做匀加速转动，则有

$$\theta=\theta_0+\omega_0 t+\frac{1}{2}\beta t^2,\quad \omega=\omega_0+\beta t,\quad \omega^2-\omega_0^2=2\beta\Delta\theta$$

式中，ω_0 为刚体初始的角速度；β 为刚体转动的角加速度；$\Delta\theta$ 为该段时间内刚体的角位移。

3.1.4　角速度矢量

前面曾经强调角位移、角速度和角加速度等都是代数量，它们的正负取决于它们与规定的角坐标的正方向是相同还是相反。在刚体做定轴转动的情况下，转轴的方位已固定，刚体转动的方向只有正反两种，因此将它们看作代数量在进行一般计算时还是比较方便的。然而，在刚体并非做定轴转动时，其转轴的方位可能在空间变化，这时为了既描述转动的快慢又能说明转轴的方位，就要用矢量来描述角速度。**角速度矢量 $\boldsymbol{\omega}$** 是这样规定的：在转轴上画一有向线段，使其长度按一定比例代表角速度的大小$\left|\frac{\mathrm{d}\theta}{\mathrm{d}t}\right|$，它的指向与刚体转动方向之间的关系按右手螺旋法则确定，即右手螺旋转动的方向和刚体转动的方向相一致，则螺旋前进的方向便是角速度矢量的正方向，如图 3-3 所示。

在转轴上确定了角速度矢量 $\boldsymbol{\omega}$ 之后则刚体上任一质点 P（离转轴的距离 $O'P$ 为 R_i，相对于坐标原点 O 的位矢为 $\boldsymbol{r}_i$）的线速度 $\boldsymbol{v}$ 与角速度 $\boldsymbol{\omega}$ 之间的关系可表示为

$$\boldsymbol{v}=\boldsymbol{\omega}\times\boldsymbol{R}_i=\boldsymbol{\omega}\times\boldsymbol{r}_i \tag{3-1}$$

速度的大小为

$$v=\omega r_i\sin\theta=\omega R_i$$

如图 3-4 所示。

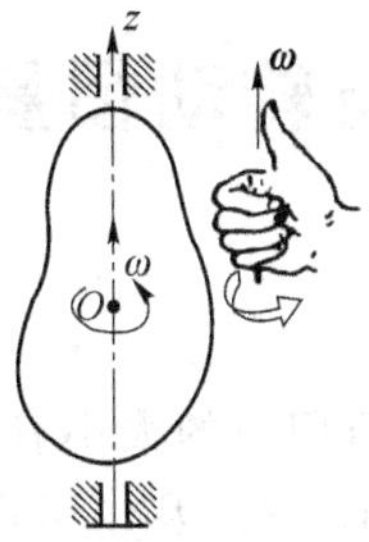

图 3-3　角速度矢量

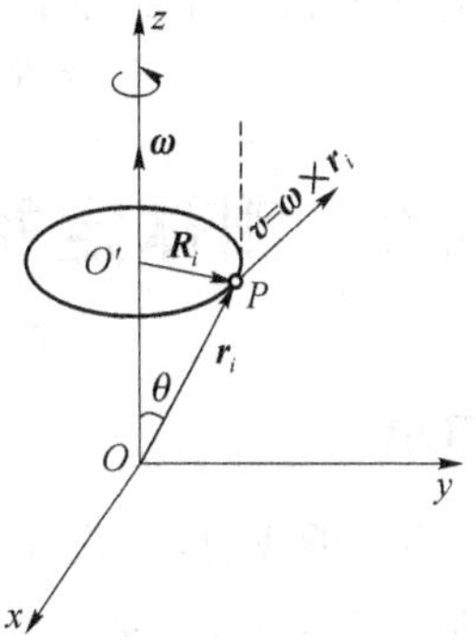

图 3-4　线速度与角速度的关系

例 3-1　一个飞轮在制动力的作用下均匀减速，在 50 s 内角速度由 30π rad/s 降低为零。试求：

(1) 飞轮转动的角加速度；

(2) 制动开始后 25 s 时飞轮的角速度；

(3) 从开始制动至停止，飞轮转过的圈数。

解　(1) 飞轮做匀减速转动，则角加速度为

$$\beta=\frac{\omega-\omega_0}{\Delta t}=\frac{0-30\pi}{50}\text{rad/s}^2=-0.6\pi\ \text{rad/s}^2$$

(2) 25 s 时飞轮的角速度为

$$\omega=\omega_0+\beta t=30\pi\ \text{rad/s}-0.6\pi\times 25\ \text{rad/s}=15\pi\ \text{rad/s}$$

(3) 从开始制动至停止，飞轮转过的角度为

$$\theta=\theta_0+\omega_0 t+\frac{1}{2}\beta t^2=(0+30\pi\times 50-\frac{1}{2}\times 0.6\pi\times 50^2)\ \text{rad}=750\pi\ \text{rad}$$

圈数为

$$N=\frac{\theta}{2\pi}=\frac{750\pi}{2\pi}\ \text{r}=375\ \text{r}$$

例 3-2 一定滑轮在绳线的拉动下由静止开始均匀加速转动，经 10 s 转速达20 r/s，如图 3-5 所示。设滑轮半径为 $R=10$ cm，绳线与滑轮间无相对滑动。试求：绳线运动的加速度。

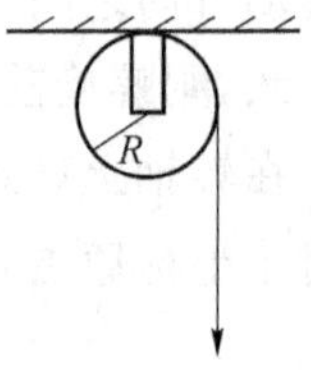

图 3-5 例 3-2 图

解 转速也是一种常用的角速度单位，即

$$20\ \text{r/s}=20\times 2\pi\ \text{rad/s}=40\pi\ \text{rad/s}$$

滑轮转动的角加速度为

$$\beta=\frac{\omega-\omega_0}{\Delta t}=\frac{40\pi}{10}\text{rad/s}^2=4\pi\ \text{rad/s}^2$$

滑轮与绳线间无相对滑动，则在滑轮转动过程中，其边缘一点转过的弧长与绳线前进的距离相等，因而绳线的加速度等于滑轮边缘一点的切向加速度，即

$$a=R\beta=0.1\times 4\pi\ \text{m/s}^2=1.26\ \text{m/s}^2$$

3.2 刚体定轴转动的转动定律与转动惯量

3.2.1 力矩

日常经验告诉我们，开关门的时候，门转动的快慢不仅与所用力的大小有关，还和力的作用点到门轴的距离有关，并且与力的方向有关，即力的大小、方向及作用点诸因素组成一个物理量，表征力对物体转动运动的作用，称之为**力矩**。

如图 3-6 所示，力 $\boldsymbol{F}$ 作用于刚体上 P 点处，P 点的转动平面 N 与转轴交于 O，$\boldsymbol{OP}=\boldsymbol{r}$，该力可以分解为转动平面内的分量 $\boldsymbol{F}_1$ 和垂直转动平面（平行转轴）的分量 $\boldsymbol{F}_2$，在定轴转动问题中 $\boldsymbol{F}_2$ 的力矩对转动不起作用，只有在转动平面内的 $\boldsymbol{F}_1$ 的力矩才对刚体的转动运动有作用，以后讨论的力均为在转动平面内的力。图 3-6 中 $\boldsymbol{F}_1$ 的力矩大小为 $M=F_1 r\sin\varphi$，φ 是 $\boldsymbol{r}$ 与 $\boldsymbol{F}_1$ 的夹角，$\boldsymbol{M}$ 的方向顺着转轴方向，用矢量表示为

$$\boldsymbol{M}=\boldsymbol{r}\times\boldsymbol{F}_1 \tag{3-2}$$

显然 $\boldsymbol{M}$ 的方向垂直转动平面 N，并与 $\boldsymbol{r}$、$\boldsymbol{F}_1$ 成右手螺旋关系。

若有几个力同时作用于定轴转动的刚体，则刚体受的合力矩大小是这几个力矩的代数和。一对相互作用力对同一转轴的力矩之和为零。如图 3-7 所示，$\boldsymbol{f}_{12}$ 和 $\boldsymbol{f}_{21}$ 是一对相互作用力，$\boldsymbol{f}_{12}=-\boldsymbol{f}_{21}$，它们对转轴的力矩大小分别为

$$M_1=r_1 f_{12}\sin\theta_1=f_{12}d$$
$$M_2=r_2 f_{21}\sin\theta_2=f_{21}d$$

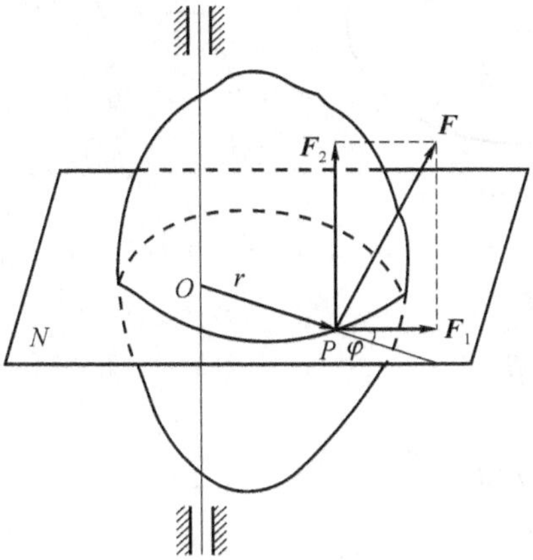

图 3-6　力矩

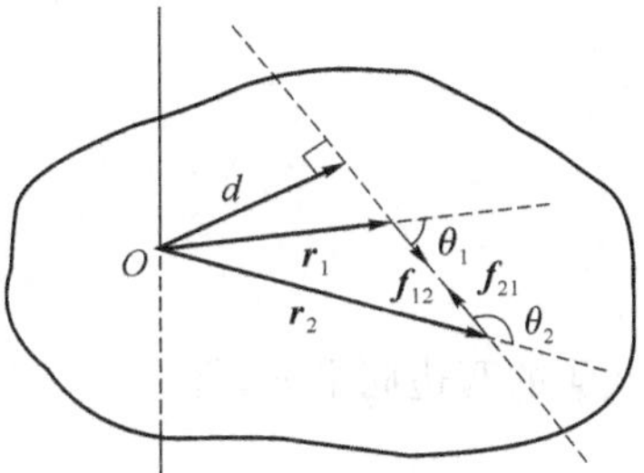

图 3-7　一对相互作用力对转轴的力矩

$\boldsymbol{M}_1=\boldsymbol{r}_1\times\boldsymbol{f}_{12}$，方向沿转轴向下，而 $\boldsymbol{M}_2=\boldsymbol{r}_2\times\boldsymbol{f}_{21}$，方向沿转轴向上，所以它们对同一转轴的合力矩为零。但要注意，大小相等方向相反不在同一直线上的一对力，它们对同一转轴的力矩之和不为零。

力矩的单位在国际单位制中为牛[顿]米，用符号 N·m 表示。

3.2.2　转动定律

由牛顿第二定律 $\boldsymbol{F}=m\boldsymbol{a}$ 可得到质点所受的合外力与加速度的定量关系。同理，在外力矩的作用下，刚体的转动状态发生变化，会产生角加速度，那么刚体的外力矩与角加速度有怎样的定量关系呢？

如图 3-8 所示，刚体绕 Oz 轴转动，在刚体上任取一质元，质量为 Δm_i，该质元以半径 r_i 绕 O 点做圆周运动。设所受内力和为 $\boldsymbol{F}_i'$，外力和为 $\boldsymbol{F}_i$，且 $\boldsymbol{F}_i'$ 和 $\boldsymbol{F}_i$ 都在转动平面内，由牛顿第二定律可知

$$\boldsymbol{F}_i'+\boldsymbol{F}_i=\Delta m_i\boldsymbol{a}_i \tag{①}$$

$F_{i\mathrm{T}}'$ 和 $F_{i\mathrm{T}}$ 分别为内力 $\boldsymbol{F}_i'$ 和外力 $\boldsymbol{F}_i$ 的切向分力，则

$$F_{i\mathrm{T}}'+F_{i\mathrm{T}}=\Delta m_i a_{i\mathrm{T}} \tag{②}$$

式中，$a_{i\mathrm{T}}$ 为质元 Δm_i 的切向加速度。刚体上所有的质元都具有相同的角加速度，可得质元的切向加速度与角加速度的关系

$$a_{i\mathrm{T}}=r_i\beta \tag{③}$$

将式③代入式②得

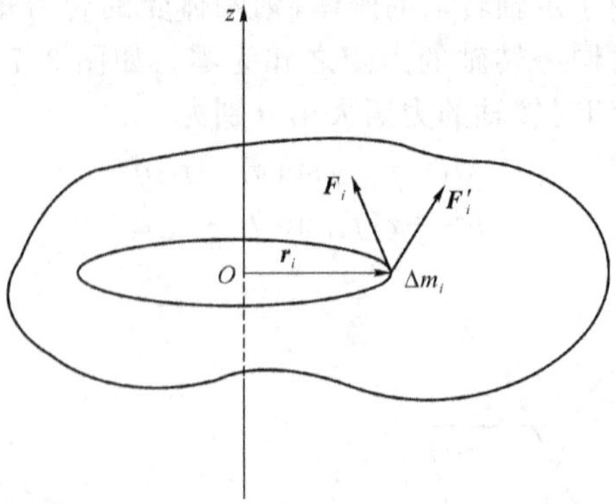

图 3-8　转动定律

$$F'_{i\mathrm{T}}+F_{i\mathrm{T}}=\Delta m_i r_i\beta \qquad ④$$

将式④的两边同乘 r_i，得

$$F'_{i\mathrm{T}}r_i+F_{i\mathrm{T}}r_i=\Delta m_i r_i^2\beta$$

式中，$F'_{i\mathrm{T}}r_i$ 为内力 $\boldsymbol{F}'_i$的力矩；$F_{i\mathrm{T}}r_i$ 为外力 $\boldsymbol{F}_i$ 的力矩。

考虑到刚体内其他质元所受力的力矩，则求和可得

$$\sum F'_{i\mathrm{T}}r_i+\sum F_{i\mathrm{T}}r_i=\sum(\Delta m_i r_i^2)\beta$$

由于内力成对出现，而且每对内力大小相等，方向相反，且作用在一条直线上，因此内力对转轴的力矩之和为零，即 $\sum F'_{i\mathrm{T}}r_i=0$。所以上式为

$$\sum F_{i\mathrm{T}}r_i=\sum(\Delta m_i r_i^2)\beta$$

式中，$\sum F_{i\mathrm{T}}r_i$ 为刚体所受的合外力对转轴的力矩的大小，即合外力矩，用 M 表示：

$$M=\sum(\Delta m_i r_i^2)\beta \qquad (3\text{-}3)$$

令

$$J=\sum\Delta m_i r_i^2 \qquad (3\text{-}4)$$

因此式(3-3)可写成

$$M=J\beta=J\frac{\mathrm{d}\omega}{\mathrm{d}t} \qquad (3\text{-}5)$$

式(3-5)是**刚体的定轴转动定律**的表达式。刚体的定轴转动定律 $M=J\beta$ 与牛顿第二定律 $F=ma$ 在形式上相似。合外力矩 M 与合外力 F 对应，角加速度 β 与加速度 a 对应，J 与惯性质量 m 对应。由式(3-5)可知，如果在合外力矩一定的情况下，J 越大，则刚体的角加速度 β 越小，角速度改变得越慢，刚体的转动惯性越大；反之，如果 J 越小，则角加速度 β 越大，那么角速度改变得越快，刚体的转动惯性就越小。这说明 J 是刚体转动惯性大小的量度，所以称为**转动惯量**。

刚体的定轴转动定律表明，刚体在合外力矩 M 作用下，角加速度 β 与 M 的大小成正

比，与刚体的转动惯量 J 成反比。

刚体的定轴转动定律在刚体力学中的地位相当于牛顿第二定律在质点力学中的地位，由牛顿第二定律可知，力是使质点运动状态改变产生加速度的原因，而由刚体的定轴转动定律可知，力矩是使刚体转动状态改变产生角加速度的原因。

3.2.3　转动惯量

式(3-5)中，J 所代表的物理量与牛顿第二定律中的 m 相对应。而且由式(3-5)可以看出，相同的力矩作用于刚体，J 大的刚体获得的角加速度小，刚体转动状态不容易被改变，刚体转动的惯性大。可见，字母 J 所代表的物理量是描述刚体转动惯性大小的物理量，它能反映刚体保持原来转动状态的能力，因而称其为**转动惯量**。它的定义式为

$$J = \int_V r^2 \mathrm{d}m \tag{3-6}$$

式中，$\mathrm{d}m$ 表示刚体上任意一个质元的质量；r 表示该质元到转轴的垂直距离；V 表示积分要遍布整个刚体。若刚体质量离散分布，则转动惯量可以写为

$$J = \sum_i \Delta m_i r_i^2 \tag{3-7}$$

式中，Δm_i 表示刚体各部分的质量；r_i 表示刚体各部分到转轴的垂直距离。

由定义式可以看出，转动惯量与质量一样，都是标量。在国际单位制中，转动惯量的单位为千克二次方米($\mathrm{kg \cdot m^2}$)。

3.2.4　转动惯量的计算

由式(3-7)可知，影响 J 大小的因素有 3 个：(1)刚体的总质量；(2)质量的分布；(3)转轴的位置。刚体的质量越大，质量分布越扩展，其转动惯量就越大。例如，为了使机器工作时运行平稳(同时还有储能作用)，常在机器的转轴上装上飞轮。一般这种飞轮的质量很大，而且质量绝大部分分布在轮缘上，所有这些措施都是为了增大飞轮对转轴的转动惯量。

当刚体的质量连续分布时，式(3-7)中的求和应用定积分代替。设刚体的密度为 ρ，如图 3-9 所示，则有

$$J = \int_V \rho R^2 \mathrm{d}V = \int_V \rho (x^2 + y^2) \mathrm{d}V \tag{3-8}$$

刚体的转动惯量除了与刚体的质量 m 和质量的分布有关外，还与转动轴的位置有关。若两轴平行，其中一轴通过质心 C，则刚体对两轴的转动惯量有如下关系(证明从略)：

$$J = J_C + md^2 \tag{3-9}$$

此式称为**平行轴定理**。式中，J_C 为刚体对于通过质心 C 的轴 z_C 的转动惯量，J 为对另一平行轴 z 的转动惯量，d 为 z 轴与 z_C 轴之间的垂直距离，m 是刚体的质量。

如图 3-10 所示，若刚体为一薄片，则它相对于 x 轴和 y 轴的转动惯量分别为

$$J_x = \int_V \rho y^2 \mathrm{d}V$$

$$J_y = \int_V \rho y^2 \mathrm{d}V$$

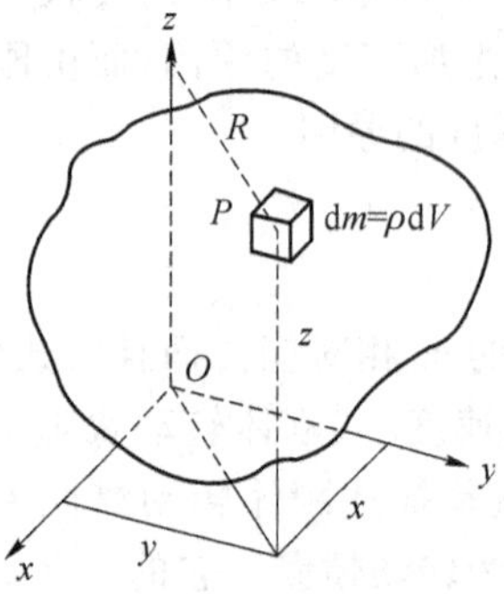

图 3-9　质量连续分布的刚体的转动惯量

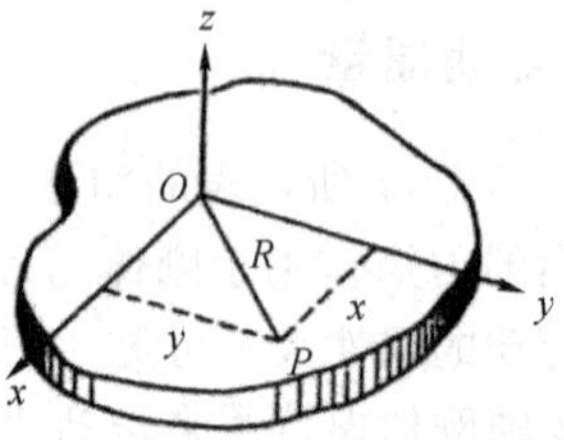

图 3-10　薄片刚体的转动惯量

因为薄片沿 z 轴的厚度可看作零，将以上两式与式(3-8)比较，便可得

$$J_z = J_x + J_y \tag{3-10}$$

这表示薄片刚体对 z 轴的转动惯量 J_z 等于它分别对 x 轴和 y 轴的转动惯量 J_x 与 J_y 之和。此式称为**垂直轴定理**，它只对薄片刚体成立。

计算物体的转动惯量时，物体的**回转半径** r_G 是一个很有用的量，其定义如下：

$$J = mr_G^2 \tag{3-11}$$

式中，J 是物体的转动惯量；m 是物体的质量。物体的回转半径表示该物体对该转轴来说，可以把物体的全部质量集中在离转轴距离为 r_G 的点而不改变其转动惯量。均匀物体的回转半径可由它们的几何形状完全确定，因而很容易做成表，供计算转动惯量时使用。

下面举例说明几种几何形状简单、密度均匀的刚体转动惯量的计算方式，希望能通过这些例题让大家进一步掌握转动惯量的概念及性质，同时学习应用微积分来分析简单物理问题的思路和方法。

例 3-3　刚性双原子气体分子的结构是哑铃状，如图 3-11 所示。设每个原子的质量为 m，两原子间距离为 l，若相对原子间距离而言，原子自身尺度可以忽略。试求：

(1) 分子对于通过原子连线中心并与其垂直轴的转动惯量；

(2) 分子对于通过其中一个原子并与连线垂直轴的转动惯量。

解　此刚体属于质量离散分布的情况。

(1) $J = \sum_i \Delta m_i r_i^2 = m\left(\frac{l}{2}\right)^2 + m\left(\frac{l}{2}\right)^2 = \frac{1}{2}ml^2$

(2) $J = \sum_i \Delta m_i r_i^2 = ml^2 + 0 = ml^2$

由结果可以看出，转动惯量的大小与刚体的质量及转轴位置有关。

例 3-4　如图 3-12 所示，试求质量为 m，半径为 R 的均质圆环对于通过圆心且与环面垂直轴的转动惯量。

解　此刚体属于质量连续分布的情况。在环上取质量元 $\mathrm{d}m$，每个质元到转轴的垂直

距离都等于圆环的半径 R。根据转动惯量的定义，有

$$J=\int_V r^2\mathrm{d}m=\int_V R^2\mathrm{d}m=R^2\int_V \mathrm{d}m=mR^2$$

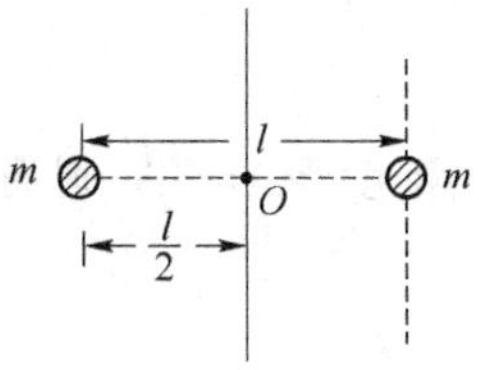

图 3-11　例 3-3 图

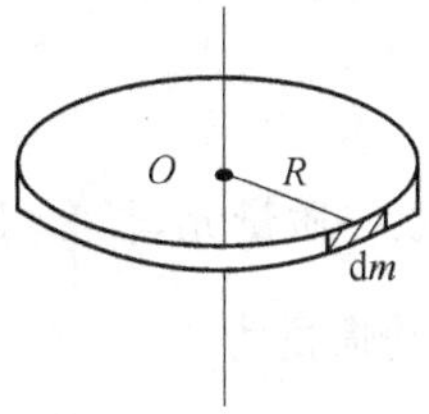

图 3-12　例 3-4 图

例 3-5　如图 3-13 所示，试求质量为 m、半径为 R 的均质圆盘对于通过圆心且与盘面垂直轴的转动惯量。

解　圆盘可以认为是由许多半径不同的均质圆环套叠组成的。在圆盘上任取一半径为 r、宽度为 $\mathrm{d}r$ 的圆环为质元，如图 3-13 所示。圆盘上质量分布的面密度为 $\sigma=\dfrac{m}{\pi R^2}$，则所取质元的质量为

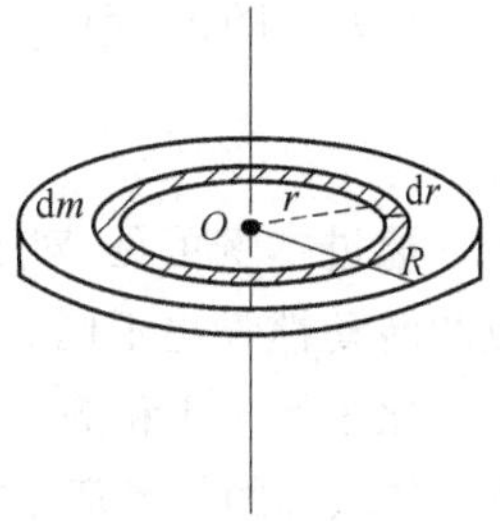

图 3-13　例 3-5 图

$$\mathrm{d}m=\sigma\mathrm{d}S=\sigma\cdot 2\pi r\cdot \mathrm{d}r=\frac{2m}{R^2}r\mathrm{d}r$$

质元至转轴的距离为 r，则均质圆盘的转动惯量为

$$J=\int_V r^2\mathrm{d}m=\int_V\frac{2m}{R^2}r^3\mathrm{d}r=\frac{2m}{R^2}\int_0^R r^3\mathrm{d}r=\frac{2m}{R^2}\frac{R^4}{4}=\frac{1}{2}mR^2$$

此题还可用另一种方法求解：取与上面相同的质元，根据所取圆环质量、半径以及均质圆环转动惯量公式，可得所取质元对轴的转动惯量为

$$\mathrm{d}J=\mathrm{d}m\cdot r^2=\frac{2m}{R^2}r\mathrm{d}r\cdot r^2=\frac{2m}{R^2}r^3\mathrm{d}r$$

整个刚体的转动惯量应为各组成部分转动惯量的和，因而均质圆盘的转动惯量为

$$J=\int\mathrm{d}J=\int_V\frac{2m}{R^2}r^3\mathrm{d}r=\frac{1}{2}mR^2$$

两种方法所得结果一致。由第二种方法可得：如果刚体由几部分组成，则刚体对轴的转动惯量等于组成刚体的各部分对该轴转动惯量的和。

例 3-6　如图 3-14 所示，求一质量为 m，长为 l 的均匀细棒的转动惯量。

(1) 轴通过棒的中心并与棒垂直；

(2) 轴通过棒的一端并与棒垂直。

解　(1) 设棒放于纸面内，转轴通过棒中心 O 点并与纸面垂直，如图 3-14(a)所示。

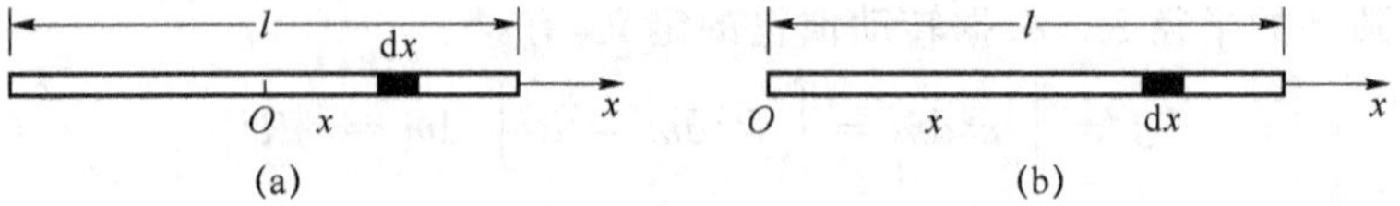

图 3-14　例 3-6 图

在棒上取一质量元，长为 dx，离轴 O 距离为 x，棒的线密度为 $\lambda=\dfrac{m}{l}$，则质量元 dm 对转轴 O 的转动惯量为

$$\mathrm{d}J=x^2\mathrm{d}m=x^2\frac{m}{l}\mathrm{d}x$$

整个细棒对轴 O 的转动惯量为

$$J=\int\mathrm{d}J=\int_{-\frac{l}{2}}^{\frac{l}{2}}\frac{m}{l}x^2\mathrm{d}x=\frac{1}{12}ml^2$$

（2）如图 3-14(b)所示，当轴 O 过棒一端并与纸面垂直时，显然整个棒的转动惯量为

$$J=\int_0^l\frac{m}{l}x^2\mathrm{d}x=\frac{1}{3}ml^2$$

通过本例可见，对于同一均匀细棒，虽然质量 m 相同，但由于转轴位置不同，所以相应的转动惯量也不同。

比较例 3-4 和例 3-5 的结果可知，刚体的转动惯量大小还与刚体的质量分布有关。质量、半径、轴的位置都相同的均质圆环和均质圆盘，均质圆环的转动惯量大。可见，其他条件相同时，刚体质量分布离轴越远，转动惯量越大。这一点在生活中有许多应用。例如，制造飞轮时，常做成大而厚的边缘，从而使飞轮的转动惯量大；再如，我们常用的锤子也是头部质量大，这同样是为了增大转动惯量，使转动状态不易被改变，从而增大对外界的作用力矩。

综上所述，刚体转动惯量的大小与下列因素有关：①刚体的质量；②刚体质量的分布情况；③转轴的位置。

表 3-1 给出了几种常见的几何形状简单的均质刚体对特定轴的转动惯量。

表 3-1　转动惯量

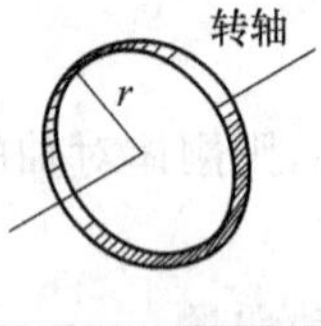 圆环 转轴通过中心 且与环面垂直 $J=mr^2$	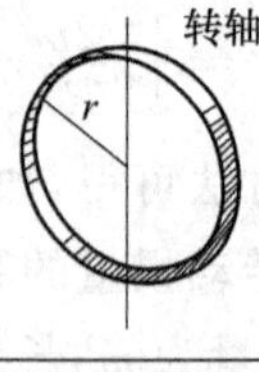 圆环 转轴沿直径 $J=\frac{1}{2}mr^2$
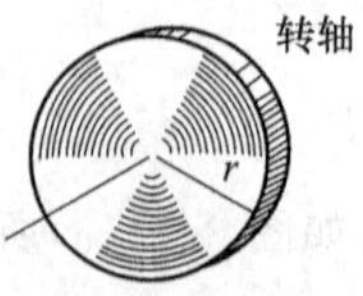 薄圆盘 转轴通过中心 且与盘面垂直 $J=\frac{1}{2}mr^2$	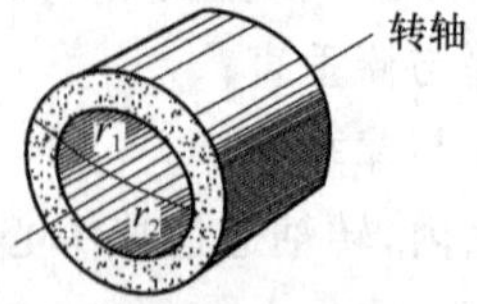 圆筒 转轴沿几何轴 $J=\frac{1}{2}(mr_2^2-mr_1^2)$

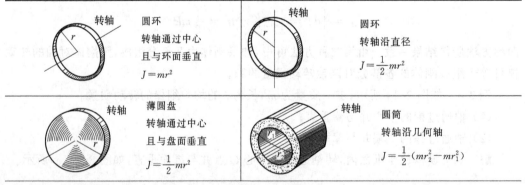

续表

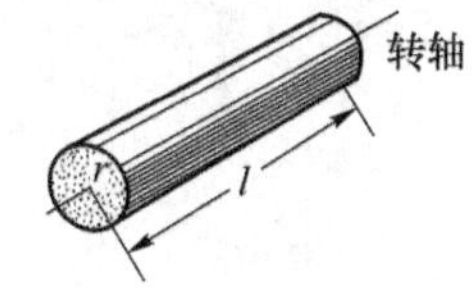 圆柱体 转轴沿几何轴 $J=\frac{1}{2}mr^2$	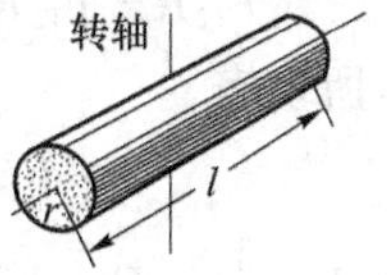 圆柱体 转轴通过中心，且与几何轴垂直 $J=\frac{1}{4}mr^2+\frac{1}{12}ml^2$
 细棒 转轴通过中心 且与棒垂直 $J=\frac{1}{12}ml^2$	 细棒 转轴通过一端，且与棒垂直 $J=\frac{1}{3}ml^2$
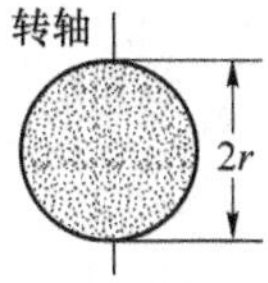 球体 转轴沿直径 $J=\frac{2}{5}mr^2$	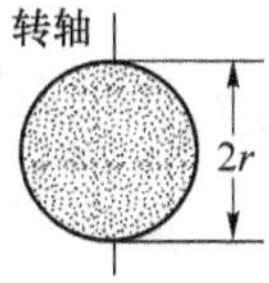 薄球壳 转轴沿直径 $J=\frac{2}{3}mr^2$

例 3-7　如图 3-15 所示，一轻绳跨过一定滑轮，滑轮半径为 R，质量为 m_3，滑轮可视为匀质圆盘，绳的两端分别悬挂质量为 m_1 及 m_2 的两个物体 A 和 B，设 $m_2>m_1$。若绳与滑轮间无相对滑动，求物体的加速度和绳中的张力(不计滑轮转轴处的摩擦)。

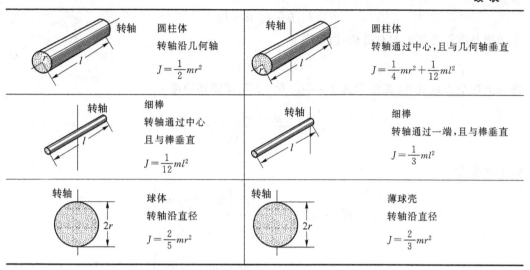

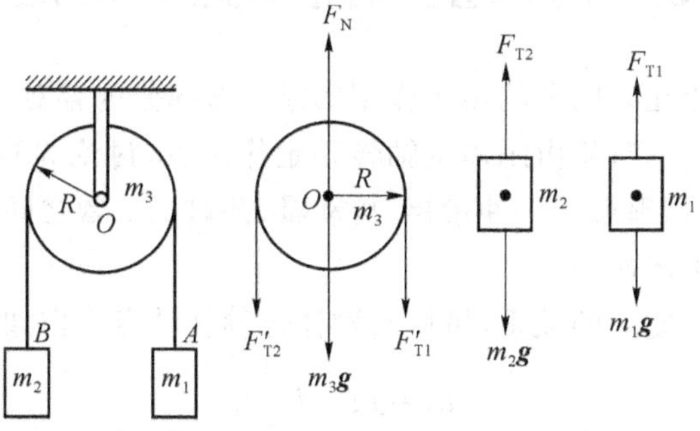

(a) 定滑轮　　(b) 受力图

图 3-15　例 3-7 图

解　将物体 A、B 及滑轮分别作隔离体图，如图 3-15(b)所示。图中，F_{T1}、F_{T2} 分别代表作用于 A、B 上的绳子的张力，F'_{T1}、F'_{T2} 分别代表作用于滑轮 m_3 两边的张力。由于考虑滑轮的质量，所以滑轮两边绳中的张力 F'_{T1}、F'_{T2} 不等，但 $F_{T2}=F'_{T2}$，$F_{T1}=F'_{T1}$。对 A 和 B 分别应用牛顿第二定律，则有

$$F_{T1}-m_1g=m_1a \quad ①$$

$$m_2g-F_{T2}=m_2a \quad ②$$

重力 m_3g、轴承反作用力 F_N 对垂直于纸面的 O 轴无力矩，根据转动定律，m_3 的动力学方

程为

$$F'_{T2}R-F'_{T1}R=J\beta \quad ③$$

由于绳与滑轮之间无相对滑动，所以有

$$a=R\beta \quad ④$$

将以上四个方程联立，并注意到 $J=\frac{1}{2}m_3R^2$，则可解得加速度

$$a=\frac{m_2-m_1}{m_1+m_2+\frac{1}{2}m_3}g$$

绳子的张力

$$F_{T1}=F'_{T1}=m_1(g+a)=\frac{m_1\left(2m_2+\frac{1}{2}m_3\right)}{m_1+m_2+\frac{1}{2}m_3}g$$

$$F_{T2}=F'_{T2}=m_2(g-a)=\frac{m_2\left(2m_1+\frac{1}{2}m_3\right)}{m_1+m_2+\frac{1}{2}m_3}g$$

3.3 角动量和角动量守恒定律

本节主要研究力矩在时间上的累积作用效果。这部分内容对应于质点运动中的动量定理和动量守恒定律。本节将由刚体定轴转动定律出发，讨论力矩作用一段时间所引起的效果，定义两个新的物理量——冲量矩、角动量，并讨论二者之间的关系，从而得出角动量定理以及角动量守恒定律。

根据角加速度与角速度的关系，可以对刚体定轴转动定律作如下变形：

$$M=J\beta=J\frac{\mathrm{d}\omega}{\mathrm{d}t}$$

即

$$M\mathrm{d}t=J\mathrm{d}\omega \quad (3\text{-}12)$$

刚体定轴转动时，转动惯量 J 是常量。设力矩作用时间为 $t_0\sim t$，作用的始末时刻刚体角速度为 ω_0、ω。为讨论力矩在时间上的累积作用效果，对式(3-12)两侧积分，得

$$\int_{t_0}^{t}M\mathrm{d}t=\int_{\omega_0}^{\omega}J\mathrm{d}\omega=J\omega-J\omega_0 \quad (3\text{-}13)$$

3.3.1 力矩的冲量矩

式(3-13)的左侧 $\int_{t_0}^{t}M\mathrm{d}t$ 为力矩在时间上的积分，它反映了力矩在时间上的累积情

况。力在时间上的积分是冲量，力矩在时间上的积分称为**冲量矩**。

对于冲量矩的理解需要注意以下两点。

(1) 冲量矩不同于冲量。冲量矩是单独定义的物理量，它与力的冲量从外形到本质都是截然不同的，彼此不能替代。

(2) 冲量矩是矢量。力矩是矢量，时间是标量，矢量与标量的乘积为矢量，因而冲量矩是矢量。前面之所以把它写成标量形式，理由与多次提到的一样，即定轴转动刚体的相关矢量方向只有两种可能性，因而可以写成标量形式。

3.3.2　角动量

式(3-13)的右侧为物理量 $J\omega$ 在始末时刻对应值的增量。质点运动中，质量与速度的乘积是动量。相应地，在刚体定轴转动中，定义转动惯量与角速度的乘积为刚体的**角动量**(也称**动量矩**)。用字母 L 表示，即

$$L=J\omega \tag{3-14}$$

对于角动量的理解需注意以下几点。

(1) 角动量不同于动量。与冲量矩相同，角动量也是单独定义的物理量。在国际单位制中，角动量的单位是千克二次方米每秒($\mathrm{kg\cdot m^2\cdot s^{-1}}$)。

(2) 角动量是矢量。角动量是矢量，可写为 $\boldsymbol{L}=J\boldsymbol{\omega}$。角动量的方向与角速度方向一致，与刚体的旋转方向成右手螺旋关系，即右手四指依刚体旋转方向摆放，拇指指向即为角动量方向。与前面相同，在刚体定轴转动时常写角动量的标量形式，$L=J\omega$。

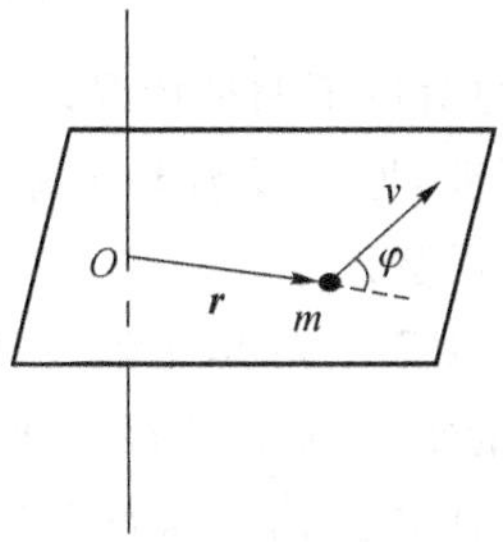

图 3-16　点对轴的角动量

(3) 点对轴的角动量。一般地，对于质点常讨论其质量、速度，因而有必要写出用这两个物理量表示的质点的角动量。如图 3-16 所示，一个质点质量为 m，转轴到质点的距离为 r，质点在转动平面内的运动速率为 v，则质点对轴的转动惯量 $J=mr^2$，质点相对于轴的角速度为

$$\omega=\frac{v_\tau}{r}=\frac{v\sin\varphi}{r}$$

则角动量大小为

$$L=J\omega=mr^2\frac{v\sin\varphi}{r}=mrv\sin\varphi \tag{3-15}$$

如果考虑到速度 $\boldsymbol{v}$ 是矢量、轴到质点 $\boldsymbol{r}$ 的方向，则角动量对应的矢量式为

$$\boldsymbol{L}=\boldsymbol{r}\times m\boldsymbol{v}=\boldsymbol{r}\times\boldsymbol{p} \tag{3-16}$$

式中，$\boldsymbol{p}$ 为质点的动量。式(3-16)清晰地表明，角动量与动量是截然不同的两个物理量。

3.3.3　角动量定理

作用在刚体上的冲量矩等于刚体角动量的增量，这称为**角动量定理**(也称**动量矩定**

理）。其矢量形式的数学表达式为

$$\int_{t_0}^{t} \boldsymbol{M}\mathrm{d}t = \boldsymbol{L} - \boldsymbol{L}_0 \tag{3-17}$$

式(3-17)虽然是由一个绕定轴转动的刚体推导得来的，但可以证明（证明从略），它对于多个刚体组成的系统绕定轴转动的情况仍适用。只是这时的冲量矩为系统所受合外力矩的冲量矩，角动量为各刚体角动量的矢量和。

角动量定理是从时间累积的角度反映力矩的作用效果，它与质点力学中反映力在时间上累积作用效果的动量定理是相对应的，具体的对应关系如表 3-2 所示。

表 3-2　角动量定理与动量定理的对应关系

物理量／定理	状态变化原因	描述状态的物理量	二者关系
动量定理	冲量 $\int \boldsymbol{F}\mathrm{d}t$	动量 $m\boldsymbol{v}$	$\int \boldsymbol{F}\mathrm{d}t = m\boldsymbol{v} - m\boldsymbol{v}_0$
角动量定理	冲量矩 $\int \boldsymbol{M}\mathrm{d}t$	角动量 $J\boldsymbol{\omega}$	$\int \boldsymbol{M}\mathrm{d}t = J\boldsymbol{\omega} - J\boldsymbol{\omega}_0$

3.3.4　角动量守恒定律

在式(3-17)中，若刚体所受合外力矩 $\boldsymbol{M}_{合外}=0$，则有

$$\boldsymbol{L}=\boldsymbol{L}_0=常矢量 \tag{3-18}$$

即刚体的角动量保持不变，这称为**角动量守恒定律**。角动量守恒分以下两种情况。

(1) 对于绕定轴转动的单个刚体，由于其转动惯量保持不变，刚体受合外力矩为零时，根据角动量守恒定律，则有刚体绕轴转动的角速度也将保持不变。

(2) 对于绕定轴转动的刚体组合，若所受的合外力矩为零，则系统的总角动量守恒。此时，若系统的转动惯量不变，则角速度不变；若系统的转动惯量变化，则角速度变化。转动惯量变大，角速度变小；转动惯量变小，角速度变大。这一规律在生活中有许多应用。花样滑冰运动员在开始旋转时总是伸开双臂，然后快速收拢双臂和腿，以获得较大的旋转角速度，而要结束旋转时，必然再度伸展四肢，以便降低旋转角速度。这是因为，运动员可以视为刚体系统，在冰面上系统受合外力矩为零，角动量守恒。四肢伸展时，质量到转轴的距离大，因而系统转动惯量大，从而旋转的角速度小，旋转平稳；而四肢收拢时，系统转动惯量小，因而角速度大。再如，跳水运动员在起跳时，总是向上伸展手臂，跳到空中做翻滚动作时，又快速收拢手臂和腿，这样做同样是为了减小转动惯量，以便增加翻滚的角速度。而在入水前，运动员一定会再度伸展身体，增大转动惯量，从而减小翻滚速度，竖直平稳落水。

角动量守恒定律也是自然界中的一条普遍规律。宏观的天体演化、微观的电子绕核运动等都遵守角动量守恒定律。角动量守恒定律在刚体转动中的地位与动量守恒定律在

质点运动中的地位是相当的，二者的对应关系如表 3-3 所示。

表 3-3　角动量守恒定律与动量守恒定律的对应关系

定律＼物理量	适用条件	守恒关系
动量守恒定律	系统所受合外力为零，即 $\boldsymbol{F}_{合外}=0$	$\boldsymbol{p}=\boldsymbol{p}_0=$常矢量
角动量守恒定律	系统所受合外力矩为零，即 $\boldsymbol{M}_{合外}=0$	$\boldsymbol{L}=\boldsymbol{L}_0=$常矢量

例 3-8　如图 3-17 所示，轴承光滑的两个齿轮可绕通过中心的轴 OO' 转动。初始两轮的角速度方向相同，大小为 $\omega_A=50\ \text{rad/s}$、$\omega_B=200\ \text{rad/s}$。设两轮的转动惯量分别为 $J_A=0.4\ \text{kg}\cdot\text{m}^2$、$J_B=0.2\ \text{kg}\cdot\text{m}^2$。试求：两齿轮啮合后一起转动的角速度。

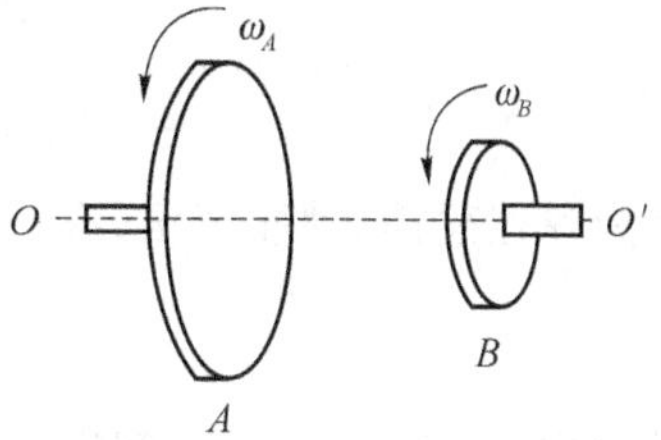

图 3-17　例 3-8 图

解　选两齿轮组成的系统为研究对象，进行受力分析。系统只受重力及轴承的支持力作用，这两个力都通过转轴，力矩都为零，系统角动量守恒。以地面为参考系，初始齿轮转动方向为正方向，则有

$$J_A\omega_A+J_B\omega_B=(J_A+J_B)\omega$$

解方程，得系统一起转动的角速度为

$$\omega=\frac{J_A\omega_A+J_B\omega_B}{J_A+J_B}=\frac{0.4\times50+0.2\times200}{0.4+0.2}\text{rad/s}=100\ \text{rad/s}$$

根据此题可以总结应用角动量守恒定律求解问题的基本步骤如下。

(1) 选择系统，进行受力分析，判断守恒条件。角动量守恒的条件是系统受合外力矩为零，这与动量守恒条件有所区别。

(2) 根据题意选择转动的正方向。角动量守恒虽然是矢量表达式，但由于我们一般仅涉及刚体定轴转动问题，矢量的方向仅有两种可能性，所以确定矢量的正方向即可，而不必建立坐标系。

(3) 依据题意写角动量守恒的方程。方程中各矢量方向与正方向相同者为正值，否则为负值。另外，方程中各量应是相对于同一参考系的，这点与动量守恒定律相同。

(4) 解方程，讨论。

例 3-9　如图 3-18 所示，一长为 $2l$、质量为 M 的匀质细棒可绕棒中心的水平轴 O 在竖直面内转动，开始时棒静止在水平位置，一质量为 m 的小球以速度 u 垂直下落在棒的端点，设小球与棒弹性碰撞，求碰撞后小球的回跳速度 v 及棒转动的角速度 ω 各为多少？

解　以小球和棒组成的系统为研究对象。取小球和棒碰撞中间的任一状态分析受力，棒受重力 Mg 和轴对棒的支承力 N 作用，但对 O 轴的力矩均为零；小球虽受重力 mg 作用，但比起碰撞时小球与棒之间的碰撞冲力 f 和 f'（均系内力）而言，可以忽略。因此可以认为棒和小球组成的系统所受到的对轴 O 的合外力矩为零，则系统对轴 O 的角动量应守恒。

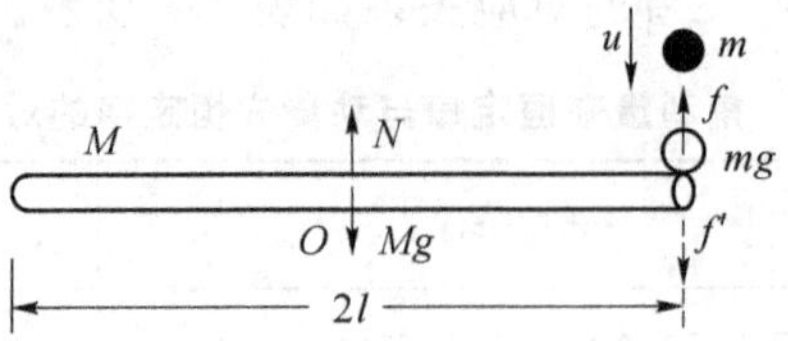

图 3-18　例 3-9 图

取垂直纸面向里为角动量 $\boldsymbol{L}$ 正向，则系统初态角动量为 mul，终态角动量为 $J\omega$ 和 $-mvl$，则有

$$mul=J\omega-mvl \qquad ①$$

$$J=\frac{1}{12}M(2l)^2=\frac{1}{3}Ml^2 \qquad ②$$

因为弹性碰撞，动能守恒，有

$$\frac{1}{2}mu^2=\frac{1}{2}mv^2+\frac{1}{2}J\omega^2 \qquad ③$$

联立式①、式②、式③可解得

$$v=\frac{M-3m}{M+3m}u$$

$$\omega=\frac{6mu}{(M+3m)l}$$

3.4　转动动能定理

质点在外力作用下发生位移时就说力对质点做了功。如果刚体在力矩的作用下，转动了一段角位移，就说力矩对刚体做了功，这是力矩对空间的积累作用。下面用力的功表达式来推导出力矩的功表达式。

3.4.1　力矩的功和功率

1. 力矩的功

我们知道计算定轴转动刚体的外力矩时，只需考虑在转动平面内的外力，或外力在转动平面内的分量对转轴的力矩。如图 3-19 所示，有固定转轴的刚体受外力 $\boldsymbol{F}$ 的作用，转过微小的角位移 $\mathrm{d}\theta$，设 $\boldsymbol{F}$ 在其作用点所在的转动平面内，此力的作用点发生了相应的线位移，其大小为 $\mathrm{d}s=r\mathrm{d}\theta$，则外力 $\boldsymbol{F}$ 所做的元功为

$$\mathrm{d}A=\boldsymbol{F}\cdot\mathrm{d}\boldsymbol{s}=F\sin\varphi r\mathrm{d}\theta$$

由于 $\boldsymbol{F}$ 对转轴的力矩为 $M=Fr\sin\varphi$，上式又可写成

$$\mathrm{d}A=M\mathrm{d}\theta \qquad (3\text{-}19)$$

这就表明，**力矩所做的元功 $\mathrm{d}A$ 等于力矩与刚体的角位移 $\mathrm{d}\theta$ 的乘积。**

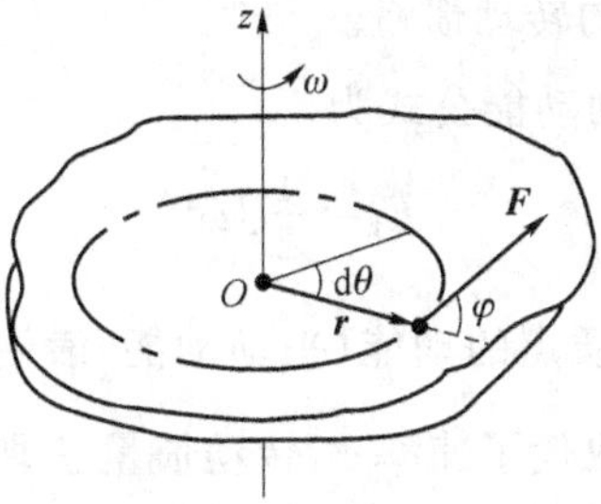

图 3-19 力矩做功

若刚体在力矩 **M** 作用下转过 θ 角，那么此过程中力矩对刚体所做的功为

$$A=\int_0^\theta M\mathrm{d}\theta \tag{3-20}$$

上式反映出力矩的空间累积效应。如果 **M** 的大小和方向都不变，该力矩对刚体所做的功为

$$A=M\theta \tag{3-21}$$

如果有几个外力同时作用在刚体上，式(3-19)和式(3-20)中的 **M** 就是作用在定轴转动刚体上的合外力矩。上述两式就理解为合外力矩对刚体所做的功。

2. 力矩的功率

按功率的定义，可得力矩的瞬时功率为

$$P=\frac{\mathrm{d}A}{\mathrm{d}t}=M\frac{\mathrm{d}\theta}{\mathrm{d}t}=M\omega \tag{3-22}$$

即**力矩的功率等于力矩与角速度的乘积。**当功率一定时，转速越低，力矩越大；反之，转速越高，力矩越小。

3.4.2 转动动能

刚体定轴转动时的动能称为**转动动能**。刚体可看成由许许多多的质点组成的，所以刚体的转动动能等于各质点动能的总和。设刚体中第 i 个质点的质量为 Δm_i，速度为 v_i，则该质点的动能为

$$E_{\mathrm{k}i}=\frac{1}{2}\Delta m_i v_i^2$$

设刚体的角速度为 ω，则 Δm_i 的速度为 $v_i=\omega r_i$，该质点的动能用角速度表示为

$$E_{\mathrm{k}i}=\frac{1}{2}\Delta m_i r_i^2\omega^2$$

整个刚体以角速度 ω 转动，刚体上所有质点的角速度都相同，所以刚体的动能就是对所有质点的动能求和，即

$$E_{\mathrm{k}}=\sum\frac{1}{2}\Delta m_i r_i^2\omega^2=\frac{1}{2}\left(\sum\Delta m_i r_i^2\right)\omega^2$$

式中，$J=\sum \Delta m_i r_i^2$，是刚体的转动惯量。

所以，刚体定轴转动的转动动能公式为

$$E_k=\frac{1}{2}J\omega^2 \tag{3-23}$$

转动动能表达式$\frac{1}{2}J\omega^2$与质点的动能（平动动能）表达式$\frac{1}{2}mv^2$在形式上相似，在转动动能的表达式中，角速度ω取代了速率v，转动惯量J取代了质量m。其实，转动动能并不是一种新的能量形式，是所有质点动能的和。

3.4.3 转动动能定理

现在我们讨论外力矩对定轴转动的刚体做功的过程中，引起其转动动能的变化。设刚体在合外力矩M的作用下，绕定轴转过微小角位移$d\theta$，则合外力矩对刚体所做元功为

$$dA=Md\theta$$

将转动定律$M=J\beta=J\frac{d\omega}{dt}$代入上式，可得

$$dA=J\frac{d\omega}{dt}d\theta=J\omega d\omega$$

设在t_1到t_2时间内，刚体的角速度从ω_1变到ω_2，并且上式中的J为常量，则在此过程中合外力矩对刚体所做的功为

$$A=\int dA=J\int_{\omega_1}^{\omega_2}\omega d\omega$$

即

$$A=\frac{1}{2}J\omega_2^2-\frac{1}{2}J\omega_1^2 \tag{3-24}$$

上式表明，**合外力矩对定轴转动的刚体所做的功等于刚体转动动能的增量。**这就是刚体**定轴转动的动能定理**。

3.4.4 刚体的重力势能

如果一个刚体受到保守力的作用，也可引入势能的概念。刚体在定轴转动中涉及的势能主要是重力势能。这里把刚体—地球系统的重力势能简称刚体的重力势能，意思是取地面坐标系来计算势能值。对于一个不太大的质量为m的刚体，它的重力势能应是组成刚体的各个质点的重力势能之和，即

$$E_p=\sum_i \Delta m_i g h_i=(\sum_i \Delta m_i h_i)g$$

若刚体质心的高度为h_C，根据质心的定义

$$h_C=\frac{\sum_i \Delta m_i h_i}{m}$$

重力势能可用质心的位置表示为

$$E_p = mgh_C \tag{3-25}$$

式(3-25)说明刚体的重力势能与它的质量全部集中在质心时所具有的势能一样。

对于刚体系统,如果外力与非保守内力都不做功或做功代数和为零,则该系统的机械能守恒,即

$$E_k + E_p = \text{恒量} \tag{3-26}$$

若刚体在重力场作用下定轴转动,则刚体的重力势能和刚体的转动动能相互转化,总和不变,即

$$E = \frac{1}{2}J\omega^2 + mgh_C = \text{恒量}$$

例 3-10　有一匀质杆,质量为 m、长为 l,可绕通过 A 端的水平轴在竖直平面内转动,将杆从水平位置释放,求杆转动到竖直位置的过程中,重力做的功及杆转到竖直位置时角速度的大小($J = \frac{1}{3}ml^2$)。

解　如图 3-20 所示,杆从水平位置运动到任意位置时,重力矩为

$$M = mg \times \frac{l}{2}\cos\theta$$

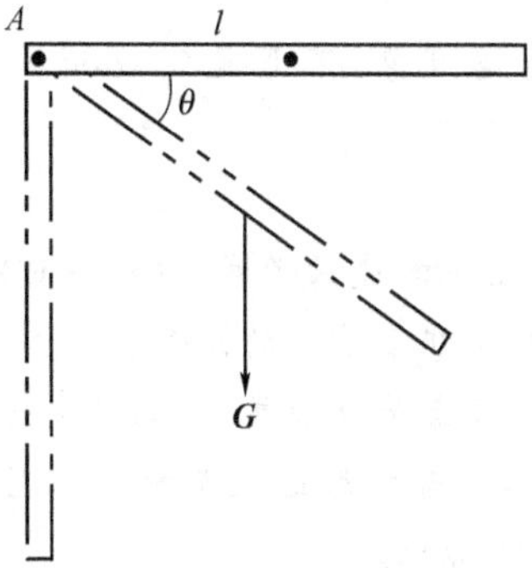

图 3-20　例 3-10 图

M 是一个变力矩,当杆转过 $\mathrm{d}\theta$ 时,元功为

$$\mathrm{d}A = mg \times \frac{l}{2}\cos\theta\mathrm{d}\theta$$

当杆从 $\theta_1 = 0$ 转到 $\theta_2 = \frac{\pi}{2}$ 的过程中,重力做的功为

$$A = \int \mathrm{d}A = \int_0^{\frac{\pi}{2}} mg \times \frac{l}{2}\cos\mathrm{d}\theta = mg \times \frac{l}{2}$$

根据刚体的转动动能定理有

$$A=\int_{\theta_0}^{\theta} M\mathrm{d}\theta=\frac{1}{2}J\omega_2^2-\frac{1}{2}J\omega_1^2$$

当杆运动到水平位置($\theta_1=0$)时对应的角速度为 $\omega_1=0$,则

$$\frac{1}{2}J\omega_2^2-\frac{1}{2}J\omega_1^2=mg\times\frac{l}{2}$$

$$\omega_2=\sqrt{\frac{3g}{l}}$$

因为杆在转动过程中只有重力矩做功,所以系统的机械能守恒,也可用机械能守恒求解:

$$\frac{1}{2}J\omega_2^2=mg\times\frac{l}{2}$$

$$\omega_2=\sqrt{\frac{3g}{l}}$$

阅读材料三

对称性与守恒定律

对称是自然界中的一种普遍现象,不管是宏观领域还是微观领域,均存在大量的对称。

1. 对称性

无论在生活、艺术中,还是在科学技术领域,对称性都有着非常重要的地位,它在粒子物理、固体物理及原子物理中都是非常重要的概念。人们早在 19 世纪末就发现时间和空间的某种对称性分别与力学(实际上是物理学)中的三大守恒律是等效的。

对称性的定义最初源于数学:若图形通过某种操作后又回到它自身(即图形保持不变),则这个图形对该操作具有对称性。

例如,面对称性就是一种反射对称性,如右手在镜中的像是左手;轴对称性又称为旋转对称性,例如一个毫无标记的圆在平面上绕过其中心的轴无论怎样旋转,总保持原图形。若在一个无穷大的平面上有一组无穷多的完全相似的图案,那么在有限视界内平移一个或几个图案,整个图像又能回到原来自身,这就叫作平移对称性。上面所说的几种对称性都是通过一定的“操作”,如反射、转动、平移之后才体现出来的。

对称性的概念在物理学中大大地发展了:首先是被操作的对象,除了图形之外还有物理量和物理规律;其次是操作,例如空间的平移、反转、旋转及标度交换(即尺度的放大和缩小),时间的平移和反转,时间和空间联合操作及一些更为复杂的非时空操作等。因此,在物理学中的对称性应理解为:若某个物理规律(或物理量)在某种操作下能保持不变,则这个物理规律(或物理量)对该操作对称。

这种操作也叫作变换。物理学中常见的对称变换是指时空变换(空间平移、空间转动、时间平移以及时空联合变换等)。

2. 对称性与守恒定律

物理学中存在着许多守恒定律,如动量守恒定律、能量守恒定律等,其根源均来自自然界的对称性。一般来说,一种对称性对应着一种守恒律。下面仅就时间、空间的对称(均匀)性来说明动量、角动量及能量的守恒问题。

(1) 空间均匀性与动量守恒律

若系统沿空间某一方向(如 x 方向)移动任一距离后其力学性质不改变,则说系统对该方向具有空间平移不变性或空间平移均匀性,简称空间均匀性。为简便起见,我们只考虑由两个质点组成的系统。

设两个质点的坐标为 x_1、x_2,相互作用势能为 $E_p(x_1,x_2)$;当经一对称变换(操作)后坐标变为 $x_1'=x_1+\Delta x$,$x_2'=x_2+\Delta x$,势能变为 $E_p(x_1',x_2')$。由于空间均匀性,两粒子平移后的相互作用势能不改变,即

$$E_p(x_1,x_2)=E_p(x_1',x_2')=E_p(x)$$

因而质点 1 受到质点 2 的作用力

$$F_1=-\frac{\partial E_p}{\partial x_1}=-\frac{\partial E_p}{\partial x}\frac{\partial x}{\partial x_1}=\frac{\partial E_p}{\partial x}$$

质点 2 受到质点 1 的作用力

$$F_2=-\frac{\partial E_p}{\partial x_2}=-\frac{\partial E_p}{\partial x}$$

系统所受到的作用力

$$F=\frac{dp}{dt}=F_1+F_2=\frac{dp_1}{dt}+\frac{dp_2}{dt}=0$$

即

$$p=常量$$

此即系统的动量守恒定律。这说明,动量守恒是由空间对称性引起的。

(2) 空间各向同性与角动量守恒定律

如果系统绕空间任一轴转动某一角度后其力学性质不改变,这一特性称为空间各向同性或转动对称性。为简单计,我们仍设系统由两个质点组成,其位矢分别为 $\boldsymbol{r}_1$、$\boldsymbol{r}_2$,相互作用势能仅与两质点的相对位(置)矢 $\boldsymbol{r}=\boldsymbol{r}_2-\boldsymbol{r}_1$ 有关。在空间各向同性的情况下,相互作用能(势能)的大小仅与相对位矢的绝对值 $r=|\boldsymbol{r}|=|\boldsymbol{r}_2-\boldsymbol{r}_1|$ 有关,即 $E_p=E_p(r)$,于是质点 1 受到质点 2 的力的 3 个分量

$$F_{1x}=-\frac{\partial E_p}{\partial x}=-\frac{\partial E_p}{\partial r}\frac{\partial r}{\partial x}=-\frac{\partial E_p}{\partial r}\frac{x}{r}$$

$$F_{1y}=-\frac{\partial E_p}{\partial r}\frac{y}{r}$$

$$F_{1z}=-\frac{\partial E_p}{\partial r}\frac{z}{r}$$

即
$$F_1=-\frac{\partial E_p}{\partial r}\frac{\boldsymbol{r}}{r}$$

根据牛顿第三定律可得质点2受到质点1的力
$$\boldsymbol{F}_2=-\boldsymbol{F}_1=\frac{\partial E_p}{\partial r}\frac{\boldsymbol{r}}{r}$$

于是系统受到的力矩
$$\begin{aligned}\boldsymbol{M}&=\boldsymbol{M}_1+\boldsymbol{M}_2=\boldsymbol{r}_1\times\boldsymbol{F}_1+\boldsymbol{r}_2\times\boldsymbol{F}_2\\&=-\frac{1}{r}\frac{\partial E_p}{\partial r}\boldsymbol{r}_1\times\boldsymbol{r}+\frac{1}{r}\frac{\partial E_p}{\partial r}\boldsymbol{r}_2\times\boldsymbol{r}\\&=\frac{1}{r}\frac{\partial E_p}{\partial r}(\boldsymbol{r}_2-\boldsymbol{r}_1)\times\boldsymbol{r}=\frac{d\boldsymbol{L}}{dt}=0\end{aligned}$$

这说明，角动量不随时间而改变，即 $\boldsymbol{L}_1=\boldsymbol{L}_2$（守恒）。由此可见，角动量的守恒是由空间各向同性导致的。

(3) 时间均匀性与能量守恒定律

在自然界千变万化的运动演化过程中，运动从一种形式转变成另一种形式，从一种物质转移到另一种物质，在这一切复杂的变化中，只有一个物理量不变，那就是能量。能量守恒定律是自然界的基本定律之一。

人们发现，任一给定的物理实验或现象的进展过程与实验开始的时间无关。无论实验开始是今天还是明天，由实验得出的规律应该完全相同，即物理规律不因时而异。这表明时间的均匀性，也称为时间平移对称性。如果时间不均匀的话，物理规律将随时间变化，那么能量不再守恒。正是物理规律的时间平移对称性导致了能量守恒定律。

近代物理学的研究发现了更多的守恒定律和守恒量，除了能量守恒、动量守恒、角动量守恒定律之外，还存在质量守恒、电荷守恒、宇称守恒、奇异数守恒、重子数守恒和轻子数守恒等。这些守恒定律是自然规律具有各种对称性的结果。严格的对称性对应着严格的守恒定律，近似的对称性对应着有近似的守恒定律。

对称性有时也会遭到破坏（称为对称性破缺），例如在弱相互作用中宇称就不守恒。物理学中既有对称也有对称的破缺。整个大自然就是这种基本上对称而又不完全对称的和谐统一。

可以说，守恒定律是自然规律最深刻、最简洁的陈述，它们支配着至今所知的一切宏观和微观的自然现象。物理学在20世纪取得的令人惊讶的成功让人们拥有一个对宇宙的崭新看法，在这个新的宇宙观中，力的概念已不再处于中心地位，牛顿力学在微观领域也不再适用，取而代之的是守恒定律。

思考题

3-1　什么叫刚体？其运动形式有哪几种？

3-2　简述转动定律的内容。

3-3　计算一个刚体对某转轴的转动惯量时，一般能不能认为它的质量集中于其质心，成为一个质点，然后计算这个质点对该轴的转动惯量？为什么？

3-4　绕固定轴做匀变速转动的刚体上各点都能绕轴做圆周运动，试问刚体上任意一点是否有切向加速度？是否有法向加速度？切向加速度和法向加速度的大小是否变化？

3-5　转动惯量的物理意义是什么？它与什么因素有关？

3-6　若一个系统的动量守恒，角动量是否一定守恒？反过来说对么？

练 习 题

3-1　冲床上的飞轮转速为 120 r/min，转动惯量为 40 kg · m^2。现用此飞轮冲断一个厚度为 1 mm 的薄钢片，设冲断过程中钢片受力为恒量，大小为 1.0×10^6 N。试求：冲断此钢片后，飞轮的转速变为多大？

3-2　如习题 3-2 图所示，一个均质圆盘，质量为 m_0、半径为 R，放在一粗糙水平面上，圆盘可绕通过其中心 O 的竖直固定光滑轴转动。开始时，圆盘静止，一颗质量为 m 的子弹以水平速度 $\boldsymbol{v}_0$ 垂直于圆盘半径射入圆盘边缘并嵌在盘边上，求：

(1) 子弹射入盘后，盘所获得的角速度；

(2) 经过多少时间后，圆盘停止运动（忽略子弹重力造成的摩擦阻力矩；圆盘与水平面间的摩擦因数为 μ）。

3-3　一轻绳跨过两个质量均为 m、半径均为 r 的均匀圆盘状定滑轮，绳的两端分别挂着质量为 m 和 $2m$ 的重物，如习题 3-3 图所示。绳与滑轮间无相对滑动，滑轮轴光滑，两个定滑轮的转动惯量均为 $\frac{1}{2}mr^2$。将由两个定滑轮以及质量为 m 和 $2m$ 的重物组成的系统从静止释放，求两滑轮之间绳内的张力。

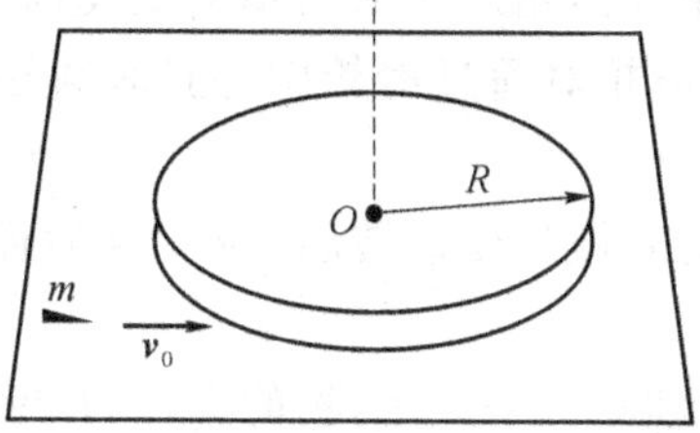

习题 3-2 图

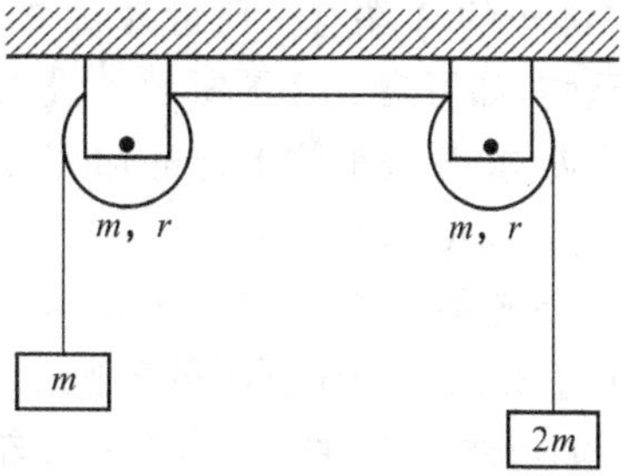

习题 3-3 图

3-4　一圆盘从静止开始做匀角加速度转动，其角加速度 $\beta=k$。求 t 时刻圆盘的角速度。

3-5　如习题 3-5 图所示，质量为 m 的物体与绕在定滑轮上的轻绳相连，定滑轮质

量 $M=2\,m$，半径 R，转轴光滑，设 $t=0$ 时 $v=0$，求：

(1) 下落速度 v 与时间 t 的关系；

(2) $t=4\ \mathrm{s}$ 时，m 下落的距离；

(3) 绳中的张力 F_{T}。

3-6　如习题 3-6 图所示，一劲度系数为 $k=20\ \mathrm{N/m}$ 的轻弹簧一端固定，另一端通过一轻绳绕过定滑轮与质量为 $M=1\ \mathrm{kg}$ 的物体相连。滑轮质量为 1 kg、半径为 0.1 m，可视为匀质圆盘。初始用手托住物体，使弹簧处于原长。若忽略物体与平面、滑轮与轴承间的摩擦力。试求：物体由静止释放后下落 0.5 m 时的速率。

3-7　如习题 3-7 图所示，质量同为 m 的两个小球系于一轻弹簧两端后，置于光滑水平桌面上，弹簧处于自由伸长状态，长为 a，劲度系数为 k。今使两球同时受水平冲量作用，各获得与连线垂直的等值反向初速度。若在以后运动过程中弹簧可达的最大长度为 $b=2a$，试求：两球初速度大小 v_0。

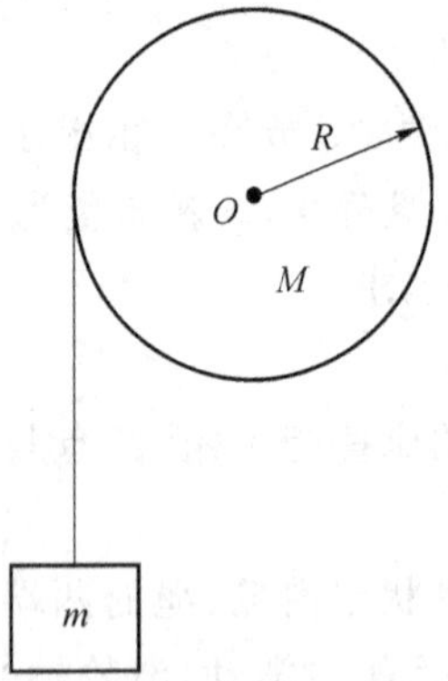

习题 3-5 图

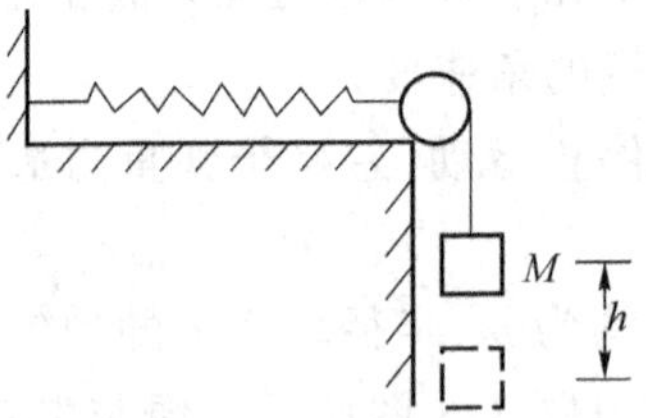

习题 3-6 图

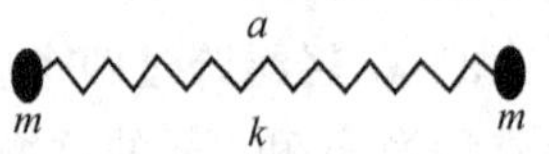

习题 3-7 图

3-8　一轻绳绕过一定滑轮，滑轮轴光滑，滑轮的半径为 R，质量为 $m/4$，均匀分布在其边缘上。绳子的 A 端有一质量为 m 的人抓住了绳端，而在绳的另一端 B 系了一质量为 $m/2$ 的重物，如习题 3-8 图所示。设人从静止开始相对于绳匀速向上爬时，绳与滑轮间无相对滑动，求 B 端重物上升的加速度（已知滑轮对通过滑轮中心且垂直于轮面的轴的转动惯量 $J=mR^2/4$）。

3-9　一飞轮的转速 $\omega=250\ \mathrm{rad/s}$，开始制动后做匀变速转动，经 90 s 后停止。求开始制动后转过 $3.14\times10^3\,\mathrm{rad}$ 时的角速度。

3-10　如习题 3-10 图所示，有一飞轮，其转轴呈水平方向，轴的半径为 $r=2.00\ \mathrm{cm}$，其上绕有一根细长的绳，在自由端先系以质量 $m_1=20.0\ \mathrm{g}$ 的轻物，此物能匀速下降，然后改系一质量 $m_2=5.00\ \mathrm{kg}$ 的重物，则此物从静止开始，经过 $t=10.0\ \mathrm{s}$，下降了 $h=400\ \mathrm{cm}$。若略去绳的质量和空气阻力，并设 $g=9.8\ \mathrm{m/s^2}$，求：

(1) 飞轮主轴与轴承之间的摩擦阻力矩的大小；

(2) 飞轮转动惯量的大小；

(3) 绳上张力的大小。

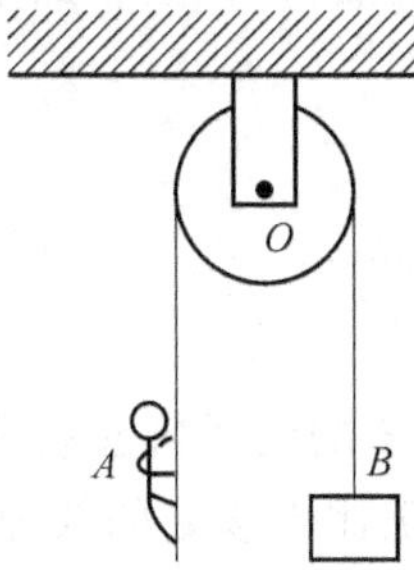

习题 3-8 图

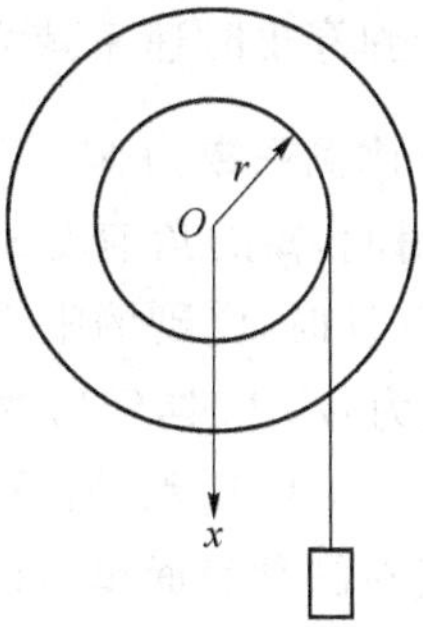

习题 3-10 图

3-11　如习题 3-11 图所示，一个塑料陀螺质量为 $m=50$ g，半径为 $r=5$ cm，以 $\omega=5$ r/s的角速度在光滑水平面内匀速旋转。现有一质量为 $m'=5$ g 的蜘蛛沿竖直方向落在陀螺的边缘。若陀螺可视为匀质圆盘，试求蜘蛛与陀螺一起转动时的角速度大小。

3-12　如习题 3-12 图所示，滑轮的转动惯量 $J=0.5\ \text{kg}\cdot\text{m}^2$，半径 $r=30$ m，弹簧的劲度系数$k=20$ N/m，重物的质量 $m=2.0$ km。此滑轮—重物系统从静止开始启动，开始时弹簧没有伸长，若摩擦可忽略，问物体能沿斜面滑下多远？

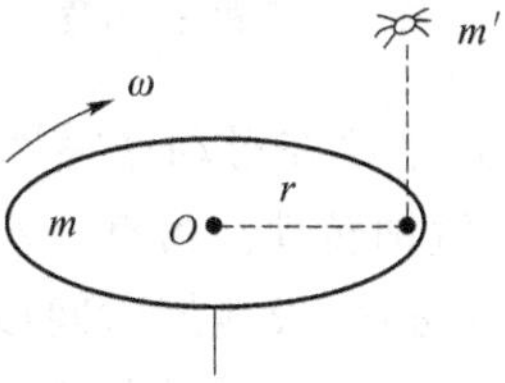

习题 3-11 图

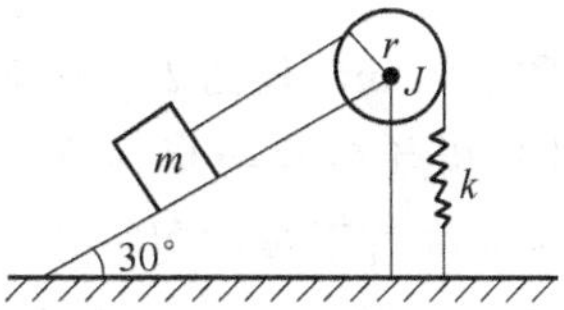

习题 3-12 图

3-13　有一半径为 R 的均匀球体，绕通过其一直径的光滑固定轴匀速转动，转动周期为 J_0。如果它的半径由 R 自动收缩为$\frac{1}{2}R$，求球体收缩后的转动周期(球体对于通过直径的轴的转动惯量为 $J=\frac{2}{5}mR^2$，式中 m 和 R 分别为球体的质量和半径)。

3-14　两质量均为 70 kg 的溜冰运动员各以 4 m/s 的速度在相距 1.5 m 的平行线上相对滑行，当两人将相遇而过时，相互拉起手来，绕他们的对称中心做圆周运动，并保持 1.5 m 的距离。将此二人作为一系统，求：

(1) 该系统的动量和角动量；

(2) 开始做圆周运动的角速度。

3-15　水平面内有一静止的长为 l、质量为 m 的细棒，可绕通过棒一端 O 点的铅直轴旋转（如习题 3-15 图所示）。今有一质量为$\frac{m}{2}$、速度为 v 的子弹在水平面内沿棒的垂直方向射击棒的中心，子弹穿出时速率减为$\frac{v}{2}$。当棒转动后，设棒上各点单位长度受到的阻力正比于该点的速率（比例系数为 k）。试求：

(1) 子弹击穿瞬间，棒的角速度 ω_0 为多少？

(2) 当棒以 ω 转动时，受到的阻力矩 M_f 为多少？

(3) 棒从 ω_0 变为 $\omega_0/2$ 时，经历的时间为多少？

3-16　如习题 3-16 图所示，质量为 m、半径为 R 的匀质圆盘初角速度为 ω_0，不计轴承处的摩擦，若空气对圆盘表面单位面积的摩擦力正比于该处的线速度，即 $F_1=kv$，k 为常量，试求：

(1) 圆盘所受的空气阻力矩 M；

(2) 圆盘在停止前所转过的圈数 N。

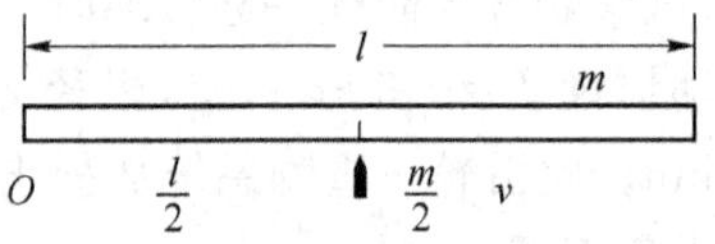

习题 3-15 图

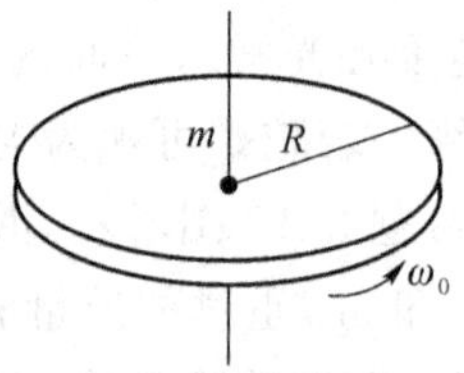

习题 3-16 图

3-17　有一质量为 m_1、长为 l 的均匀细棒，静止平放在滑动摩擦因数为 μ 的水平桌面上，它可绕通过其端点 O 且与桌面垂直的固定光滑轴转动。另有一水平运动的质量为 m_2 的小滑块，从侧面垂直于棒的另一端 A 发生弹性碰撞，设碰撞时间极短。已知小滑块在碰撞前后的速度分别为 $\boldsymbol{v}_1$ 和 $\boldsymbol{v}_2$，如习题 3-17 图所示，求碰撞后从细棒开始转动到停止转动的过程所需的时间（已知细棒绕 O 点的转动惯量 $J=\frac{1}{3}m_1l^2$）。

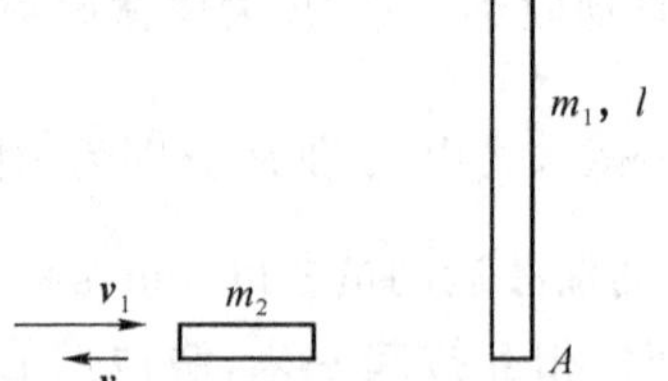

习题 3-17 图

3-18　电动机的角速度为$\frac{290\pi}{6}$rad/s，要拖动角速度为$\frac{100\pi}{6}$rad/s 的真空泵。利用皮

带传动，在电动机的轴上装一直径为 0.2 m 的轮子，则在真空泵上应装轮子的直径是多少？如果传送的功率是 3 000 W，则皮带作用于真空泵的轮子上的合力矩有多大？合力的大小又是多少？

3-19　如习题 3-19 图所示，半径分别为 r_1、r_2 的两个薄伞形轮各自对通过盘心且垂直盘转轴的转动惯量为 J_1 和 J_2。开始时轮Ⅰ以角速度 ω_0 转动，问与轮Ⅱ成正交啮合后，两轮的角速度分别为多大？

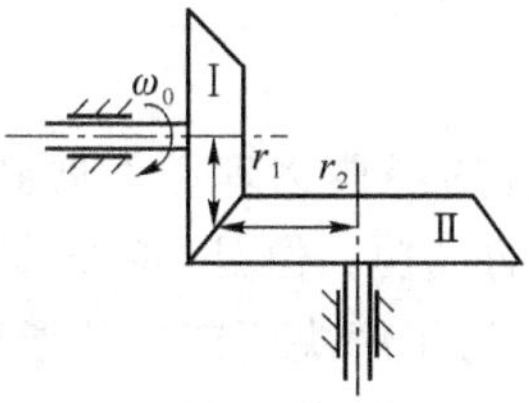

习题 3-19 图

3-20　一均匀木杆质量为 $m_1=1$ kg，长 $l=0.4$ m，可绕通过它的中点且与杆身垂直的光滑水平固定轴在竖直平面内转动。设杆静止于竖直位置时，一质量为 $m_2=10$ g 的子弹在距杆中点 $l/4$ 处穿透木杆（穿透所用时间不计），子弹初速度的大小 $v_0=200$ m/s，方向与杆和轴均垂直。穿出后子弹速度大小减为 $v=50$ m/s，但方向未变，求子弹刚穿出的瞬时杆的角速度的大小（木杆绕通过中点的垂直轴的转动惯量 $J=m_1l^2/12$）。

第4章　狭义相对论力学基础

20世纪初，以牛顿力学为代表的经典物理已发展到了相当完善的程度，它在解决工程技术等实际问题中获得了空前的成功。但是，将经典物理用于可与光速相比拟的高速运动物体时，却产生了许多矛盾。为了解决所产生的矛盾，很多人都企图通过对经典理论的修补来实现，但均未获得成功。而爱因斯坦却另辟蹊径，提出了两条基本假设，并以此为基础建立了狭义相对论。

爱因斯坦创立的相对论是20世纪物理学发展史上最伟大的成就之一，它和量子论构成了现代物理学的两大理论基础。相对论分为**狭义相对论**和**广义相对论**，局限于惯性参考系的相对论理论称为狭义相对论，推广到加速参考系包括引力场在内的相对论理论称为广义相对论。前者分析时空的相对性，建立高速运动的力学规律；后者论述弯曲时空和引力理论，提示时空、物质、运动和引力的统一性。近年来，相对论理论已成为宇宙天体、微观粒子、原子能等领域的理论研究基础。

本章重点讨论狭义相对论，从经典力学的相对性原理推广到狭义相对论基本原理，介绍洛伦兹变换、狭义相对论时空观以及相对论力学的一些重要结论。有关广义相对论的内容仅作简单介绍。

4.1　经典力学的相对性原理和伽利略变换

4.1.1　经典力学的相对性原理

在经典力学中，牛顿运动定律所适用的参考系称为惯性参考系。相对某一惯性参考系做匀速直线运动的一切参考系，牛顿运动定律同样适用，因而也是惯性参考系。伽利略描述了一个做匀速直线运动的船舱里所发生的物理现象。他发现，当船以任何速度做匀速直线运动时，船内发生的物理现象和船停止不动时丝毫没有改变，人们无法通过其中任何一个现象来确定船是运动着，还是静止不动。这表明一个处于匀速直线运动状态的参考系等效于一个处于静止状态的参考系。换句话说，在所有惯性参考系里，物体运动遵从同样的物理规律，也就是说在任何惯性参考系中，力学规律的数学形式都是相同的。这个结论就是**伽利略相对性原理**，也称为**力学相对性原理**，或**经典相对性原理**。

4.1.2　伽利略变换

伽利略相对性原理要求，力学定律从一个惯性参考系换算到另一个惯性参考系时，力学定律的数学表达形式不变。而下述的伽利略变换正是适应了惯性参考系之间的这种换算关系。

1. 伽利略坐标变换

设有两个惯性参考系 S 和 S'，各对应坐标轴相互平行。S' 系以速度 $\boldsymbol{u}$ 相对于 S 系做匀速直线运动，如图 4-1 所示。取 $\boldsymbol{u}$ 的方向沿 x 轴正方向，且以 O' 和 O 重合的时刻作为计时起点。

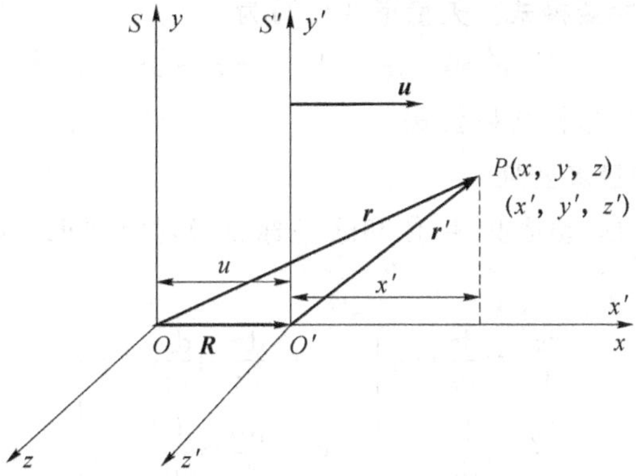

图 4-1　伽利略坐标变换

现在我们在 S 和 S' 系中观测同一质点 P 的运动，在 S 系中测得质点 P 在 t 时刻的位置为 (x,y,z)，在 S' 系中测得质点 P 在 t' 时刻的位置为 (x',y',z')。

我们通常认为，时间对于一切参考系都是相同的，与参考系的运动状态无关，即 $t=t'$。既然时间是不变的，那么

在 S 系中　　$\Delta t=t_2-t_1$

在 S' 系中　　$\Delta t'=t_2'-t_1'$

则在两个参考系中的时间间隔相同，即

$$\Delta t=\Delta t'$$

我们还认为，从不同的参考系中去测量同一个空间间隔（例如测量一把直尺的长度），测得的长短也是相同的。也就是说，空间对于一切参考系也都是相同的，与参考系的运动状态无关，与时间无关。对于任一确定的时刻，测量空间两点的距离：

在 S 系中　　$\Delta l=\sqrt{(x_2-x_1)^2+(y_2-y_1)^2+(z_2-z_1)^2}$

在 S' 系中　　$\Delta l'=\sqrt{(x_2'-x_1')^2+(y_2'-y_1')^2+(z_2'-z_1')^2}$

在两个参考系中测量的结果相同，即

$$\Delta l=\Delta l'$$

从上面的前提出发，在两个惯性参考系 S 和 S' 中，测量的时刻是相同的，即 $t=t'$；y 轴和 z 轴坐标是相同的，x 轴方向上坐标相差一段 $OO'=ut$。因此，这两个惯性参考系的坐标、时刻之间的变换关系为

$$\left.\begin{aligned}x'&=x-ut\\y'&=y\\z'&=z\\t'&=t\end{aligned}\right\}\text{或}\left.\begin{aligned}x&=x'+ut'\\y&=y'\\z&=z'\\t&=t'\end{aligned}\right\}\tag{4-1}$$

式(4-1)称为**伽利略坐标变换式**。矢量形式可写为

$$\boldsymbol{r}'=\boldsymbol{r}-\boldsymbol{u}t\quad\text{或}\quad\boldsymbol{r}=\boldsymbol{r}'+\boldsymbol{u}t'\tag{4-2}$$

式(4-2)就是经典力学的坐标变换公式。

2. 伽利略速度、加速度变换

为了描述质点 P 的运动情况，由伽利略坐标变换对时间求一阶导数，可以进一步得到速度变换公式

$$\left.\begin{aligned}\frac{\mathrm{d}x'}{\mathrm{d}t'}&=\frac{\mathrm{d}x}{\mathrm{d}t}-u\\\frac{\mathrm{d}y'}{\mathrm{d}t'}&=\frac{\mathrm{d}y}{\mathrm{d}t}\\\frac{\mathrm{d}z'}{\mathrm{d}t'}&=\frac{\mathrm{d}z}{\mathrm{d}t}\end{aligned}\right\}\quad\text{或}\quad\left.\begin{aligned}\frac{\mathrm{d}x}{\mathrm{d}t}&=\frac{\mathrm{d}x'}{\mathrm{d}t'}+u\\\frac{\mathrm{d}y}{\mathrm{d}t}&=\frac{\mathrm{d}y'}{\mathrm{d}t'}\\\frac{\mathrm{d}z}{\mathrm{d}t}&=\frac{\mathrm{d}z'}{\mathrm{d}t'}\end{aligned}\right\}$$

亦即

$$\left.\begin{aligned}v'_x&=v_x-u\\v'_y&=v_y\\v'_z&=v_z\end{aligned}\right\}\quad\text{或}\quad\left.\begin{aligned}v_x&=v'_x+u\\v_y&=v'_y\\v_z&=v'_z\end{aligned}\right\}\tag{4-3}$$

式中，v'_x、v'_y、v'_z是质点 P 相对于 S'系的速度分量，v_x、v_y、v_z 是质点 P 相对于 S 系的速度分量。式(4-3)称为**伽利略速度变换式**。其矢量形式为

$$\boldsymbol{v}'=\boldsymbol{v}-\boldsymbol{u}\quad\text{或}\quad\boldsymbol{v}=\boldsymbol{v}'+\boldsymbol{u}\tag{4-4}$$

式(4-4)就是经典力学的速度变换公式。

伽利略速度变换表明：在不同的惯性参考系中对同一物体运动速度的描述是不同的，速度具有相对性。

我们把式(4-3)对时间再求一阶导数，便可得

$$\left.\begin{aligned}a_{x'}&=a_x\\a_{y'}&=a_y\\a_{z'}&=a_z\end{aligned}\right\}\tag{4-5}$$

式(4-5)是**伽利略加速度变换式**。其矢量形式为

$$\boldsymbol{a}'=\boldsymbol{a} \tag{4-6}$$

伽利略加速度变换表明:在不同的惯性参考系中质点的加速度是相同的。同时,由于在经典力学中认为质量不随参考系而变,并且与运动速度无关,是一个绝对量,因此在两个相互做匀速直线运动的惯性参考系中,牛顿运动定律的形式是相同的,或者说牛顿运动方程对伽利略变换来讲是不变的,即在一切惯性参考系中力学定律具有完全相同的数学表达形式:

在 S 系中 $$\boldsymbol{F}=\frac{\mathrm{d}\boldsymbol{p}}{\mathrm{d}t}=m\boldsymbol{a}$$

在 S' 系中 $$\boldsymbol{F}'=\frac{\mathrm{d}\boldsymbol{p}'}{\mathrm{d}t'}=m\boldsymbol{a}'$$

在两个惯性参考系中牛顿第二定律的形式完全相同。由于经典力学中各重要的定律(如动量守恒定律、角动量守恒定律等)都可以由牛顿第二定律导出,所以它们在两个惯性参考系中也应该完全相同,即任何惯性参考系中,力学规律的数学形式都是相同的,符合力学相对性原理的要求。

4.1.3　经典力学的时空观

根据伽利略坐标变换,可以总结出在经典力学中对于时间和空间的认识观点,即经典力学的时空观。

(1) 时间和空间是彼此独立的。由伽利略坐标变换可以看出,进行位置变换时可以不考虑时间因素,进行时间变换时与空间的位置也不相关,因此我们说二者彼此独立,互不联系。

(2) 时间间隔的绝对性。根据坐标变换中的时间关系可知,一个事件在运动的参考系 S' 中经历的时间 τ 与该事件在静止的参考系 S 中经历的时间 τ_0 之间的关系为

$$\tau=t_2'-t_1'=t_2-t_1=\tau_0$$

二者相等。这说明,时间间隔的测量与参考系的选择无关,与观察者是否运动无关,这称为经典力学的绝对时间观。

(3) 空间间隔的绝对性。根据坐标变换中的空间关系可知,一个物体在运动的参考系 S' 中测量的长度 L 与该物体在静止的参考系 S 中测量的长度 L_0 之间的关系为

$$L_0=x_2-x_1=(x_2'+vt_2')-(x_1'+vt_1')$$

在相对于物体运动的参考系 S' 中测量物体的长度时,应保证同时测量物体两端的坐标,即有 $t_2'=t_1'$,代入上式有

$$L_0=x_2'-x_1'=L$$

二者相等。这说明,空间间隔的测量与参考系的选择无关,与观察者是否运动无关,这称为经典力学的绝对空间观。

绝对的时空观是牛顿在他的《自然哲学的数学原理》中以假设的形式提出的,它也是

与人们日常的生活经验相符的。

例 4-1 如图 4-2 所示，在地面上静止放置一把米尺，有一宇宙飞船以 $v=1.8\times10^8\ \mathrm{m/s}$ 的速率沿米尺摆放方向飞行。试用经典理论求飞船上的人测量的米尺的长度。

解 选地面为静止的参考系 S，飞船为运动的参考系 S'，以飞船飞行的方向为坐标轴正向，在两个参考系中分别建立坐标轴，如图 4-2 所示。设 S 系中测得米尺两端的坐标分别为 x_1、x_2，飞船上的人测量米尺两端的坐标为 x_1'、x_2'。根据伽利略坐标变换，则有

$$L_0=x_2-x_1=(x_2'+vt_2')-(x_1'+vt_1')=x_2'-x_1'=L$$

即飞船上的人测量米尺的长度 L 与地面上测得米尺的长度是相同的，都为 1 m。由此例可以看出，在经典力学范畴，物体的长度是绝对的，与参考系的选择无关。

例 4-2 有两艘宇宙飞船以相对于地面 $0.8c$ 的速率向相反的方向飞行，如图 4-3 所示。试用经典理论求飞船 A 相对于飞船 B 的速度。

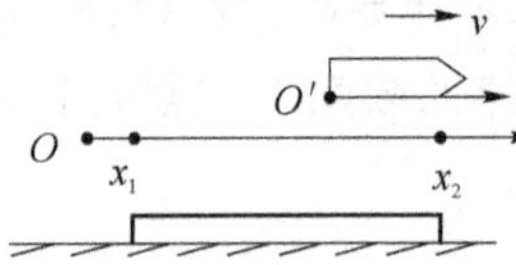

图 4-2　例 4-1 图

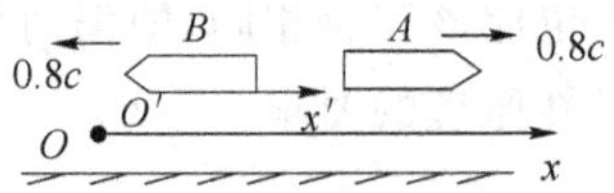

图 4-3　例 4-2 图

解 选择地面为静止参考系 S，飞船 B 为运动参考系 S'，沿飞船 A 飞行方向建立坐标轴，S' 系相对于 S 的运动速度为 $v=-0.8c$。飞船 A 相对于地面的速度为 $u=0.8c$。根据伽利略速度变换，飞船 A 相对于飞船 B 的速度为

$$u'=u-v=0.8c-(-0.8c)=1.6c$$

由此例可以看出，物体运动速度的大小与参考系的选择有关，而且物体的运动速度可以超过光速。

4.2 狭义相对论基本原理和洛伦兹坐标变换

4.2.1 狭义相对论基本原理

任何实验都没观察到地球相对以太参考系的运动，爱因斯坦认为应该抛弃以太，根本就不存在那样一个假想的以太参考系，电磁场不是媒质的状态，而是独立的实体，是物质存在的一种基本形态。

实验表明，电磁现象（包括光）与力学现象一样，并不存在特殊最优越的参考系（力学中最优越的参考系指牛顿的绝对空间，电磁学中最优越的参考系指以太）。在所有惯性系中，电磁理论的基本定律（麦克斯韦方程组）具有相同的数学形式，这表明电磁现象也满足物理的相对性原理。那么，经典电磁理论与伽利略变换矛盾怎么办呢？这就要求通过建立惯性系之间新的变换关系式和新的相对性原理来解决这个基本矛盾。经典电磁理论应该满足这个新的变换

关系式和新的相对性原理，而经典力学则应该受到改造，以适应这个新的变换关系。当然在回到宏观世界低速运动时，应该要求新的力学过渡到经典力学，新的坐标变换过渡到伽利略变换，因为在宏观低速的条件下牛顿力学和伽利略变换都被实验验证是正确的。

实验表明，对任何惯性系，电磁波(光波)在真空中沿任何方向传播的速度量值都为 c，与光源的运动状态无关。

爱因斯坦把上述观点概括表述为狭义相对论的两条基本原理。

(1) **相对性原理：所有物理定律在一切惯性系中都具有相同的形式，或者说所有惯性系都是平权的，在它们之中所有物理规律都一样。**

(2) **光速不变原理：所有惯性系中测量到的真空中光速沿各方向都等于 c，与光源的运动状态无关。**

这两条基本原理是整个狭义相对论的基础。

爱因斯坦 1905 年建立狭义相对论时，上述两条基本原理称作“两条基本假设”。因为当时只有为数不多的几个实验事实。至今已经百年，大量实验事实直接、间接验证了这两条基本假设和相对论的结论，因此改称为原理。

4.2.2 洛伦兹坐标变换

1. 洛伦兹坐标变换

设 S 系和 S' 系是两个相对做匀速直线运动的惯性系(如图 4-4 所示)。我们可以适当地选取坐标轴、坐标原点和计时零点，使 S 系与 S' 系的关系满足以下规定：设 S' 系沿 S 系的 x 轴正向以速度 u 相对 S 系做匀速直线运动；使 x'、y'、z' 轴分别与 x、y、z 轴平行；S 系的原点 O 与 S' 系原点 O' 重合时，两惯性系在原点处的时钟都指示零点。洛伦兹求出同一事件 P(就是在某时刻在空间某点的物理事件，仅用一个时空点来表示)的两组坐标 (x,y,z,t) 和 (x',y',z',t') 之间的关系是

$S \to S'$ 的变换(正变换)方程

$$\begin{cases} x' = \gamma(x - ut) \\ y' = y \\ z' = z \\ t' = \gamma\left(t - \dfrac{u}{c^2}x\right) \end{cases} \tag{4-7a}$$

$S' \to S$ 的变换(逆变换)方程

$$\begin{cases} x = \gamma(x' + ut') \\ y = y' \\ z = z' \\ t = \gamma\left(t' + \dfrac{u}{c^2}x'\right) \end{cases} \tag{4-7b}$$

式中

$$\gamma=\frac{1}{\sqrt{1-\beta^2}}=\frac{1}{\sqrt{1-\frac{u^2}{c^2}}}$$

$$\beta=\frac{u}{c}$$

早在爱因斯坦建立狭义相对论之前，洛伦兹在研究电磁场理论、解释迈克耳孙-莫雷实验时就提出了这些变换方程式，因此将式(4-7)称为洛伦兹变换公式。

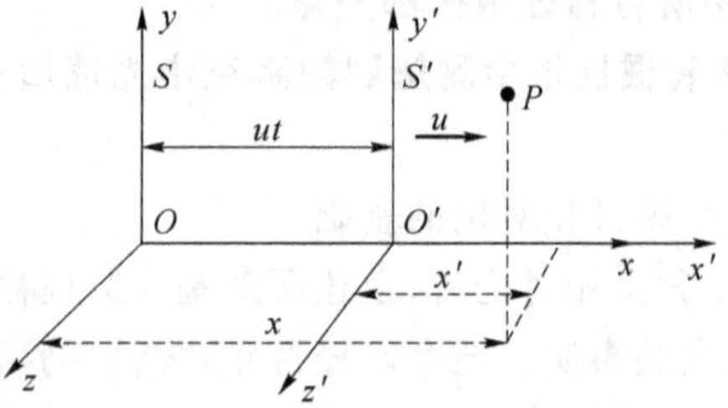

图 4-4　两个相对做匀速直线运动的坐标系

2. 洛伦兹变换式的推导

仍采用图 4-4 中的两个坐标系 S 和 S'，显然有 $y'=y, z'=z$。现在主要推导 x 和 t 的变换式。

对于 O 点，在坐标系 S 中来观测，不论什么时间，总是 $x=0$，但是在坐标系 S' 中来观测，其在 t' 时刻的坐标是 $x'=-ut'$，亦即 $x'+ut'=0$。可见同一空间点 O 点，数值 x 和 $x'+ut'$ 同时为零。因此我们假设在任何时刻、任何点(包括 O 点) x 与 $x'+ut'$ 之间都有一个比例关系为

$$x=k(x'+ut') \quad ①$$

式中，k 为不为零的常数。同样的方法对 O' 这一点讨论，可以得到

$$x'=k'(x-ut) \quad ②$$

根据狭义相对性原理，两个惯性系是等价的，除把 u 改为 $-u$ 外，上面两式应有相同的数学形式，这就要求 $k=k'$。于是

$$x'=k(x-ut) \quad ③$$

式①和式③是满足狭义相对论第一条基本原理的变换式。为了求出常数 k，需要由第二条基本原理求出。设 $t=t'=0$，两坐标系原点重合时，在重合点发出一光信号沿 x 轴传播，则在任一瞬时(在 S 系测量为 t，在 S' 系测量为 t')，光信号到达的坐标对两坐标系来说，分别为

$$x=ct,\quad x'=ct' \quad ④$$

把式①和式③相乘，再把式④代入，得

$$xx'=k^2(x-ut)(x'+ut')$$

$$c^2tt'=k^2tt'(c-u)(c+u)$$

由此求得

$$k=\frac{c}{\sqrt{c^2-u^2}}=\frac{1}{\sqrt{1-u^2/c^2}}$$

则式①和式③即可写成

$$x=\frac{x'+ut'}{\sqrt{1-\left(\frac{u}{c}\right)^2}},\quad x'=\frac{x-ut}{\sqrt{1-\left(\frac{u}{c}\right)^2}}$$

从这两个式子消去 x' 或 x，便得到关于时间的变换式。消去 x'，得

$$x\sqrt{1-\left(\frac{u}{c}\right)^2}=\frac{x-ut}{\sqrt{1-\left(\frac{u}{c}\right)^2}}+ut'$$

由此求得

$$t'=\frac{t-\frac{ux}{c^2}}{\sqrt{1-\left(\frac{u}{c}\right)^2}}$$

同样，消去 x 得

$$t=\frac{t'+\frac{ux'}{c^2}}{\sqrt{1-\left(\frac{u}{c}\right)^2}}$$

把 k 换成参考文献中常用的符号 γ，便得到洛伦兹变换式(4-7)。

对于洛伦兹变换须作几点说明。

(1) 在狭义相对论中，洛伦兹变换占据中心地位。它以确切的数学语言反映了相对论理论与伽利略变换及经典相对性原理的本质差别。新的相对论时空观的内容都集中表现在洛伦兹变换上。相对论的物理定律的数学表达式在洛伦兹变换下保持不变。

(2) 再次强调，洛伦兹变换是同一事件在不同惯性系中两组时空坐标之间的变换方程。所以，在应用时，必须首先核实(x,y,z,t)和(x',y',z',t')确实是代表了同一个事件。

(3) 各个惯性系中的时间、空间量度的基准必须一致。时间的基准必须选择相同的物理过程，比如某种晶体振动的周期。空间长度的基准必须选择相同的物体或对象，比如某种原子半径或某一定频率的电磁波长。我们将作为基准用的过程和物体分别称为标准时钟和标准直尺，统一规定，各个惯性系中的钟和尺必须相对于该参考系处于静止状态。这样，各个惯性系时空度量结果的差异反映出与这些惯性系固连的标准时钟和标准直尺的运动状态的差异。

(4) 从式(4-7)看到，不仅 x' 是 x、t 的函数，t' 也是 x、t 的函数，而且都与两惯性系的相对速度 u 有关。这就是说，相对论将时间和空间及它们与物质的运动不可分割地联系起来了。

(5) 时间和空间的坐标都是实数，变换式中$\sqrt{1-\left(\frac{u}{c}\right)^2}$不应该出现虚数，这就要求$u\leqslant c$，而$u$代表选为参考系的任意两个物理系统的相对速度。这就得到一个结论：物体的速度有个上限，就是光速c。换句话说，任何物体都不能超光速运动。这是狭义相对论理论本身的要求，它已被现代科技实践所证实。

(6) 洛伦兹变换与伽利略变换本质不同，但是在低速($u\ll c$)和宏观世界范围内（即空间尺度远小于宇宙尺度），洛伦兹变换可以还原为伽利略变换。利用这两个条件，因为

$$u\ll c$$

所以

$$\beta=\frac{u}{c}\to 0$$

于是

$$r=\frac{1}{\sqrt{1-\frac{u^2}{c^2}}}\to 1$$

$$\frac{u}{c^2}x\to 0$$

代入式(4-7)便过渡为伽利略变换式(4-1)。这就说明，伽利略变换只是洛伦兹变换的一种特殊情况，而洛伦兹变换更具普遍性。通常把$u\ll c$叫经典极限条件或非相对论条件。

3. 洛伦兹速度变换

设一质点相对于S系的速度为$\boldsymbol{u}$，相对于S'系的速度为$\boldsymbol{u}'$，$\boldsymbol{u}$在x、y、z轴上的投影分别为$u_x=\frac{\mathrm{d}x}{\mathrm{d}t}$，$u_y=\frac{\mathrm{d}y}{\mathrm{d}t}$，$u_z=\frac{\mathrm{d}z}{\mathrm{d}t}$；$\boldsymbol{u}'$在$x'$、$y'$、$z'$轴上的投影分别为$u'_x=\frac{\mathrm{d}x'}{\mathrm{d}t'}$，$u'_y=\frac{\mathrm{d}y'}{\mathrm{d}t'}$，$u'_z=\frac{\mathrm{d}z'}{\mathrm{d}t'}$。对式(4-7a)取微分，得

$$\begin{cases}\mathrm{d}x'=\gamma(\mathrm{d}x-v\mathrm{d}t)\\ \mathrm{d}y'=\mathrm{d}y\\ \mathrm{d}z'=\mathrm{d}z\\ \mathrm{d}t'=\gamma\left(\mathrm{d}t-\frac{v}{c^2}\mathrm{d}x\right)\end{cases}\tag{4-8}$$

用式(4-8)中的第四式分别去除其他三式，得

$$\begin{cases}u'_x=\dfrac{u_x-v}{1-\frac{v}{c^2}u_x}\\ u'_y=\dfrac{u_y}{\gamma\left(1-\frac{v}{c^2}u_x\right)}\\ u'_z=\dfrac{u_z}{\gamma\left(1-\frac{v}{c^2}u_x\right)}\end{cases}\tag{4-9}$$

此式称为洛伦兹速度变换式。

将上式中带“′”与不带“′”的量互换，并将 v 换成 $-v$，则可得到洛伦兹速度变换的逆变换

$$\begin{cases} u_x=\dfrac{u_x'+v}{1+\dfrac{v}{c^2}u_x'} \\ u_y=\dfrac{u_y'}{\gamma\left(1+\dfrac{v}{c^2}u_x'\right)} \\ u_z=\dfrac{u_z'}{\gamma\left(1+\dfrac{v}{c^2}u_x'\right)} \end{cases} \tag{4-10}$$

由洛伦兹速度变换式可以得出以下结论。

(1) 当物体运动的速率 u 或 u' 远小于光速，且 $v\ll c$ 时，含 $\dfrac{1}{c^2}$ 的项趋于 0，于是洛伦兹速度变换式过渡到伽利略速度变换式，这说明伽利略速度变换是洛伦兹速度变换在低速条件下的近似。

(2) 当一束光沿 x 轴传播时，光对 S 系的速度 $u_x=c$，代入式(4-9)中得，光对 S' 系的速度 $u_x'=c$，这与光速不变原理是一致的。

4.3　狭义相对论的时空观

经典力学认为，空间两点的距离和同一时间间隔在任何惯性系中测量所测结果都一样，即时空的量度是绝对的。但狭义相对论认为，时空的量度将因所选惯性系的不同而不同，即时空的量度是相对的。这是经典力学的时空观以及人们传统观念的一次巨大变革。下面我们将从 3 个方面讨论狭义相对论的时空观。

4.3.1　同时的相对性

如图 4-5 所示，设一列列车以速度 u 匀速通过一车站，车站为 S 系，列车为 S' 系，列车中点 D' 位置放置一闪光光源，在列车头、尾部各放置一个接收器，在列车头部放置的接收器接收到光源发出的闪光称为 B' 事件，在列车尾部放置的接收器接收到光源发生的闪光称为 A' 事件。设光源发出一闪光，在列车上(S' 系)观察，由于 $A'D'=D'B'$，而且光向各个方向的传播速度都是 c，所以闪光将同时被两个接收器接收到，也就是说，A' 事件和 B' 事件在 S' 系中观察是同时发生的。在车站上(S 系)观察 A' 事件和 B' 事件还是同时发生吗？在光从 D' 发出到达 A' 这段时间内，车站上的观察者看到 A' 点相对 S 系已迎着光前进了一段距离，而在光从 D' 发出到达 B' 这段时间内，B' 点相对 S 系背着光走了一段距离。显然，光线从 D' 发出到达 A' 的距离比到达 B' 的距离要短。根据光速不变原理，光速

与光源和观察者的相对运动无关，在车站上（S 系）观察，光向车头部和尾部传播的速度都是 c，所以光一定先到达 A' 而后到达 B'，即观察到 A' 事件先发生，B' 事件后发生。也就是说，在列车上（S' 系）观察 A'、B' 两事件同时发生，而在车站上（S 系）观察是 A' 事件先发生，B' 事件后发生，是列车（S' 系）运动后方（车尾）的那一事件先发生。同样，在车站中部 D 处放置一闪光光源，车站两端各放一个接收器，而接收器接收到光信号事件分别称为 A 事件和 B 事件。在车站上（S 系）观察，由于 $AD=BD$，根据光速不变原理，A、B 两个接收器应同时接收到光信号，即观察到 A 事件和 B 事件同时发生。在列车上（S' 系）观察，车站相对列车向车尾方向运动，B 事件在迎光前进，A 事件在背光运动，所以 B 比 A 先接收到光信号，即 B 事件先发生，A 事件后发生，是相对列车（S' 系）运动后方（B 接收器端）的那一事件先发生。这就是说，同时性具有相对性。通过分析得出以下结论：沿两个惯性参考系相对运动方向的两地发生的两个事件，在其中一个惯性参考系中表现为同时的，在另一惯性参考系中观察，则总是在相对前一惯性参考系运动后方的那一事件先发生。同时性具有相对性。

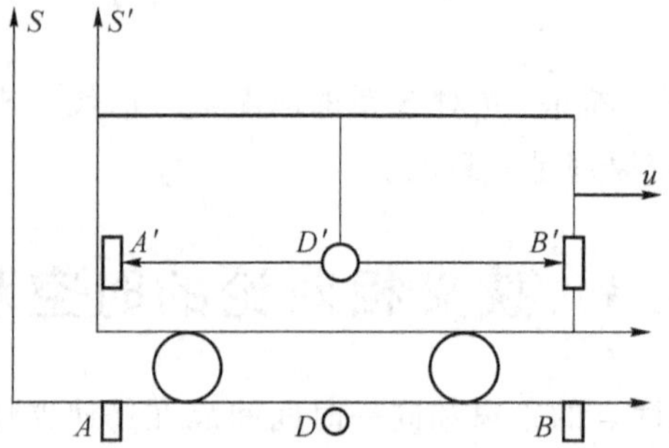

图 4-5　同时的相对性

同时性具有相对性符合狭义相对论的两条基本原理。光相对任何惯性参考系的速度都是 c，这是我们讨论的前提基础。在甲惯性参考系中观察是同时异地事件，在其他惯性参考系中观察是异时异地事件；在其他惯性参考系中观察是同时异地事件，在甲惯性参考系中观察是异时异地事件，这就说明任何一个惯性参考系都不比其他惯性参考系优越，所有惯性参考系都是等价的，符合相对性原理。

4.3.2　时间间隔的相对性

同时的相对性很自然地让我们思考时间间隔是否也具有相对性。为研究不同参考系中观察同一事件经历时间之间的关系，下面先定义两个物理量。

(1) **固有时间**：在相对于事件发生地静止的参考系中观测的时间称为固有时间，用字母 τ_0 表示。

(2) **运动时间**：在相对于事件发生地运动的参考系中观测的时间称为运动时间，用字

母 τ 表示。

设运动参考系 S' 以速度 v 相对于静止参考系 S 沿 Ox 轴方向运动，在 S 系中某固定点 P 处发生一个事件，事件开始于 t_1 时刻，结束于 t_2 时刻。在 S 系中观测的时间为固有时间，即

$$\tau_0=t_2-t_1 \tag{4-11}$$

设在 S' 系中观测此事件开始于 t_1' 时刻，结束于 t_2' 时刻，根据洛伦兹变换，可得 S' 系中观测的运动时间 τ 为

$$\tau=t_2'-t_1'=\frac{t_2-\frac{vx_2}{c^2}}{\sqrt{1-\left(\frac{v}{c}\right)^2}}-\frac{t_1-\frac{vx_1}{c^2}}{\sqrt{1-\left(\frac{v}{c}\right)^2}} \tag{4-12}$$

P 点为 S 系中固定点，应有 $x_1=x_2$，代入式(4-7)，则有

$$\tau=\frac{t_2-t_1}{\sqrt{1-\left(\frac{v}{c}\right)^2}}=\frac{\tau_0}{\sqrt{1-\left(\frac{v}{c}\right)^2}} \tag{4-13}$$

在式(4-13)中，由于 $\sqrt{1-\left(\frac{v}{c}\right)^2}<1$，则有 $\tau>\tau_0$，即在相对于事件发生地运动的参考系中观测的时间，要比相对于事件发生地静止的参考系中观测的时间长些，这称为**时间膨胀效应**。时间膨胀效应说明，同一个事件所经历的时间与参考系的选择有关，不同的参考系中观测结果不同，其中相对于事件发生地静止的参考系中观测的固有时间最短。

时间膨胀效应现已被大量的实验事实所证实，在高速领域中也有着许多应用，如航天技术中必须考虑这点，否则无法进行精确的计算。

例 4-3　人们在实验室参考系中观测以 $0.910c$ 高速飞行的 π 介子，测得其平均飞行的直线距离为 $L=17.135\ \text{m}$，试由相对论理论推算 π 介子的固有寿命。

解　设实验室参考系为 S 系，高速飞行的 π 介子为 S' 系。在 S 系中 π 介子的平均寿命(运动时)为

$$\Delta t=\frac{L}{v}=\frac{17.135}{0.91\times 2.9979\times 10^8}\ \text{s}\approx 6.281\times 10^{-8}\ \text{s}$$

由 $\Delta t=\dfrac{\Delta t_0}{\sqrt{1-(v/c)^2}}$ 可得 π 介子的固有寿命为

$$\Delta t_0=\Delta t\sqrt{1-\left(\frac{v}{c}\right)^2}=6.281\times 10^{-8}\times\sqrt{1-0.91^2}\ \text{s}=2.604\times 10^{-8}\ \text{s}$$

在实验中测得 π 介子的固有寿命为 $(2.603\pm 0.002)\times 10^{-8}\ \text{s}$，这与由相对论理论推算的 π 介子的固有寿命值吻合得很好，说明时间延缓的预言是正确的。

例 4-4　来自外层空间的宇宙射线使大气层上部产生许多高速 μ 子。μ 子是不稳定

的，它的平均固有寿命 $\tau_0=2.2\times10^{-6}$ s。在 1963 年的一次实验中，测得在高度约为 2 km 的山顶上，μ 子以速率 $v=0.995c$ 向下飞向地面，并为地面实验室所接收。求地面上的观察者测得这种 μ 子的平均飞行距离。

解 如果按经典力学计算，μ 子向地面的飞行距离

$$l_1=v\tau_0=0.995\times3\times10^8\times2.2\times10^{-6}\,\text{m}=6.6\times10^2\,\text{m}$$

这一结果表明，μ 子连半山腰也不能达到。但实际上，地面已接收到了这种粒子，这说明经典力学已难以说明高速粒子的运动，必须用相对论来解释。

设地面为 S 系，随同 μ 子一起运动的惯性系为 S' 系。由于 μ 子相对 S' 系静止，所以它的产生和消亡发生在同一地点，故 μ 子的平均固有寿命 $\tau_0=2.2\times10^{-6}$ s 为固有时间间隔。又由于 S' 系相对 S 系以 $v=0.995c$ 运动，所以对 S 系，μ 子的产生和消亡发生在不同地点。假设 μ 子的平均非固有寿命为 τ，由式(4-13)得

$$\tau=\frac{\tau_0}{\sqrt{1-\left(\frac{v}{c}\right)^2}}=\frac{2.2\times10^{-6}}{\sqrt{1-0.995^2}}\,\text{s}=2.2\times10^{-5}\,\text{s}$$

地面上的观察者测得 μ 子飞向地面的飞行距离

$$l_2=v\tau=0.995\times3\times10^8\times2.2\times10^{-5}\,\text{m}=6.6\times10^3\,\text{m}$$

这说明，μ 子完全能到达地面，与实测结果一致。

4.3.3 空间间隔的相对性

在高速领域，不仅时间间隔的测量具有相对性，空间间隔的测量也具有相对性。为方便下面讨论，也先定义两个物理量。

(1) **固有长度**：在相对物体静止的参考系中测量的物体长度称为固有长度，用字母 L_0 表示。

(2) **运动长度**：在相对物体运动的参考系中测量的物体长度称为运动长度，用字母 L 表示。

下面以静止于地面的一把直尺的长度测量为例，讨论固有长度和运动长度之间的关系。如图 4-6 所示，运动的参考系 S' 沿 Ox 轴正向以速度 v 相对于静止参考系 S 运动，直尺静止放置于 S 系 Ox 轴。在 S 系中测量直尺的长度为固有长度，设直尺两端的坐标分别为 x_1、x_2，则有

$$L_0=x_2-x_1 \tag{4-14}$$

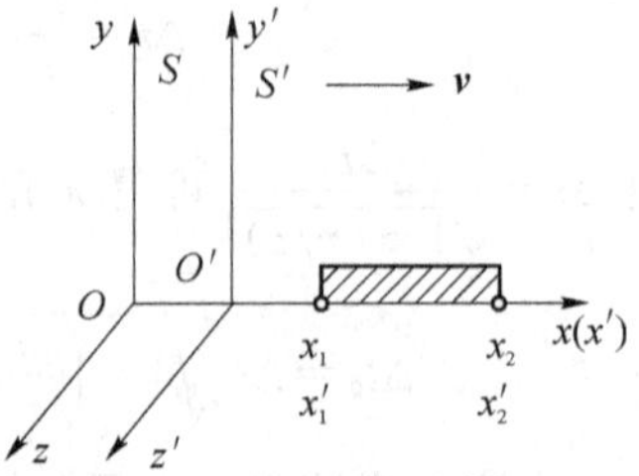

图 4-6 空间间隔的相对性

注意：由于 S 相对于直尺静止，所以进行长度测量时，直尺两端的坐标可以同时测量，也可以先后测量，这不

会影响测量结果。

在 S' 系中测量直尺的长度为运动长度，设直尺两端的坐标分别为 x_1'、x_2'，则有

$$L=x_2'-x_1' \tag{4-15}$$

注意：由于 S' 相对于直尺运动，所以进行长度测量时，直尺两端的坐标必须同时测量，否则会影响测量结果。即测量两端坐标对应的时间关系为 $t_2'=t_1'$。根据洛伦兹坐标变换，有

$$L_0=x_2-x_1=\frac{x_2'+vt_2'}{\sqrt{1-\left(\frac{v}{c}\right)^2}}-\frac{x_1'+vt_1'}{\sqrt{1-\left(\frac{v}{c}\right)^2}}=\frac{(x_2'-x_1')+v(t_2'-t_1')}{\sqrt{1-\left(\frac{v}{c}\right)^2}} \tag{4-16}$$

把 $t_2'=t_1'$ 代入式(4-16)，有

$$L_0=\frac{x_2'-x_1'}{\sqrt{1-\left(\frac{v}{c}\right)^2}}=\frac{L}{\sqrt{1-\left(\frac{v}{c}\right)^2}} \tag{4-17}$$

在式(4-17)中，由于 $\sqrt{1-\left(\frac{v}{c}\right)^2}<1$，则有 $L_0>L$。即在相对于物体运动的参考系中观测的长度要比在相对于物体静止的参考系中观测的长度短些，这称为**长度收缩效应**。长度收缩效应说明，空间间隔的测量与参考系的选择有关，不同的参考系中观测结果不同，其中相对于物体静止的参考系中观测的固有长度最长。

关于长度收缩效应，有下面两点需要注意。

(1) 长度收缩效应仅发生在参考系的运动方向，与运动垂直的方向不会发生长度收缩效应。即在上例中，若直尺沿 Oy 轴方向放置，而 S' 系仍沿 Ox 轴方向运动，则在两个参考系中测量的长度应是相同的。

(2) 长度收缩效应与日常生活中人们所感觉的远处物体“变小”是不同的。长度收缩效应是由空间、时间测量特点决定的，是一种时空属性和客观实在；而人们感觉物体的“变小”是由于人们眼睛的视角变小而产生的错觉，是一种“感觉”结果。

例 4-5　如图 4-7 所示，S' 系相对 S 系以速度 $v=\sqrt{3}c/2$ 沿 x 轴运动，长为 1 m 的细棒静止地放在 $x'O'y'$ 平面内。S' 系的观察者测得此棒与 $O'x'$ 轴成 45°角，试问 S 系的观察者测得此棒的长度以及棒与 Ox 轴的夹角是多少？

解　在 S' 系中细棒长度为固有长度，棒长沿 x、y 轴的投影为

$$l_{x'}'=l_{y'}'=l'\tan45^\circ=\frac{\sqrt{2}}{2}\ \mathrm{m}$$

在 S 系中测量细棒，因与运动方向垂直的长度不变，有

$$l_y=l_{y'}'=\frac{\sqrt{2}}{2}\ \mathrm{m}$$

细棒沿运动方向的长度收缩，所以有

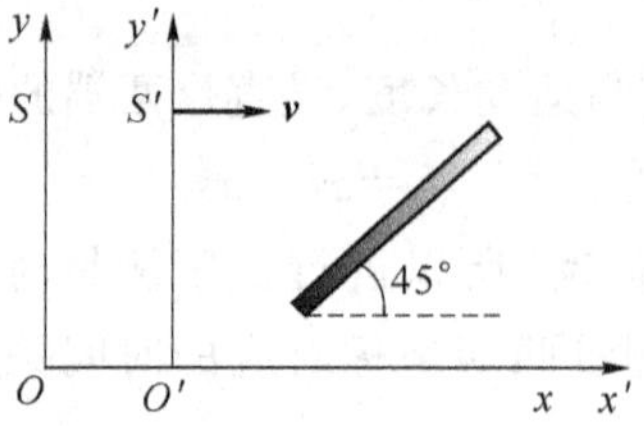

图 4-7　例 4-5 图

$$l_x = l'_{x'}\sqrt{1-\left(\frac{v}{c}\right)^2} = \frac{\sqrt{2}}{2}\sqrt{1-\left(\frac{\sqrt{3}}{2}\right)^2}\ \text{m} = \frac{\sqrt{2}}{4}\ \text{m}$$

S 系中测得棒的长度为

$$l = \sqrt{l_x^2 + l_y^2} = \sqrt{\left(\frac{\sqrt{2}}{2}\right)^2 + \left(\frac{\sqrt{2}}{4}\right)^2}\ \text{m} = 0.79\ \text{m}$$

棒与 Ox 轴的夹角

$$\theta = \arctan\frac{l_y}{l_x} = 63.43°$$

4.4　狭义相对论质点动力学

相对性原理要求物理定律在所有惯性系中具有相同的形式，描述物理定律的方程式就是满足洛伦兹变换的不变式。这样，描述粒子动力学的物理量，如动量、能量、质量等，都必须重新定义，并且要求它们在低速近似下过渡到经典力学中相对应的物理量。

4.4.1　动量、质量与速度的关系

在相对论中定义一个质点的动量 $\boldsymbol{p}$ 为

$$\boldsymbol{p} = m\boldsymbol{u} \tag{4-18}$$

式中，$\boldsymbol{u}$ 是速度，m 是质点的质量。不过动量在数量上不一定与 $\boldsymbol{u}$ 成正比，因为 m 不再是常量，可以假定 m 是速度 $\boldsymbol{u}$ 的函数。由于空间各向同性，m 只与速度 $\boldsymbol{u}$ 的大小有关，而与方向无关，即

$$m = m(u)$$

而且在低速的近似下过渡为经典力学中的质量。

下面我们观察两个全同粒子的完全非弹性碰撞过程。如图 4-8 所示，A、B 两个全同粒子正碰后结合成为一个复合粒子。我们从 S 和 S' 两个惯性系来讨论：在 S 系中粒子 B 静止，粒子 A 的速度为 u，它们的质量分别为 $m_B = m_0$，这里 m_0 是静止质量，$m_A = m(u)$，$m(u)$ 称为运动质量。在 S' 系中 A 静止，B 的速度为 $-u$，它们的质量分别为 $m_A = m_0$，$m_B = m(u)$。显然，S' 系相对于 S 系的速度为 u。设碰撞后复合粒子在 S 系中的速度为 v，质量为 $M(v)$；

在 S' 系中速度为 v'，由对称性可知 $v'=-v$，故复合粒子的质量仍为 $M(v)$。根据守恒定律，有

质量守恒 $$m(u)+m_0=M(v) \tag{4-19}$$

动量守恒 $$m(u)u=M(v)v \tag{4-20}$$

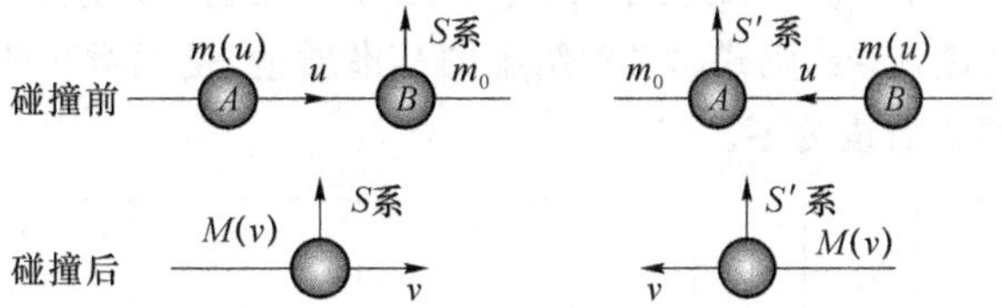

图 4-8 两个全同粒子的完全非弹性碰撞

由此两式消去 $M(v)$，解得

$$1+\frac{m_0}{m(u)}=\frac{u}{v} \tag{4-21}$$

另一方面，由速度变换式有

$$v'=-v=\frac{v-u}{1-\frac{uv}{c^2}}$$

即 $$1-\frac{uv}{c^2}=\frac{v}{u}-1$$

等式两边乘以 $\frac{u}{v}$ 并整理为

$$\left(\frac{u}{v}\right)^2-2\left(\frac{u}{v}\right)+\left(\frac{u}{c}\right)^2=0$$

解得 $$\frac{u}{v}=1\pm\sqrt{1-\frac{u^2}{c^2}}$$

因为 $v<u$，舍去负号，则

$$\frac{u}{v}=1+\sqrt{1-\frac{u^2}{c^2}}$$

代入式(4-21)，则得到

$$m=\frac{m_0}{\sqrt{1-\frac{u^2}{c^2}}}=\gamma m_0 \tag{4-22}$$

这就是相对论中的**质速关系**。则动量的表达式为

$$\boldsymbol{p}=m\boldsymbol{u}=\frac{m_0\boldsymbol{u}}{\sqrt{1-\frac{u^2}{c^2}}} \tag{4-23}$$

图 4-9 是几位工作者早年测量电子质量随速度变化的实验曲线，说明质速关系式(4-22)

与实验相符。理论和实验都表明：当物体速率远小于光速时，运动质量和静止质量基本相等，可以看作与速度大小无关的常量；但当速率接近光速时，运动质量迅速增大，相对论效应显著；当 $\beta=\frac{u}{c}\to 1$ 时，$m(u)\to\infty$，动量也趋向无穷大。在回旋加速器里，当粒子速率接近光速时就很难再加速。对于 $m_0\neq 0$ 的粒子，速率不能等于光速。光速 c 是一切物体速率的上限。如果速率超过光速，$u>c$，则式(4-22)给出的是虚质量，是无意义的。对于光、电磁辐射等，速率 $u=c$，则其静止质量为零。

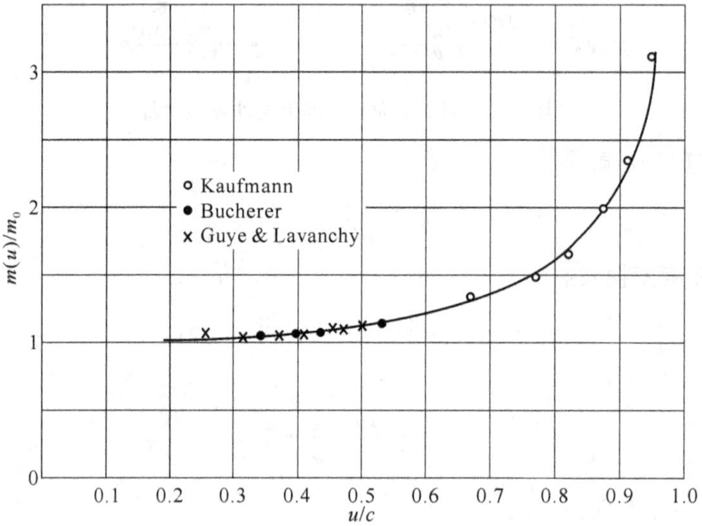

图 4-9　电子质量随速度变化的实验曲线

4.4.2　质量和能量的关系

根据动能定理，物体的动能等于物体从静止开始到以速度 v 运动时合外力所做的功，即

$$E_k=\int_{r_0}^{r}\boldsymbol{F}\cdot d\boldsymbol{r}=\int_{r_0}^{r}F_\tau ds=\int_{r_0}^{r}\frac{d}{dt}(mv)ds$$

$$=\int_0^v v d(mv)=\int_0^v v d\left(\frac{m_0 v}{\sqrt{1-\frac{v^2}{c^2}}}\right)$$

利用分部积分法可以得到

$$E_k=\frac{m_0 v^2}{\sqrt{1-\frac{v^2}{c^2}}}-m_0\int_0^v\frac{v dv}{\sqrt{1-\frac{v^2}{c^2}}}$$

$$=\frac{m_0 v^2}{\sqrt{1-\frac{v^2}{c^2}}}+m_0 c^2\sqrt{1-\frac{v^2}{c^2}}\,\Bigg|_0^v$$

$$= mc^2 - m_0c^2$$

即

$$E_k = mc^2 - m_0c^2 \tag{4-24}$$

此式称为相对论动能公式。可以证明(此处从略),当 $v \ll c$ 时,上式即过渡到经典力学的动能公式 $E_k = \frac{1}{2}m_0v^2$。

式(4-24)中的 mc^2 称为物体的总能量,用 E 表示,即

$$E = mc^2 = \frac{m_0c^2}{\sqrt{1-\frac{v^2}{c^2}}} \tag{4-25a}$$

此式称为**质能关系式**,它说明物体的总能量与其质量成正比。式(4-24)还可改写成

$$E = m_0c^2 + E_k \tag{4-25b}$$

由此可以看出,当物体静止时,虽然 $E_k = 0$,但它仍有 m_0c^2 的能量,这一能量称为物体的静止能量,简称静能,用 E_0 表示,即

$$E_0 = m_0c^2 \tag{4-26}$$

一个宏观上静止的物体所具有的静能实际上包含组成该物体的分子、原子以及原子中的电子、质子、中子因运动所具有的动能,再加上这些微观粒子之间因相互作用所具有的势能。

由式(4-25)可知,当物体的总能量发生变化时,必将伴随着相应的质量变化(反之亦然),其关系为

$$\Delta E = (\Delta m)c^2 \tag{4-27}$$

因此,质能关系反映了物质的两种属性——能量和质量间在数量上的紧密联系。对于一个孤立系统,在物理过程中能量守恒定律和质量守恒定律同时成立,即能量和质量都不能创生,也不能消失,它们只能从一种形式转化为另一种形式。例如,在正负电子对湮灭成光子的过程中,静能变成了电磁辐射能,静质量变成了动质量。式(4-27)反映了能量转化量与质量转化量间的数量上的联系。

在日常生活中,物体的能量变化不大,因而相应的质量变化也很小。例如,将 1 kg 的水由 0 ℃加热到 100 ℃时,其能量的变化 $\Delta E = 4.18 \times 10^5$ J,相应的质量变化 $\Delta m = 4.6 \times 10^{-12}$ kg,这一质量变化如此微小,以致无法测出。但在核能利用方面,这些微小的变化则是非常重要的。质能关系在科学技术中已得到充分的证实和利用,核能利用就是其中的一例。

质能关系说明,一定的质量就代表一定的能量,质量和能量是相当的,二者之间的关系只是相差一个常数 c^2 因子。质量和能量都是物质属性的量度,质量和能量可以相互转化,当然这只能是物质属性的转化。在相对论中,质量的概念不独立存在,质量守恒定律和能量守恒定律统一为质能守恒定律,简称能量守恒定律。在能量较高的情况下,微观粒

子(如原子核、基本粒子等)相互作用导致分裂、聚合等反应过程。反应前粒子的静止质量和反应后生成物的总静止质量之差,称为质量亏损。质量亏损对应的能量称为结合能,通常称为原子能。原子能的利用使人类进入原子时代,爱因斯坦建立的质能关系式被认为是一个具有划时代意义的理论公式。

4.4.3 动量和能量的关系

将相对论动量定义成 $\boldsymbol{p}=m\boldsymbol{u}$,两侧平方,得

$$p^2=m^2u^2$$

再取质能关系式 $E=mc^2$ 平方,并运算

$$E^2=m^2c^4=m^2c^4-m^2u^2c^2+m^2u^2c^2=m^2c^4\left(1-\frac{u^2}{c^2}\right)+p^2c^2=m_0^2c^4+p^2c^2$$

即

$$E^2=p^2c^2+m_0^2c^4=(m_0c^2)^2+(pc)^2 \tag{4-28}$$

这就是相对论中总能量和动量的关系式。可以用一个直角三角形的勾股弦形象地表示这一关系,如图 4-10 所示。

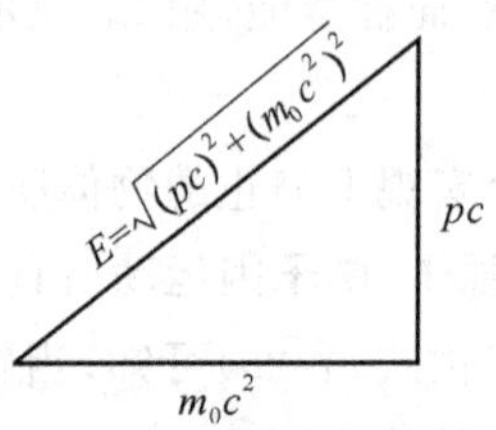

图 4-10　总能量与动量的关系

有些粒子,如光子,$m_0=0$,则 $E=pc$ 或 $p=E/c$,我们得到

$$p=\frac{E}{c}=\frac{mc^2}{c}=mc$$

说明静止质量为零的粒子一定以光速运动。

例 4-6　如果将电子的速率由 $0.8c$ 加速到 $0.9c$,需对它做多少功?

解　由动能定理知,对电子做的功等于电子动能的增量,即

$$\begin{aligned}W&=\Delta E_k=E_{k2}-E_{k1}=(m_2c^2-m_0c^2)-(m_1c^2-m_0c^2)\\&=m_2c^2-m_1c^2=m_0c^2\left(\frac{1}{\sqrt{1-\frac{v_2^2}{c^2}}}-\frac{1}{\sqrt{1-\frac{v_1^2}{c^2}}}\right)\\&=9.1\times10^{-31}\times(3\times10^8)^2\times\left(\frac{1}{\sqrt{1-0.9^2}}-\frac{1}{\sqrt{1-0.8^2}}\right)\mathrm{J}\\&=5.14\times10^{-14}\,\mathrm{J}=3.21\times10^5\,\mathrm{eV}\end{aligned}$$

例 4-7　两个静止质量都为 m_0 的粒子以大小相等、方向相反的速度 v 互相接近并发生完全非弹性碰撞,求碰撞后粒子的质量。

解　因为是完全非弹性碰撞,所以碰撞后形成一个复合粒子。由动量守恒定律可知,这个复合粒子是静止的。

由能量守恒定律可得

$$2\frac{m_0}{\sqrt{1-\frac{v^2}{c^2}}}c^2=M_0c^2$$

式中，$\frac{m_0}{\sqrt{1-\frac{v^2}{c^2}}}=m$ 为碰撞前每一运动粒子的质量，M_0 为碰撞后复合粒子的静质量。由上式可得

$$M_0=\frac{2m_0}{\sqrt{1-\frac{v^2}{c^2}}}$$

因为$\sqrt{1-\frac{v^2}{c^2}}<1$，所以 $M_0>2m_0$。由此可知，复合粒子的静质量比组成粒子的静质量之和大。但系统的总质量必守恒，即碰撞前两粒子的质量之和等于碰撞后复合粒子的总质量。或者说，因为碰撞前两粒子的动能通过非弹性碰撞转化为碰撞后复合粒子的静能，因此系统的静质量增加了。这一事实说明，系统的总质量和总能量是守恒的，而静止质量和静止能量却不一定守恒。

狭义相对论建立以来，已经过去了很长时间，它经受住了实践和历史的考验，已经成为研究宇宙星体、粒子物理以及一系列工程物理等问题的基础，是人们普遍承认的真理。相对论对于现代物理学的发展和现代人类思想的发展都有巨大的影响。相对论从逻辑思想上统一了经典物理学，使经典物理学成为一个完美的科学体系。狭义相对论在狭义相对性原理的基础上统一了牛顿力学和麦克斯韦电动力学两个体系，指出它们都服从狭义相对性原理，都满足在洛伦兹变换下具有不变性，牛顿力学只不过是物体在低速运动下很好的近似规律。相对论严格地考察了时间、空间、物质和运动这些物理学的基本概念，给出了科学而系统的时空观和物质观，从而使物理学在逻辑上成为完美的科学体系。随着科学技术的不断发展，一定还会有新的、目前尚不知道的事实被发现，甚至还会有新的理论出现。然而，以大量实验事实为根据的狭义相对论在科学中的地位是无法否定的。这就像在低速、宏观物体的运动中，牛顿力学仍然是十分精确的理论一样。

4.5* 广义相对论简介

狭义相对论的建立创立了全新的时空理论，它引起了整个世界的震惊和推崇。然而随着研究的深入，爱因斯坦对自己建立的狭义相对论并不满意，有两个问题使他看到了狭义相对论理论存在的缺陷。

第一个是惯性系问题。在经典力学和狭义相对论中，对质点运动的描述都是建立在惯性参考系上，所以牛顿力学和狭义相对论都只适用于惯性参考系。为什么惯性参考系

具有特殊的地位呢？而事实上，在宇宙间很难找到真正的惯性系。第二个是引力问题，狭义相对论不能解释引力现象问题。牛顿的万有引力定律是以物体间的超距作用为基础的，两个物体之间的引力作用在瞬间传递，即引力场以无穷大的速度传递，这与相对论中光速是极限速度的观点相冲突。爱因斯坦曾反复用数学方法修改牛顿的引力理论，企图把引力现象归纳在狭义相对论的范畴之内，但没有获得成功。

为了弥补这些缺陷，爱因斯坦进行了更深入的研究，他意识到既然难寻真正的惯性系，不如抛弃惯性系，把自己的理论建立在任意参考系基础上。他还注意到，“在狭义相对论的框架里，是不可能有令人满意的引力理论的”。于是，爱因斯坦考虑扩大狭义相对论原理，使之成为更具普遍意义的理论。经过十年的努力，爱因斯坦于 1916 年创建了广义相对论。

广义相对论代表了现代物理学中引力理论研究的最高水平。广义相对论是将经典的牛顿万有引力定律包含在狭义相对论的框架中，并在此基础上应用等效原理而建立的。在广义相对论中，引力被描述为时空的一种几何属性（曲率）；而这种时空曲率与处于时空中的物质与辐射的能量-动量张量直接相联系，其联系方式即是爱因斯坦的引力场方程（一个二阶非线性偏微分方程组）。

从广义相对论得到的有关预言和经典物理中的对应预言非常不相同，尤其是有关时间流逝、空间几何、自由落体的运动以及光的传播等问题，例如引力场内的时间膨胀、光的引力红移和引力时间延迟效应。广义相对论的预言至今为止已经通过了所有观测和实验的验证——虽说广义相对论并非当今描述引力的唯一理论，它却是能够与实验数据相符合的最简洁的理论。不过，仍然有一些问题至今未能解决，典型的即是如何将广义相对论和量子物理的定律统一起来，从而建立一个完备并且自洽的量子引力理论。

爱因斯坦的广义相对论理论在天体物理学中有着非常重要的应用：它直接推导出某些大质量恒星会终结为一个黑洞——时空中的某些区域发生极度的扭曲，以至于连光都无法逸出。有证据表明，恒星质量黑洞以及超大质量黑洞是某些天体，例如，活动星系核和微类星体发射高强度辐射的直接成因。光线在引力场中的偏折会形成引力透镜现象，这使得人们能够观察到处于遥远位置的同一个天体的多个成像。广义相对论还预言了引力波的存在，引力波已经被间接观测所证实，而直接观测则是当今世界像激光干涉引力波天文台这样的引力波观测计划的目标。此外，广义相对论还是现代宇宙学膨胀宇宙模型的理论基础。

在引力和宇宙学的研究中，广义相对论已经成为一个高度成功的模型，迄今为止已经通过了每一次意义明确的观测和实验的检验。然而即便如此，仍然有证据显示这个理论并不是那么完善的：对量子引力的寻求以及时空奇点的现实性问题依然有待解决；实验观测得到的支持暗物质和暗能量存在的数据结果也在暗暗呼唤着一种新物理学的建立；而从先驱者号观测到的反常效应也许可以用已知的理论来解释，也许这真的是一种新物理学来临的预告。不过，广义相对论之中仍然充满了值得探索的可能性：数学相对论学家正在寻求理解奇点的本性，以及爱因斯坦引力场方程的基本属性；不断更新的计算机正在进行黑洞合并等更多的数值模拟；而第一次直接观测到引力波的竞赛也正在前进中，人类希望借此能够在比至今能达到的强得多的引力场中创造更多检验这个理论的正确性的机会。在爱因斯坦发表他的理论 90 多年之后，广义相对论依然是一个高度活跃的研究领域。

阅读材料四

科学家简介：爱因斯坦

阿尔伯特·爱因斯坦(1879—1955 年)：20 世纪最伟大的科学家。

主要成就：创立了狭义相对论、广义相对论，并为核能的开发和利用提供理论基础；提出光量子假说，揭示了光的波粒二象性，解释了光电效应现象，并以此获得 1921 年诺贝尔物理学奖；研究分子布朗运动规律及分子运动的涨落现象规律，给出分子大小的测定方法，为原子存在的证明打下了坚实的理论基础；致力于统一场理论的研究。

1879 年 3 月 14 日，阿尔伯特·爱因斯坦出生在德国西南的乌耳姆城。他的父母都是犹太人。母亲受过中等教育，非常喜欢音乐，爱因斯坦 6 岁时就跟她学习小提琴。爱因斯坦小时候并不活泼，3 岁多还不会讲话，直到 9 岁时讲话还不很流畅，所讲的每一句话都必须经过吃力但认真的思考。爱因斯坦的叔叔雅各布是一个工程师，非常喜爱数学，当小爱因斯坦来找他问问题时，他总是用很浅显通俗的语言把数学知识介绍给爱因斯坦。在叔叔的影响下，爱因斯坦较早地受到了科学和哲学的启蒙。爱因斯坦的父亲是一个乐观且心地善良的人，家里每星期都有一个晚上要邀请来慕尼黑念书的穷学生吃饭。其中有一位来自立陶宛的犹太人麦克斯非常喜欢爱因斯坦，并经常借给他一些通俗的自然科学普及读物。这些读物不但增长了爱因斯坦的知识，而且唤起了他的好奇心，引起了他对问题的深思，这可以说是爱因斯坦接受的关于科学的启蒙教育。

1896 年 10 月，爱因斯坦跨进了苏黎世工业大学的校门，在师范系学习数学和物理学。在学校中，他广泛地阅读了亥姆霍兹、赫兹等物理学大师的著作，他最着迷的是麦克斯韦的电磁理论。1900 年，爱因斯坦从苏黎世工业大学毕业，失业两年后，在同学父亲的帮助下到瑞士专利局当一名三级技术员，工作职责是审核申请专利权的各种技术发明创造。

1905年是爱因斯坦的第一个创作黄金时期，这一年他写了6篇举足轻重的论文。他于这年3月发表的论文《关于光的产生和转化的一个推测性观点》把普朗克1900年提出的量子概念推广到光的传播领域，提出光量子假说，揭示了微观客体的波动性和粒子性的统一，即现在我们认为的光本质的波粒二象性，另外，在这篇论文结尾处，他用光量子假说解释了经典物理学无法解释的光电效应现象，关于这一现象的解释使他获得了1921年的诺贝尔物理学奖；4月发表论文《分子大小的新测定法》；5月发表的论文《热的分子运动论所要求的静液体中悬浮粒子的运动》所提出的理论3年后被法国物理学家佩兰以精密的实验证实，解决了科学界和哲学界争论了半个多世纪的原子是否存在的问题；6月发表的长篇论文《论动体的电动力学》完整地提出著名的狭义相对论，成功地解释了19世纪末出现的另一个经典物理无法解释的问题——迈克耳孙-莫雷实验结果，改变了牛顿力学的时空观念，创立了一个全新的物理学世界；9月发表的论文《物体的惯性同它所含的能量有关吗?》给出了质量和能量的关系，这是近代原子核物理学和粒子物理学的理论基础，也是核能开发和利用的理论基础。可以说，这几篇论文中的任何一篇都足以让一个人在科学史乃至人类文明史上留名，而这些论文全出自一名二十几岁的年轻人之手，而且是在短短的半年内完成的，这不能不说是科学史上的一段神话。

1915—1917年是爱因斯坦的第二个创作黄金时期。1915年他先后发表了4篇论文，提出了广义相对论的一些基本理论，推算出光线经过太阳表面所发生的偏转是1.7弧秒，同时还推算出水星近日点每100年的进动是43 s，圆满解决了60多年来天文学的一大难题。1916年春天，爱因斯坦写了一篇总结性的论文《广义相对论的基础》。同年年底，又写了一本普及性的小册子《狭义与广义相对论浅说》。1917年，爱因斯坦用广义相对论的结果来研究宇宙的时空结构，发表了开创性的论文《根据广义相对论对宇宙所作的考察》，提出应把宇宙看成是一个具有有限空间体积的自身闭合的连续区，使宇宙学摆脱了纯粹猜想的思辨，进入现代科学领域。

1925年以后，爱因斯坦想把广义相对论进一步推广，因而全力以赴去探索统一场论。1925—1955年这30年中，除了关于量子力学的完备性问题、引力波以及广义相对论的运动问题以外，爱因斯坦几乎把他全部的科学创造精力都用于统一场论的探索。尽管在统一场理论方面，他始终没有成功，但他从不气馁，每次都满怀信心地从头开始，毫不动摇地走他自己所认定的道路，直到临终前一天，他还在病床上准备继续他的统一场理论的数学计算。

爱因斯坦热爱科学，也热爱人类，热爱人类的和平，并为之顽强、勇敢地战斗。他说过："人只有献身于社会，才能找出那实际上是短暂而又有风险的生命的意义。"1914年第一次世界大战爆发期间，他不顾各方面的压力和威胁，毅然在反战的《告欧洲人书》上签上自己的名字，这一举动震惊了全世界。1939年8月2日为防止德国制造原子弹，他给罗斯福总统写了一封信建议进行这方面的研究，但这之后他完全不知道美国政府秘密地从事了原子弹的制造。当他知道德国没有制成原子弹，而美国已造出原子弹并在日本使用，致使大量无辜平民被害后，他的心情像当初的诺贝尔一样，感到沉重而不安。他说，如果他知道德国不会制造原子弹，他就不会为“打开这个潘多拉魔匣做任何事情”。1955 年，爱因斯坦与罗素联名发表了反对核战争和呼吁世界和平的《罗素-爱因斯坦宣言》。

1955 年 4 月 18 日，阿尔伯特·爱因斯坦逝世于美国普林斯顿。他留下遗嘱，要求不发讣告，不举行葬礼。他把自己的脑捐献供医学研究，身体火葬焚化，骨灰秘密地撒在不让人知道的河里，不要有坟墓，也不立碑。

思考题

4-1　狭义相对论是在怎样的科学背景下诞生的？

4-2　爱因斯坦创立狭义相对论的基本思考线索是什么？其思想的独特性表现在哪些方面？

4-3　试说明经典力学的相对性原理与狭义相对论相对性原理的异同点。

4-4　洛伦兹变换与伽利略变换的本质差别是什么？如何理解洛伦兹变换的物理意义？

4-5　下面几种说法是否正确？

(1) 所有惯性系的物理定律都是等价的；

(2) 在真空中，光速与光的频率和光源的运动无关；

(3) 在任何惯性系中，光在真空中沿任何方向的传播速度都相同；

(4) 任何物体的运动速度不能超过真空中的光速。

4-6　在狭义相对论中，质量、动量和动能的表达式是什么？

4-7　广义相对论是在怎样的科学背景下诞生的？

练习题

4-1　有一超高速列车以速率 v 相对于地面匀速前进，火车上的人向前和向后分别射出一束光。试求：两束光相对于地面的速度。

4-2　一事件在 S' 系中发生在 $t'=8\times10^{-8}\,\mathrm{s}$ 时刻，$x'=60\ \mathrm{m}$、$y'=z'=0$ 处，若 S' 系相对于 S 系以速度 $0.6c$ 沿 x 轴正方向运动，求该事件在 S 系中的时空坐标。

4-3　一艘宇宙飞船的船身固有长度为 $L_0=90\ \mathrm{m}$，飞船相对于地面以 $0.8c$ 的速度在地面观测站的上空飞过。试求：

(1) 观测站测得飞船的船身通过观测站的时间间隔是多少？

（2）宇航员测得船身通过观测站的时间间隔是多少？

4-4　一火箭的固有长度为 L，相对于地面做匀速直线运动的速度为 v_1，火箭上有一个人从火箭的后端向火箭前端上的一个靶子发射一颗相对于火箭的速度为 v_2 的子弹。在火箭上测得子弹从射出到击中靶的时间间隔是（c 表示真空中光速）（　　）。

A. $\dfrac{L}{v_1+v_2}$　　B. $\dfrac{L}{v_2}$　　C. $\dfrac{L}{v_2-v_1}$　　D. $\dfrac{L}{v_1\sqrt{1-\left(\dfrac{v}{c}\right)^2}}$

4-5　要使电子的速度从 $v_1=1.2\times10^8\ \mathrm{m/s}$ 增加到 $v_2=2.4\times10^8\ \mathrm{m/s}$，必须对它做多少功（电子静止质量 $m_e=9.11\times10^{-31}\ \mathrm{kg}$）？

4-6　在地面上 A 处发射一炮弹后 $4\times10^{-6}\ \mathrm{s}$ 在 B 处又发射一炮弹，A、B 相距 800 m。问：

（1）在什么样的参考系中将测得上述两个事件发生在同一地点？

（2）试找出一个参考系，在其中测得上述两个事件同时发生。

4-7　甲、乙两人所乘飞行器沿 x 轴做相对运动。甲测得两个事件的时空坐标为 $x_1=6.0\times10^4\ \mathrm{m}$，$y_1=z_1=0$，$t_1=2.0\times10^{-4}\ \mathrm{s}$；$x_2=12.0\times10^4\ \mathrm{m}$，$y_2=z_2=0$，$t_2=1.0\times10^{-4}\ \mathrm{s}$。如果乙测得这两个事件同时发生，问：

（1）乙相对甲的运动速度是多少？

（2）乙测得两个事件的空间间隔是多少？

4-8　一个电子运动速度 $v=0.99c$，它的动能是（电子的静止能量为 0.51 MeV）（　　）。

A. 4.0 MeV　　B. 3.5 MeV　　C. 3.1 MeV　　D. 2.5 MeV

4-9　已知惯性参考系 S' 相对于惯性参考系 S 以 $0.5c$ 的匀速度沿 x 轴的负方向运动，若从 S' 系的坐标原点 O' 沿 x 轴正方向发出一光波，则 S 系中测得此光波在真空中的波速为________。

4-10　在 6 000 m 的高空大气层中产生了一个 π 介子，此介子以 $0.998c$ 的速率飞向地球。已知 π 介子的固有寿命为 2×10^{-6} s。试分析此介子能否到达地球。

4-11　观测者甲和乙分别静止于两个惯性参考系 S 和 S' 中，甲测得在同一地点发生的两个事件的时间间隔为 $t_2-t_1=4$ s，而乙测得这两个事件的时间间隔为 $t_2'-t_1'=5$ s，求：

（1）S' 系相对于 S 系的运动速度；

（2）乙测得这两个事件的空间间隔。

4-12　如习题 4-12 图所示，在地面上有一跑道长 100 m，运动员从起点跑到终点，用时 10 s。现从以 $0.8c$ 速度向前飞行的飞船中观察：

（1）跑道有多长？

（2）求运动员跑过的距离和所用的时间；

（3）求运动员的平均速度。

4-13　两个惯性参考系 S 与 S' 坐标轴相互平行，S' 系相对于 S 系沿 x 轴做匀速运动，在 S' 系的 x' 轴上，相距为 L' 的 A'、B' 两点处各放一只已经彼此对准了的钟，试问在 S 系中的观测者看这两只钟是否也是对准了？为什么？

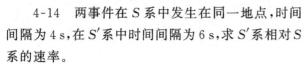

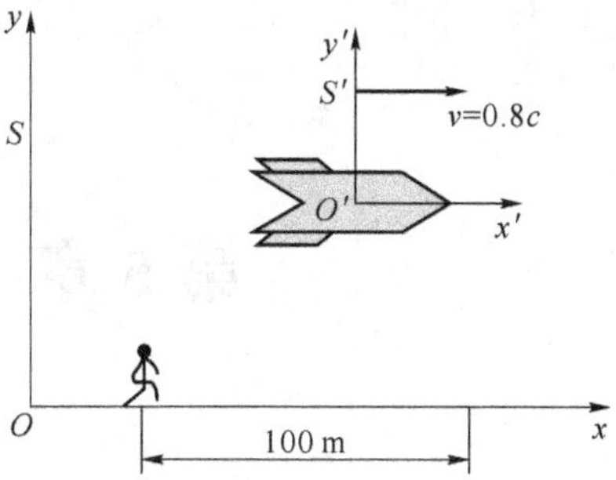

习题 4-12 图

4-14　两事件在 S 系中发生在同一地点，时间间隔为 4 s，在 S' 系中时间间隔为 6 s，求 S' 系相对 S 系的速率。

4-15　在实验室中，有一个以速度 $0.5c$ 飞行的原子，沿着它的运动方向以相对于原子为 $0.8c$ 的速度射出一电子，同时还向反方向发射一光子，实验室的观测者测得电子和光子的速度各为多少？

4-16　一宇航员要到离地球 5 光年的星球去航行，如果宇航员希望把该路程缩短为 3 光年，则他所乘的火箭相对于地球的速度应是多少？

4-17　静止 μ 子的平均寿命约为 $t_0=2\times10^{-6}$ s，今在 9 km 高空的 π 介子由于衰变产生一个速度为 $v=0.998c$ 的 μ 子，试论证此 μ 子有无可能到达地面。

4-18　两事件在 S 系中的时空坐标分别为 $x_1=x_0, t_1=\dfrac{x_0}{c}$ 和 $x_2=2x_0, t_2=\dfrac{x_0}{2c}$。

(1) 若两事件在 S' 系中是同时发生的，则 S' 系相对 S 系运动的速率是多少？

(2) 两事件在 S' 系中发生在什么时刻？

4-19　某加速器能把质子加速到 1 GeV 的能量，求该质子的速率。这时，其质量为静质量的几倍？

第 5 章　真空中的静电场

电磁学是研究宏观电磁现象基本规律和应用的学科。人类对电磁现象的认识可谓久远,但在相当长的一个历史阶段,电现象和磁现象被看作是互不相关、彼此独立的。直到 1820 年丹麦物理学家奥斯特发现了电流的磁效应,1831 年英国物理学家法拉第发现了电磁感应现象,并提出了用“场”的概念描述电场和磁场,人们才认识到电和磁的相关性,由此揭示了电磁现象的内在联系。1865 年,英国物理学家、数学家麦克斯韦在前人工作的基础上,创造性地提出了“感生电场”和“位移电流”假说,把电磁学规律归纳成对迅变电磁场也适用的麦克斯韦方程组,确立了电荷、电流与电场、磁场之间的普遍关系,建立了完整的电磁场理论,并从理论上预言了电磁波的存在,揭示了光的电磁本质,把光现象与电磁现象统一起来,促进了微波与无线通信技术的发展。但是,把麦克斯韦方程组推广到微观领域时,又遇到了不可克服的困难,微观领域中的电磁现象需要用量子电动力学来处理,所以通常将以麦克斯韦电磁场方程组为核心的电磁理论称为**经典电磁学**,它是继牛顿力学之后物理学理论的又一重要成果。

电磁学的研究对人类社会的进步有着巨大的影响,随着科学技术的发展和信息社会的到来,冰箱、彩色电视机、洗衣机、微波炉、空调等家用电器以及计算机、手机、传真机等多种信息交流的工具进入了千千万万个家庭。在高科技领域中电磁学原理得到广泛应用,如宇宙飞船和人造卫星的遥测和遥控、回旋加速器、电子显微镜、磁悬浮列车等。因此,电磁学是现代科学技术的重要基础。

本章主要研究相对观察者静止的电荷在空间激发的电场,即**静电场**。主要内容有:静电场的基本定律——库仑定律、描述静电场基本特性的两个物理量——电场强度和电势、反映静电场性质的两条基本定理——高斯定理和环路定理。

5.1　电荷和库仑定律

5.1.1　电荷

物体能够产生电磁现象,归根结底是因为这些物体带上了电荷及这些电荷的运动。通过对电荷的各种相互作用和效应的研究,人们逐渐认识到了电荷的基本性质。

1. 电荷的概念

远在古希腊时期，人们就已发现，用丝绸或毛皮等物体摩擦过的玻璃棒或橡胶棒能吸引小纸片之类的轻小物体。这种现象称为起电。这时就说物体带了电，或者说是物体有了电荷。

电荷有正、负之分，为了便于区别，人们规定，用丝绸摩擦过的玻璃棒所带的电荷为正电荷（如正电子所带的电荷），用毛皮摩擦过的橡胶棒所带的电荷为负电荷（如电子所带的电荷）。通常所说的电荷则为正、负电荷的统称，它们同性相斥，异性相吸。

物体所带电荷的多少称为电荷量，用 q 或 Q 表示，其单位为库[仑]（C）。

物体带电亦有正、负之分。如果物体所带的正电荷数多于负电荷数，则说物体带正电；如果物体所带负电荷数多于正电荷数，则说物体带负电；如果物体所带的正、负电荷数相等，则说物体不带电，亦称呈现电中性。

2. 电荷的量子化

1897 年汤姆孙从实验中测量阴极射线粒子的电荷与质量之比时，得出阴极射线粒子的电荷与质量之比较氢离子要大约 2 000 倍。这种粒子后来被称为电子。所以一般认为汤姆孙是电子的发现者。电子的电荷与质量之比称为电子的比荷（e/m）。通过数年努力，1913 年密立根终于从实验中得出带电体的电荷是电子电荷 e 的整数倍的结论，即 $q=\pm ne, n=1,2,3,\cdots$。这是自然界存在不连续性（即量子化）的又一个例子。电荷的这种只能取离散的、不连续的量值的性质，叫作**电荷的量子化**。电子的电荷绝对值 e 称为**元电荷**，或称电荷的量子。

在通常的计算中，电子电荷的近似值为

$$e=1.602\times10^{-19}\ \mathrm{C}$$

现在知道的自然界中的微观粒子，包括电子、质子、中子在内，已有几百种，其中带电粒子所具有的电荷或者是 $+e$、$-e$，或者是它们的整数倍。因此可以说，电荷量子化是一个普遍的量子化规则。量子化是近代物理中的一个基本概念，当研究的范围达到原子线度大小时，很多物理量如角动量、能量等也都是量子化的。

3. 电荷守恒定律

两种材料的物体互相摩擦后之所以会带电，是因为通过摩擦，每个物体中都有一些电子获得能量脱离了原子束缚转移到另一个物体上去。但是，不同材料的物体彼此向对方转移的电子数目往往不相等，所以从总体上讲，一个物体失去了电子而带正电，另一个物体得到了电子而带负电，这就是摩擦起电现象。当我们把带负电的物体移近导体时，导体中的自由电子在负电荷的排斥力作用下向远离带电体一端移动，结果导体的这一端因电子过少而带正电，另一端则因电子过多而带负电，这就是静电感应现象。由此可见，摩擦起电和静电感应现象中的起电过程都是电荷从一个物体转移到另一个物体，或从物体的一部分转移到另一部分的过程。

大量的事实表明，电荷既不能被创造，也不能被消灭，只能从一个物体转移到另一个物体，或从物体的一部分转移到另一部分。也就是说，在一个与外界没有电荷交换的系统内，正负电荷的代数和在任何物理过程中都保持不变，这称为**电荷守恒定律**。

近代科学实验证明，电荷守恒定律不仅在一切宏观过程中成立，而且被一切微观过程（例如核反应和基本粒子过程）所普遍遵守。电荷是在一切相互作用下都守恒的一个守恒量，电荷守恒定律是自然界中普遍的基本定律之一。

5.1.2 库仑定律

观察表明，两个静止的带电体之间的作用力（静电力）除与电荷量及它们的相对位置有关外，还依赖于带电体的大小、形状以及电荷的分布情况。要用实验直接确立所有这些因素对静电力的影响是困难的。但是，如果带电体的线度比带电体之间的距离小得多，那么静电力就基本上只取决于它们的电荷量和距离，问题就会大为简化。如前所述，满足这样的条件的带电体即为点电荷。

在发现电现象后两千多年的时间内，人们对电现象的研究一直停留在定性阶段。1785 年，法国物理学家库仑用扭秤实验测定了两个带电球体间相互作用的电力，在此实验的基础上总结出了两个点电荷间相互作用的规律，即**库仑定律**，具体表述如下：在真空中两个静止的点电荷间的作用力的大小与它们所带电荷量的乘积成正比，与它们间距离的平方成反比；两个点电荷间的静电力大小相等、方向相反，并且作用力的方向沿着它们的连线，同号电荷相排斥，异号电荷相吸引。

如图 5-1 所示，两个静止的点电荷带电荷量分别为 q_1 和 q_2，距离为 r，令 $\boldsymbol{F}_{12}$代表 q_1 给 q_2 的力，$\boldsymbol{r}_{12}$代表由 q_1 到 q_2 方向的单位矢量，则

$$\boldsymbol{F}_{12}=\frac{1}{4\pi\varepsilon_0}\frac{q_1q_2}{r^2}\boldsymbol{r}_{12} \tag{5-1}$$

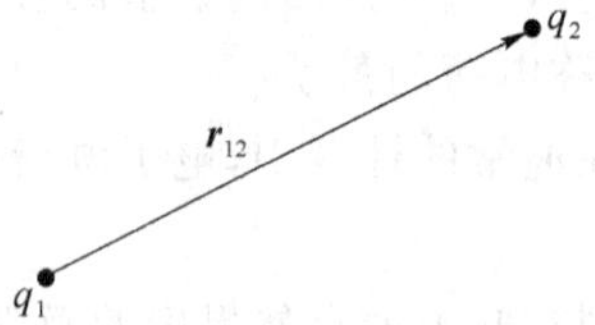

图 5-1　两个静止点电荷间的作用力

其中，$\varepsilon_0=8.85\times10^{-12}\ \mathrm{C^2/(N\cdot m^2)}$，称为**真空介电常数**。

从上式中可以看出，若 q_1、q_2 同号（$q_1q_2>0$），$\boldsymbol{F}_{12}$与 $\boldsymbol{r}_{12}$同向，为排斥力；若 q_1、q_2 异号（$q_1q_2<0$），$\boldsymbol{F}_{12}$与 $\boldsymbol{r}_{12}$反向，为吸引力。当下标 1、2 对调时，$\boldsymbol{r}_{12}=-\boldsymbol{r}_{21}$。式(5-1)还表明 $\boldsymbol{F}_{12}=-\boldsymbol{F}_{21}$，即静止电荷之间的库仑力满足牛顿第三定律，$\boldsymbol{F}_{12}$或 $\boldsymbol{F}_{21}$的大小 F 为

$$F=\frac{1}{4\pi\varepsilon_0}\frac{q_1q_2}{r^2}$$

虽然库仑定律是通过宏观带电体的实验研究总结出来的规律，但物理学进一步的研究表明，原子、分子结构，固体、液体结构，以及化学作用等问题的微观本质都和库仑力有关。而在这些问题中，万有引力的作用却十分微小（见例 5-1）。

例 5-1　氢原子中电子和质子的距离为 5.3×10^{-11} m。求该原子中电子和质子之间的库仑力和万有引力各为多大？

解　由于电子和质子电荷量的绝对值都是 e，电子的质量为 $m_e=9.1\times10^{-31}$ kg，质子的质量为 $m_p=1.7\times10^{-27}$ kg，所以由库仑定律可得静电力大小为

$$F_e=\frac{1}{4\pi\varepsilon_0}\frac{q_1q_2}{r^2}=\frac{e^2}{4\pi\varepsilon_0 r^2}=8.1\times10^{-8}\ \text{N}$$

由万有引力定律得万有引力大小为

$$F_g=G\frac{m_e m_p}{r^2}=3.7\times10^{-47}\ \text{N}$$

由此可以看出，氢原子中电子和质子相互作用的静电力远远大于万有引力，所以在微观粒子的相互作用中经常不考虑它们间的万有引力。

上面只讨论了两个静止点电荷间的作用力，若考虑两个或两个以上的点电荷对同一个点电荷作用时，必须补充另一实验事实：作用于每一个点电荷上的总静电力等于其他点电荷单独存在时对该点电荷作用的矢量和，这个结论称为库仑力的**叠加原理**。

图 5-2 所示为两个点电荷 q_1 和 q_2 对第三个点电荷 q_0 作用力的叠加情况。电荷 q_1 和 q_2 单独作用在 q_0 上的作用力分别为 $\boldsymbol{F}_{01}$ 和 $\boldsymbol{F}_{02}$，它们共同作用在 q_0 上的力 $\boldsymbol{F}$ 就是这两个力的合力，即

$$\boldsymbol{F}=\boldsymbol{F}_{01}+\boldsymbol{F}_{02} \tag{5-2}$$

对于由 n 个点电荷 $q_1,q_2,\cdots,q_n$ 组成的点电荷系，对一个点电荷 q_0 的作用力为

$$\begin{aligned}\boldsymbol{F}&=\boldsymbol{F}_{01}+\boldsymbol{F}_{02}+\cdots+\boldsymbol{F}_{0n}\\&=\frac{1}{4\pi\varepsilon_0}\frac{q_1q_0}{r_1^2}\boldsymbol{r}_{01}+\frac{1}{4\pi\varepsilon_0}\frac{q_2q_0}{r_2^2}\boldsymbol{r}_{02}+\cdots+\frac{1}{4\pi\varepsilon_0}\frac{q_nq_0}{r_n^2}\boldsymbol{r}_{0n}\\&=\sum_{i=1}^{n}\frac{q_iq_0}{4\pi\varepsilon_0 r_i^2}\boldsymbol{r}_{0i}\end{aligned} \tag{5-3}$$

式中，r_i 为 q_i 和 q_0 间的距离；$\boldsymbol{r}_{0i}$ 为从点电荷 q_i 指向 q_0 的单位矢量。

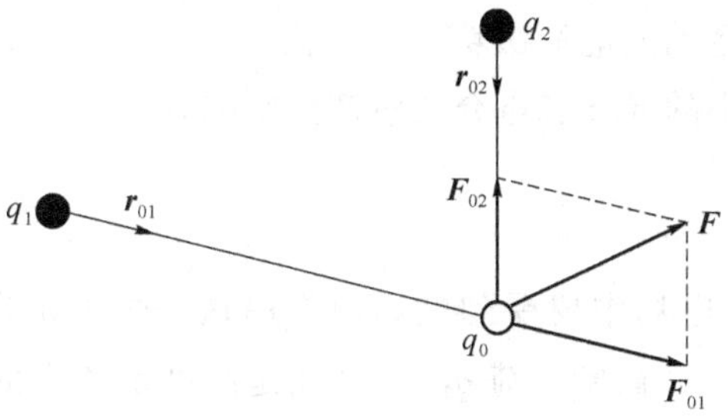

图 5-2　库仑力的叠加

5.2　电场强度和场强叠加原理

5.2.1　电场

库仑定律揭示了电荷之间相互作用的规律，提供了定量计算静电力的基本方法。但是，并没有告诉我们电荷之间的相互作用是怎样传递的。力学中我们熟知的摩擦力、弹力

都是接触力，但两个电荷间有力的作用，而又没有直接接触，那么电荷之间存在的静电力是如何传递的呢？

既然电荷 q_1 处在 q_2 周围任一点都要受静电力的作用，说明 q_2 周围整个空间存在着一种特殊的物质，它虽然不像实物那样由电子、质子和中子构成，但确实是一种客观实在；同样，电荷 q_1 在周围空间也存在这种特殊的物质，所以它们的作用才是相互的。我们把电荷周围存在的这种特殊的物质叫作电荷所激发的电场。因此，可以把电荷之间的相互作用过程归结为：电荷在周围空间激发电场，电场对位于其中的电荷施以作用力。若将两个电荷间的相互作用概括为一个图式，即为

电荷q_1 ⇄ 电场 ⇄ 电荷q_2

可见，两个电荷之间的静电力实际上是每个电荷的电场作用在另一个电荷上的电场力。

近代物理的理论和实验都证明，场的观点是正确的，变化的电磁场是以有限速度（光速）传播的，并且可以脱离场源而独立存在。电磁场与实物一样也具有能量、质量和动量。场是物质存在的一种形式。它既具有实物的一些基本属性，但与分子、原子等实物相比，也有其特殊之处，分子和原子等实物不具有空间叠加性，而场则具有空间叠加性，所以我们称场为特殊的物质。

相对于观察者静止的电荷所激发的电场叫作静电场。从静电场的对外表现来看，它主要有以下几个方面的特性。

（1）电场对处在其中的电荷具有作用力。

（2）电场对在其中运动的电荷做功。

（3）电场对置于其中的导体和电介质将产生影响。

5.2.2 电场强度

首先，我们从电荷在电场中要受到电场力作用这一角度出发，来定量描述电场的性质。我们在电场中引入一个试验电荷 q_0，q_0 必须是线度足够小的点电荷，以便 q_0 引入电场中时能用它确定电场中每一点的性质，并且 q_0 所带电荷量要尽可能地少，以免它对原电场的分布产生明显的影响。为了方便起见，我们不妨假设试验电荷是正电荷。

设静止的场源电荷 q 在其周围空间激发电场，现将试验电荷 q_0 引入此电场中不同点（简称场点），如图 5-3 所示。实验表明，在不同的场点上，q_0 所受电场力 $\boldsymbol{F}$ 的大小和方向各不相同，这表明电场中不同场点的电场性质不同；在同一场点上，若改变 q_0 电荷量的大小，q_0 受到的电场力 $\boldsymbol{F}$ 的大小将随之而变化，但比值 $\boldsymbol{F}/q_0$ 却与试验电荷的电荷量无关，仅与场源电荷的分布和场点的位置有关。所以，可以用比值 $\boldsymbol{F}/q_0$ 来描述电场的性质，该比值称为**电场强度**，用 $\boldsymbol{E}$ 表示，即

$$\boldsymbol{E}=\frac{\boldsymbol{F}}{q_0} \tag{5-4}$$

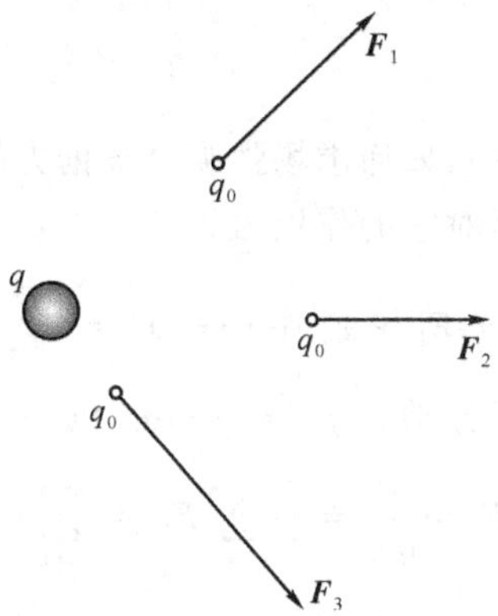

图 5-3　试验电荷 q_0 在电场中不同点的受力情况

上式表明，**静电场中某一点的电场强度 $\boldsymbol{E}$ 的大小等于单位正电荷在该点所受电场力的大小，其方向为正电荷在该点受力的方向。** 在电场中不同点的电场强度一般不同，所以电场强度应是空间坐标的函数，即 $\boldsymbol{E}$ 应为 $\boldsymbol{E}(x,y,z)$，所有这些电场强度 $\boldsymbol{E}(x,y,z)$ 的总体构成一矢量场。

在国际单位制中，电场强度 $\boldsymbol{E}$ 的单位是牛[顿]每库[仑](N/C)或伏[特]每米(V/m)。这两种表示方法是一致的，在电工学中采用后一种方法表示。

当已知空间某点的电场强度 $\boldsymbol{E}$ 时，由式(5-4)可推得，电荷量为 q 的点电荷在该点受到的电场力为

$$\boldsymbol{F}=q\boldsymbol{E} \tag{5-5}$$

式中，q 为正时，所受电场力 $\boldsymbol{F}$ 的方向与电场强度 $\boldsymbol{E}$ 的方向相同；q 为负时，所受电场力 $\boldsymbol{F}$ 的方向与电场强度 $\boldsymbol{E}$ 的方向相反。

5.2.3　点电荷电场的电场强度

设真空中的静电场是由电荷量为 q 的点电荷产生的，现将电荷量为 q_0 的试探电荷置于电场中的 P 点，由库仑定律知，试探电荷 q_0 受到的电场力

$$\boldsymbol{F}=\frac{1}{4\pi\varepsilon_0}\frac{q_0 q}{r^2}\boldsymbol{e}_r$$

式中，$\boldsymbol{e}_r$ 是由点电荷 q 指向 P 点的单位矢量。

由式(5-4)可得 P 点处的电场强度

$$\boldsymbol{E}=\frac{\boldsymbol{F}}{q_0}=\frac{1}{4\pi\varepsilon_0}\frac{q}{r^2}\boldsymbol{e}_r \tag{5-6}$$

从式(5-6)可以看出，点电荷产生的场强的大小与产生电场的点电荷的电荷量成正比，与

点电荷至场点距离的平方成反比；场强的方向不仅与场点的位置有关，而且还与 q 的正、负有关：$q>0$，$\boldsymbol{E}$ 与 $\boldsymbol{e}_r$ 同向；$q<0$，$\boldsymbol{E}$ 与 $\boldsymbol{e}_r$ 反向。

5.2.4　场强叠加原理

在多个点电荷激发的电场中，如何求场强呢？根据力的叠加原理，在 n 个点电荷的电场中，试验电荷受到各个点电荷对它的作用力为

$$\boldsymbol{F}=\boldsymbol{F}_1+\boldsymbol{F}_2+\cdots+\boldsymbol{F}_n=\sum_{i=1}^{n}\boldsymbol{F}_i$$

根据场强的定义，若 n 个点电荷分别为 $q_1,q_2,\cdots,q_n$，则

$$\boldsymbol{E}=\frac{\boldsymbol{F}}{q_0}=\frac{1}{q_0}\sum_{i=1}^{n}\boldsymbol{F}_i=\sum_{i=1}^{n}\boldsymbol{E}_i$$

式中，$\frac{\boldsymbol{F}_i}{q_0}=\boldsymbol{E}_i$ 是第 i 个点电荷单独存在时，在该点产生的场强。上式可写为

$$\boldsymbol{E}=\sum_{i=1}^{n}\boldsymbol{E}_i \tag{5-7}$$

由此可见，在多个点电荷所产生的电场中，某点的总场强等于各个点电荷单独存在时在该点产生的场强的矢量和，此称为**场强叠加原理。**

在某些问题中，可以把电荷看成是连续分布在带电体上。对于连续带电体，怎样应用场强叠加原理求其场强分布呢？如图 5-4 所示，将带电体分割成无穷多微小的带电元，任意体积元 $\mathrm{d}V$ 所带的电量为 $\mathrm{d}q$，$\mathrm{d}q$ 称为电荷元。将每个电荷元 $\mathrm{d}q$ 看作一个点电荷，则由式(5-6)可得电荷元 $\mathrm{d}q$ 在场点 P 所产生电场的场强为

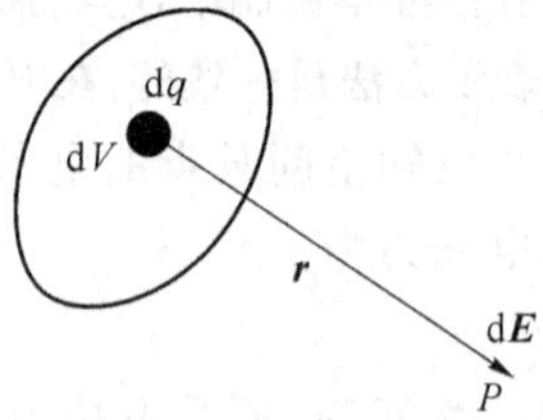

图 5-4　电荷元的场强

$$\mathrm{d}\boldsymbol{E}=\frac{\mathrm{d}q}{4\pi\varepsilon_0 r^2}\boldsymbol{e}_r$$

式中，r 是从电荷元 $\mathrm{d}q$ 到场点 P 的距离，$\boldsymbol{e}_r$ 是 $\boldsymbol{r}$ 方向的单位矢量。根据场强叠加原理式(5-7)可得 P 点的总场强

$$\boldsymbol{E}=\int\frac{\mathrm{d}q}{4\pi\varepsilon_0 r^2}\boldsymbol{e}_r \tag{5-8}$$

对于电荷连续分布的带电体 $\mathrm{d}q=\rho\mathrm{d}V$，$\rho$ 为电荷体密度，$\mathrm{d}V$ 为电荷元 $\mathrm{d}q$ 的体积元。对于电荷连续分布的带电面 $\mathrm{d}q=\sigma\mathrm{d}S$，$\sigma$ 为电荷面密度，$\mathrm{d}S$ 为电荷元 $\mathrm{d}q$ 的面积元。对于电荷连续分布的带电线 $\mathrm{d}q=\lambda\mathrm{d}l$，$\lambda$ 为电荷线密度，$\mathrm{d}l$ 为电荷元 $\mathrm{d}q$ 的线元。

例 5-2　由两个相距很近且带有等量异号电荷 $+q$ 及 $-q$ 组成的点电荷系称为电偶极子，它是物理学中的一个重要模型，如图 5-5 所示。求其中垂线上任意一点 P 的场强。

解　设 $+q$ 及 $-q$ 到电偶极子中垂线上 P 点的位矢分别为 $\boldsymbol{r}_+$ 和 $\boldsymbol{r}_-$，在 P 点产生的场强分别为 $\boldsymbol{E}_+$ 和 $\boldsymbol{E}_-$，P 点到电偶极子中心的距离为 r，$+q$ 对 $-q$ 的位矢为 $\boldsymbol{l}$。由于 $+q$ 与 $-q$

相距很近，l 很小，故有 $|\boldsymbol{r}|\gg l$，$r=r_+=r_-$。据式(5-6)得

$$\boldsymbol{E}_+=\frac{1}{4\pi\varepsilon_0}\frac{q}{r_+^3}\boldsymbol{r}_+$$

$$\boldsymbol{E}_-=-\frac{1}{4\pi\varepsilon_0}\frac{q}{r_-^3}\boldsymbol{r}_-$$

根据场强叠加原理，P 点的场强

$$\boldsymbol{E}=\boldsymbol{E}_++\boldsymbol{E}_-=\frac{q}{4\pi\varepsilon_0 r^3}(\boldsymbol{r}_+-\boldsymbol{r}_-)$$

由图 5-2 知，$\boldsymbol{r}_+-\boldsymbol{r}_-=-\boldsymbol{l}$，于是有

$$\boldsymbol{E}=\frac{-q\boldsymbol{l}}{4\pi\varepsilon_0 r^3}=-\frac{\boldsymbol{p}}{4\pi\varepsilon_0 r^3}$$

式中，正电荷与其相对于负电荷位矢 $\boldsymbol{l}$ 的乘积 $\boldsymbol{p}=q\boldsymbol{l}$ 称为电偶极矩，简称**电矩**，它是表征电偶极子特性的一个重要物理量。

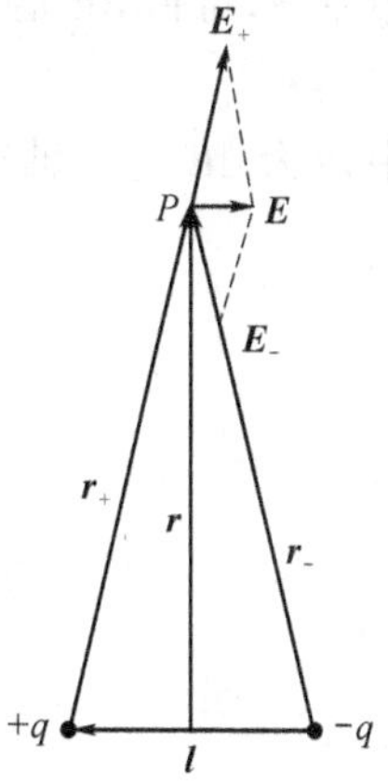

图 5-5　例 5-2 图

例 5-3　均匀带电直线的电场：设有一长 L 的均匀带电的细棒，总电量为 Q，某点 P 离开细棒的垂直距离为 a，P 点与细棒两端的连线与细棒的夹角为 θ_1、θ_2 如图 5-6 所示，求 P 点的场强。

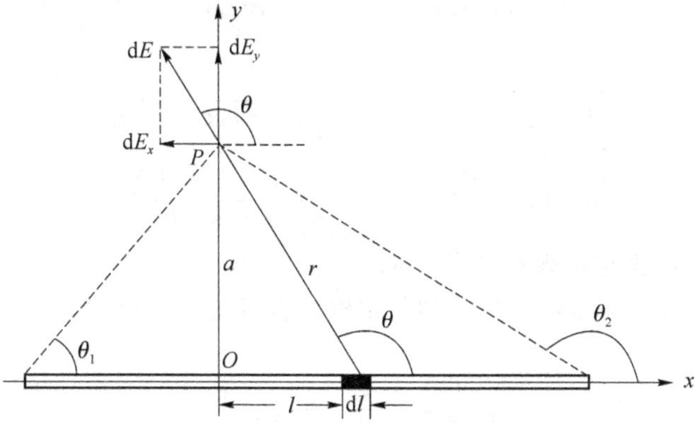

图 5-6　例 5-3 图

解　本问题产生电场的电荷是连续分布的，所以为求场点 P 处的场强，首先要把整个电荷分布划分为许多电荷元 $\mathrm{d}q$，求出每一电荷元 $\mathrm{d}q$ 在给定点 P 产生的场强 $\mathrm{d}\boldsymbol{E}$，然后根据场强叠加原理，求 P 点的总场强。

取 P 点到直线的垂足 O 为原点，坐标轴如图 5-6 所示，在棒上离原点 O 为 l 处取长度 $\mathrm{d}l$ 的长度元，$\mathrm{d}l$ 上所带电量为 $\mathrm{d}q=\lambda\mathrm{d}l$，其中 $\lambda=\dfrac{Q}{L}$ 为电荷线密度。设 $\mathrm{d}q$ 到 P 点的距离为 r，则 $\mathrm{d}q$ 在 P 点的场强 $\mathrm{d}\boldsymbol{E}$ 的大小为

$$\mathrm{d}E=\frac{1}{4\pi\varepsilon_0}\frac{\lambda\mathrm{d}l}{r^2}$$

d$\boldsymbol{E}$ 的方向如图 5-6 所示。由于 d$\boldsymbol{E}$ 是矢量，具体计算时可先求其分量，在如图 5-6 所示的坐标系下，可得 d$\boldsymbol{E}$ 沿 x、y 轴的投影为

$$\mathrm{d}E_x=\mathrm{d}E\cos\theta,\quad \mathrm{d}E_y=\mathrm{d}E\sin\theta$$

式中，θ 为 d$\boldsymbol{E}$ 与 x 轴正方向的夹角，由图上的几何关系可知

$$l=a\cot(\pi-\theta)=-a\cot\theta$$

$$\mathrm{d}l=a\csc^2\theta\mathrm{d}\theta$$

$$r^2=a^2+l^2=a^2\csc^2\theta$$

所以

$$\mathrm{d}E_x=\frac{\lambda}{4\pi\varepsilon_0 a}\cos\theta\mathrm{d}\theta$$

$$\mathrm{d}E_y=\frac{\lambda}{4\pi\varepsilon_0 a}\sin\theta\mathrm{d}\theta$$

将以上分别积分得

$$E_x=\int\mathrm{d}E_x=\int_{\theta_1}^{\theta_2}\frac{\lambda}{4\pi\varepsilon_0 a}\cos\theta\mathrm{d}\theta=\frac{\lambda}{4\pi\varepsilon_0 a}(\sin\theta_2-\sin\theta_1)$$

$$E_y=\int\mathrm{d}E_y=\int_{\theta_1}^{\theta_2}\frac{\lambda}{4\pi\varepsilon_0 a}\sin\theta\mathrm{d}\theta=\frac{\lambda}{4\pi\varepsilon_0 a}(\cos\theta_1-\cos\theta_2)$$

因此

$$\begin{cases}E=\sqrt{E_x^2+E_y^2}=\dfrac{\lambda}{4\pi\varepsilon_0 a}\sqrt{2-2\cos(\theta_1+\theta_2)}\\[2ex] \alpha=\tan^{-1}\dfrac{E_y}{E_x}=\tan^{-1}\left(\dfrac{\cos\theta_1-\cos\theta_2}{\sin\theta_2-\sin\theta_1}\right)\end{cases}$$

式中，用 $\boldsymbol{E}$ 与 x 轴的夹角 α 表示 $\boldsymbol{E}$ 的方向。

如果 $a\ll l$，那么就可以认为这一均匀带电体直线是“无限长”的，这时有 $\theta_1=0$，$\theta_2=\pi$，于是

$$E_x=0,\quad E=E_y=\frac{\lambda}{2\pi\varepsilon_0 a}$$

上式说明，“无限长”均匀带电直线的场强大小与场点离开直线的距离成反比，方向垂直于带电直线。

例 5-4 如图 5-7 所示，正电荷 q 均匀地分布在半径为 R 的圆环上。计算通过环心点 O，并垂直圆环平面的轴线上任一点 P 处的电场强度。

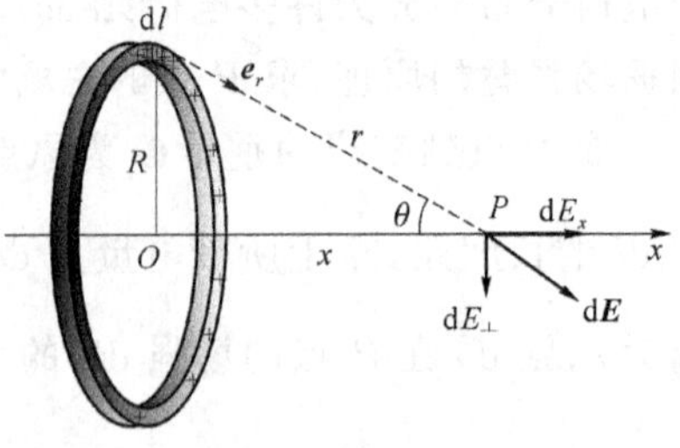

图 5-7　例 5-4 图

解　设坐标原点与环心相重合。点 P 与环心 O 的距离为 x。由题意知圆环上的电荷是均匀分布的，故其电荷线密度 $\lambda=q/2\pi R$。在环上取线段元 dl，其电荷元 d$q=\lambda$dl。此电荷元对点 P 处激起的

电场强度为

$$\mathrm{d}\boldsymbol{E}=\frac{1}{4\pi\varepsilon_0}\frac{\lambda\mathrm{d}l}{r^2}\boldsymbol{e}_r$$

由于电荷分布的对称性，圆环上各电荷元对点 P 处激起的电场强度 $\mathrm{d}\boldsymbol{E}$ 的分布也具有对称性，且它们在垂直于 x 轴方向上的分量 $\mathrm{d}E_{\perp}$ 将互相抵消，即 $\int\mathrm{d}E_{\perp}=0$；而各电荷元在点 P 的电场强度 $\mathrm{d}\boldsymbol{E}$ 沿 x 轴的分量 $\mathrm{d}E_x$ 都具有相同的方向，且 $\mathrm{d}E_x=\mathrm{d}E\cos\theta$。故点 P 的电场强度为

$$E=\int_l\mathrm{d}E_x=\int_l\mathrm{d}E\cos\theta=\frac{\lambda x}{4\pi\varepsilon_0 r^3}\int_0^{2\pi R}\mathrm{d}l \qquad ①$$

式中，$r=(x^2+R^2)^{1/2}$，$\lambda=q/2\pi R$，于是有

$$E=\frac{1}{4\pi\varepsilon_0}\frac{\lambda x}{(x^2+R^2)^{3/2}}2\pi R$$

即

$$E=\frac{1}{4\pi\varepsilon_0}\frac{qx}{(x^2+R^2)^{3/2}} \qquad ②$$

上式表明，均匀带电圆环对轴线上任意点处的电场强度是该点距环心 O 的距离 x 的函数，即 $E=E(x)$。下面对几个特殊点处的情况作一些讨论。

(1) 若 $x\gg R$，则 $(x^2+R^2)^{3/2}\approx x^3$，这时有

$$E\approx\frac{1}{4\pi\varepsilon_0}\frac{q}{x^2} \qquad ③$$

亦即在远离圆环的地方，可把带电圆环看成为点电荷。这与前面对点电荷的论述相一致。

(2) 若 $x\approx 0$，$E\approx 0$，这表明环心处的电场强度为零。

(3) 由 $\mathrm{d}E/\mathrm{d}x=0$ 可求得电场强度极大的位置，故有

$$\frac{\mathrm{d}}{\mathrm{d}x}\left[\frac{1}{4\pi\varepsilon_0}\frac{qx}{(x^2+R^2)^{3/2}}\right]=0$$

得

$$x=\pm\frac{\sqrt{2}}{2}R \qquad ④$$

这表明，圆环轴线上具有最大电场强度的位置位于原点 O 两侧的 $+\frac{\sqrt{2}}{2}R$ 和 $-\frac{\sqrt{2}}{2}R$ 处。图 5-8是带电圆环轴线上 E-x 的分布图。

例 5-5　今有一均匀带电圆面，半径为 R，面电荷密度为 σ，求圆面轴线上任意点的电场强度。

解　如图 5-9 所示，带电圆面可以看作是由许多细圆环组成的。取一半径为 r、宽度为 $\mathrm{d}r$ 的细圆环，此带电圆环在 P 点激发的电场强度为

$$\mathrm{d}E=\frac{\sigma\mathrm{d}S\cdot x}{4\pi\varepsilon_0(r^2+x^2)^{3/2}}$$

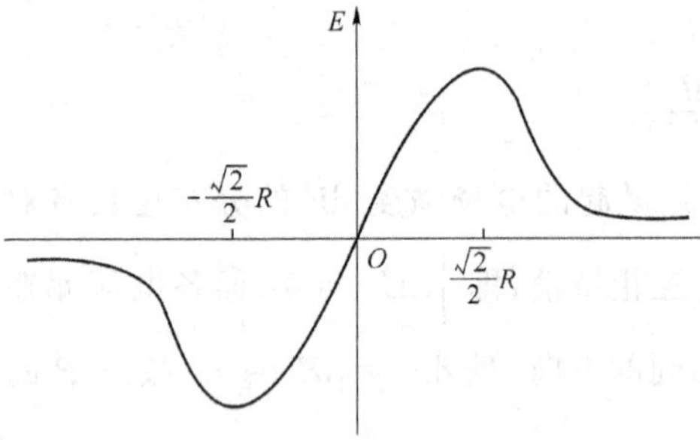

图 5-8　带电圆环轴线上 E-x 的分布

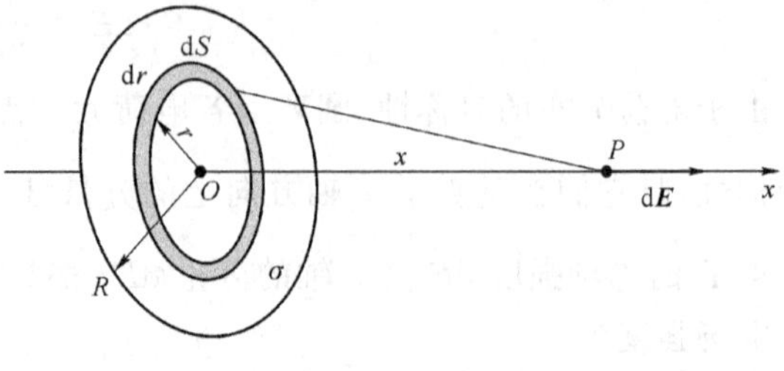

图 5-9　例 5-5 图

式中，$dS=2\pi r dr$，方向沿轴线。由于组成圆面的各圆环的电场方向都相同，所以 P 点的电场强度为

$$E=\int dE=\int_0^R \frac{\sigma\cdot 2\pi r dr\cdot x}{4\pi\varepsilon_0 (r^2+x^2)^{3/2}}=\frac{\sigma}{2\varepsilon_0}\left[1-\frac{x}{(R^2+x^2)^{1/2}}\right]$$

其方向沿轴向。若 σ 为正，则沿轴向指向远方；若 σ 为负，则沿轴向指向圆面。

当 $x\ll R$ 时，$\frac{x}{(R^2+x^2)^{1/2}}\approx 0$，此时

$$E=\frac{\sigma}{2\varepsilon_0}$$

只要 P 点与任意带电平面间的距离远远小于该点到带电平面边缘各点的距离，即对均匀带电平面中部附近各点来说，该平面都可看作是无限大，其电场强度都可由上式近似表示。

5.3　电通量和静电场中的高斯定理

5.3.1　电场线

图 5-10 是几种带电系统的电场线。在电场线上每一点处电场强度 $\boldsymbol{E}$ 的方向沿着该点的切线，并以电场线箭头的指向表示电场强度的方向。例如，在图 5-10(a)、(b)所示的点电荷附近，电场线呈径向分布，电场线是从正电荷出发汇集于负电荷；图 5-10(d)是电偶极子的电场线，图中 M、N 两点处 $\boldsymbol{E}$ 的方向都与该点电场线的切线方向相同。

静电场的电场线有如下特点：(1)电场线总是始于正电荷，终止于负电荷，不形成闭合曲线；(2)任何两条电场线都不能相交，这是因为电场中每一点处的电场强度只能有一个确定的方向。

电场线不仅能表示电场强度的方向，而且电场线在空间的疏密分布还能表示电场强度的大小。在某区域内，电场线的密度较大，该处 $\boldsymbol{E}$ 也较强；电场线的密度较小，则该处 $\boldsymbol{E}$

也较弱。

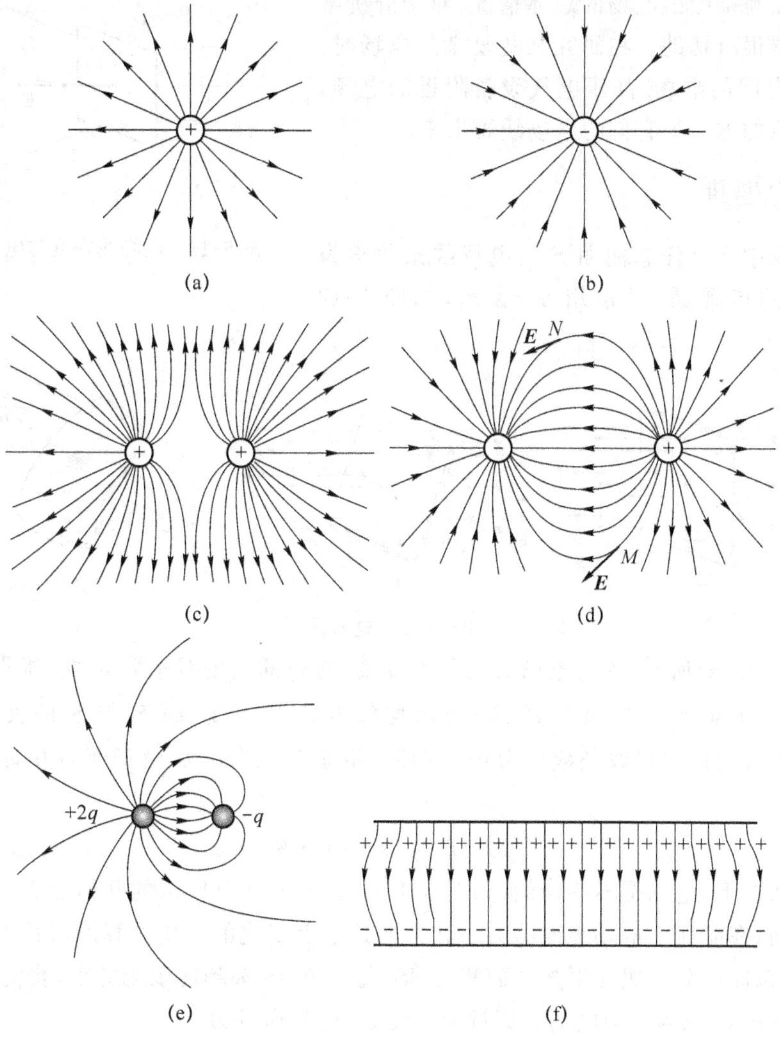

图 5-10　几种典型电场的电场线分布

为了给出电场线密度和电场强度间的数量关系，我们对电场线的密度作如下规定：在电场中任一点，想像地作一个面积元 dS，并使它与该点的 $\boldsymbol{E}$ 垂直（如图 5-11 所示），dS 面上各点的 $\boldsymbol{E}$ 可认为是相同的，则通过面积元 dS 的电场线数 dN 与该点 $\boldsymbol{E}$ 的大小有如下关系：

$$\frac{\mathrm{d}N}{\mathrm{d}S}=E \tag{5-9}$$

这就是说，通过电场中某点垂直于 $\boldsymbol{E}$ 的单位面积的电场线数等于该点处电场强度 $\boldsymbol{E}$ 的大小。dN/dS 也叫作电场线密度。

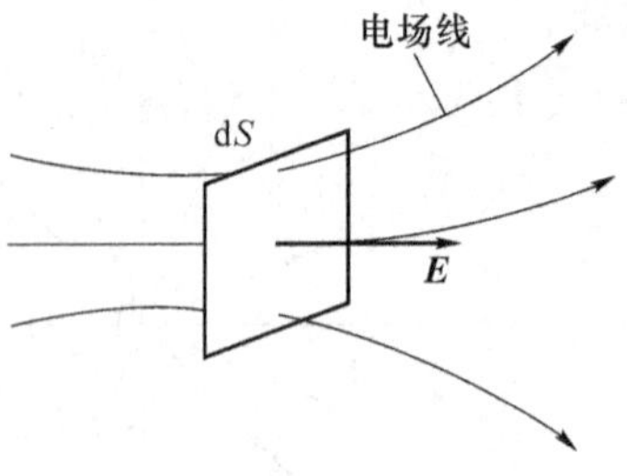

图 5-11 电场线密度与电场强度

虽然电场中并不存在电场线，但引入电场线概念可以形象地描绘出电场的总体情况，对于分析某些实际问题很有帮助。在研究某些复杂的电场时，如电子管内部的电场、高压电气设备附近的电场，常采用模拟的方法把它们的电场线画出来。

5.3.2 电通量

在电场中穿过任意曲面 S 的电场线条数称为通过该面的**电通量**，通常用 Φ_e 表示，如图 5-12 所示。

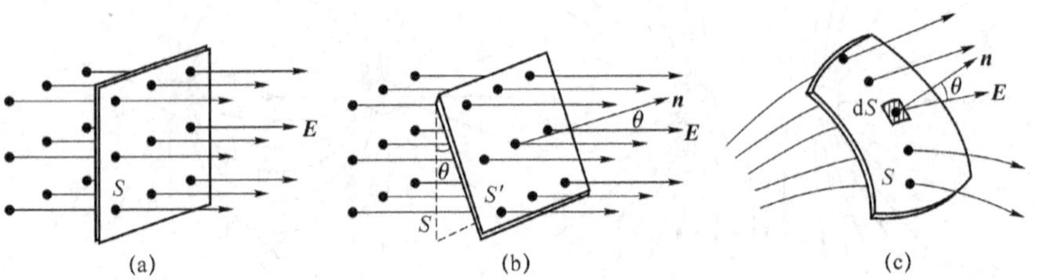

图 5-12 电通量

如图 5-12(a)所示，均匀电场 $\boldsymbol{E}$ 与面 S 垂直，穿过的电场线条数为 Φ_e，根据电场线密度的定义可知 $\Phi_e=ES$；图 5-12(b)所示均匀电场 $\boldsymbol{E}$ 不变，面 S' 与 S 的夹角为 θ，且 $S=S'\cos\theta$，穿过的电场线条数也为 Φ_e，同理可得 $\Phi_e=ES'\cos\theta$，由于面的方向为其法向，所以有

$$\Phi_e=ES'\cos\theta=\boldsymbol{E}\cdot\boldsymbol{S}' \tag{5-10a}$$

一般情况下，电场是不均匀的(如图 5-12(c)所示)，而且所取的几何面 S 可以是一个任意的曲面，在曲面上电场强度的大小和方向是逐点变化的。要计算通过该曲面的电通量，先要把该曲面分割成无限多个面积元 $\mathrm{d}S$，每一个 $\mathrm{d}S$ 都趋向于无穷小，我们可以把 $\mathrm{d}S$ 上的电场强度 $\boldsymbol{E}$ 视为均匀电场。穿过面积元 $\mathrm{d}S$ 的电通量为

$$\mathrm{d}\Phi_e=E_n\mathrm{d}S=E\cos\theta\mathrm{d}S=\boldsymbol{E}\cdot\mathrm{d}\boldsymbol{S} \tag{5-10b}$$

电通量是代数量，当 $0\leqslant\theta\leqslant\frac{\pi}{2}$ 时，$\mathrm{d}\Phi_e$ 为正；当 $\frac{\pi}{2}\leqslant\theta\leqslant\pi$ 时，$\mathrm{d}\Phi_e$ 为负。

为表示面积元矢量 $\mathrm{d}\boldsymbol{S}$ 的方向，定义面积元 $\mathrm{d}\boldsymbol{S}$ 的法线 $\boldsymbol{n}$ 的方向为该面元的方向。根据矢量积的定义，穿过 $\mathrm{d}\boldsymbol{S}$ 的电通量也可以写为 $\mathrm{d}\Phi_e=\boldsymbol{E}\cdot\mathrm{d}\boldsymbol{S}$，则通过整个面 $\boldsymbol{S}$ 的电通量等于通过所有面 $\mathrm{d}\boldsymbol{S}$ 的电通量的和，由于面 $\boldsymbol{S}$ 连续分布，所以有

$$\Phi_e=\int\mathrm{d}\Phi_e=\int_S\boldsymbol{E}\cdot\mathrm{d}\boldsymbol{S} \tag{5-11}$$

对于闭合曲面，则有

$$\Phi_e = \oint_S \boldsymbol{E} \cdot d\boldsymbol{S} \tag{5-12}$$

为方便电通量的积分计算，再对法线的方向作以下规定：①对于闭合曲面，由于它把整个空间分为两个部分，一般规定由内向外为各面积元法线的正方向；②对于没有闭合的曲面，面上各处的法线正方向可以选取指向曲面凸的那一侧。如图 5-13 所示，当电场线从内部穿出时，$0 \leqslant \theta < \frac{\pi}{2}$时，$d\Phi_e$为正；当电场线从外部穿入时，$\frac{\pi}{2} \leqslant \theta \leqslant \pi$ 时，$d\Phi_e$ 为负。通过整个曲面的电通量 Φ_e 就等于穿出与穿入曲面的电场线条数之差，也就是净穿出曲面的电场线的总条数。

例 5-6　三棱柱体放在如图 5-14 所示的匀强电场中，求通过此三棱柱体的电通量。

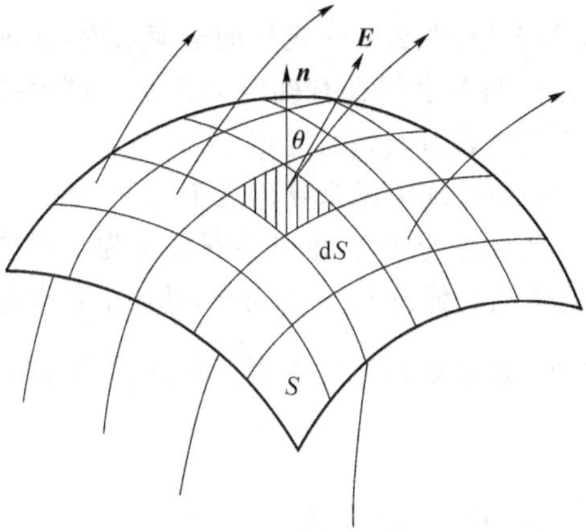

图 5-13　对法线方向的规定

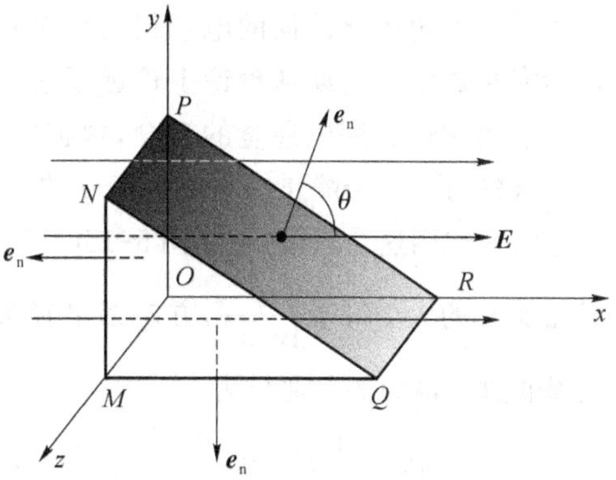

图 5-14　例 5-6 图

解　三棱柱的表面为一闭合曲面，由 5 个平面构成。其中 $MNPOM$ 所围的面积为 S_1，$MNQM$ 和 $OPRO$ 所围的面积为 S_2 和 S_3，$MORQM$ 和 $NPRQN$ 所围的面积为 S_4 和 S_5。那么，在此匀强电场中通过 S_1、S_2、S_3、S_4 和 S_5 的电通量分别为 Φ_{e1}、Φ_{e2}、Φ_{e3}、Φ_{e4} 和 Φ_{e5}，故通过闭合曲面的电通量为

$$\Phi_e = \Phi_{e1} + \Phi_{e2} + \Phi_{e3} + \Phi_{e4} + \Phi_{e5}$$

由式(5-11)可求得通过 S_1 的电通量为

$$\Phi_{e1} = \int_{S_1} \boldsymbol{E} \cdot d\boldsymbol{S}$$

从图中可见，面 S_1 的正法线矢量 $\boldsymbol{e}_n$ 的方向与 $\boldsymbol{E}$ 的方向之间的夹角为 π，故

$$\Phi_{e1} = ES_1 \cos \pi = -ES_1$$

而面 S_2、S_3 和 S_4 的正法线矢量 $\boldsymbol{e}_n$ 均与 $\boldsymbol{E}$ 垂直，故

$$\Phi_{e2} = \Phi_{e3} = \Phi_{e4} = \int_S \boldsymbol{E} \cdot d\boldsymbol{S} = 0$$

对于面 S_5，其正法线矢量 $\boldsymbol{e}_n$ 与 $\boldsymbol{E}$ 的夹角 $0 < \theta < \pi/2$，故

$$\Phi_{e5} = \int_{S_5} \boldsymbol{E} \cdot d\boldsymbol{S} = E\cos\theta S_5$$

而 $S_5\cos\theta = S_1$，所以

$$\Phi_5 = ES_1$$

把它们代入有

$$\Phi_e = \Phi_{e1} + \Phi_{e2} + \Phi_{e3} + \Phi_{e4} + \Phi_{e5} = -ES_1 + ES_1 = 0$$

上述结果表明，在匀强电场中穿入三棱柱体的电场线与穿出三棱柱体的电场线相等，即穿过闭合曲面（三棱柱体表面）的电通量为零。

5.3.3 高斯定理

既然可以用电场线来形象地描述电荷所激发的电场，那么对一定量的电荷来说，通过空间某一给定闭合曲面的电场线也应是一定的，即这两者之间必有确定的关系。德国物理学家和数学家高斯从理论上论证了这个关系，这就是著名的高斯定理。

下面我们利用电通量的概念，根据库仑定律和场强叠加原理来导出这个定理。

首先讨论一个静止的正点电荷 q 的电场。以 q 所在点为中心，取任意长度 r 为半径作一球面 S 包围这个点电荷，如图 5-15(a)所示。由点电荷场强公式(5-6)可知，球面上各点电场强度 $\boldsymbol{E}$ 的大小等于$\dfrac{q}{4\pi\varepsilon_0 r^2}$，方向都沿径矢方向向外，且处处与球面垂直。根据式(5-12)，可得通过该球面的电通量为

$$\Phi_e = \oint_S \boldsymbol{E} \cdot d\boldsymbol{S} = \oint_S \frac{q}{4\pi\varepsilon_0 r^2} dS = \frac{q}{4\pi\varepsilon_0 r^2}\oint_S dS = \frac{q}{4\pi\varepsilon_0 r^2} 4\pi r^2 = \frac{q}{\varepsilon_0}$$

此结果与球面半径 r 无关，只与球面所包围的电荷的电量有关。这意味着，对此点电荷 q 为中心的任意球面来说，通过它们的电通量都是一样的，都等于$\dfrac{q}{\varepsilon_0}$。用电场线的图像来说，这表示通过半径不同的球面的电场线总条数相等，或者说，从点电荷 q 发出的电场线连续地延伸到无限远处。

现在设想另一个任意的闭合面 S'。S' 与球面 S 均包围同一个点电荷 q，如图 5-15(a)所示，由于电场线的连续性，所以通过闭合面 S 和 S' 的电场线数目是相等的。因此通过任意形状的包围点电荷 q 的闭合面的电通量也等于$\dfrac{q}{\varepsilon_0}$。

如果闭合面 S'' 不包围点电荷 q，如图 5-15(b)所示，则由电场线的连续性可得出，从一侧穿入 S'' 的电场线条数一定等于从另一侧穿出 S'' 的电场线条数，即净穿出闭合面 S'' 的电场线的总条数为零，亦即通过 S'' 面的电通量为零，可表示为

$$\Phi_e = \oint_{S''} \boldsymbol{E} \cdot d\boldsymbol{S} = 0$$

以上是关于单个点电荷的电场的结论。现在设想在静电场中作任意闭合面 S，如图 5-16 所示，在面内有 $q_1, q_2, \cdots, q_i, \cdots, q_n$ 共 n 个点电荷，在面外也存在若干电荷 q_{n+1}，

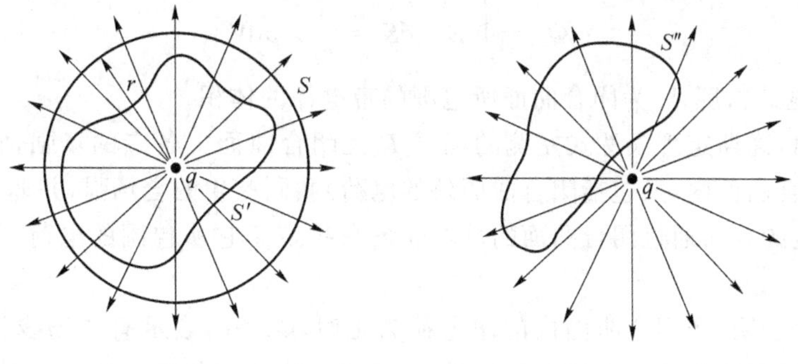

图 5-15　说明高斯定理的图

$q_{n+2},\cdots,q_j,\cdots$。在闭合面上取任意面元矢量 d$\boldsymbol{S}$,面元所在处的电场强度为 $\boldsymbol{E}$,它是由空间存在的所有电荷在该处产生的场强的矢量和,即

$$\boldsymbol{E}=\sum_{i=1}^{n}\boldsymbol{E}_i+\sum_{j=n+1}\boldsymbol{E}_j$$

式中,$\boldsymbol{E}_i$、$\boldsymbol{E}_j$ 分别表示面内 i 电荷、面外 j 电荷产生的场强。这时通过面元 d$\boldsymbol{S}$ 的电通量

$$\mathrm{d}\Phi_{\mathrm{e}}=\boldsymbol{E}\cdot\mathrm{d}\boldsymbol{S}$$

通过闭合面 S 的电通量为

$$\Phi_{\mathrm{e}}=\oint_S\boldsymbol{E}\cdot\mathrm{d}\boldsymbol{S}=\oint_S\Big(\sum_{i=1}^{n}\boldsymbol{E}_i+\sum_{j=n+1}\boldsymbol{E}_j\Big)\cdot\mathrm{d}\boldsymbol{S}$$

$$=\sum_{i=1}^{n}\oint\boldsymbol{E}_i\cdot\mathrm{d}\boldsymbol{S}+\sum_{j=n+1}\oint\boldsymbol{E}_j\cdot\mathrm{d}\boldsymbol{S}$$

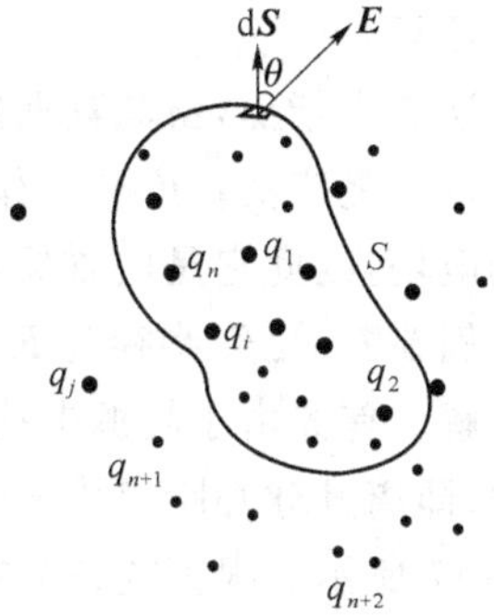

图 5-16　高斯定理导出

由前面的结论可知,上式右边第二项为 0;而第一项应为

$$\sum_{i=1}^{n}\oint\boldsymbol{E}_i\cdot\mathrm{d}\boldsymbol{S}=\sum_{i=1}^{n}\frac{q_i}{\varepsilon_0}$$

从而可得通过闭合面的电通量

$$\Phi_{\mathrm{e}}=\oint_S\boldsymbol{E}\cdot\mathrm{d}\boldsymbol{S}=\frac{1}{\varepsilon_0}\sum_i q_i \tag{5-13}$$

式中,$\sum_i q_i$ 表示在闭合曲面 S 内的电量的代数和。

式(5-13)表明,在真空中的静电场内,通过任意闭合曲面的电通量等于该闭合曲面所包围的电荷电量的代数和(又称净电荷)除以 ε_0。这个结论称为**高斯定理**,式(5-13)是它的数学表达式。在高斯定理中,我们常把所选取的闭合曲面称为高斯面。

如果在闭合曲面内包含的是连续分布的电荷,电量的代数和可以用体积分来表示,于是式(5-13)可写成

$$\Phi_e = \oint_S \boldsymbol{E} \cdot \mathrm{d}\boldsymbol{S} = \frac{1}{\varepsilon_0}\int_V \rho \mathrm{d}V \tag{5-14}$$

式中，ρ 为体电荷密度，V 为闭合曲面所包围的带电体的体积。

必须指出，高斯定理表达式左侧的场强 $\boldsymbol{E}$ 是闭合曲面上各点的场强，它是由全部电荷（既包括闭合曲面内，又包括闭合曲面外的电荷）共同产生的合场强，并非只由闭合曲面内的电荷产生的。而通过闭合曲面的总电通量只决定于它所包围的电荷，与闭合曲面外的电荷无关。

高斯定理表明，当闭合曲面内的净电荷为正时，$\Phi_e>0$，表示有电场线从它发出并穿出闭合曲面，所以正电荷称为静电场的源头；当闭合曲面内的净电荷为负时，$\Phi_e<0$，表示有电场线穿入闭合曲面而终止于它，所以负电荷称为静电场的尾闾。即正电荷是发出电通量的源，负电荷是吸收电通量的闾（负源）。具有这种性质的场称为**有源场**，因此**静电场是有源场。**

还应当指出，虽然高斯定理是在库仑定律的基础上得出的，但高斯定理的应用范围比库仑定律更广泛。库仑定律只适用于静电场，而高斯定理不但适用于静电场，也适用于变化的电场，因此它是电磁场理论的基本定理之一。

例 5-7 已知半径为 R、带电量为 q 的均匀带电球面，求空间场强分布。

解 首先由于场源电荷分布的球对称性，显然可判断场中各点场强分布也是球对称性的，即离开球心距离为 r 处各点的场强大小一定相等，而方向都沿各自的径矢方向，如图 5-17 所示。根据前述分析，以 O 点为球心、过球面外任一点 P，作半径为 r 的闭合球面 S（称高斯面），由于高斯面上各点场强大小处处相等，方向又与各点处面积元 $\mathrm{d}\boldsymbol{S}$ 的法线方向一致，所以穿过高斯面 S 的总电通量为

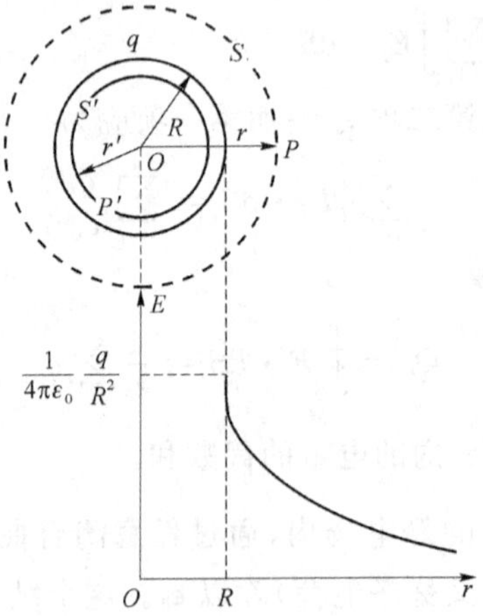

图 5-17　例 5-7 图

$$\Phi_e=\oint_S \boldsymbol{E}\cdot d\boldsymbol{S}=\oint_S E dS=E\oint_S dS=4E\pi r^2$$

此球面 S 包围的电荷为 q，由式(5-13) 给出

$$E\times 4\pi r^2=\frac{q}{\varepsilon_0}$$

由此得

$$E=\frac{1}{4\pi\varepsilon_0}\frac{q}{r^2}\quad (r>R)$$

当 $q>0$ 时，则场强 $\boldsymbol{E}$ 方向沿径矢向外；当 $q<0$ 时，场强 $\boldsymbol{E}$ 方向沿径矢由外指向球心 O。

对于球面内场强分布，前述对称性分析仍然有效。同理，仍可过 P' 点作以 O 为球心，$OP'=r'$ 为半径的高斯球面 S'，通过 S' 的电通量仍为 $E\times 4\pi r'^2$，但由于 S' 内没有电荷，根据高斯定理，应有

$$E\times 4\pi r'^2=0$$

即

$$E=0\quad (r<R)$$

据上述结果可知，均匀带电球面内部的场强处处为零；而球面外部的场强分布与将球面上电荷集中于球心的点电荷电场的场强分布相同；同时场强 E 在球面处不连续，产生突变。

例 5-8　求"无限长"均匀带电直导线(设其线电荷密度为 λ)的场强分布。

解　此带电体的场强分布具有轴对称性，因而可用高斯定理来求解。

如图 5-18 所示，选以带电直线为轴，场点至轴的距离 a 为半径，高为 L 的封闭圆柱面 S 为高斯面。在 S 的上、下底面 S_1、S_2 上的任一点，其场强 $\boldsymbol{E}\perp d\boldsymbol{S}$；在侧面 S_3 上的任一点，其场强 $\boldsymbol{E}/\!/ d\boldsymbol{S}$，且 $\boldsymbol{E}$ 的大小处处相等。所以，通过高斯面 S 的电通量

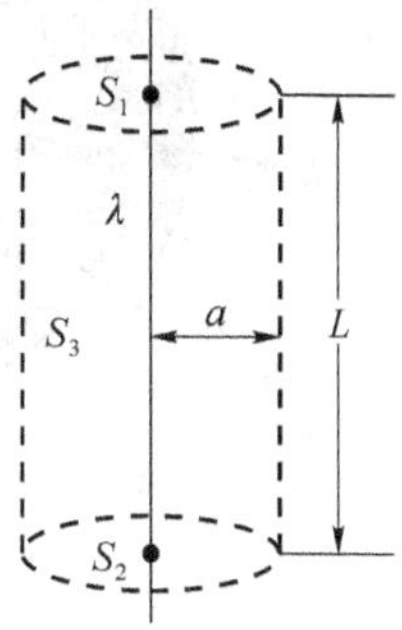

图 5-18　例 5-8 图

$$\begin{aligned}\Phi_e&=\oint_S \boldsymbol{E}\cdot d\boldsymbol{S}\\&=\int_{S_1}\boldsymbol{E}\cdot d\boldsymbol{S}+\int_{S_2}\boldsymbol{E}\cdot d\boldsymbol{S}+\int_{S_3}\boldsymbol{E}\cdot d\boldsymbol{S}\\&=\int_{S_3}\boldsymbol{E}\cdot d\boldsymbol{S}=\int_{S_3}E dS=E\int_{S_3}dS\\&=2\pi aLE\end{aligned}$$

根据高斯定理，有

$$2\pi aLE=\frac{\lambda L}{\varepsilon_0}$$

解之得

$$E=\frac{\lambda}{2\pi\varepsilon_0 a}$$

这与用场强叠加原理积分计算的结果完全一致，但方法却要简便得多。

例 5-9 设有无限大的均匀带电平面，单位面积上所带的电荷，即电荷面密度为 σ。求距离该平面为 r 处某点的电场强度。

解 由于均匀带电平面是无限大的，带电平面两侧附近的电场具有对称性，所以平面两侧的电场强度垂直于该平面(如图 5-19 所示)。取图 5-19 所示的高斯面，此高斯面是个圆柱面，它穿过带电平面，且对带电平面是对称的。其侧面的法线与电场强度垂直，所以通过侧面的电场强度通量为零。而底面的法线与电场强度平行，且底面上电场强度大小相等，所以通过两底面的电场强度通量各为 ES，此处 S 是底面的面积。已知带电平面的电荷面密度为 σ，根据高斯定理可有

$$2ES=\frac{\sigma S}{\varepsilon_0}$$

得

$$E=\frac{\sigma}{2\varepsilon_0}$$

上式表明，无限大均匀带电平面的 $\boldsymbol{E}$ 与场点到平面的距离无关，而且 $\boldsymbol{E}$ 的方向与带电平面垂直。无限大带电平面的电场为均匀电场。两个带等量异号电荷均匀分布的“无限大”平行平面产生的电场分布如图 5-19(c)所示。

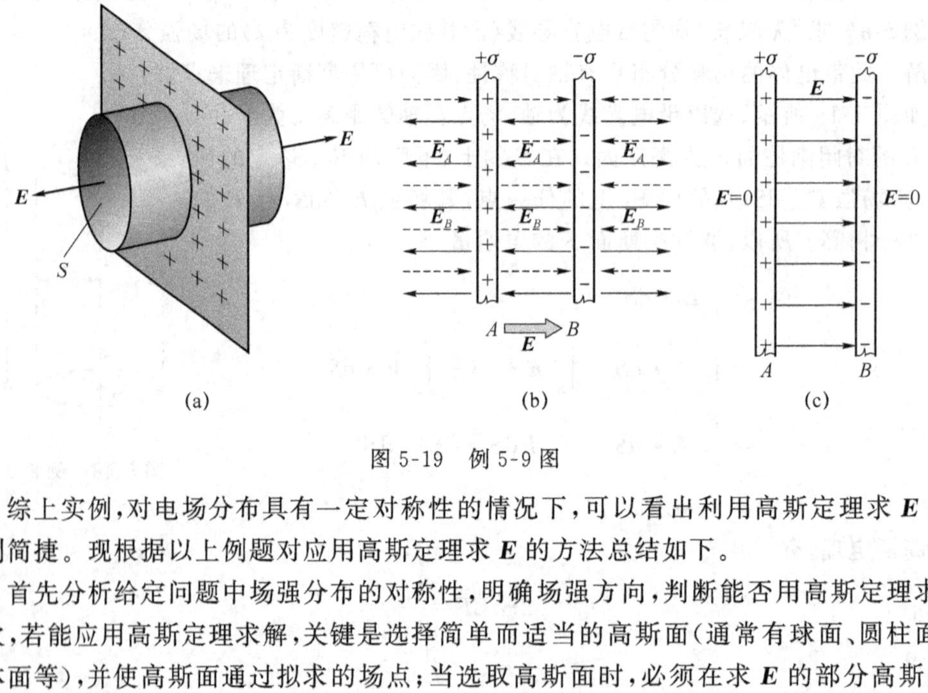

图 5-19　例 5-9 图

综上实例，对电场分布具有一定对称性的情况下，可以看出利用高斯定理求 $\boldsymbol{E}$ 显得特别简捷。现根据以上例题对应用高斯定理求 $\boldsymbol{E}$ 的方法总结如下。

首先分析给定问题中场强分布的对称性，明确场强方向，判断能否用高斯定理求解；其次，若能应用高斯定理求解，关键是选择简单而适当的高斯面(通常有球面、圆柱面、长方体面等)，并使高斯面通过拟求的场点；当选取高斯面时，必须在求 $\boldsymbol{E}$ 的部分高斯面上计算电通量时，可以将 $\boldsymbol{E}$ 从积分号中提出，而不求 $\boldsymbol{E}$ 的部分高斯面上电通量为零；最后，根据高斯定理算出整个闭合面的电通量(可由几部分组成)及闭合面包围的电荷总量，然

后求出场强 $\boldsymbol{E}$。

必须指出，一般情况下，若带电系统不具有高度的对称性时，高斯定理是不能用来计算场强的(典型对称性场源的组合除外)，但高斯定理却是普遍成立的。

5.4 静电场的环路定理和电势

5.4.1 静电场的环路定理

1. 静电场力所做的功

如图 5-20 所示，在点电荷 q 的电场中，有一试验电荷 q_0 在电场力的作用下从 A 点沿任意路径移动到 B 点。设场源电荷 q 位于坐标原点 O 处，试验电荷 q_0 在任意位置 C 时的位矢为 $\boldsymbol{r}$，C 处的电场强度为 $\boldsymbol{E}$。当 q_0 由 C 点移动一微小位移 $\mathrm{d}\boldsymbol{l}$ 时，电场力对 q_0 做的元功为

$$\mathrm{d}A=\boldsymbol{F}\cdot\mathrm{d}\boldsymbol{l}=q_0\boldsymbol{E}\cdot\mathrm{d}\boldsymbol{l}=q_0E\mathrm{d}l\cos\theta$$

式中，θ 为 $\boldsymbol{E}$ 与 $\mathrm{d}\boldsymbol{l}$ 之间的夹角。由图 5-20 可知，$\mathrm{d}l\cos\theta=\mathrm{d}r$，将它代入上式，可得试验电荷 q_0 从 A 点移到 B 点时，电场力对它所做的总功

$$\begin{aligned}A&=\int_A^B\boldsymbol{F}\cdot\mathrm{d}\boldsymbol{l}=\int_{r_A}^{r_B}q_0E\mathrm{d}r\\&=\int_{r_A}^{r_B}q_0\frac{q}{4\pi\varepsilon_0r^2}\mathrm{d}r=\frac{q_0q}{4\pi\varepsilon_0}\left(\frac{1}{r_A}-\frac{1}{r_B}\right)\end{aligned}\tag{5-15}$$

式中，r_A、r_B 分别表示从点电荷 q 指向起点 A 和终点 B 的位矢的大小。上式表明，**在点电荷 q 的电场中，电场力对试验电荷 q_0 所做的功只与试验电荷的始、末位置有关，而与路径无关。**

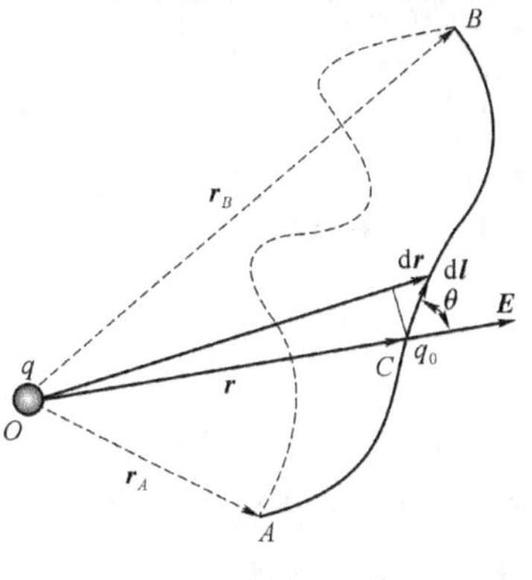

图 5-20　电场力对 q_0 所做的总功等于在每一位移元上所做元功的代数和

如果试验电荷 q_0 是在点电荷系 $q_1,q_2,\cdots,q_n$ 的电场中移动，根据电场的叠加原理，电场力对试验电荷 q_0 所做的功为

$$A = \int_A^B \boldsymbol{F} \cdot \mathrm{d}\boldsymbol{l} = \int_A^B (\boldsymbol{F}_1 + \boldsymbol{F}_2 + \cdots + \boldsymbol{F}_n) \cdot \mathrm{d}\boldsymbol{l}$$
$$= \int_A^B \boldsymbol{F}_1 \cdot \mathrm{d}\boldsymbol{l} + \int_A^B \boldsymbol{F}_2 \cdot \mathrm{d}\boldsymbol{l} + \cdots + \int_A^B \boldsymbol{F}_n \cdot \mathrm{d}\boldsymbol{l} \tag{5-16}$$
$$= A_1 + A_2 + \cdots + A_n = \sum_i \frac{q_0 q_i}{4\pi\varepsilon_0}\left(\frac{1}{r_{iA}} - \frac{1}{r_{iB}}\right)$$

式中，r_{iA}、r_{iB} 分别表示从点电荷 q_i 指向起点 A 和终点 B 的位矢的大小。由于任何带电体都可看作是大量点电荷的集合，任何静电场都可看作是点电荷系的电场，所以我们可得出如下结论：**试验电荷 q_0 在任何静电场中移动时，电场力对试验电荷 q_0 所做的功与试验电荷的始、末位置有关，而与路径无关**。这一结论表明，**静电力是保守力，静电场是保守场**。这与重力是保守力，重力场是保守场完全类似。

2. 静电场的环路定理

静电场是一个保守场，如图 5-21 所示，将试验电荷 q_0 从 a 点沿任意闭合路径 L 移动一周，电场力做功为

$$A = \oint_L q_0 \boldsymbol{E} \cdot \mathrm{d}\boldsymbol{l} = q_0 \oint_L \boldsymbol{E} \cdot \mathrm{d}\boldsymbol{l}$$

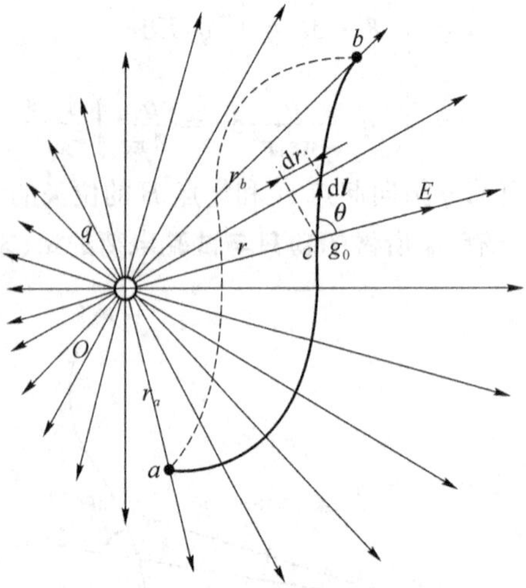

图 5-21　静电场的环路定理

由于静电场力做功与路径无关，只与始末位置有关，试验电荷 q_0 从 a 点沿任意闭合路径 L 移动一周又回到 a 点，所以电场力做功为零，即

$$A = q_0 \oint_L \boldsymbol{E} \cdot \mathrm{d}\boldsymbol{l} = 0$$

由于 $q_0 \neq 0$，所以有

$$\oint_L \boldsymbol{E} \cdot \mathrm{d}\boldsymbol{l} = 0 \tag{5-17}$$

式(5-17)表明,在静电场中,电场强度 E 沿任意闭合路径的线积分为零,这就是**静电场的环路定理**。它与高斯定理一样,也是表述静电场性质的一个重要定理,它表示静电场是一个无旋场,总结成一句话,静电场是一种有源无旋场。同时,式(5-17)也说明了静电场力与重力、万有引力、弹性力一样,也都是保守力,静电场是保守场。

5.4.2　电势能与电势

既然静电场是保守场,静电力是保守力,于是和物体在重力场中的情况一样,可以认为电荷在静电场中任一给定位置具有一定的势能,称为电势能,以符号 W 表示。且当试验电荷 q_0 由静电场中某一位置 a 移到另一位置 b 时,其电势能的减少量等于在此过程中静电场力所做的功 A_{ab},即

$$W_a - W_b = A_{ab} = q_0\int_a^b \boldsymbol{E}\cdot \mathrm{d}\boldsymbol{l} \tag{5-18}$$

式中,W_a、W_b 分别表示试验电荷 q_0 处于电场中 a、b 两点所具有的电势能。

静电势能与重力势能一样,是一个相对的量。因此要确定电荷在电场中某一点电势能的值,必须先选定电势能的零点。电势能零点的选择具有任意性,处理问题怎样方便就怎样选取。在式(5-18)中,若选 q_0 在点 b 处的电势能为零,即 $W_b=0$,则有

$$W_a = q_0\int_a^b \boldsymbol{E}\cdot \mathrm{d}\boldsymbol{l} \tag{5-19}$$

这表明,试验电荷 q_0 在电场中某点处的电势能在数值上就等于把它从该点移到零势能处静电场力所做的功。

通常,若电荷分布于有限区域内时,我们往往规定电荷在离产生电场的电荷 q 为无限远处(即电场力为零处)静电势能为零(与万有引力势能以无限远为零势能区相似),即 $W_\infty=0$。这时,试验电荷 q_0 在电场中任意点 a 的电势能为

$$W_a = q_0\int_a^\infty \boldsymbol{E}\cdot \mathrm{d}\boldsymbol{l} \tag{5-20}$$

由式(5-15)和式(5-18)可得当选取无限远处为零势能区时,q_0 在点电荷电场中任一点 a 处的电势能为

$$W_a = \frac{qq_0}{4\pi\varepsilon_0 r_a} \tag{5-21}$$

应该指出,与重力势能相似,电势能也是属于一定系统的,式(5-21)表示了电势能是试验电荷 q_0 与电场(或场源电荷 q)之间的相互作用能量,即电势能是属于 q_0 和电场(或场源电荷 q)这整个系统的,且与 q_0 的大小成正比。因此电势能 W_a 并不直接描述某一给定点 a 处电场的性质。但比值$\dfrac{W_a}{q_0}$却与 q_0 无关,仅由电场本身性质及点 a 的位置所决定。可见,上述比值反映了电场中点 a 的性质,因此是表征静电场中给定点电场性质的物理量,称为电势,用 U_a 表示 a 点的电势,即

$$U_a=\frac{W_a}{q_0} \tag{5-22}$$

式(5-22)表明，电场中任一点的电势等于单位正电荷在该点所具有的电势能。

由于电势能是一个相对量，所以电场中某一点的电势也是一个相对量，即与电势零点的选择有关。如果我们把电场中点 b 作为电势的零点，即 $U_b=0$，则由式(5-19)和式(5-22)可得电场中任一点 a 的电势为

$$U_a=\int_a^b \boldsymbol{E}\cdot \mathrm{d}\boldsymbol{l} \quad (U_b=0) \tag{5-23}$$

如果我们把无限远处作为电势的零点，即 $U_\infty=0$，则由式(5-20)和式(5-22)可得点 a 的电势为

$$U_a=\int_a^\infty \boldsymbol{E}\cdot \mathrm{d}\boldsymbol{l} \quad (U_\infty=0) \tag{5-24}$$

式(5-23)和式(5-24)表明，电场中任一点的电势在数值上等于将单位正电荷从该点沿任意路径移到电势零点处静电力所做的功。

从原则上讲，零点电势的选择是任意的，但当电荷分布在有限区域内时，我们往往把无限远处选作零电势区，这是为了使问题简化。例如由式(5-21)和式(5-22)可得点电荷的电场中任一点 a 的电势

$$U_a=\frac{W_a}{q_0}=\frac{q}{4\pi\varepsilon_0 r_a} \tag{5-25}$$

当然，在实际工作中，我们又常把大地或电器外壳的电势取为零。

由式(5-18)和式(5-22)可得电场中 a、b 两点的电势差

$$U_a-U_b=\frac{W_a-W_b}{q_0}=\frac{A_{ab}}{q_0}=\int_a^b \boldsymbol{E}\cdot \mathrm{d}\boldsymbol{l}=\int_a^b E\cos\theta \mathrm{d}l \tag{5-26}$$

上式表明，电场中 a、b 两点的电势差等于单位正电荷在 a、b 两点所具有的电势能差，即等于将单位正电荷从点 a 移动到点 b 的过程中，静电力所做的功。因此，当任一电荷 q_0 在电场中从 a 点移到 b 点时，静电力所做的功可用电势差表示为

$$A_{ab}=q_0(U_a-U_b) \tag{5-27}$$

在实际应用中，经常遇到两点间的电势差，因此式(5-27)在计算电场力做功和计算电势能增减变化时是常用的。由于静电力所做的功只与试探电荷 q_0 的起始和终点位置有关，而与路径无关，所以电场中两点间的电势差有完全确定的值，即两点间的电势差与零电势点的选择无关。

在国际单位制中，电势和电势差的单位为焦[耳]每库[仑](J/C)，称为伏[特](V)。

前面我们得到点电荷电场中任一点电势的表示式(5-25)，下面我们由此式及场强叠加原理来得到点电荷系及连续带电体电场的电势计算公式。

如果电场是由几个点电荷 $q_1,q_2,\cdots,q_n$ 所产生的，那么根据场强叠加原理，电场中某一点的合场强 $\boldsymbol{E}$ 为

$$\boldsymbol{E}=\boldsymbol{E}_1+\boldsymbol{E}_2+\cdots+\boldsymbol{E}_n$$

由式(5-24)，并利用上述的叠加原理，可得点电荷系电场中点 a 的电势为

$$\begin{aligned} U_a &= \int_a^{\infty} \boldsymbol{E}\cdot \mathrm{d}\boldsymbol{l} = \int_a^{\infty}(\boldsymbol{E}_1+\boldsymbol{E}_2+\cdots+\boldsymbol{E}_n)\cdot \mathrm{d}\boldsymbol{l} \\ &= \int_a^{\infty} \boldsymbol{E}_1\cdot \mathrm{d}\boldsymbol{l}+\int_a^{\infty} \boldsymbol{E}_2\cdot \mathrm{d}\boldsymbol{l}+\cdots+\int_a^{\infty} \boldsymbol{E}_n\cdot \mathrm{d}\boldsymbol{l} \\ &= U_{a_1}+U_{a_2}+\cdots+U_{a_n} = \sum_{i=1}^{n} U_{a_i} = \sum_{i=1}^{n}\frac{q_i}{4\pi\varepsilon_0 r_i} \end{aligned} \tag{5-28}$$

式中，r_i 为 a 点离开点电荷 q_i 的距离；$U_{a_1}, U_{a_2}, \cdots, U_{a_n}$ 分别表示点电荷 $q_1, q_2, \cdots, q_n$ 单独存在时电场中点 a 的电势。式(5-28)表明，在点电荷系的电场中，点 a 的电势等于各个电荷单独存在时电场在该点电势的代数和。这就是电势叠加原理。

如果产生电场的电荷是连续分布的，则式(5-28)中的求和可以用积分代替，即以 $\mathrm{d}q$ 表示电荷分布中的任一电荷元，r 为 $\mathrm{d}q$ 到电场中点 a 的距离，则该点的电势为

$$U_a = \int \frac{\mathrm{d}q}{4\pi\varepsilon_0 r} \tag{5-29}$$

应该指出的是，由于式(5-28)和式(5-29)都是以点电荷电势公式(5-25)为基础的，所以应用式(5-28)和式(5-29)时，电势零点都已选定在无限远处了。

例 5-10　求点电荷 q 电场中的电势分布。

解　取无限远处为电势零点。根据点电荷场强公式和电势定义式，如图 5-22 所示，当 $\mathrm{d}\boldsymbol{l}$ 取 $\boldsymbol{r}$ 方向时，与点电荷相距 r 的 P 点的电势为

$$\begin{aligned} U_P &= \int_{r_P}^{\infty} \boldsymbol{E}\cdot \mathrm{d}\boldsymbol{l} \\ &= \int_{r_P}^{\infty} \frac{q}{4\pi\varepsilon_0 r^2}\boldsymbol{e}_r\cdot \mathrm{d}\boldsymbol{l} \\ &= \int_{r_P}^{\infty} \frac{q}{4\pi\varepsilon_0 r^2}\mathrm{d}r \end{aligned}$$

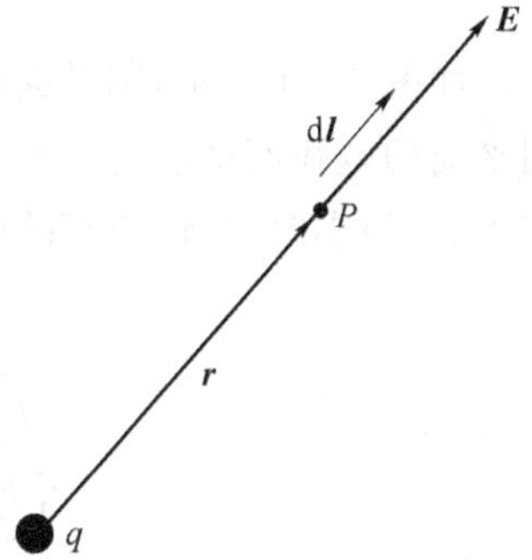

图 5-22　例 5-10 图

对上式积分可得点电荷电场中的电势分布为

$$U(r)=\frac{q}{4\pi\varepsilon_0 r}\quad (r\neq 0)$$

上式说明点电荷场中某点的电势值与点电荷 q 的正负和该点与场源的距离有关。在正电荷场中电势永远为正值，离点电荷越远电势越低；在负电荷电场中电势永远为负值，离点电荷越远电势越高。

例 5-11　如图 5-23 所示，正电荷 q 均匀地分布在半径为 R 的细圆环上。计算在环的轴线上与环心 O 相距为 x 处点 P 的电势。

解　设圆环在如图 5-23(a)所示的 yz 平面上，坐标原点与环心 O 相重合。在圆环上

取一线元 $\mathrm{d}l$，其电荷线密度为 λ，故电荷元 $\mathrm{d}q=\lambda\mathrm{d}l=\frac{q}{2\pi R}\mathrm{d}l$。把它代入式(5-29)，有

$$U_P=\frac{1}{4\pi\varepsilon_0}\int_l\frac{q}{2\pi R}\frac{1}{r}\mathrm{d}l=\frac{1}{4\pi\varepsilon_0}\frac{q}{r}=\frac{1}{4\pi\varepsilon_0}\frac{q}{\sqrt{x^2+R^2}} \quad ①$$

图 5-23(b)给出了 x 轴上的电势 U 随坐标 x 而变化的曲线。

利用上述结果，很容易计算出通过一均匀带电圆平面中心且垂直平面的轴线上任意点的电势。

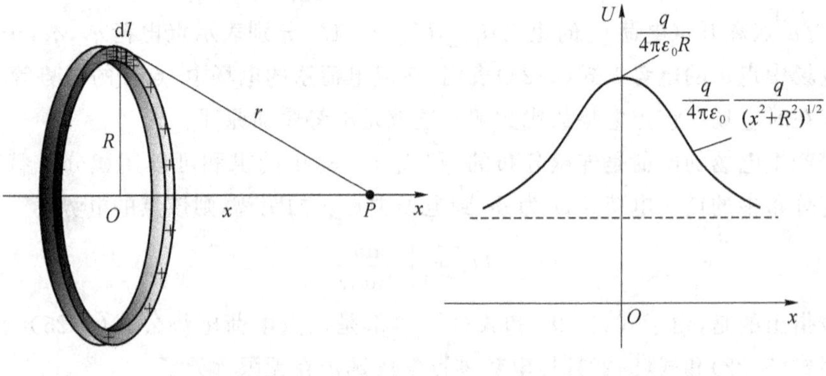

(a) (b)

图 5-23 例 5-11 图

如图 5-24 所示，圆平面的半径为 R，其中心与坐标原点 O 相重合，点 P 距原点为 x，圆平面的电荷面密度为 $\sigma=Q/\pi R^2$。把它分成许多个小圆环，图中画出了一个半径为 r、宽为 $\mathrm{d}r$ 的小圆环，该圆环的电荷为 $\mathrm{d}q=\sigma 2\pi r\mathrm{d}r$。

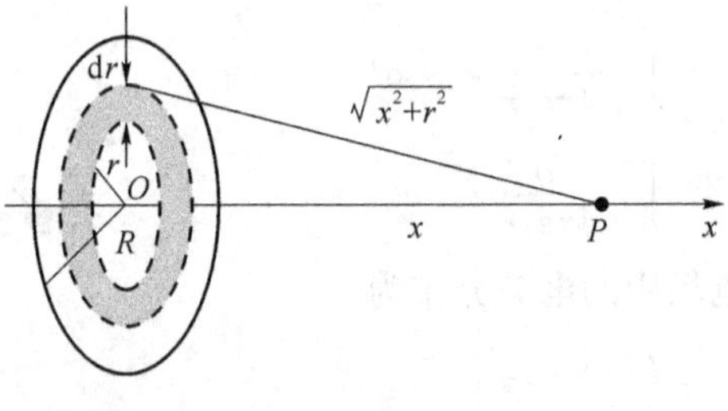

图 5-24 均匀带电圆平面

利用本例式①的结果，可得带电圆平面在点 P 的电势为

$$U=\frac{1}{4\pi\varepsilon_0}\int_0^R\frac{\sigma 2\pi r\mathrm{d}r}{\sqrt{x^2+r^2}}=\frac{\sigma}{2\varepsilon_0}\int_0^R\frac{r\mathrm{d}r}{\sqrt{x^2+r^2}}=\frac{\sigma}{2\varepsilon_0}(\sqrt{x^2+R^2}-x) \quad ②$$

显然，当 $x\gg R$ 时，$\sqrt{x^2+R^2}\approx x+\frac{R^2}{2x}$。由式②，有

$$U\approx\frac{\sigma}{2\varepsilon_0}\frac{R^2}{2x}=\frac{1}{4\pi\varepsilon_0}\frac{\sigma\pi R^2}{x}=\frac{1}{4\pi\varepsilon_0}\frac{Q}{x}\quad(x\gg R)$$

式中，$Q=\sigma\pi R^2$ 为圆平面所带的电荷。由这个结果可以看出，场点 P 距场源很远时，可以把带电圆平面视为点电荷。

例 5-12　在真空中有一电荷为 Q、半径为 R 的均匀带电球面。试求：

(1) 球面外两点间的电势差；

(2) 球面内任意两点间的电势差；

(3) 球面外任意点的电势；

(4) 球面内任意点的电势。

解　(1) 均匀带电球面外一点的场强为

$$E=\frac{1}{4\pi\varepsilon_0}\frac{Q}{r^2}\boldsymbol{e}_r \qquad ①$$

$\boldsymbol{e}_r$ 为沿径矢的单位矢量。若在如图 5-25(a)所示的径向取 A、B 两点，它们与球心的距离分别为 r_A 和 r_B，那么由式(5-26)可得 A、B 两点之间的电势差为

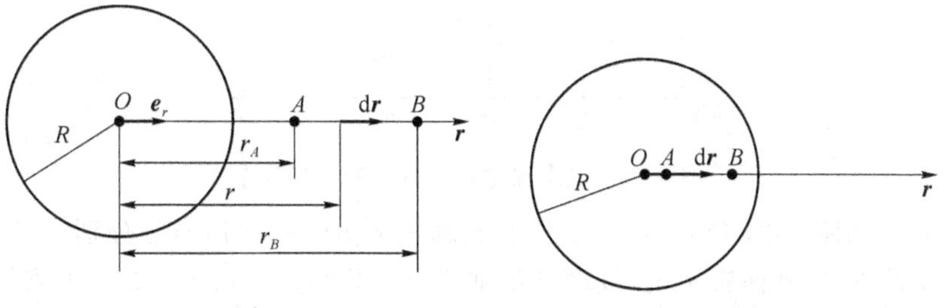

图 5-25　例 5-12 图

$$U_A-U_B=\int_{r_A}^{r_B}\boldsymbol{E}\cdot\mathrm{d}\boldsymbol{r}$$

从图 5-25(a)中可见 $\mathrm{d}\boldsymbol{r}=\mathrm{d}r\boldsymbol{e}_r$，把式①代入上式，积分后得

$$U_A-U_B=\frac{Q}{4\pi\varepsilon_0}\int_{r_A}^{r_B}\frac{\mathrm{d}r}{r^2}\boldsymbol{e}_r\cdot\boldsymbol{e}_r=\frac{Q}{4\pi\varepsilon_0}\int_{r_A}^{r_B}\frac{\mathrm{d}r}{r^2}=\frac{Q}{4\pi\varepsilon_0}\left(\frac{1}{r_A}-\frac{1}{r_B}\right) \qquad ②$$

上式表明，均匀带电球面外两点的电势差与球上电荷全部集中于球心时该两点的电势差是一样的。

(2) 均匀带电球面内部任意点的电场强度为

$$E=0 \qquad ③$$

故由式(5-26)可得如图 5-25(b)所示的球面内 A、B 两点间的电势差为

$$U_A-U_B=\int_{r_A}^{r_B}\boldsymbol{E}\cdot\mathrm{d}\boldsymbol{r}=0 \qquad ④$$

这表明，带电球面内各处的电势均相等，为一等势体。至于这个等电势的值，下面将给出。

(3) 若取 $r_B\approx\infty$ 时，$U_\infty=0$，那么由式②可得，均匀带电球面外一点的电势为

$$U(r)=\frac{Q}{4\pi\varepsilon_0 r}\quad (r\geqslant R) \tag{⑤}$$

上式表明，均匀带电球面外一点的电势与球面上电荷全部集中于球心时的电势是一样的。

(4) 由于带电球面为一等势体，球面内的电势应与球面上的电势相等，故球面的电势为

$$U(R)=\frac{Q}{4\pi\varepsilon_0 R} \tag{⑥}$$

这也就是球面内各处的电势。由式⑤和式⑥可得均匀带电球面内、外的电势分布曲线如图 5-26 所示。

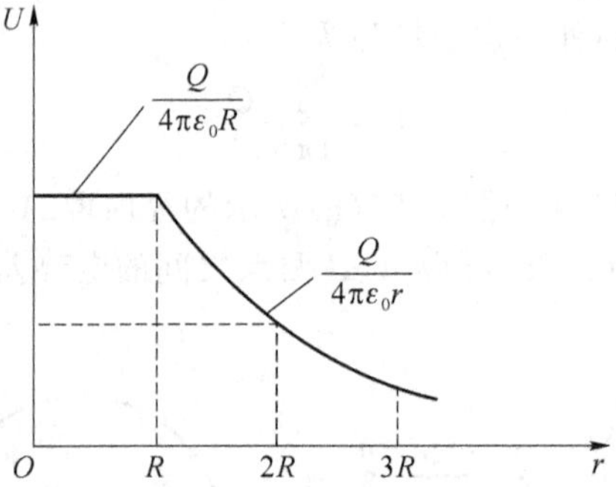

图 5-26　均匀带电球面内外的电势分布

例 5-13　如图 5-27 所示，一对无限长共轴直圆筒（圆柱面）半径分别为 R_1、R_2（$R_2>R_1$），内圆筒带正电，外筒带负电，线密度沿轴线方向分别为 $+\lambda$、$-\lambda$，试求下列情况下的电势分布及两筒的电势差：

(1) 设外柱面 R_2 处为电势零参考点；

(2) 设共轴圆筒的轴线（$r=0$）处为电势零参考点。

解　先由高斯定理求出场强分布。

$$E=\begin{cases}0, & r<R_1\\ \dfrac{\lambda}{2\pi\varepsilon_0 r}, & R_1<r<R_2\\ 0, & r>R_2\end{cases}$$

再由电势定义式(5-23)求电势分布。

(1) 设 $r=R_2$ 处为电势零参考点。

当 $r<R_1$ 时

$$U_1=\int_r^{R_2}\boldsymbol{E}\cdot\mathrm{d}\boldsymbol{l}=\int_r^{R_1}\boldsymbol{E}\cdot\mathrm{d}\boldsymbol{l}+\int_{R_1}^{R_2}\boldsymbol{E}\cdot\mathrm{d}\boldsymbol{l}$$

$$=\int_{R_1}^{R_2}\frac{\lambda}{2\pi\varepsilon_0 r}\mathrm{d}r=\frac{\lambda}{2\pi\varepsilon_0}\ln\frac{R_2}{R_1}$$

当 $R_1<r<R_2$ 时

$$U_2=\int_r^{R_2}\boldsymbol{E}\cdot\mathrm{d}\boldsymbol{l}=\int_r^{R_2}\frac{\lambda}{2\pi\varepsilon_0 r}\mathrm{d}r$$

$$=\frac{\lambda}{2\pi\varepsilon_0}\ln\frac{R_2}{r}$$

当 $r>R_2$ 时

$$U_3=\int_r^{R_2}\boldsymbol{E}\cdot\mathrm{d}\boldsymbol{l}=0$$

所以

$$\Delta U=U_{R_1}-U_{R_2}$$

$$=\frac{\lambda}{2\pi\varepsilon_0}\ln\frac{R_2}{R_1}$$

(2) 设圆筒轴线处($r=0$ 处)为电势零参考点。

当 $r<R_1$ 时

$$U_1=\int_r^{0}\boldsymbol{E}\cdot\mathrm{d}\boldsymbol{l}=0$$

当 $R_1<r<R_2$ 时

$$U_2=\int_r^{0}\boldsymbol{E}\cdot\mathrm{d}\boldsymbol{l}$$

$$=\int_r^{R_1}\boldsymbol{E}\cdot\mathrm{d}\boldsymbol{l}+\int_{R_1}^{0}\boldsymbol{E}\cdot\mathrm{d}\boldsymbol{l}$$

$$=\int_r^{R_1}\frac{\lambda}{2\pi\varepsilon_0 r}\mathrm{d}r$$

$$=\frac{\lambda}{2\pi\varepsilon_0}\ln\frac{R_1}{r}$$

当 $r>R_2$ 时

$$U_3=\int_r^{0}\boldsymbol{E}\cdot\mathrm{d}\boldsymbol{l}=\int_r^{R_2}\boldsymbol{E}\cdot\mathrm{d}\boldsymbol{l}+\int_{R_2}^{R_1}\boldsymbol{E}\cdot\mathrm{d}\boldsymbol{l}+\int_{R_1}^{0}\boldsymbol{E}\cdot\mathrm{d}\boldsymbol{l}$$

$$=\int_{R_2}^{R_1}\frac{\lambda}{2\pi\varepsilon_0 r}\mathrm{d}r=\frac{\lambda}{2\pi\varepsilon_0}\ln\frac{R_1}{R_2}$$

因此

$$\Delta U=U_{R_1}-U_{R_2}=0-\frac{\lambda}{2\pi\varepsilon_0}\ln\frac{R_1}{R_2}=\frac{\lambda}{2\pi\varepsilon_0}\ln\frac{R_2}{R_1}$$

从以上计算可以看出，三个区域内电势的值随电势零参考点的不同而不同，但 $U-r$ 曲线的形状不变，对于不同的电势零参考点，$U-r$ 曲线只是做了平移。这说明电势的值与电势零参考点的选择有关，而任意两点的电势差与电势零参考点无关。

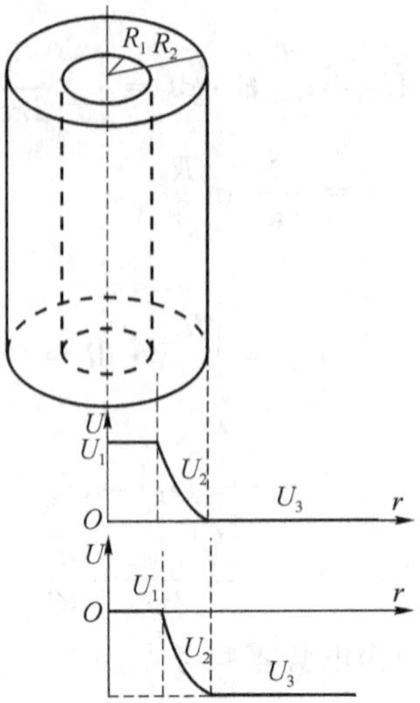

图 5-27　例 5-13 图

5.5　电势与电场强度的微分关系

5.5.1　等势面

前面我们曾用电场线形象地描述电场中电场强度的分布情况，本节我们用等势面来表示电场中电势的分布。

在电场中，电势相等的点所组成的曲面叫等势面。把对应于不同电势值的等势面逐个地画出来，并使相邻两等势面间的电势差为一常量，这样画出来的圆形就能直观地反映出静电场中电势的分布情况。图 5-28 给出了正点电荷和两个等量异号点电荷的等势面和电场线的分布，其中虚线代表等势面，实线表示电场线。

根据等势面的意义可知，它和电场的分布有一定关系，如果严格按照上述对等势面画法的规定，等势面就具有下列基本性质。

(1) 等势面与电场线处处正交。

(2) 等势面密集处场强大，等势面稀疏处场强小。

(3) 电场线总是由电势高的等势面指向电势低的等势面。

等势面的概念在实际问题中也很有用，主要是因为在实际遇到的很多带电问题中，等势面的分布很容易通过实验手段描绘出来，并由此可以分析电场的分布。

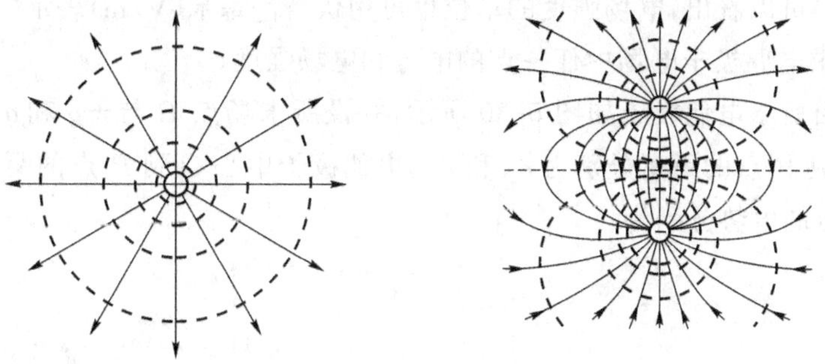

(a)正点电荷的等势面　　(b)两个等量异号点电荷的等势面

图 5-28　等势面

5.5.2 电势与电场强度的微分关系

电场强度和电势都是用来描述静电场性质的物理量，二者之间必然有相关性。电势的定义式(5-23)给出了电场强度与电势的积分关系，根据此式可由电场强度分布求出电势分布。那么可否由电势分布求出电场强度分布呢？这就是我们将要研究的它们之间的微分关系。

如图 5-29 所示，在静电场中取两个十分靠近的等势面，电势分别为 U 和 $U+\mathrm{d}U$，并取 $\mathrm{d}U>0$。设有一试验电荷 q_0 从电场强度为 $\boldsymbol{E}$ 的 A 点沿任意的 $\mathrm{d}\boldsymbol{l}$ 方向移动到 B 点，若位移 $\mathrm{d}\boldsymbol{l}$ 与 $\boldsymbol{E}$ 之间的夹角为 θ，则在这一过程中电场力做的功

$$\mathrm{d}A=q_0[U-(U+\mathrm{d}U)]=-q_0\mathrm{d}U$$

$$\mathrm{d}A=q_0\boldsymbol{E}\cdot\mathrm{d}\boldsymbol{l}=q_0E\cos\theta\mathrm{d}l$$

式中，$E\cos\theta=E_l$，E_l 是电场强度 $\boldsymbol{E}$ 沿位移 $\mathrm{d}\boldsymbol{l}$ 方向的分量，于是有

$$E_l=-\frac{\mathrm{d}U}{\mathrm{d}l} \tag{5-30}$$

式(5-30)表明，**电场中某点的电场强度沿任一方向的分量 E_l 等于这一点沿该方向电势变化率的负值。**

在电场中建立直角坐标系 $Oxyz$，电势 U 是坐标 x、y、z 的函数，根据式(5-30)，电场强度沿三个坐标轴方向上的分量可分别表示为

$$E_x=-\frac{\partial U}{\partial x},E_y=-\frac{\partial U}{\partial y},E_z=-\frac{\partial U}{\partial z} \tag{5-31}$$

因此在直角坐标系中，电场强度 $\boldsymbol{E}$ 可表示为

$$\boldsymbol{E}=-\left(\frac{\partial U}{\partial x}\boldsymbol{i}+\frac{\partial U}{\partial y}\boldsymbol{j}+\frac{\partial U}{\partial z}\boldsymbol{k}\right) \tag{5-32}$$

上式给出了直角坐标系中电场强度与电势的微分关系。如果知道电势的分布函数 $U(x,y,z)$，根据式(5-32)就可计算出电场强度。

由式(5-31)可以看出，电场强度的单位也可用伏[特]每米(V/m)表示。

例 5-14 求电偶极子电场中任一点的电势和电场强度。

解 设题目所给电偶极子如图 5-30 所示，并设所求场点 P 与 $-q$ 和 q 均在 xOy 平面内，$-q$ 和 q 到 P 点的距离分别为 r_- 和 r_+，电偶极子中心 O 到 P 点的距离为 r。电荷 $-q$ 和 q 在 P 点的电势分别为

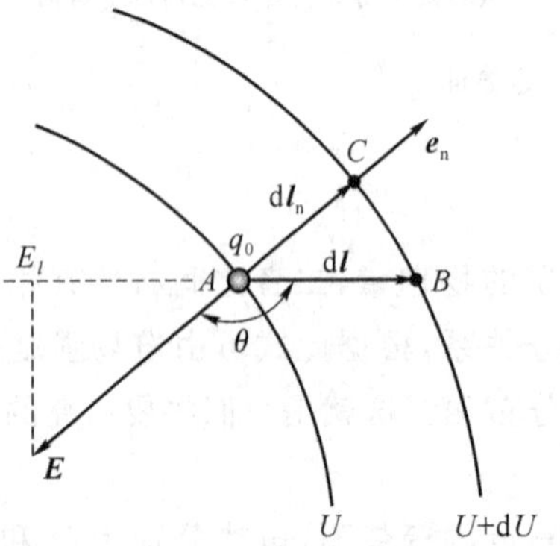

图 5-29 $\boldsymbol{E}$ 与 U 的关系

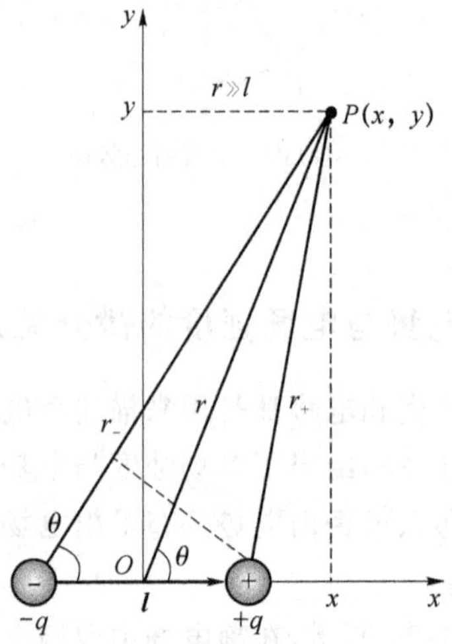

图 5-30 例 5-14 图

$$U_+=\frac{q}{4\pi\varepsilon_0 r_+},\quad U_-=\frac{q}{4\pi\varepsilon_0 r_-}$$

根据电势叠加原理，P 点的电势为

$$U=U_+ +U_- =\frac{q}{4\pi\varepsilon_0}\left(\frac{1}{r_+}-\frac{1}{r_-}\right)=\frac{q}{4\pi\varepsilon_0}\frac{r_- - r_+}{r_+ r_-}$$

对电偶极子有 $l \ll r$，所以 $r_- - r_+ \approx l\cos\theta$，$r_- r_+ \approx r^2$，且有电偶极矩 $\boldsymbol{p}=q\boldsymbol{l}$，于是电偶极子在 P 点的电势可写为

$$U\approx\frac{q}{4\pi\varepsilon_0}\frac{l\cos\theta}{r^2}=\frac{1}{4\pi\varepsilon_0}\frac{p\cos\theta}{r^2} \quad ①$$

将上式用 P 点的坐标(x,y)改写成直角坐标系中的表达式，其中 $r^2=x^2+y^2$，$\cos\theta=x/r$，则上式可写为

$$U=\frac{p}{4\pi\varepsilon_0 r^2}\frac{x}{r}=\frac{p}{4\pi\varepsilon_0}\frac{x}{(x^2+y^2)^{3/2}} \quad ②$$

利用电场强度与电势的关系可得

$$E_x=-\frac{\partial U}{\partial x}=-\frac{p}{4\pi\varepsilon_0}\frac{y^2-2x^2}{(x^2+y^2)^{5/2}}$$

$$E_y=-\frac{\partial U}{\partial y}=-\frac{p}{4\pi\varepsilon_0}\frac{3xy}{(x^2+y^2)^{5/2}}$$

电偶极子电场中任一点 P 的电场强度为

$$E=\sqrt{E_x^2+E_y^2}=\frac{p}{4\pi\varepsilon_0}\frac{(4x^2+y^2)^{1/2}}{(x^2+y^2)^2} \qquad ③$$

当 $y=0$ 时，由式②和式③可得电偶极子延长线上任一点 P 的电势和电场强度分别为

$$U=\frac{p}{4\pi\varepsilon_0 x^2},\quad E=\frac{2p}{4\pi\varepsilon_0 x^3}$$

当 $x=0$ 时，同理可得电偶极子中垂线上任一点 P 的电势和电场强度分别为

$$U=0,\quad E=\frac{p}{4\pi\varepsilon_0 y^3}$$

从以上例子可以看出，先求出电势分布，然后再利用电场强度和电势的微分关系计算相应的电场强度，这样要来得简单方便。因为电势是标量，电场强度是矢量，应用电场强度叠加原理求电场强度往往需要进行矢量积分，所以其运算比较复杂。

阅读材料五

科学家简介：库仑

电学是物理学的一个重要分支，在它的发展过程中，很多物理学巨匠都曾作出过杰出的贡献。法国物理学家查利·奥古斯丁·库仑就是其中影响力非常巨大的一员。查利·奥古斯丁·库仑(1736—1806)，法国工程师、物理学家。1736 年 6 月 14 日生于法国昂古莱姆。1806 年 8 月 23 日在巴黎逝世。

主要成就：应用力学方面，他做了大量的结构力学、梁的断裂、砖石建筑、土力学、扭力等方面的实验，是测量人在不同工作条件下做功的第一个尝试者；提出计算物体上应力和应变分布情况的方法。在物理学方面，他建立了库仑摩擦定律；建立了库仑定律，并著有《电气与磁性》等。

库仑家里很有钱，在青少年时期，他就受到了良好的教育。他后来到巴黎军事工程学院学习，离开学校后，他进入西印度马提尼克皇家工程公司工作。工作了八年以后，他又在埃克斯岛瑟堡等地服役。这时库仑就已开始从事科学研究工作，他把主要精力放在研究工程力学和静力学问题上。他在军队里从事了多年的军事建筑工作，为他 1773 年发表的有关材料强度的论文积累了材料。在这篇论文里，库仑提出了计算物体上应力和应变分布的方法，这种方法成了结构工程的理论基础，一直沿用到现在。1777 年法国科学院悬赏，征求改良航海指南针中磁针的方法。库仑认为磁针支架在轴上，必然会带来摩擦，

要改良磁针，必须从这个根本问题着手。他提出用细头发丝或丝线悬挂磁针。同时他对磁力进行深入细致的研究，特别注意了温度对磁体性质的影响。他又发现线扭转时的扭力和针转过的角度成比例关系，从而可利用这种装置算出静电力或磁力的大小。这使他发明了扭秤，扭秤能以极高的精度测出非常小的力。由于成功地设计了新的指南针结构以及在研究普通机械理论方面作出的贡献，1782 年，他当选为法国科学院院士。为了保持较好的科学实验条件，他仍在军队中服役，但他的名字在科学界已为人所共知。

库仑在 1785—1789 年通过精密的实验对电荷间的作用力作了一系列的研究，连续在皇家科学院备忘录中发表了很多相关的文章。1785 年，库仑用自己发明的扭秤建立了静电学中著名的库仑定律。同年，他在给法国科学院的《电力定律》论文中详细地介绍了他的实验装置、测试经过和实验结果。库仑的扭秤是由一根悬挂在细长线上的轻棒和在轻棒两端附着的两只平衡球构成的。当球上没有力作用时，棒取一定的平衡位置。如果两球中有一个带电，同时把另一个带同种电荷的小球放在它附近，则会有电力作用在这个球上，球可以移动，使棒绕着悬挂点转动，直到悬线的扭力与电的作用力达到平衡时为止。因为悬线很细，很小的力作用在球上就能使棒显著地偏离其原来位置，转动的角度与力的大小成正比。库仑让这个可移动球和固定的球带上不同量的电荷，并改变它们之间的距离：第一次，两球相距 36 个刻度，测得银线的旋转角度为 36°。第二次，两球相距 18 个刻度，测得银线的旋转角度为 144°。第三次，两球相距 8.5 个刻度，测得银线的旋转角度为 575.5°。

上述实验表明，两个电荷之间的距离为 4∶2∶1 时，扭转角为 1∶4∶16。由于扭转角的大小与扭力成正比，所以得到：两电荷间的斥力的大小与距离的平方成反比。库仑认为第三次的偏差是由漏电所致。经过了这么巧妙的安排，仔细实验，反复测量，并对实验结果进行分析，找出误差产生的原因，进行修正，库仑终于测定了带等量同种电荷的小球之间的斥力。但是对于异种电荷之间的引力，用扭秤来测量就遇到了麻烦。因为金属丝的扭转的回复力矩仅与角度的一次方成比例，这就不能保证扭秤的稳定。经过反复的思考，库仑发明了电摆。他利用与单摆相类似的方法测定了异种电荷之间的引力也与它们距离的平方成反比。最后库仑终于找出了在真空中两个点电荷之间的相互作用力与两点电荷所带的电量及它们之间距离的定量关系，这就是静电学中的库仑定律，即两电荷间的力与两电荷的乘积成正比，与两者距离的平方成反比。库仑定律是电学发展史上的第一个定量规律，它使电学的研究从定性进入定量阶段，是电学史上的重要的里程碑。电荷的单位库仑就是以他的姓氏命名的。磁学中的库仑定律也是利用类似的方法得到的。1789 年法国大革命爆发，库仑隐居在自己的领地里，每天全身心地投入到科学研究中。同年，他的一部重要著作问世，在这部书里，他对有两种形式的电的认识发展到磁学理论方面，并归纳出类似于两个点电荷相互作用的两个磁极的相互作用定律。库仑以自己一系列的著作丰富了电学与磁学研究的计量方法，将牛顿的力学原理扩展到电学与磁学中。

库仑的研究为电磁学的发展、电磁场理论的建立开拓了道路。他的扭秤在精密测量仪器及物理学的其他方面也得到了广泛的应用。库仑不仅在力学和电学上都作出了重大的贡献，作为一名工程师，他在工程方面也作出过重要的贡献。他曾设计了一种水下作业法。这种作业法类似于现代的沉箱，它是应用在桥梁等水下建筑施工中的一种很重要的方法。他还给我们留下了不少宝贵的著作，其中最主要的有《电气与磁性》一书，共 7 卷，于 1785—1789 年先后公开出版发行。

库仑是 18 世纪最伟大的物理学家之一，他的杰出贡献是永远也不会被磨灭的。

思考题

5-1　为什么引入电场中的试验电荷体积必须小，电荷量也必须小？

5-2　一个电荷能受到它自身产生的电场的作用吗？

5-3　在真空中两个点电荷之间的相互作用力是否会因为其他一些电荷被移近而改变？

5-4　根据库仑定律，两个点电荷之间的作用力随它们之间距离 r 的减小而增大，这样当 r 趋近于零时，作用力将趋于无限大。这种看法对不对？为什么？

5-5　电场线能相交吗？为什么？

5-6　举例说明在选无穷远处为电势零点的条件下，带正电的物体的电势是否一定为正？电势等于零的物体是否一定不带电？

5-7　静电场强度的环路积分表明了电场线的什么性质？

5-8　在电场中某一点的电场强度定义为 $E=F/q$，若该点没有试验电荷，那么该点的电场强度又如何？

5-9　静电力做功有何特点？这表明静电场是什么力场？

5-10　如果在高斯面上的 E 处处为零，能否肯定此高斯面内一定没有净电荷？反过来，如果高斯面内没有净电荷，能否肯定高斯面上所有的各点 E 都等于零？

5-11　为什么静电场中的电场线不可能是闭合曲线？

5-12　应用高斯定理计算电场强度时，高斯面应该怎样选取？

5-13　电偶极子在均匀电场中总是要自己转向稳定平衡的位置。若此电偶极子处在非均匀电场中，它将怎样运动呢？

练习题

5-1　一半径为 R 的无限长直圆柱体均匀带电，电荷体密度 $\rho>0$，求场强分布，并用 E-r 图表示 E 随距离 r 的分布情况。

5-2　1964年，盖尔曼等人提出基本粒子是由更基本的夸克粒子构成，中子就是由一个带 $2e/3$ 的上夸克和两个带 $-e/3$ 的下夸克构成的。将夸克作为经典粒子处理（夸克线度约为 10^{-20} m），中子内的两个下夸克之间相距 2.60×10^{-15} m，求它们之间的相互作用力。

5-3　如习题5-3图所示，质量为 m 的两小球带等量同号电荷 q，现用长为 l 的细线悬挂于空间同一点。

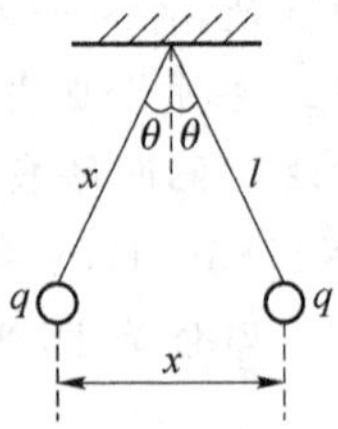

习题5-3图

(1) 试证明：当 θ 很小且两球平衡时，有

$$x=\left(\frac{q^2 l}{2\pi\varepsilon_0 mg}\right)^{\frac{1}{3}}$$

式中，x 为两球间的距离。

(2) 试求：当 $l=1.2$ m、$m=0.15$ kg、$x=0.05$ m 时 q 的值。

(3) 如果每个球都以 1.0×10^{-9} C/s 的变化率失去电荷，求两球彼此趋近的瞬时相对速率（即 $\frac{dx}{dt}$）是多少？

5-4　有3个点电荷，电荷量都是 $+q$，分别放在边长为 a 的正三角形的3个顶点上，则在正三角形的中心放一个多大的点电荷才能使每个点电荷都达到平衡？

5-5　一质子从 O 点沿 Ox 轴正向射出，初速度 $v_0=10^6$ m/s。在质子运动范围内有一匀强静电场，电场强度大小为 $E=3\,000$ V/m，方向沿 Ox 轴负向。试求该质子沿轴正向能离开 O 点的最大距离（质子质量 $m=1.67\times10^{-27}$ kg，基本电荷量 $e=1.6\times10^{-19}$ C）。

5-6　设在半径为 R 的球体内，其电荷为球对称分布，电荷体密度为 $\rho=kr$，k 为一常量，试用高斯定理求电场强度 $\boldsymbol{E}$ 与 r 的函数关系。

5-7　一厚度为 d 的无限大平板均匀带电，体电荷密度为 ρ，求平板体内、外场强的分布，并以其对称面为坐标原点作出 E-x 的分布曲线。

5-8　若电荷 Q 均匀地分布在长为 L 的细棒上。求证：

(1) 在棒的延长线，且离棒中心为 r 处的电场强度大小为

$$E=\frac{1}{\pi\varepsilon_0}\frac{Q}{4r^2-L^2}$$

(2) 在棒的垂直平分线上，离棒为 r 处的电场强度大小为

$$E=\frac{1}{2\pi\varepsilon_0 r}\frac{Q}{\sqrt{4r^2+L^2}}$$

若棒为无限长（即 $L\to\infty$），试将结果与无限长均匀带电直线的电场强度相比较。

5-9　两条相互平行的无限长均匀带电导线其线电荷密度分别为 $\pm\lambda$，它们之间的距离为 a，求：

(1) 在两导线所决定的平面上，离一导线的距离为 x 的任一点的电场强度值；

(2) 每单位长度导线受到另一根导线上电荷作用力的大小。

5-10　一电偶极子的电矩为 $\boldsymbol{p}$，放在电场强度为 $\boldsymbol{E}$ 的匀强电场中，$\boldsymbol{p}$ 与 $\boldsymbol{E}$ 之间夹角为

θ，如习题 5-10 图所示。若将此偶极子绕通过其中心垂直于 $\boldsymbol{p}$、$\boldsymbol{E}$ 平面的轴转 180°，外力需做功多少？

5-11　如习题 5-11 图所示，A 点有点电荷 $+q$，B 点有点电荷 $-q$，$AB=2R$，OCD 是以 B 为中心、R 为半径的半圆。求：

(1) 将正电荷 q_0 从 O 点沿 OCD 移到 D 点电场力做功是多少？

(2) 将负电荷 $-q_0$ 从 D 点沿 AB 延长线移到无穷远处电场力做功是多少？

5-12　半径为 R 的带电圆盘，其电荷面密度沿圆盘半径呈线性变化，即 $\sigma=\sigma_0\left(1-\dfrac{r}{R}\right)$。试求在圆盘轴线上距圆盘中心 O 为 x 处的场强 E。

5-13　一均匀带电导线线电荷密度为 λ，导线形状如习题 5-13 图所示。设曲率半径 R 与导电线的长度相比为足够小。求 O 点处的电场强度的大小。

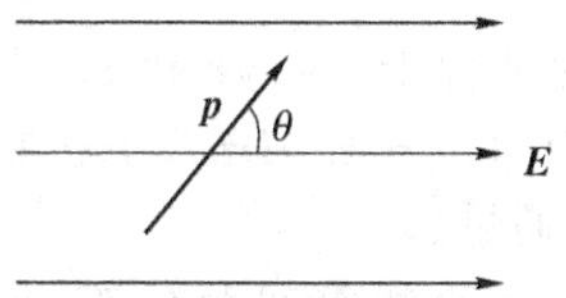

习题 5-10 图

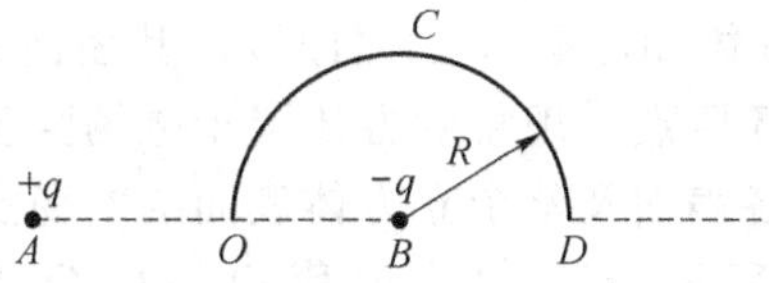

习题 5-11 图

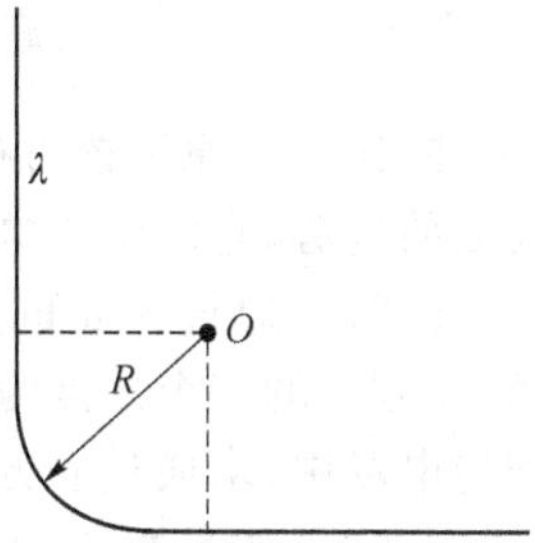

习题 5-13 图

5-14　实验表明，在靠近地面处有相当强的电场，电场强度 $\boldsymbol{E}$ 垂直于地面向下，大小约为 100 N/C；在离地面 1.5 km 高的地方，$\boldsymbol{E}$ 也是垂直于地面向下的，大小约为 25 N/C。

(1) 假设地面上各处 $\boldsymbol{E}$ 都是垂直于地面向下，试计算从地面到此高度大气中电荷的平均体密度；

(2) 假设地表面内电场强度为零，且地球表面处的电场强度完全是由均匀分布的地表面的电荷产生，求地面上的电荷面密度(已知真空介电常数 $\varepsilon_0=8.85\times10^{-12}\ \mathrm{C^2/(N\cdot m^2)}$)。

5-15　在点电荷 q 的电场中，若取以 q 为中心、R 为半径的球面上的 A 点作电势零点，求距点电荷 q 为 r 处的 P 点的电势。

5-16　两均匀带电球壳同心放置，半径分别为 R_1 和 $R_2(R_1<R_2)$，已知内外球之间的电势差为 U_{12}，求两球壳间的电场分布。

5-17　一无限大均匀带电平面，面电荷密度为 σ，产生的场强大小为 $\dfrac{\sigma}{2\varepsilon_0}$。证明在离该面为 x 处的 P 点电场强度是平面上与 P 点相距为 $2x$ 的圆周所围电荷产生的电场强度的两倍。

5-18　如习题 5-18 图所示，一厚度为 d 的"无限大"均匀带电平板，电荷体密度为 ρ。试求板内外的电场强度分布，并画出场强随坐标 x 变化的图线，即 E-x 图线(设原点在带电平板的中央平面上，Ox 轴垂直于平板)。

5-19　电荷量 Q 均匀地分布在长为 $2l$ 的细棒上。如习题 5-19 图所示，取细棒沿 x

轴方向，y 轴垂直于棒，坐标原点在棒的中心 O 点。求坐标为(l,y)的一点 P 的电势，并利用电势梯度求 P 点处沿 y 方向的电场强度。

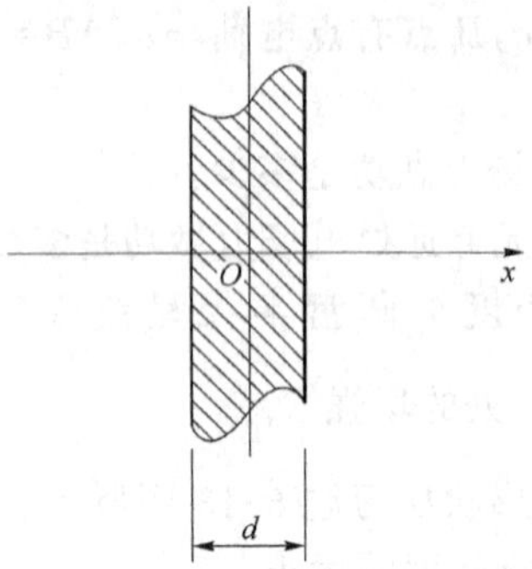

习题 5-18 图

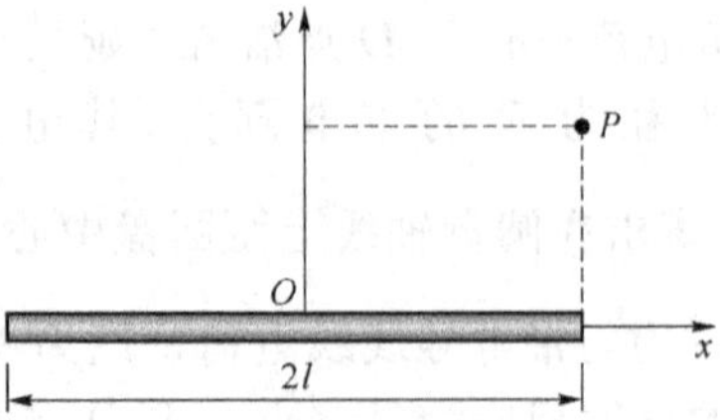

习题 5-19 图

5-20　金原子核可视为均匀带电球体，总电量为 $79e$，半径为 7.0×10^{-15} m，求金核表面的电势，它的中心电势又为多少？

5-21　边长为 a 的立方体如习题 5-21 图所示，其表面分别平行于 xy、yz 和 zx 平面，立方体的一个顶点为坐标原点。现将立方体置于电场强度 $\boldsymbol{E}=(E_1+kx)\boldsymbol{i}+E_2\boldsymbol{j}$ 的非均匀电场中，求通过立方体各表面及整个立方体表面的电场强度通量。

5-22　如习题 5-22 图所示，有三个点电荷 Q_1、Q_2、Q_3 沿一条直线等间距分布，且 $Q_1=Q_3=Q$，已知其中任一点电荷所受合力均为零。求在固定 Q_1、Q_3 的情况下，将 Q_2 从 O 点推到远穷远处外力所做的功。

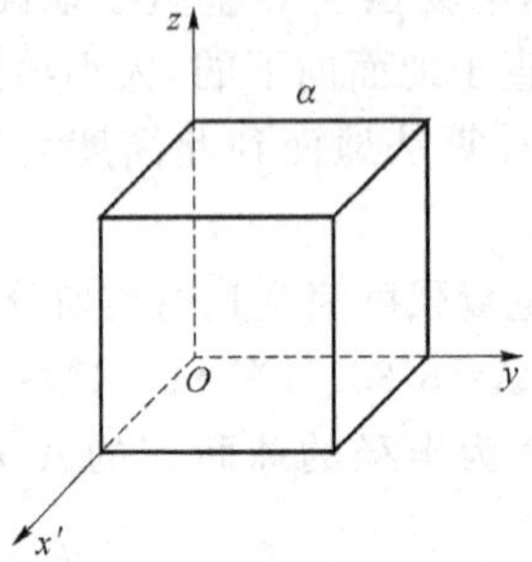

习题 5-21 图

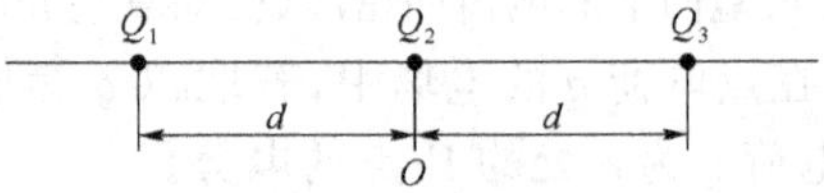

习题 5-22 图

5-23　一球壳的内半径为 R_1，外半径为 R_2，壳体内均匀地分布着电荷体密度为 ρ 的电荷。求离球心为 r 处的电场强度，并画出 E-r 曲线。

5-24　在一边长为 0.20 m 的正方体闭合面的中心有一电荷量为 2.00×10^{-7}C 的点电荷。求：

(1) 通过闭合面的 $\boldsymbol{E}$ 通量；

(2) 通过每一个面的 $\boldsymbol{E}$ 通量。

5-25　如习题 5-25 图所示，在电荷体密度为 ρ 的均匀带电球体中，存在一个球形空腔，若将带电体球心 O 指向球形空腔球心 O' 的矢量用 $\boldsymbol{a}$ 表示。试证明球形空腔中任一点的电场强度为

$$\boldsymbol{E}=\frac{\rho}{3\varepsilon_0}\boldsymbol{a}$$

5-26　电荷面密度分别为 $+\sigma$ 和 $-\sigma$ 的两块“无限大”均匀带电的平行平板如习题 5-26 图放置，取坐标原点为零电势点，求空间各点的电势分布，并画出电势随位置坐标 x 变化的关系曲线。

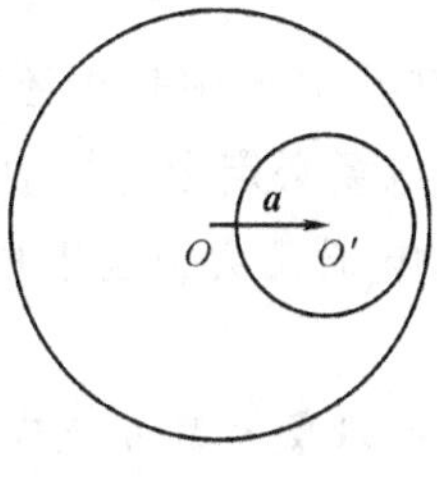

习题 5-25 图

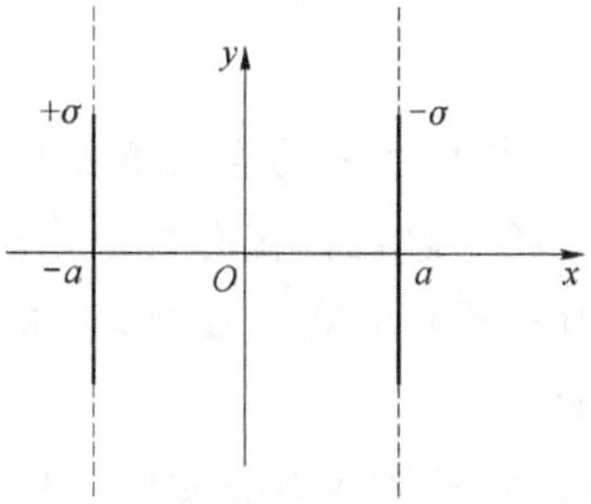

习题 5-26 图

5-27　一半径为 R 的带电球体，其电荷体密度分布为

$$\rho=\begin{cases}\dfrac{qr}{\pi R^4} & (r\leqslant R)\quad (q\text{ 为一正的常量})\\ 0 & (r>R)\end{cases}$$

试求：

(1) 带电球体的总电荷量；

(2) 球内、外各点的电场强度；

(3) 球内、外各点的电势。

5-28　一个内外半径分别为 R_1 和 R_2 的均匀带电球壳，总电荷为 Q_1，球壳外同心罩一个半径为 R_3 的均匀带电球面，球面带电荷为 Q_2。求电场分布，并分析电场强度是否是场点与球心的距离 r 的连续函数？

5-29　如习题 5-29 图所示，一无限大均匀带电薄平板电荷面密度为 σ，在平板中部有一半径为 r 的小圆孔。求圆孔中心轴线上与平板相距为 x 的一点 P 处的电场强度。

5-30　一半径 R 的圆盘上均匀带有面密度为 σ 的电荷，求：

(1) 轴线上任一点的电势(用该点与盘心的距离 x 表示)；

(2) 从电场强度和电势的关系求该点的电场强度。

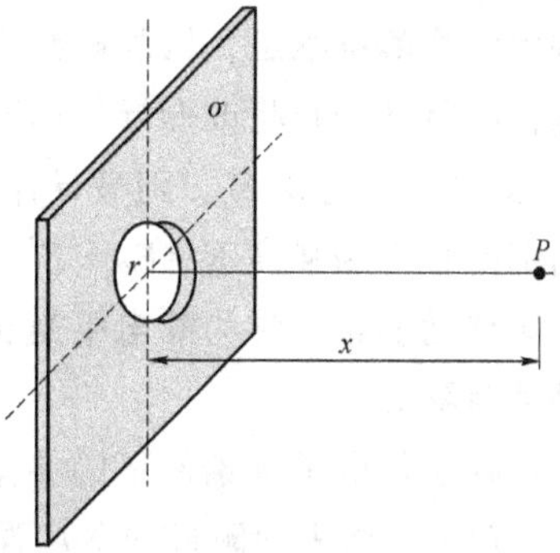

习题 5-29 图

第 6 章　静电场中的导体和电介质

上一章讨论的是真空中的静电场及其特性，并未涉及电场中是否还有其他物体的问题。事实上，静电场中总是存在有其他物体的。这时，电场必定会与场中物体发生相互作用，使物体中的电子重新分布。反过来，重新分布后的电子又会引起电场的变化，两者互为因果、互为影响。

本章侧重讨论将导体或电介质置于场中后所发生的现象及其变化规律。主要内容包括导体的静电平衡、电容及有介质存在时的电场等。

6.1　静电场中的导体

6.1.1　导体的静电平衡

金属是最常见的一种导体。金属导体是由大量带负电的自由电子和带正电的晶体点阵所构成的，导体中自由电子的负电荷与晶体点阵的正电荷量值相等。在无外电场的情况下，金属中的自由电子做无规则的热运动，导体对外呈电中性。

当把一个不带电的金属导体放到电场 $\boldsymbol{E}_0$ 中时，导体内部的自由电子在电场力的作用下，将逆着电场线的方向做定向运动，从而使导体一侧由于得到电子而带负电，另一侧由于失去电子而带正电，如图 6-1 所示。导体中的自由电子在外电场作用下重新分布的现象称为**静电感应**。因静电感应而在导体两侧表面上出现的电荷称为**感应电荷**。导体中电荷的重新分布将改变导体内部和周围的电场分布，在导体内部，感应电荷形成与外电场 $\boldsymbol{E}_0$ 反方向的电场 $\boldsymbol{E}'$。随着导体两侧的电荷积累，感应电荷的电场 $\boldsymbol{E}'$ 逐渐加强，直至导体内部的合电场强度 $\boldsymbol{E}=\boldsymbol{E}_0+\boldsymbol{E}'=0$ 时，自由电子的定向移动才会停止。导体中没有电荷定向移动的状态称为**静电平衡状态**。因此，**导体的静电平衡条件是导体内部的电场强度处处为零。**

处于静电平衡条件下的导体具有以下性质。

(1) 导体表面附近的电场强度处处垂直于导体表面。

因导体表面附近的电场强度 $\boldsymbol{E}_{表面}$ 如果不垂直于导体表面，电场强度将有沿导体表面的切向分量，导体表面层的自由电子将在切向力的作用下沿导体表面运动，静电平衡被破坏。所以在静电平衡条件下，导体表面的电场强度处处垂直于导体表面。

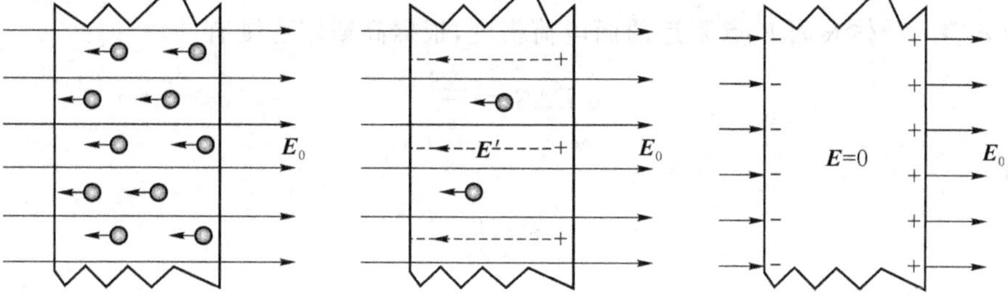

图 6-1　导体中的静电感应过程

(2) 导体是等势体，其表面是等势面。

静电平衡条件下导体内各点的电场强度处处为零，由电势差公式 $U_A-U_B=\int_A^B \boldsymbol{E}\cdot \mathrm{d}\boldsymbol{l}$ 可知，导体内任意两点间都无电势差，导体成为一个等势体，导体表面成为等势面。

6.1.2　静电平衡时导体上的电荷分布

处于静电平衡时导体上电荷的分布有以下特征。

(1) 处于静电平衡时导体内部净电荷处处为零，电荷只能分布在导体外表面。

这一规律可以应用高斯定理进行证明。如图 6-2 所示，在导体内部任意点 P 作一个小小的封闭曲面 S，由于静电平衡时导体内部电场强度处处为零，所以通过该封闭曲面的电通量也为零。由高斯定理可知，此曲面内电荷的代数和为零。又是导体内任意一点，因此可知整个导体内没有净电荷，电荷只能分布在导体表面。

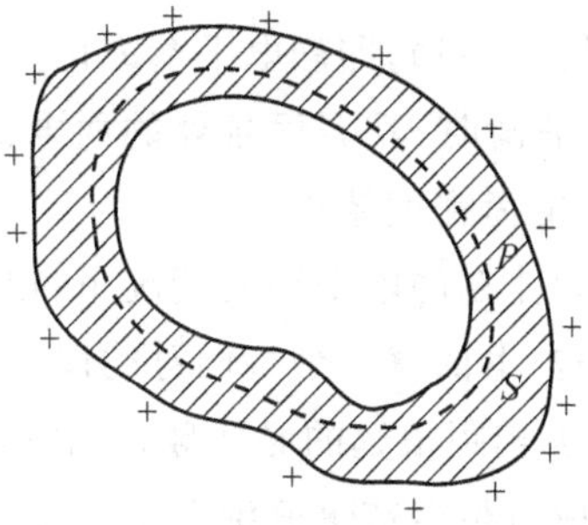

图 6-2　静电平衡时导体内部净电荷为零

(2) 处于静电平衡时导体表面上各处的面电荷密度与该表面紧邻处的电场强度的大小成正比。

这一特征仍然可以应用高斯定理进行证明。如图 6-3 所示，在紧邻导体表面处取一点 P，以 $\boldsymbol{E}$ 表示该处的电场强度，通过 P 点作一个平行于导体表面的小面积元 ΔS，并以 ΔS 为底，通过 P 点的导体表面法线为轴作一个圆筒，圆筒的另一底面 $\Delta S'$ 在导体的内部。以 σ 表示导体表面 P 点附近的面电荷密度，根据高斯定理则有

$$E\Delta S=\frac{\sigma\Delta S}{\varepsilon_0}$$

因此有

$$E=\frac{\sigma}{\varepsilon_0} \tag{6-1}$$

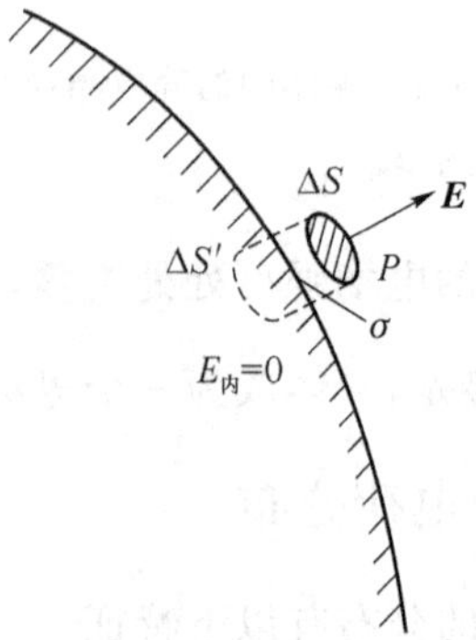

图 6-3　静电平衡时导体表面的面电荷密度与电场强度的关系

式(6-1)说明，处于静电平衡的导体表面紧邻处的电场强度大小与该处表面上的面电荷密度大小成正比。

需要指出的是，此处电场是由导体上所有电荷产生的，电场强度 $\boldsymbol{E}$ 是这些电荷的合电场强度。当导体外的电荷位置发生变化时，导体上的电荷分布也要发生相应的变化，这一变化将一直延续到它们满足式(6-1)，即静电平衡为止。

(3) 孤立的导体处于静电平衡时，其表面各处的面电荷密度与各处表面的曲率半径成反比，曲率半径越大的地方，电荷密度越小。

由前面的讨论可知，带电导体在静电平衡的情况下，电荷分布在表面上，那么这些电荷在表面上又是如何分布的呢？下面就一个特例对此作一个简略估计。

如图 6-4(a)所示，设有两个相距很远的导体球，半径分别为 R_1、R_2，用一根导线将其连接起来。在静电平衡时，两球所带电荷量分别为 q_1、q_2，电荷面密度分别为 σ_1、σ_2。由于两球相距很远，可以近似地认为它们是相互孤立的导体，又由于导线连接，所以其电势相等，则有

$$U=\frac{1}{4\pi\varepsilon_0}\frac{q_1}{R_1}=\frac{1}{4\pi\varepsilon_0}\frac{q_2}{R_2}$$

显然

$$\frac{q_1}{R_1}=\frac{q_2}{R_2}$$

即导体球所带电荷量与它们的半径成正比。再根据 $q_1=4\pi R_1^2\sigma_1$、$q_2=4\pi R_2^2\sigma_2$，于是得

$$\frac{\sigma_1}{\sigma_2}=\frac{R_2}{R_1} \tag{6-2}$$

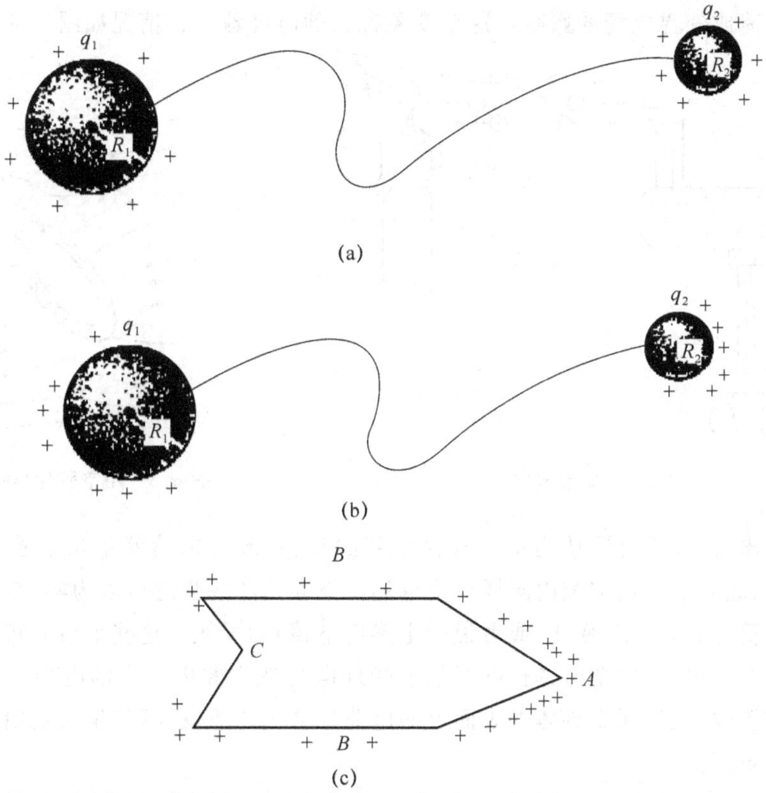

图 6-4　静电平衡时电荷在导体上的分布

式(6-2)表示，导体球上电荷面密度与曲率半径成反比。需要指出的是，导体表面凸出的地方，曲率为正；表面凹进去的地方，曲率为负，如图 6-4(c)所示。

如果将两球相互靠近，如图 6-4(b)所示，因静电感应，电荷向两球相背的区域移动，电荷将重新分布。达到平衡后，每个球面上曲率半径相同，但电荷密度不同。这说明对于非孤立导体来说，电荷密度与曲率半径的反比关系不再成立。

总之，电荷在导体表面上的具体分布不仅与导体形状有关，而且还与外界条件有关。实际上，在曲率大的电荷密集区，有时电场强度可以大到足以电离其周围的空气，以至于形成尖端放电(如图 6-5 所示)。高压电器的金属表面都加工成圆滑的表面，就

是为了防止尖端放电。

6.1.3 静电屏蔽

如前所述，在静电平衡状态下，腔内无其他带电体的导体空腔和实心导体一样，内部没有电场。只要达到静电平衡，不管导体空腔本身带电或是导体处于外界电场中，这一结论总是对的。这就是说，导体空腔的表面“保护”了它所包围的区域，使之不受导体空腔外表面上的电荷或外界电场的影响。这个现象称为静电屏蔽。其情况如图 6-6 所示。

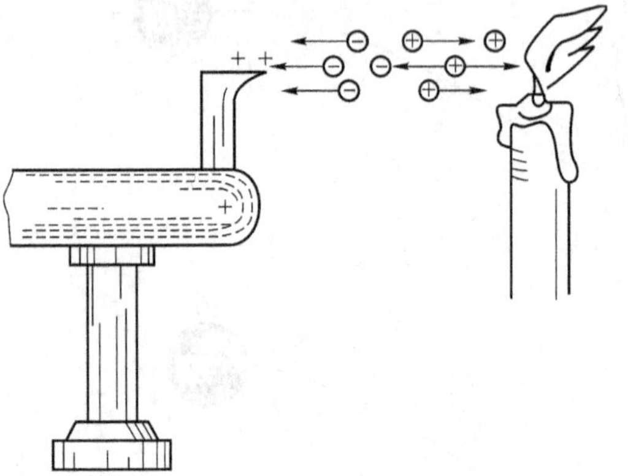

图 6-5 尖端放电

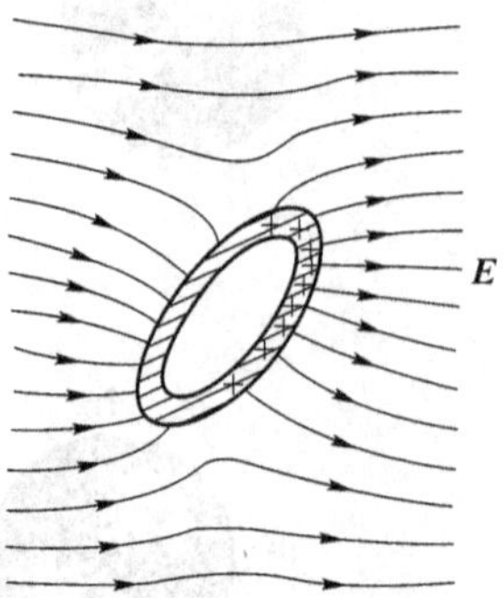

图 6-6 用空腔导体屏蔽外电场

应该指出，这里不要误认为由于导体空腔的存在，腔外电荷就不在空腔内产生电场了。实际上，腔外电荷在空腔内同样产生电场。空腔内的场强之所以为零，是因为导体外表面上的电荷分布发生了变化(或者说产生感应电荷)的缘故。这些重新分布的表面电荷在空腔内也产生电场，这个电场正好抵消了壳外电荷在空腔内产生的电场。如果导体外带电体的位置改变了，那么导体外表面上的电荷也会随之改变，其结果将是始终保持导体空腔内的总场强为零。

利用静电屏蔽原理可以使导体空腔内空间不受外电场的影响，同样也可以利用静电屏蔽原理，防止导体空腔内的电荷对导体外空间的影响。如图 6-7(a)所示，一个导体球壳内有一正电荷，则球壳的内表面上将产生感应负电荷，外表面上将产生感应正电荷，从而会使腔内电荷对球壳外界空间产生影响。但此时如果把球壳接地，则球壳外表面上的正电荷将和从地上来的负电荷中和，相应的电场随之消失，如图 6-7(b)所示。这样，接地的导体空腔把内部带电体对外界的影响隔绝了。

综上所述，空腔导体(无论接地与否)将使腔内空间不受外电场的影响，而接地空腔导体将使外部空间不受腔内电场的影响。这就是空腔导体的静电屏蔽作用。

静电屏蔽原理在生产技术上有许多应用。为了避免外界电场对设备(例如某些精密的电磁测量仪器)的干扰，或者为了避免电气设备的电场(例如一些高压设备)对外界的影

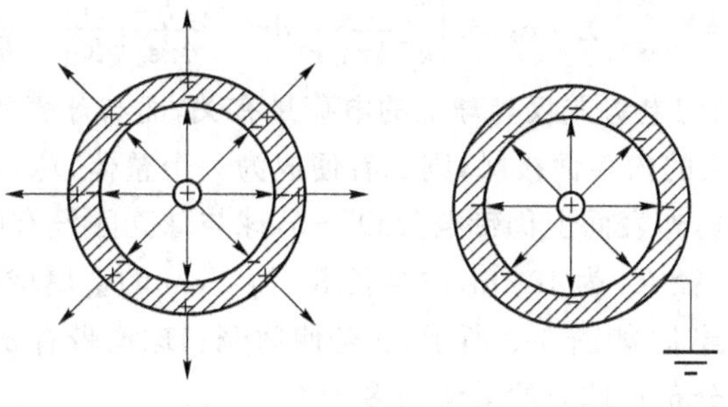

图 6-7　接地导体空腔的屏蔽作用

响，一般都在这些设备外边安装有接地的金属外壳(网或罩)。传送弱信号的连接导线为了避免外界的干扰，往往在导线外面包一层用金属丝编织的屏蔽线层。此外在等电势高压带电作业中也有很多静电屏蔽的实例。人体接触高电压是很危险的，但其危险的主要原因并不在于高压电的电势高，而在于人与高压电源间存在着很大的电势差。有时需要在不切断电源的情况下进行高压线路检修，则必须采用等电势操作，即操作人员穿戴金属丝网做成的衣、帽、手套和鞋子的均压服装，然后用绝缘软梯或通过瓷瓶串逐渐进入强电场区，先用戴着手套的手与高压线直接接触。此时，在手套与高压电线之间发生火花放电。此后，人体即和高压电线等电势了。操作人员穿戴的均压服装相当于一个空腔导体，不仅对人体起到了静电屏蔽作用，而且还有分流作用。因为均压服与人体相比电阻很小，当人体经过电势不同区域时，仅承受一股幅值较小的脉冲电流，其绝大部分则从均压服中分流，这样就确保了操作人员的安全。

6.1.4　有导体存在时静电场的分析与计算

例 6-1　如图 6-8 所示，半径为 R_1、电荷量为 q 的金属球被另一同心的、内外半径分别为 R_2 和 R_3 的金属球壳所包围，球壳的电荷量为 Q_0，求：

(1) 金属球壳内外表面的电荷量；

(2) 球与球壳间的电势差；

(3) 球与球壳接触达到静电平衡后，其状况又如何？

解　(1) 根据静电平衡时导体空腔上的电荷分布规律可知，金属球壳内表面带电荷量为 $-q$，外表面所带电量为 Q_0+q。

(2) 注意到球与球壳上的电荷分布具有球对称性，应用高斯定理容易求得球与球壳间的场强大小

$$E=\frac{q}{4\pi\varepsilon_0 r^2} \qquad (R_1<r<R_2)$$

由式(5-26)可以求得球与球壳间的电势差

$$U=\int_{球}^{球壳}\boldsymbol{E}\cdot\mathrm{d}\boldsymbol{l}=\int_{R_1}^{R_2}\frac{q}{4\pi\varepsilon_0 r^2}\mathrm{d}r=\frac{q}{4\pi\varepsilon_0}\left(\frac{1}{R_1}-\frac{1}{R_2}\right)$$

上式表明，球与球壳间的电势差仅与球上的电荷量有关，而与球壳的电荷量无关。

（3）若将球与球壳的内表面接触，则二者便成为一个整体，球与球壳上的电荷发生中和，球壳内表面不带电，外表面上仍带电荷 Q_0+q，球与球壳间没有电势差。

例 6-2 有一外半径 R_1 为 10 cm，内半径 R_2 为 7 cm 的金属球壳，在球壳中放一半径 R_3 为 5 cm 的同心金属球（如图 6-9 所示）。若使球壳和球均带有 $q=10^{-8}$C 的正电荷，问两球体上的电荷如何分布？球心的电势为多少？

解 为了计算球心的电势，必须先计算出各点的电场强度。由于在所讨论的范围内，电场具有球对称性质，因此可用高斯定理计算各点的电场强度。

我们先从球内开始。如取以 $r<R_3$ 的球面 S_1 为高斯面，则由导体的静电平衡条件，球内的电场强度为

$$E_1=0\quad(r<R_3)\qquad①$$

在球与球壳之间，作 $R_3<r<R_2$ 的球面 S_2 为高斯面，在此高斯面内的电荷仅是半径为 R_3 的球上的电荷 $+q$。由高斯定理，有

$$\oint_{S_2}\boldsymbol{E}_2\cdot\mathrm{d}\boldsymbol{S}=E_2\times4\pi r^2=\frac{q}{\varepsilon_0}$$

得球与球壳间的电场强度

$$E_2=\frac{1}{4\pi\varepsilon_0}\frac{q}{r^2}\quad(R_3<r<R_2)\qquad②$$

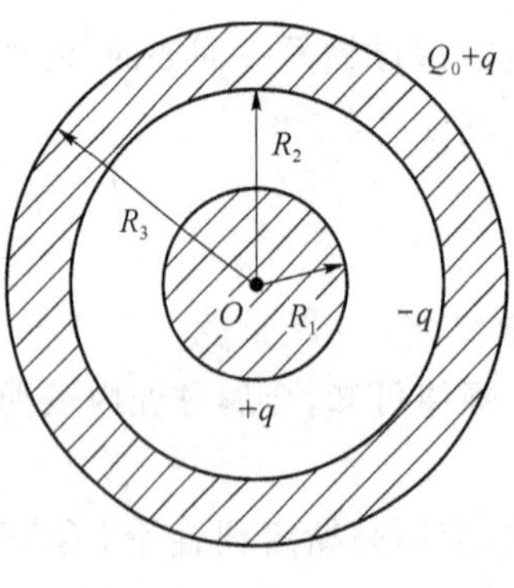

图 6-8 例 6-1 图

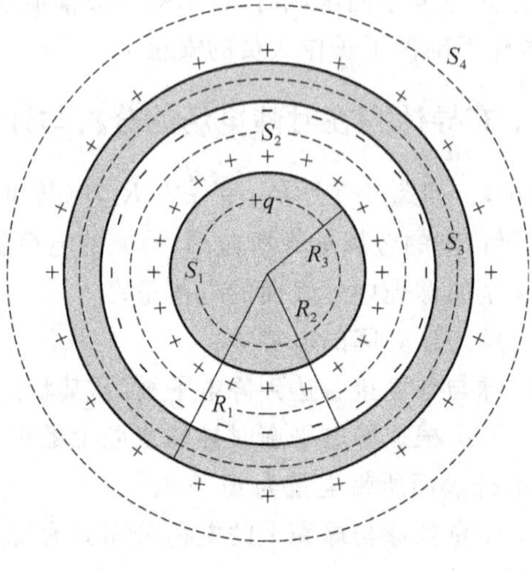

图 6-9 例 6-2 图

而对于所有 $R_2<r<R_1$ 的球面 S_3 上的各点，由静电平衡条件知其电场强度应为零，即

$$E_3=0 \quad (R_2<r<R_1) \qquad ③$$

由高斯定理可知，球面 S_3 内所含有电荷的代数和 $\sum q=0$。已知球的电荷为 $+q$，所以球壳内的表面上的电荷必为 $-q$。这样，球壳的外表面上的电荷就应是 $+2q$。

再在球壳外面取 $r>R_1$ 的球面 S_4 为高斯面，在此高斯面内含有的电荷为 $\sum q=q-q+2q=2q$。所以由高斯定理可得 $r>R_1$ 处的电场强度为

$$E_4=\frac{1}{4\pi\varepsilon_0}\frac{2q}{r^2} \quad (r>R_1) \qquad ④$$

由电势的定义式(5-23)，球心 O 的电势为

$$U_O=\int_0^{\infty}\boldsymbol{E}\cdot \mathrm{d}\boldsymbol{l}=\int_0^{R_3}\boldsymbol{E}_1\cdot \mathrm{d}\boldsymbol{l}+\int_{R_3}^{R_2}\boldsymbol{E}_2\cdot \mathrm{d}\boldsymbol{l}+\int_{R_2}^{R_1}\boldsymbol{E}_3\cdot \mathrm{d}\boldsymbol{l}+\int_{R_1}^{\infty}\boldsymbol{E}_4\cdot \mathrm{d}\boldsymbol{l}$$

把式①、②、③、④代入上式，可得

$$\begin{aligned}U_O&=0+\int_{R_3}^{R_2}\frac{1}{4\pi\varepsilon_0}\frac{q}{r^2}\mathrm{d}r+0+\int_{R_1}^{\infty}\frac{1}{4\pi\varepsilon_0}\frac{2q}{r^2}\mathrm{d}r\\&=\frac{q}{4\pi\varepsilon_0}\left(\frac{1}{R_3}-\frac{1}{R_2}+\frac{2}{R_1}\right)\end{aligned}$$

将已知数据代入上式，有

$$U_O=9\times10^9\times10^{-8}\times\left(\frac{1}{0.05}-\frac{1}{0.07}+\frac{2}{0.1}\right)\mathrm{V}=2.31\times10^3\,\mathrm{V}$$

6.2　电容和电容器

电容是电学中一个重要的物理量，它反映了导体的容电本领。电容器是由两个用电介质隔开的金属导体组成的一种常用的电工学和电子学元件。电容器不仅可以储存电荷，还可以储存能量。

6.2.1　孤立导体的电容

电容是导体的一个重要特性。一个孤立导体带电荷量 q 时，导体本身有一确定的电势值。实验表明，要使大小、形状不同的导体达到相同的电势，必须给它们带上不同的电荷量，而同一导体的电势值又与它带的电荷量成正比。这如同要使大小、形状不同的水桶达到相同的水位，必须给它们装上不同的水量，而同一水桶的水位与它装的水量有关。因此，导体就像一个盛电的容器，具有储存电能的本领，为了描述导体的这种属性，引入了导体的电容这一概念。定义导体所带的电荷量 q 与电势 U 之比为**电容**，记作 C，即

$$C=\frac{q}{U} \qquad (6\text{-}3)$$

真空中孤立导体的电容 C 取决于导体的大小和几何形状，与导体是否带电无关。如一个半径为 R、带电荷量为 q 的孤立导体球，若取无限远处为电势零点，则其电势为 $U=$

$q/4\pi\varepsilon_0 R$，孤立导体球的电容为

$$C=\frac{q}{U}=\frac{q}{\frac{q}{4\pi\varepsilon_0 R}}=4\pi\varepsilon_0 R$$

在国际单位制中，电容的单位为法[拉](F)，1 F=1 C/V。像地球这么大的导体球，其电容

$$C=4\pi\varepsilon_0 R=4\pi\times8.85\times10^{-12}\times6.4\times10^{6}\ \mathrm{F}=7.11\times10^{-4}\ \mathrm{F}$$

由此可知，法拉这个单位太大，在实际应用中常采用微法(μF)和皮法(pF)作为电容的单位，它们的换算关系为

$$1\ \mathrm{F}=10^{6}\ \mu\mathrm{F}=10^{12}\ \mathrm{pF}$$

6.2.2 电容器

1. 电容器电容的定义

实际上导体往往不是孤立的，其周围常常存在有其他的导体，它们的存在必将使空间的电场分布与孤立导体的情况有所差异，进而对导体的电容发生影响。由两个相互关联的导体 A、B 组成的器件（即导体系）称为电容器，其中的每一个导体均称为电容器的极板。

设电容器 A、B 两极板所带电荷量分别为 q 与 $-q$，相应的电势分别为 U_A、U_B。定义极板的电荷量 q 与两极电势差 U_A-U_B 之比为电容器的电容，以 C 表示，即

$$C=\frac{q}{U_A-U_B} \tag{6-4}$$

这说明，电容器的电容在数值上等于每单位电势差所能容纳的电荷。因此，我们也可将孤立导体看成是一个极板在无限远零电势处的电容器。

顺便指出，不管是孤立导体还是电容器的电容，其值均与导体或电容器是否带电无关，而只与导体或电容器的几何特性有关。

2. 常见电容器的电容

(1) 平行板电容器

最简单的电容器是平行板电容器，它由两块靠得很近的平行极板所组成，如图 6-10 所示。设两极板的面积均为 S，间距为 d，两极板所带电量分别为 $+q$ 和 $-q$。在实际应用中，两极板间距通常很小，两极板面积的线度相对很大，因此两极板之间的电场接近于匀强电场。略去边缘效应，由高斯定理可得极板间的场强大小为

$$E=\frac{\sigma}{\varepsilon_0}$$

式中，$\sigma=\frac{q}{S}$ 为极板面电荷密度，$\boldsymbol{E}$ 的方向由带正电的极板指向带负电的极板。两极板间的电势差为

$$U_A - U_B = \int_A^B \boldsymbol{E} \cdot \mathrm{d}\boldsymbol{l} = \frac{\sigma}{\varepsilon_0} d$$

由电容的定义，可得平行板电容器的电容为

$$C = \frac{q}{U_A - U_B} = \frac{\varepsilon_0 S}{d} \tag{6-5}$$

由式(6-5)可见，平行板电容器的电容与极板面积成正比，与极板间的距离成反比，而与组成极板的导体材料及其所带电量无关。

(2) 圆柱形电容器

圆柱形电容器由两个同轴导体圆柱面组成，如图 6-11 所示。设圆柱长度为 l，内、外圆柱面的半径分别为 R_A 和 R_B，且 $l \gg R_B - R_A$，这时柱面两端的边缘效应可略去不计。假定内、外圆柱所带电量分别为 $+q$ 和 $-q$，柱面上电荷均匀分布，因此两圆柱面间的电场可看成是两个无限长均匀带电圆柱面的电场。根据高斯定理可求得两柱面间离轴为 r 处的场强大小为

$$E = \frac{\lambda}{2\pi\varepsilon_0 r} \quad (R_A < r < R_B)$$

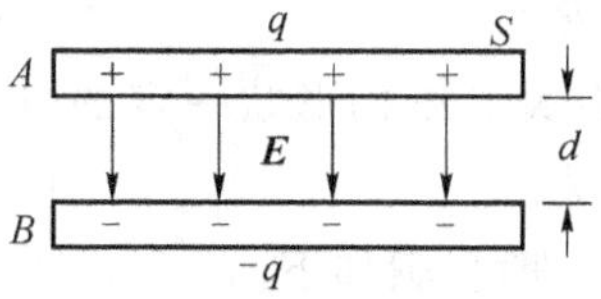

图 6-10　平行板电容器

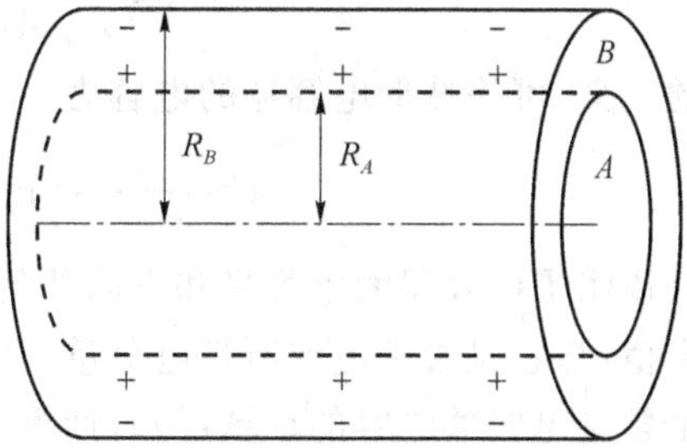

图 6-11　圆柱形电容器

上式 $\lambda = \frac{q}{l}$ 为圆柱面轴向单位长度的电量，场强的方向垂直于圆柱面的轴线。于是两柱面间的电势差为

$$U_A - U_B = \int_A^B \boldsymbol{E} \cdot \mathrm{d}\boldsymbol{l} = \int_{R_A}^{R_B} \frac{\lambda}{2\pi\varepsilon_0 r} \mathrm{d}r = \frac{\lambda}{2\pi\varepsilon_0} \ln \frac{R_B}{R_A}$$

根据电容器电容的定义可得

$$C = \frac{q}{U_A - U_B} = \frac{\lambda l}{\dfrac{\lambda}{2\pi\varepsilon_0} \ln \dfrac{R_B}{R_A}} = \frac{2\pi\varepsilon_0 l}{\ln \dfrac{R_B}{R_A}} \tag{6-6}$$

(3) 球形电容器

球形电容器由半径分别为 R_A 和 R_B 的两个金属球壳所组成(如图 6-12 所示)。设内球带电 $+q$，外球带电 $-q$，则正、负电荷分别均匀地分布在内球的外表面和外球的内表面上。这时，在两球壳之间，具有球心对称性的电场，距球心为 $r(R_A < r < R_B)$ 处的 P 点的

场强为

$$E=\frac{q}{4\pi\varepsilon_0 r^2}e_r$$

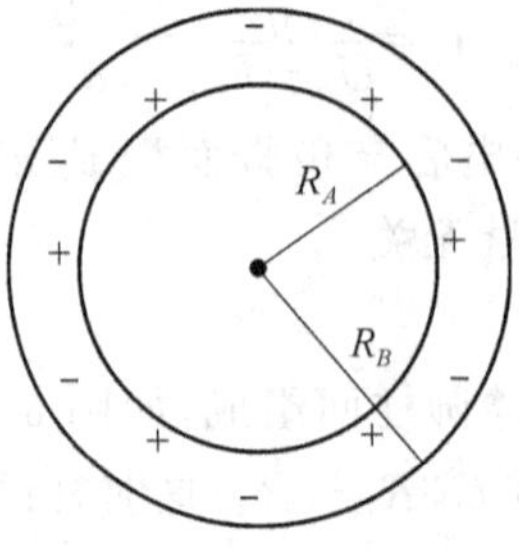

图 6-12　球形电容器

两球壳间的电势差为

$$U_A-U_B=\int_{R_A}^{R_B}\boldsymbol{E}\cdot d\boldsymbol{r}=\int_{R_A}^{R_B}E\,dr$$
$$=\int_{R_A}^{R_B}\frac{q}{4\pi\varepsilon_0}\frac{dr}{r^2}=\frac{q}{4\pi\varepsilon_0}\left(\frac{1}{R_A}-\frac{1}{R_B}\right)$$

根据电容的定义，可得球形电容器的电容为

$$C=\frac{q}{U_{AB}}=4\pi\varepsilon_0\frac{R_A R_B}{R_B-R_A} \tag{6-7}$$

上式再一次说明了电容器的电容只和它的几何结构有关。结构形状一定的电容器，其电容具有固定值，与它是否带电或所带电荷量的多少无关。

从几个常见电容器电容的计算可知，计算电容的一般步骤如下。

(1) 设电容两极板带有等量异号电荷；

(2) 求出极板间的电场强度分布；

(3) 计算两极板间的电势差；

(4) 根据电容器电容的定义求出电容。

应该指出，除以上讨论的几种典型电容器的电容外，实际上，任何导体间都存在着电容。导线与导线、元件、金属外壳之间，元件与金属外壳之间，都存在着电容，这些电容在电工和电子技术中通常叫作分布电容。分布电容的量值通常比较小，且不容易计算，在一般情况下，它的作用可以忽略不计。但在安装电子设备，尤其是在高频电路中，却必须考虑分布电容的影响。

在生产和科研中实际使用的电容器种类繁多，外形各不相同，但它们的基本结构是一致的。电容器的用途很多，应用极广，各种电子仪器、收音机、电视机中都用到电容器。电容器在电路中具有隔直流、通交流的作用，电容器和其他元件可组合成振荡放大器及时间延迟电路等。电容器还是一种储存电能（电势能）的元件，在很多仪器中，使用一个大容量的电容器组，它在充电过程中所聚积的储存的电能可在放电过程的极短时间内释放出来，从而获得很大的电功率。

3. 电容器的并联和串联

在实际的电路设计和使用中，常需要把一些电容器组合起来才便于使用。电容器最基本的组合方式是并联和串联。下面讨论电容器并联或串联的等效电容的计算方法。

(1) 电容器的并联

如图 6-13 所示，将两个电容器 C_1、C_2 的极板一一对应地连接起来，这种连接叫作并联。将它们接在电压为 U 的电路上，则 C_1、C_2 上的电荷分别为 Q_1、Q_2。根据式(6-3)有

$$Q_1 = C_1U, Q_2 = C_2U$$

两电容器上总电荷 Q 为

$$Q = Q_1 + Q_2 = (C_1 + C_2)U$$

若用一个电容器来等效地代替这两个电容器，使它在电压为 U 时，所带电荷也为 Q，那么这个等效电容器的电容 C 为

$$C = \frac{Q}{U}$$

把它与前式相比较可得

$$C = C_1 + C_2 \tag{6-8}$$

这说明，当几个电容器并联时，其等效电容等于这几个电容器电容之和。

可见，并联电容器组的等效电容较电容器组中任何一个电容器的电容都要大，但各电容器上的电压却是相等的。

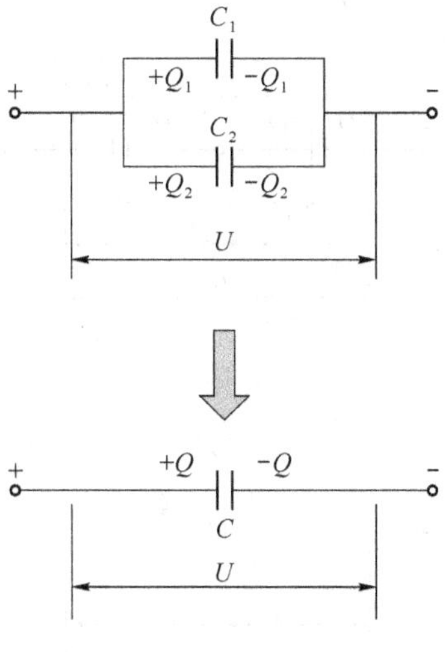

图 6-13　C_1 和 C_2 两个电容器并联

(2) 电容器的串联

如图 6-14 所示，有两个电容器的极板首尾相连接，这种连接叫作串联。设加在串联

电容器组上的电压为U，则两端的极板分别带有$+Q$和$-Q$的电荷。由于静电感应使虚线框内的两块极板所带的电荷分别为$-Q$和$+Q$。这就是说，串联电容器组中每个电容器极板上所带的电荷是相等的。根据式(6-3)可得每个电容器的电压为

$$U_1=\frac{Q}{C_1},\quad U_2=\frac{Q}{C_2}$$

而总电压U则为各电容器上的电压U_1、U_2之和，即

$$U=U_1+U_2=\left(\frac{1}{C_1}+\frac{1}{C_2}\right)Q$$

如果用一个电容为C的电容器来等效地代替串联电容器组，使它两端的电压为U时，它所带的电荷也为Q，则有

$$U=\frac{Q}{C}$$

把它与前式相比较，可得

$$\frac{1}{C}=\frac{1}{C_1}+\frac{1}{C_2} \tag{6-9}$$

这说明，串联电容器组等效电容的倒数等于电容器组中各电容倒数之和。

如果把式(6-9)改写为

$$C=\frac{C_1C_2}{C_1+C_2}$$

容易看出，串联电容器组的等效电容比电容器组中任何一个电容器的电容都小，但每一电容器上的电压却小于总电压。

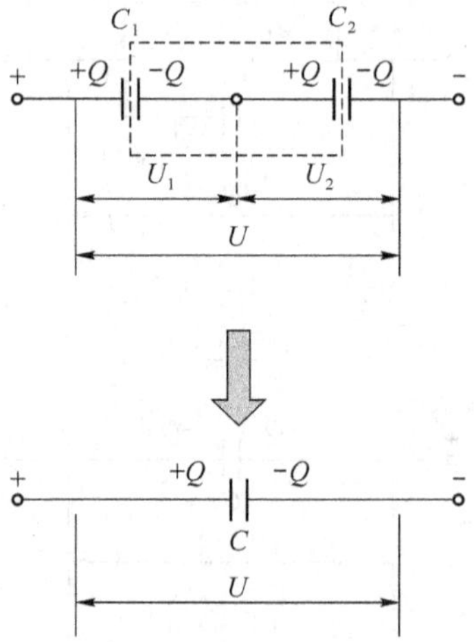

图 6-14　两个电容器 C_1 和 C_2 串联

例 6-3　有两组电容：$C_1=200$ pF，900 V，$C_2=300$ pF，500 V 和 $C_1=200$ pF，500 V，$C_2=300$ pF，900 V。如欲得 120 pF 电容，电源电压为 1 000 V，应怎样连接？取哪一组电容？

为什么？

解　将两电容器串联，则

$$\frac{1}{C}=\frac{1}{C_1}+\frac{1}{C_2}$$

得

$$C=120\ \text{pF}$$

即两组电容器分别串联后所得的电容值均符合题目要求。

要求电压分配，如图 6-15 所示，

$$U_1=\frac{q}{C_1},U_2=\frac{q}{C_2}$$

$$\frac{U_1}{U_2}=\frac{C_2}{C_1}=\frac{3}{2}$$

又知

$$U_1+U_2=1\ 000\ \text{V}$$

所以

$$U_1=600\ \text{V},U_2=400\ \text{V}$$

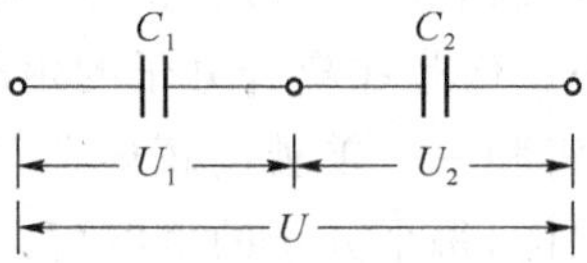

图 6-15　例 6-3 图

在第一组的条件下，加在各电容器两端的电压均不超过其耐压能力，不会被击穿；在第二组条件下，U_1 超过了 C_1 的耐压，C_1 被击穿，当 C_1 击穿后，1 000 V 电压都将加在 C_2 上，此时超过了 C_2 的耐压，C_2 也会被击穿，所以我们应取第一组电容器。

6.3* 静电场中的电介质

电介质是电阻率很大、导电能力很差的物质，电介质的主要特征在于它的原子或分子中的电子和原子核的结合力很强，电子处于束缚态。在一般条件下，电子不能挣脱原子核的束缚，因而在电介质内部能做宏观运动的电子极少，导电能力也就极弱。通常为了突出电场与电介质相互影响的主要方面，在静电问题中总是忽略电介质的微弱的导电性，把它看作理想的绝缘体。

6.3.1　电介质的极化

把电介质引入静电场时，在介质表面会出现正、负电荷，我们把这种现象叫作电介质的极化，它表面上出现的这种电荷叫作极化电荷。电介质上的极化电荷与导体上的感应电荷一样，反过来会改变电场的分布，它们相互影响，相互制约，最终达到平衡。但电介质极化达到平衡时，其内部的场强不为零。这显然有别于导体达到静电平衡时，内部场强为零的情况。而这种差异正是导体和电介质微观结构差异的反映。

从微观构造来看,金属导体的主要特征是:金属中存在可做宏观定向运动的自由电荷,即自由电子,这些自由电子在外电场作用下可在金属中定向运动,在达到静电平衡时,金属导体内的电场强度为零。而在构成电介质的分子中,原子核和电子之间的引力相当大,使得电子和原子核结合得非常紧密,电子处于被束缚状态。所以,在电介质内几乎不存在自由电子(或正离子)这样一些可以自由运动的电荷。当把电介质放到外电场中时,电介质中的电子等带电粒子只能在电场力作用下做微观的相对移动(这种移动不能超出原子的范围)。因此,由处于束缚状态的带电粒子的微小移动而造成的极化电荷在数量上要比导体上的感应电荷少得多。所以,极化电荷在电介质中产生的附加电场 $\boldsymbol{E}'$ 不足以把外电场 $\boldsymbol{E}_0$ 全部抵消,而只能使总场强有所削弱,所以电介质在静电场中达到平衡时,其内部电场不等于零。

由于电介质分子的电子处于原子核的束缚之中,因此每个电介质分子都可看成是中性分子,即分子中正、负电荷的电量相等。一般情况下,这些正、负电荷并不集中于一点,而是分布于分子所占据的体积中。但是在离开分子的距离比分子本身线度大得多的地方观察,分子中全部正电荷的影响将和一个单独的正电荷等效。这个等效正点电荷的位置称为这个分子的正电荷中心。同样,每个分子的负电荷也有一个负电荷中心。

有一类电介质分子中,由于负电荷的分布相对于正电荷而言并不对称,因而正电荷和负电荷的中心不相重合,这类电介质分子可以近似地看成是一对等值而异号的点电荷所组成的电偶极子,相应的电偶极矩称为分子的固有电矩,用 $\boldsymbol{p}_e$ 表示,这类分子称为有极分子。

另一类电介质分子中,由于负电荷对称地分布于正电荷的周围,正、负电荷的中心重合在一起,分子的等效电偶极矩为零。这类分子称为无极分子。

由此可见,在无外电场的情况下,根据电介质分子中正、负电荷中心是否重合,可把电介质分为有极分子电介质和无极分子电介质两大类。

由于这两类电介质是不同的,因此把它们放在外电场中产生极化的微观机制也将是不一样的。下面我们分别就这两种情况进行讨论。

(1) 无极分子的位移极化

当没有外电场作用时,无极分子电介质中任一部分都处于电中性状态,若加上外电场,在电场力的作用下,每个分子的正、负电荷中心将被拉开,形成一个等效的电偶极子,如图 6-16(a)所示。分子电偶极矩的方向沿外电场方向,这种在外电场作用下产生的电偶极矩称为感生电矩。对于一块电介质的整体来说,由于每个分子都在外电场作用下成为电偶极子,它们在电介质中将作如图 6-16(b)所示的排列,这些偶极子沿外电场方向排成一条条“链子”,链上相邻的偶极子间正、负电荷相互靠近,如果电介质是均匀的,其内部各处仍是电中性的。但在电介质与外电场垂直的两个表面上出现了正电荷和负电荷,这就是极化电荷。极化电荷不能在电介质中自由移动,也不能离开电介质转移到其他带电体上，所以又称它为束缚电荷。外电场越强，感生电矩也越大，电介质两表面上出现的极化电荷也越多。当外电场撤去后，正、负电荷中心又重合在一起。因此，无极分子类似于一个弹性电偶极子，其电偶极矩 $\boldsymbol{p}_e$ 的大小与场强成正比。由于电子质量比原子核质量小得多，在外电场作用下主要是电子产生位移。因此，无极分子的极化机制常称为电子性位移极化。

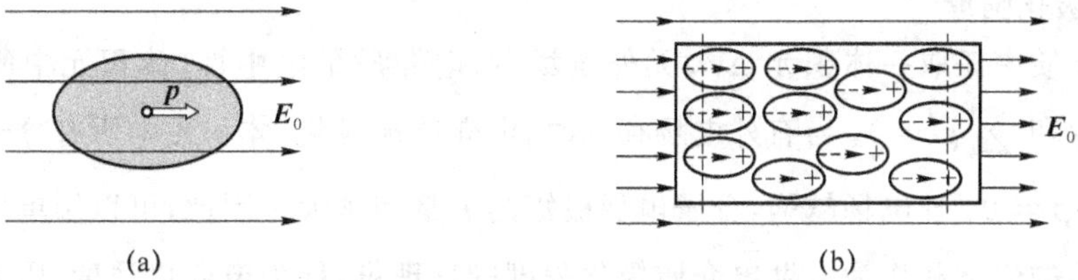

图 6-16 无极分子的极化示意图

(2) 有极分子的取向极化

当没有外电场作用时，虽然有极分子电介质中的每个分子都具有固有电矩，但由于分子无规则的热运动，分子固有电矩的排列是杂乱无章的，如图 6-17(a)所示。这样对一块电介质来说，所有分子电矩的矢量和等于零，即在宏观上电介质的各部分仍表现为电中性。如果加上外电场，则每个分子电矩都要受到力矩的作用，如图 6-17(b)所示，从而使分子电矩方向转向外电场的方向。不过，由于分子的热运动总是使分子电矩的排列趋于杂乱，因此不可能所有分子电矩都按照电场方向整齐地排列起来。当然，外电场越强，分子电矩排列得越整齐。对于整个电介质来说，不管排列的整齐程度怎样，在垂直于电场方向的两表面上也产生了极化电荷，如图 6-17(c)所示。由此可见，有极分子组成的电介质在外电场作用下产生极化是由于分子电矩转向的结果，所以这种极化机制称为取向极化。当然，有极分子在取向极化的同时，也要产生电子性位移极化，但是由于取向极化的效应比位移极化强得多，所以主要是取向极化。

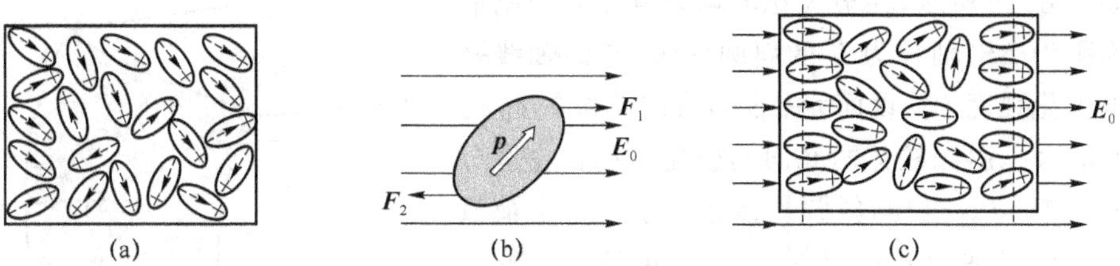

图 6-17 有极分子的极化示意图

从上面的讨论可以看出，两种电介质极化的微观机制虽然不一样，但在宏观的效果上都是相同的，都在电介质的两个相对端面上出现了异号的极化电荷，而且外电场越强，出现的极化电荷越多。因此，从宏观上描述电介质的极化现象时，就不需要把这两类电介质分开讨论。

6.3.2 电极化强度及其与极化电荷的关系

在电介质极化现象中，外电场越强，正负电荷中心的相对位移越大，分子电偶极矩沿电场方向排列得越整齐，介质表面出现的极化电荷越多，介质的极化程度越高。为了描述介质极化的程度，引入一个物理量——**电极化强度**。

1. 电极化强度

在电介质中任取一体积元 ΔV，无外电场时，电介质呈电中性，体积元中所有分子电偶极矩矢量和 $\sum \boldsymbol{p}=0$。当有外电场存在时，电介质被极化，体积元中所有分子电偶极矩矢量和 $\sum \boldsymbol{p}\neq 0$，外电场越强，分子电偶极矩的矢量和越大。因此，可以用单位体积中分子电偶极矩的矢量和作为量度电介质极化程度的物理量，称为**电极化强度**，用 $\boldsymbol{P}$ 表示，即

$$\boldsymbol{P}=\frac{\sum \boldsymbol{p}}{\Delta V} \tag{6-10}$$

在国际单位制中，电极化强度的单位是库[仑]每二次方米（C/m^2），与电荷面密度的单位相同。

实验证明，在各向同性的电介质中，任一点的电极化强度 $\boldsymbol{P}$ 与该点的总电场强度 $\boldsymbol{E}$ 成正比，而且二者的方向相同，即

$$\boldsymbol{P}=\chi_e\varepsilon_0\boldsymbol{E} \tag{6-11}$$

式中，χ_e 称为电介质的**电极化率**，它与电介质的种类有关，是用来表征介质属性的比例系数。如果电介质是各向同性的均匀介质，χ_e 是一常量。

2. 电极化强度与极化电荷的关系

极化电荷是由于电介质极化产生的，而且介质被极化的程度越高，介质表面上出现的极化电荷就越多，因此电极化强度与极化电荷间必然存在一定的关系。

如图 6-18 所示，在被极化的均匀电介质中割取一个面积为 ΔS、轴长为 L 的斜圆柱体，它的轴线平行于电极化强度 $\boldsymbol{P}$。设面元 ΔS 的法向单位矢 $\boldsymbol{e}_n$ 与 $\boldsymbol{P}$ 的夹角为 θ，斜圆柱体两底面的极化电荷面密度分别为 $+\sigma'$ 和 $-\sigma'$。这样，斜圆柱体相当于一个电荷量为 $q=\sigma'\Delta S$，极轴为 L 的电偶极子，其电偶极矩的大小为 $qL=\sigma'\Delta SL$。此电偶极矩的大小应等于斜圆柱体内所有分子电偶极矩矢量和的大小，即

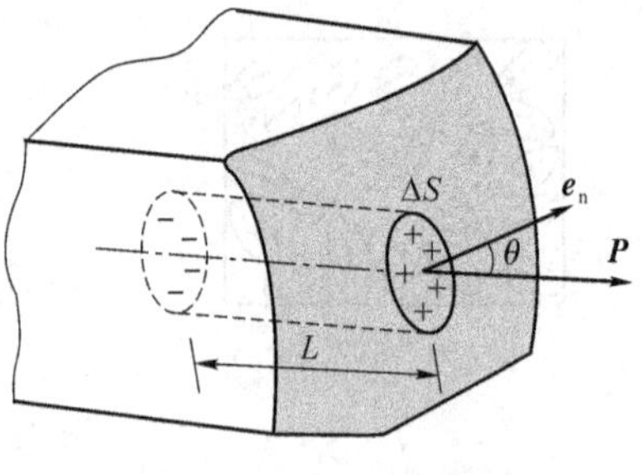

图 6-18　极化电荷面密度

$$\left|\sum \boldsymbol{p}_i\right|=\sigma'\Delta SL$$

又因斜柱体的体积为 $\Delta V=\Delta SL\cos\theta$，所以电极化强度的大小为

$$P=\frac{\left|\sum \boldsymbol{p}_i\right|}{\Delta V}=\frac{\sigma' \Delta SL}{\Delta SL\cos\theta}=\frac{\sigma'}{\cos\theta}$$

于是极化电荷面密度与电极化强度的关系为

$$\sigma'=P\cos\theta=P_{\mathrm{n}} \tag{6-12}$$

式(6-12)表明，均匀电介质极化时产生的极化面电荷密度在量值上等于该处电极化强度 $\boldsymbol{P}$ 沿介质表面外法线方向的分量。当 $0\leqslant\theta<90°$ 时，该表面处出现正极化电荷；当 $90°<\theta\leqslant180°$ 时，该表面处出现负极化电荷；而在 $\theta=90°$ 时，该表面处没有极化电荷。

作为特例，在充满均匀电介质的两个无限大带电平板中，$\boldsymbol{P}$ 与电介质表面垂直，即 $\theta=0$，电介质表面的极化电荷面密度为

$$\sigma'=P$$

6.3.3　有介质时的高斯定理和电位移矢量

在第 5 章中讨论的高斯定理只给出了自由电荷在真空中的情形，下面讨论均匀电场中充满各向同性的均匀电介质的情况。

还是以平行板电容器为例，如图 6-19 所示。平行板电容器中电介质的介电常数为 ε，当极板上有自由电荷时，电介质的表面会有极化电荷出现。设极板上自由电荷面密度为 σ_0，电介质表面极化电荷面密度为 σ'。作一个表面积为 S 的圆柱形高斯面，底面面积为 S_1 且与极板平行，上底面在极板中，下底面在介质中，高斯面所包围的电荷为自由电荷与极化电荷的代数和，则有

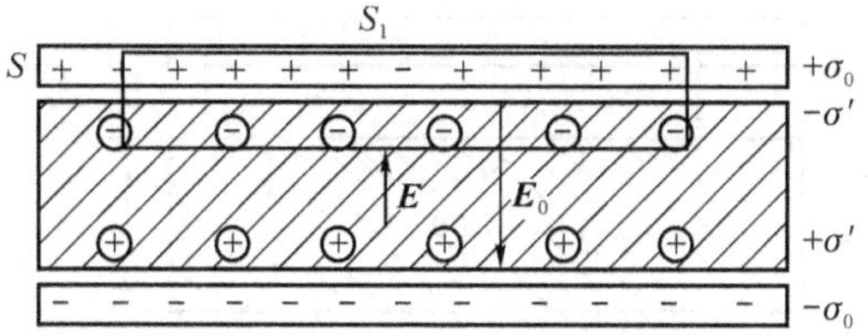

图 6-19　有介质时的高斯定理

$$Q_0=\sigma_0 S_1,\ -Q'=\sigma' S_1$$

电介质中的电场强度满足

$$\oint_S \boldsymbol{E}\cdot \mathrm{d}\boldsymbol{S}=\frac{1}{\varepsilon_0}(Q_0-Q') \tag{6-13}$$

又因为 $\sigma'=\left(1-\dfrac{1}{\varepsilon_{\mathrm{r}}}\right)\sigma_0$，代入上式可得

$$\oint_S \boldsymbol{E}\cdot \mathrm{d}\boldsymbol{S}=\frac{Q_0}{\varepsilon_0\varepsilon_{\mathrm{r}}}=\frac{Q_0}{\varepsilon}$$

对于一般电介质来说，其介电常数 ε 是一个常数，所以上式可改写为

$$\oint_S \varepsilon \boldsymbol{E} \cdot \mathrm{d}\boldsymbol{S} = Q_0 = \oint_S \boldsymbol{D} \cdot \mathrm{d}\boldsymbol{S} \tag{6-14}$$

式中，$\boldsymbol{D}$ 称为**电位移矢量**，$\boldsymbol{D}=\varepsilon_0\varepsilon_r\boldsymbol{E}$，单位为库[仑]每二次方米（$C/m^2$）；$\oint_S \boldsymbol{D}\cdot\mathrm{d}\boldsymbol{S}$ 称为**电位移通量**。

虽然式(6-14)是从平行板电容器的特例中得到的，但是可以证明，在一般情况下它也是成立的。因此一般情况下**有介质时的高斯定理**表述为：在任何电场中，通过任意一个闭合曲面的电位移通量等于该面所包围的自由电荷的代数和。数学表达式为

$$\oint_S \boldsymbol{D} \cdot \mathrm{d}\boldsymbol{S} = \sum_{i=1}^{n} Q_i \tag{6-15}$$

需要注意的是，电场线是从正电荷出发止于负电荷，这里说的电荷既包括自由电荷又包括极化电荷；而电位移线是从正自由电荷出发，止于负自由电荷。电场强度 $\boldsymbol{E}$ 的物理意义是作用在单位正电荷上的力，而电位移矢量 $\boldsymbol{D}$ 却没有明确的物理意义，只是一个辅助计算的矢量，描述电场中的力时仍然要用电场强度 $\boldsymbol{E}$。

例 6-4 如图 6-20 所示，一平行板电容器极板面积 $S=100\ \mathrm{cm}^2$，极板间距 $d=1.00$ cm。将其接入 100 V 电源上充电，稳定后切断电源，再插入电介质板，其面积亦为 $100\ \mathrm{cm}^2$，厚度 $b=0.50$ cm，相对电容率 $\varepsilon_r=7.00$，求：

(1) 导体板与电介质间空隙中的 D_0、E_0；

(2) 电介质中的 D、E；

(3) 两导体板间的电压 U。

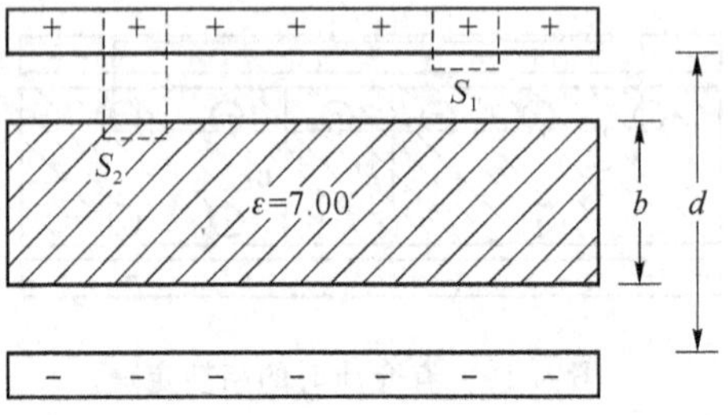

图 6-20 例 6-4 图

解 电源切断后，极板上的自由电荷 q_0 保持不变，其值为

$$\begin{aligned} q_0 &= C_0U_0 = \left(\frac{\varepsilon_0 S}{d}\right)U_0 \\ &= \frac{8.85\times10^{-12}\times100\times10^{-4}}{1.00\times10^{-2}}\times100\ \mathrm{C} \\ &= 8.85\times10^{-10}\ \mathrm{C} \end{aligned}$$

(1) 如图 6-20 所示，作一闭合圆柱面 S_1，其底面积为 ΔS，轴线与板面垂直，上底在极板中，下底在空隙中，则穿过圆柱面 S_1 的电通量

$$\Phi = \oint_{S_1} \boldsymbol{D}_0 \cdot \mathrm{d}\boldsymbol{S} = D_0 \Delta S = q = \sigma_0 \Delta S$$

于是有

$$D_0 = \sigma_0 = \frac{q_0}{S} = \frac{8.85\times10^{-10}\ \mathrm{C}}{100\times10^{-4}\ \mathrm{m}^2} = 8.85\times10^{-8}\ \mathrm{C/m^2}$$

$$E_0 = \frac{D_0}{\varepsilon_0} = \frac{8.85\times10^{-8}}{8.85\times10^{-12}}\ \mathrm{V/m} = 1.0\times10^4\ \mathrm{V/m}$$

(2) 在图 6-20 中作闭合圆柱面 S_2，其底面积为 ΔS，圆柱面轴线垂直于极板，上底仍在极板中，下底在电介质中，则穿过曲面 S_2 的电通量 $\Phi = D\Delta S$（D 表示电介质中电位移矢量 $\boldsymbol{D}$ 的大小），由介质中的高斯定理可得

$$D = \sigma_0 = D_0 = 8.85\times10^{-8}\ \mathrm{C/m^2}$$

故电介质中的场强值

$$E = \frac{D}{\varepsilon_r\varepsilon_0} = \frac{8.85\times10^{-8}}{7\times8.85\times10^{-12}}\ \mathrm{V/m} = 1.43\times10^3\ \mathrm{V/m}$$

(3) 据电势与场强的关系可得插入电介质后，两极板间的电压

$$\begin{aligned} U &= E_0(d-b) + Eb \\ &= [1.00\times10^4\times(1.00-0.50)\times10^{-2} + 1.43\times10^3\times0.50\times10^{-2}]\ \mathrm{V} \\ &= 57.2\ \mathrm{V} \end{aligned}$$

6.4　静电场的能量

6.4.1　电容器的电能

如图 6-21 所示，有一电容为 C 的平行平板电容器正处于充电过程中，设在某时刻两极板之间的电势差为 U，此时若继续把 $+\mathrm{d}q$ 电荷从带负电的极板移到带正电的极板时，外力因克服静电力而需做的功为

$$\mathrm{d}A = U\mathrm{d}q = \frac{1}{C}q\,\mathrm{d}q$$

欲使电容器两极板分别带有 $\pm Q$ 的电荷，则外力做的总功为

$$A = \frac{1}{C}\int_0^Q q\mathrm{d}q = \frac{Q^2}{2C} = \frac{1}{2}QU = \frac{1}{2}CU^2 \qquad (6\text{-}16\mathrm{a})$$

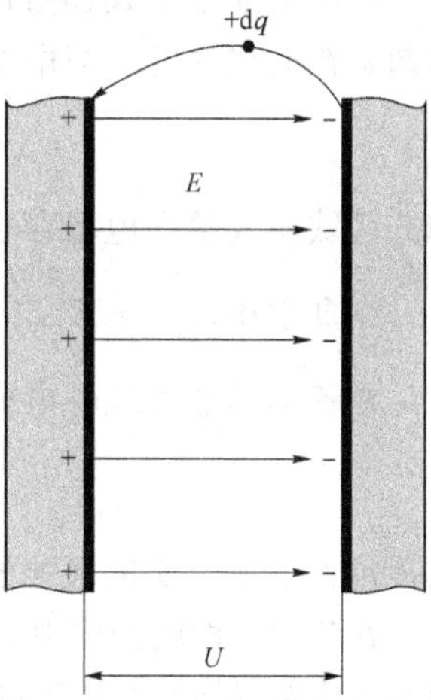

图 6-21　电容器的电能

根据广义的功能原理，该功将使电容器的能量增加，也就是电容器储存了电能 W_e。于是，有

$$W_e = \frac{1}{2}\frac{Q^2}{C} = \frac{1}{2}CU^2 = \frac{1}{2}QU \qquad (6\text{-}16\mathrm{b})$$

从上述讨论可见，在电容器的带电过程中，外力通过克服静电场力做功，把非静电能转换为电容器的电能了。

6.4.2 静电场的能量

从上面的讨论可以看到，带电体系具有一定的电能，那么这些电能究竟集中在电荷上还是定域于电场中呢？这个问题在静电学中无法回答，因为在静电场中电场总是伴随着电荷而存在的。大量实验事实表明，电能定域于电场之中。所以，带电体系具有的能量实质上就是该体系所建立的电场能量。

下面仍以平行板电容器为例，推导静电场的能量公式。由式(6-16)知，电容器的电能 $W_e=\frac{1}{2}CU^2$，此能量应储存于电容器两极板间的电场中。由于 $U=Ed$，$C=\frac{\varepsilon S}{d}$，所以

$$W_e=\frac{1}{2}\frac{\varepsilon S}{d}(Ed)^2=\frac{1}{2}\varepsilon E^2(Sd)$$

式中，S 为平行板电容器极板的面积，d 为极板之间的距离，因此 Sd 为电容器两极板间的体积，也就是全部电场所占空间的体积。由于极板间的电场是均匀的，因而能量的分布也应是均匀的。其单位体积内的能量，即电场能量密度为

$$w_e=\frac{W_e}{Sd}$$

所以

$$w_e=\frac{1}{2}\varepsilon E^2=\frac{1}{2}\boldsymbol{D}\cdot\boldsymbol{E} \tag{6-17}$$

电场电能密度式(6-17)虽然是通过平行板电容器中的均匀电场的特例推导出来的，但却是普遍成立的。当电场不均匀时，电场的总能 W_e 应等于电能密度的体积分，即

$$W_e=\int_V w_e\mathrm{d}V \tag{6-18}$$

积分区域遍及整个电场存在的空间。

在真空中，$D=\varepsilon_0\boldsymbol{E}$，式(6-17)简化为 $w_e=\frac{1}{2}\varepsilon_0E^2$，它纯粹是指电场的能量。

在各向同性的线性电介质中，$D=\varepsilon_r\varepsilon_0\boldsymbol{E}$，有

$$w_e=\frac{1}{2}\varepsilon_r\varepsilon_0E^2$$

它还包含了电介质的极化能。

在各向异性电介质中，一般而言 $\boldsymbol{D}$ 与 $\boldsymbol{E}$ 方向不同，这时必须采用普遍的表达式(6-17)。对非线性有损耗的电介质没有上述简单的结果。这时，在对电介质所做的极化功中，只有一部分转化为极化能，另一部分则转化为热能。

例 6-5 如图 6-22 所示，A 是半径为 R 的导体球，带有电荷量 q，球外有一不带电的同心导体球壳 B，其内、外半径分别为 a 和 b，求这一带电系统的电场能量。

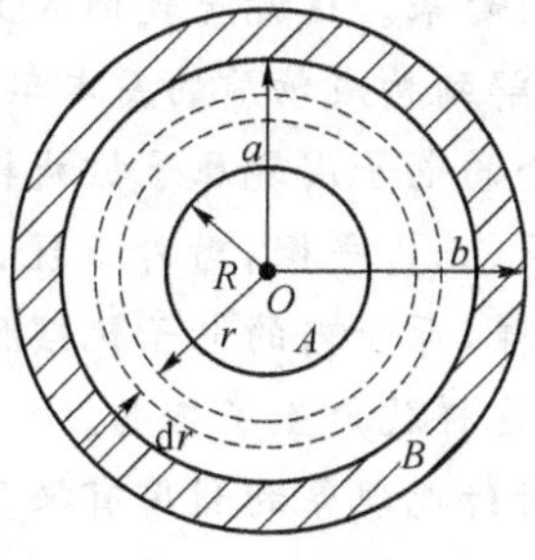

图 6-22　例 6-5 图

解　应用高斯定理，可以求出该系统的场强分布

$$E(r)=\begin{cases}0 & (r<R,a<r<b)\\ \dfrac{q}{4\pi\varepsilon_0 r^2} & (R<r<a,r>b)\end{cases}$$

式中，r 表示从球心 O 到任一场点的距离。

以 O 为中心作一半径为 r、厚度为 $\mathrm{d}r$ 的薄球壳，其体积 $\mathrm{d}V=4\pi r^2\mathrm{d}r$，储存的能量

$$\begin{aligned}\mathrm{d}W_{\mathrm{e}}&=w_{\mathrm{e}}\mathrm{d}V=\left(\frac{1}{2}\varepsilon_0\varepsilon_{\mathrm{r}}E^2\right)(4\pi r^2\mathrm{d}r)\\&=\begin{cases}0\\ \dfrac{1}{2}\varepsilon_0\left(\dfrac{q}{4\pi\varepsilon_0 r^2}\right)^2 4\pi r^2\mathrm{d}r\end{cases}\\&=\begin{cases}0 & (r<R,a<r<b)\\ \dfrac{q^2\mathrm{d}r}{8\pi\varepsilon_0 r^2} & (R<r<a,r>b)\end{cases}\end{aligned}$$

故带电系统的电场所储存的能量

$$\begin{aligned}W_{\mathrm{e}}&=\int_V\mathrm{d}W_{\mathrm{e}}=\int_R^a\frac{q^2}{8\pi\varepsilon_0 r^2}\mathrm{d}r+\int_b^{\infty}\frac{q^2}{8\pi\varepsilon_0 r^2}\mathrm{d}r\\&=\frac{q^2}{8\pi\varepsilon_0}\left(\frac{1}{R}-\frac{1}{a}+\frac{1}{b}\right)\end{aligned}$$

阅读材料六

静电现象

在日常生活中，我们用梳子在梳理头发的时候，常常会发现毛发在高压静电场力的作用下形成射线状。我们在每天夜晚脱衣服的时候，也常常会发现一种闪光效应和噼里啪啦的闪光声响。有时，我们在触摸猫或狗的皮毛时，会受到微量的“电击”。还有，用梳子

理一下头发，就可以将碎纸屑吸引起来。这就是我们常说的“电”现象。

早在初中的物理课我们就了解到构成物质的基本单位是原子。原子的质量基本集中在带正电的原子核上，而质量极小的电子围绕原子核旋转。不论是哪一种原子，在正常情况下，其核电荷数和电子数量相同，正负平衡，对外表现出电中性。一旦原子受到了外界的某些干扰，比如摩擦、化学作用等，原子内的电子就摆脱原子核的束缚，与原来的原子脱离，使得原子中正负电荷不平衡，这样就产生了静电。

在日常生活和工业生产中，对静电现象的利用有很多，下面列举一些例子。

(1) 静电除尘器：静电除尘是利用静电场的作用，使气体中悬浮的尘粒带电而被吸附，并将尘粒从烟气中分离出来而将其去除。

(2) 静电分离机：提纯工业原料。

(3) 静电复印、印刷技术：利用光电导敏感材料在曝光时按影像发生电荷转移而存留静电潜影，经一定的干法显影、影像转印和定影而得到复制件。

(4) 静电喷涂：利用静电吸附作用将聚合物涂料微粒涂敷在接地金属物体上，然后将其送入烘炉以形成厚度均匀的涂层。

(5) 静电纺纱：在纺纱过程中利用静电场对纤维的作用力，使纤维得到伸直、排列和凝聚，并在自由端须条加拈时起到平衡的作用，使纺纱能连续进行。

(6) 静电植绒：利用静电场作用力使绒毛极化并沿电场方向排列，同时被吸在涂有黏合剂的基底上成为绒毛制品。

静电在高技术领域也得到一些应用，主要有以下几方面。

(1) 静电火箭发动机：属电火箭发动机的一种，与化学火箭发动机不同，所用的能源与工质分开。静电火箭发动机的特点是比冲高、寿命长（可起动上万次，累计工作上万小时），但推力很小，适用于航天器的姿态控制、位置保持和星际航行等。静电火箭发动机的工质（如汞、铯、氢等）从储存箱经过电离室电离成离子，在引出电极的静电场力作用下加速形成射束。离子射束与中和器发射的电子耦合形成中性的高速束流，喷射而产生推力。推力通常在$(0.5\sim25)\times10^{-5}$ N之间，比冲达 8 500～20 000 s。

(2) 静电轴承：利用电场力使轴悬浮的滑动轴承。用电场力和磁场力共同悬浮的是组合式轴承。因静电轴承需要很高的电场强度，其应用受到限制，只在少数特殊仪表中使用。

(3) 静电陀螺仪：又称电浮陀螺，是陀螺传感器的一种。在金属球形空心转子的周围装有均匀分布的高压电极，对转子形成静电场，用静电力支撑高速旋转的转子。这种方式属于球形支撑，转子不仅能绕自转轴旋转，同时也能绕垂直于自转轴的任何方向转动，故属自由转子陀螺仪类型。静电场仅有吸力，转子离电极越近吸力就越大，这就使转子处于不稳定状态。用一套支撑电路改变转子所受的力，可使转子保持在中心位置。静电陀螺仪采用非接触支撑，不存在摩擦，所以精度很高，是高精度惯性导航系统的重要元件。但它不能承受较大的冲击和振动。其另一缺点是结构和制造工艺复杂，成本较高。

(4) 静电透镜:是电子透镜中的一种。在旋转对称型的若干个导体电极上分别加上一定的直流电压形成旋转对称静电场。例如,由等半径或不等半径的双圆筒电极构成的浸没透镜,由等半径或不等半径的 3 个圆筒或 3 个光阑构成的单电位透镜以及由阴极、调制极和阳极构成的阴极透镜等都是静电透镜。

随着科学技术的发展,静电现象将会有更广泛的应用。

任何事物都会有两面性,静电现象也不例外。静电现象可以在生活与生产中给我们带来很多帮助,但同时如果防护不到位,它也会给我们带来许多危害。下面简要地举一些例子。

日常生活中,对于人体来说,如果长期处于静电辐射的环境中,会使人产生焦躁不安、头痛、胸闷等不适症状。静电可吸附空气中的尘埃,而尘埃中往往含有很多有害物质对皮肤有一定程度的损伤,若被吸入体内还会引发呼吸道疾病。另外,由于穿着、气候、摩擦等各种原因,我们身上会有一定的静电积累,如果突然接触金属物体,就会因放电而被电击,可能会造成一些次生事故。

在生产中,静电的存在会影响到一些产品的质量。比如,在生产皮革、塑料等产品时,所用材料大多是绝缘的,并且生产速度快,会使产品上有过多的静电荷积累,不仅使产品质量无法达标,也给工人带来了一定的危险。此外,静电的一个重大危害就是带来爆炸的威胁。比如,石油在管道内流动、煤气从管道口高速喷出、含煤粉的空气在网管中流动等都会由于摩擦而产生静电的积累,当积累过多时,就会因为产生电火花而引起爆炸。这方面的事故已经发生过多次,带来了很多损失。因此,在煤矿作业、石油存储等过程中,都必须注意静电带来的潜在威胁。采取有效措施防止险情的发生,避免造成不必要的损失。

静电危害的防止措施主要有减少静电的产生、设法导走或消散静电和防止静电放电等。其方法有接地法、中和法和防止人体带静电等。具体采用哪种方法,应结合生产工艺的特点和条件,加以综合考虑后选用。

(1) 接地:接地是消除静电最简单、最基本的方法,它可以迅速地导走静电。但要注意带静电物体的接地线必须连接牢固,并有足够的机械强度,否则在松断部位可能会产生火花。

(2) 静电中和:绝缘体上的静电不能用接地的方法来消除,但可以利用极性相反的电荷来中和,目前“中和静电”的方法是采用感应式消电器。消电器的作用原理是:当消电器的尖端接近带电体时,在尖端上能感应出极性与带电体上静电极性相反的电荷,并在尖端附近形成很强的电场,该电场使空气电离后,产生正、负离子,在电场作用下,分别向带电体和消电器的接地尖端移动,由此促使静电中和。

(3) 防止人体带静电:人在行走、穿、脱衣服或座椅上起立时,都会产生静电,这也是一种危险的火花源,经试验,其能量足以引燃石油类蒸汽。因此,在易燃的环境中,最好不要穿化纤类衣物,在放有危险性很大的炸药、氢气、乙炔等物质的场所,应穿用导电纤维制成的防静电工作服和导电橡胶做成的防静电鞋。

可以说，在生活中，静电现象无处不在。它可以为我们带来很多帮助，又有可能给我们造成一定危害。我们只有正确地认识静电现象，正确地利用静电，才能够减少它带给我们的不利影响，让它更好地服务于我们。

思考题

6-1　静电平衡的条件是什么？处于静电平衡的导体具有哪些基本特征？

6-2　为什么要引入电位移矢量 $\boldsymbol{D}$？它与场强 $\boldsymbol{E}$ 有什么关系？

6-3　有人说电位移矢量 $\boldsymbol{D}$ 与自由电荷有关，而与束缚电荷无关，这种说法对吗？为什么？

6-4　电介质的极化与导体的静电感应有什么相似之处？有什么不同？

6-5　感应电荷与极化电荷有什么区别？

6-6　为什么高压电气设备上的金属部件的表面要尽可能不带棱角？

6-7　电势的定义是单位电荷具有的电势能，为什么带电电容器的能量是 $QU/2$，而不是 QU 呢？

练习题

6-1　一空气平行板电容器，两极板间距为 d，充电后板间电压为 U。然后将电源断开，在两板间平行地插入一厚度为 $d/3$ 的金属板，则板间电压变成 $U'=$__________。

6-2　在同一条电场线上的任意两点 A、B，其场强大小分别为 E_A 及 E_B，电势分别为 U_A 和 U_B，则以下结论中正确的是（　　）。

A. $E_A=E_B$　　B. $E_A\neq E_B$　　C. $U_A=U_B$　　D. $U_A\neq U_B$

6-3　有两个同心球面，半径分别为 $R_1=10.0\ \text{cm}$，$R_2=12.0\ \text{cm}$，两球面都均匀带电。已知两球面之间的电势差 $U=U_{R_1}-U_{R_2}=900\ \text{V}$，外球面的电势是 $U_{R_2}=750\ \text{V}$。求各球面的带电量。

6-4　半径为 R_1 的导体球带有电荷 q，球外有一个内、外半径分别为 R_2、R_3 的同心导体球壳，壳上带有电荷 Q，如习题 6-4 图所示。求：

(1) 两球的电势 U_1 和 U_2；

(2) 两球的电势差 U；

(3) 用导线把球和壳连在一起，U_1、U_2 和 U 分别是多少？

(4) 在情形(1)和(2)中，如果外球壳接地，U_1、U_2 和 U 分别是多少？

6-5　如习题 6-5 图所示，电容 C_1、C_2、C_3 已知，电容 C 可调，当调节到 A、B 两点电势相等时，电容 $C=$__________。

6-6　如习题 6-6 图所示，在充电后不断开电源及断开电源的情况下，将相对电容率为 ε_r 的电介质填充到电容器中，则电容器储存的电场能量对不断开电源的情况是__________，对断开电源的情况是__________（选填：增加，不变，减少）。

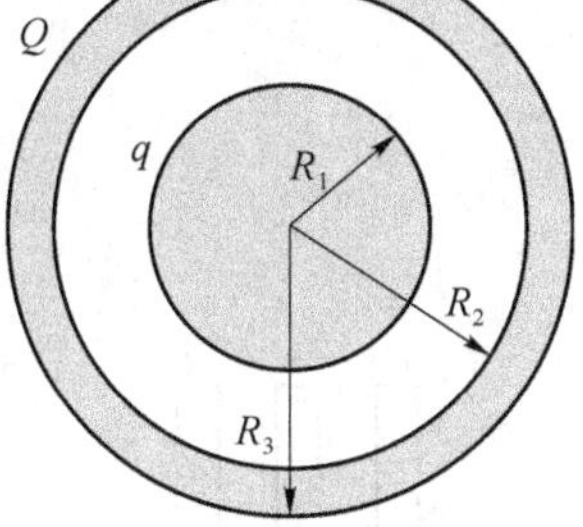

习题 6-4 图

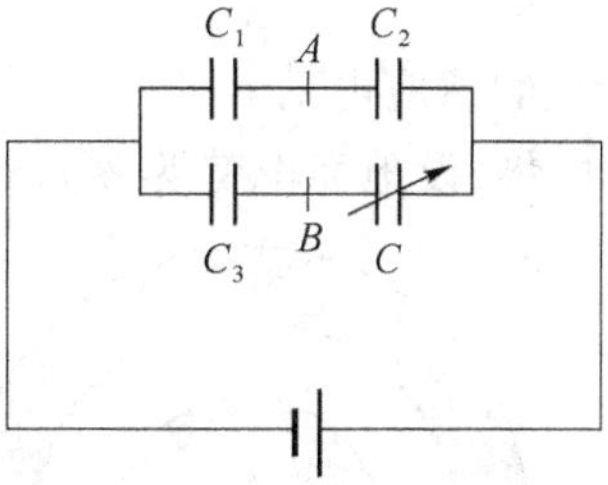

习题 6-5 图

6-7　如习题 6-7 图所示，三块平行导体平板 A、B、C 的面积均为 S，其中 A 板带电 Q，B、C 板不带电，A 和 B 间相距为 d_1，A 和 C 之间相距为 d_2。求：

(1) 各导体板上的电荷分布和导体板间的电势差；

(2) 将 B、C 导体板分别接地，再求导体板上的电荷分布和导体板间的电势差。

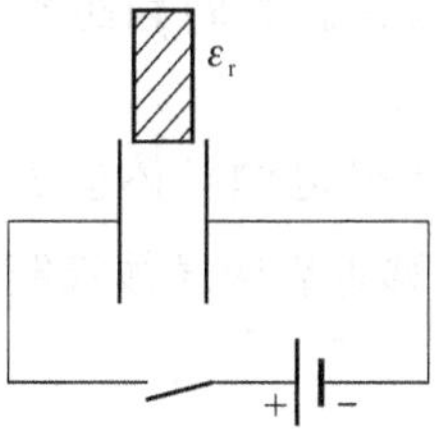

习题 6-6 图

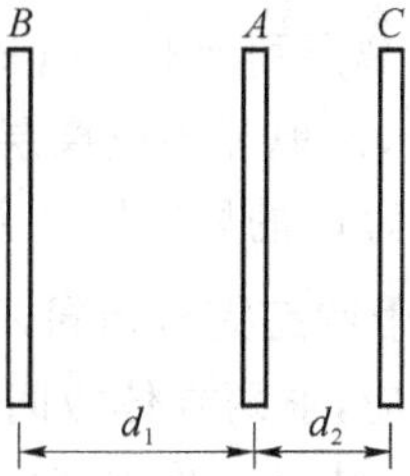

习题 6-7 图

6-8　如习题 6-8 图所示，在一半径为 $R_1=6.0$ cm 的金属球 A 外面套有一个同心的金属球壳 B。已知球壳 B 的内、外半径分别为 $R_2=8.0$ cm，$R_3=10.0$ cm。设 A 球带有总电荷 $Q_A=3.0\times10^{-8}$ C，球壳 B 带有总电荷 $Q_B=2.0\times10^{-8}$ C。求：

(1) 球壳 B 内、外表面上所带的电荷以及球 A 和球壳 B 的电势；

(2) 将球壳 B 接地后断开，再把金属球 A 接地，求金属球 A 和球壳 B 内、外表面上所带的电荷以及球 A 和球壳 B 的电势。

6-9　盖革-米勒管可用来测量电离辐射，该管是由一根细金属丝和包围它的同轴导电圆筒组成（构成两电极）的，两电极间充以相对介电常数 $\varepsilon_r\approx1$ 的气体，当电离粒子通过气体时，能使其电离。若两极间有电势差时，极间有电流，从而可测出电离粒子的数量。设金属丝的直径为 2.5×10^{-2} mm，圆筒直径为 25 mm，管长 100 mm，计算该管的电容（忽略边缘效应）。

6-10　两金属球的半径之比为 1∶4，带等量的同号电荷。当两者的距离远大于两球半径时，有一定的电势能。若将两球接触一下再移回原处，则电势能变为原来的多少倍？

6-11　如习题 6-11 图所示，三块平行的金属板 A、B、C 的面积均为 200 cm^2，A、B 相距 4 mm，A、C 相距 2 mm，B、C 两板均接地。若 A 板所带电荷 $Q=3.0\times10^{-7}$ C，忽略边缘效应，求：

(1) B、C 上的感应电荷；

(2) A 板电势(设地面电势为零)。

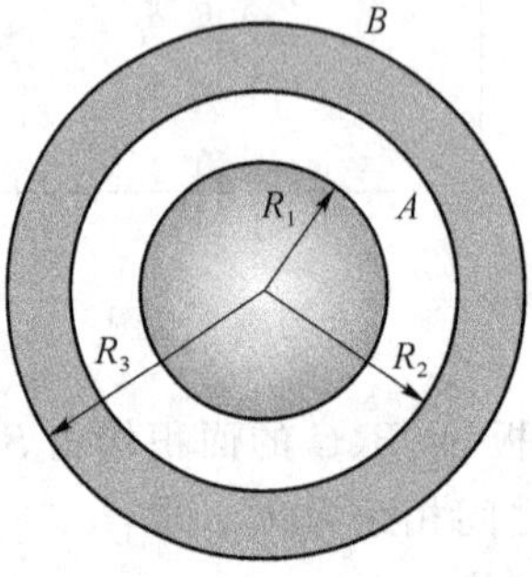

习题 6-8 图

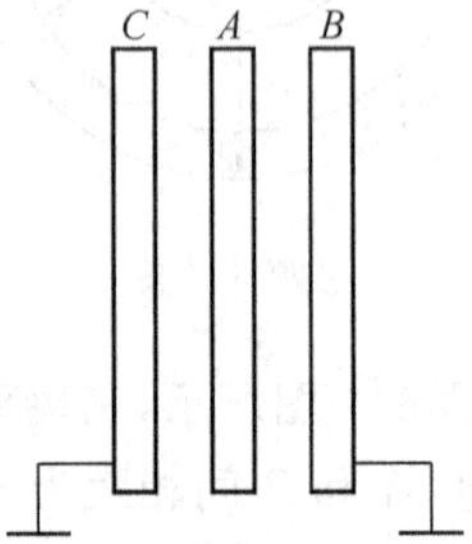

习题 6-11 图

6-12　地球和电离层可当作一个球形电容器，它们之间相距约为 100 km，试估算地球电离层系统的电容，设地球与电离层之间为真空。

6-13　将带电量为 Q 的导体板 A 从远处移至不带电的导体板 B 附近(如习题 6-13 图所示)，两导体板几何形状完全相同，面积均为 S，移近后两导体板距离为 $d(d\ll\sqrt{S})$。

(1) 忽略边缘效应，求两导体板间的电势差；

(2) 若将 B 接地，结果又将如何？

6-14　如习题 6-14 图所示，两块边长为 a 的正方形板构成电容，相互间倾角为 θ。求证：当 θ 很小时，其电容 $C=\varepsilon_0\dfrac{a^2}{d}\left(1-\dfrac{\theta a}{2d}\right)$。

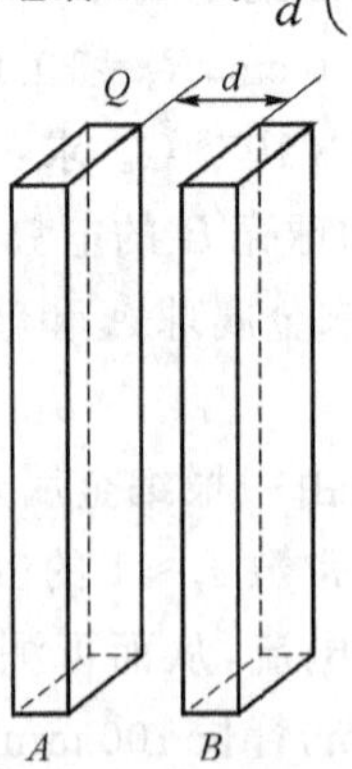

习题 6-13 图

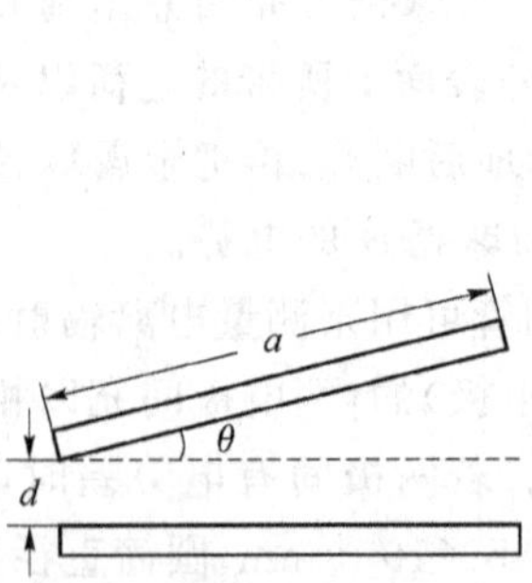

习题 6-14 图

6-15　一导体 A 带电荷量 Q_1，其外包一导体壳 B，带电荷量 Q_2，且不与导体 A 接触。试证在静电平衡时，B 的外表面带电荷量为 Q_1+Q_2。

6-16　半径为 R_1 的导体球，带有电荷 q；球外有内、外半径分别为 R_2、R_3 的同心导体球壳，球壳带有电荷 Q。

(1) 求导体球和球壳的电势 U_1 和 U_2；

(2) 若球壳接地，求 U_1 和 U_2。

6-17　人体的某些细胞壁两侧带有等量的异号电荷。设某细胞壁厚为 5.2×10^{-9} m，两表面所带面电荷密度为 $\pm5.2\times10^{-3}$ C/m，内表面为正电荷。如果细胞壁物质的相对电容率为 6.0，求：

(1) 细胞壁内的电场强度；

(2) 细胞壁两表面间的电势差。

6-18　平行板空气电容器的极板面积为 S，两板的间距为 d。用电源充电后，两极板上分别带电 $\pm Q$。现将两极板与电源断开，然后再将两极板拉开距离到 $2d$。求：

(1) 外力克服两极相互吸引所做的功；

(2) 两极板间的相互吸引力。

6-19　两导体球 A、B 半径分别为 $R_1=0.5$ m、$R_2=1.0$ m，中间以导线连接，两球外分别包以内半径为 $R=1.2$ m 的同心导体球壳（与导线绝缘）并接地，导体间的介质均为空气，如习题 6-19 图所示。已知：空气的击穿电场强度为 3×10^6 V/m，今使 A、B 两球所带电荷逐渐增加，计算：

(1) 此系统何处首先被击穿？这里电场强度为何值？

(2) 击穿时两球所带的总电荷量 Q 为多少（设导线本身不带电，且对电场无影响。真空介电常数 $\varepsilon_0=8.85\times10^{-12}$ C^2/(N·m^2)）？

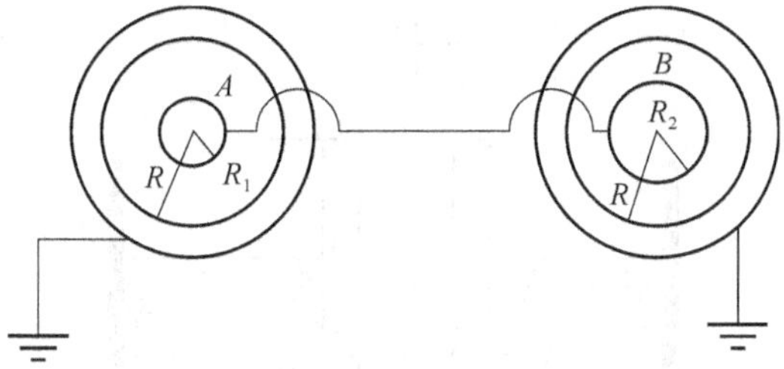

习题 6-19 图

6-20　平行板电容器的两极板间距 $d=2.00$ mm，电势差 $U=400$ V，其间充满相对电容率 $\varepsilon_r=5$ 的均匀玻璃片，略去边缘效应，求极板上的面电荷密度 σ_0。

6-21　有一平行平板电容器，两极板被厚度为 0.01 mm 的聚四氯乙烯薄膜所隔开。求该电容器的额定电压。

6-22　如习题 6-22 图所示，由两块相距为 0.50 mm 的薄金属板 A、B 构成的空气平板电容器被屏蔽在一个金属盒 K 内，金属盒上、下两壁与 A、B 分别相距 0.25 mm，金属板面积为 $30\times40\ \text{mm}^2$。求：

(1) 被屏蔽后的电容器电容变为原来的几倍？

(2) 若电容器的一个引脚不慎与金属屏蔽盒相碰，问此时的电容又为原来的几倍？

6-23　半径为 2.0 cm 的导体球外，套有一个与它同心的导体球壳，壳的内、外半径分别为 4.0 cm 和 5 cm，球与壳间以及壳外是空气。当内球带电荷量为 3.0×10^{-8} C 时，求：

(1) 这个系统储存的电能；

(2) 若用导线把壳与球连在一起，此时系统储存的电能。

6-24　在点 A 和点 B 之间有 5 个电容器，其连接如习题 6-24 图所示。

(1) 求 A、B 两点之间的等效电容；

(2) 若 A、B 之间的电势差为 12 V，求 U_{AC}、U_{CD} 和 U_{DB}。

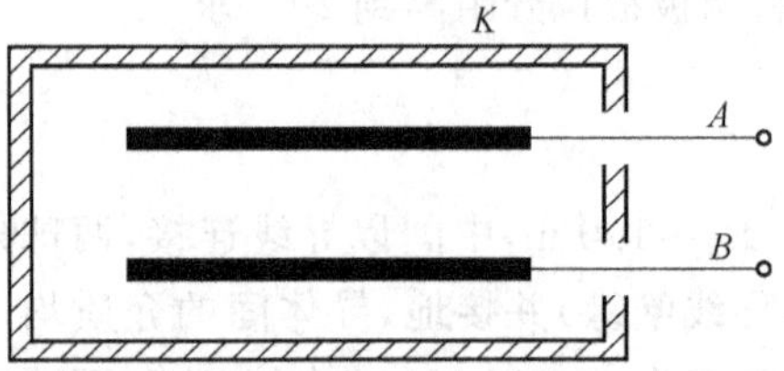

习题 6-22 图

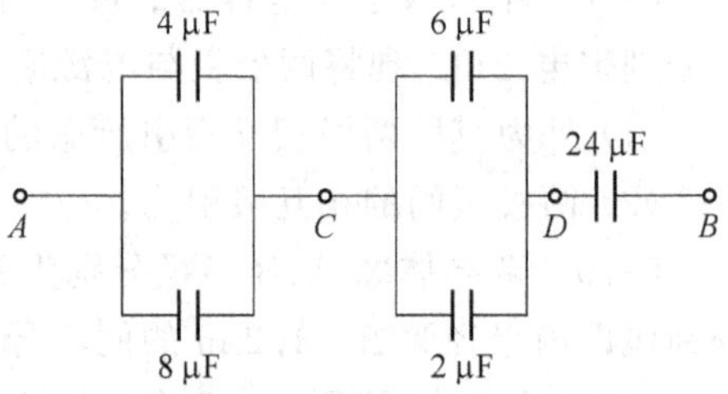

习题 6-24 图

6-25　一种利用电容器控制绝缘油液面的装置如习题 6-25 图所示。平行板电容器的极板插入油中，极板与电源以及测量用电子仪器相连。当液面高度变化时，电容器的电容值发生改变，使电容器产生充放电，从而控制电路工作。已知极板的高度为 a，油的相对电容率为 ε_r，试求此电容器等效相对电容率与液面高度 h 的关系。

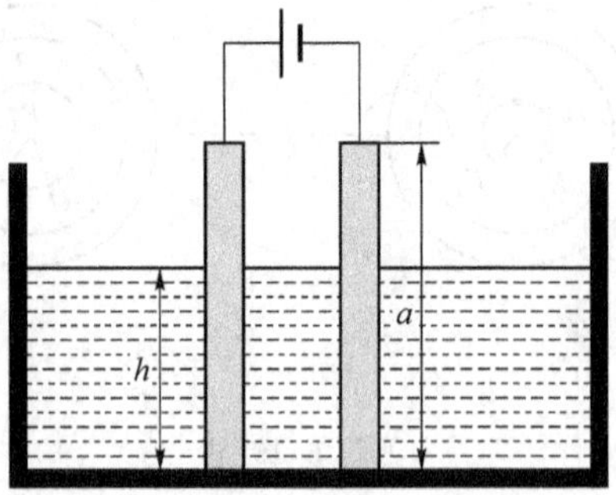

习题 6-25 图

6-26　有三个同心的薄金属球壳，它们的半径分别为 a、b、c($a<b<c$)，带电量分别为 q_1、q_2、q_3。求这一带电体系的静电能。

第7章 稳恒磁场

1820年，丹麦物理学家奥斯特通过实验发现，电流与电流之间存在相互作用。这种相互作用是通过一种特殊的物质形式——由电流激发的场来传递的。这种场能使置于其中的小磁针发生偏转，因而称为磁场。本章主要讨论真空中恒定电流激发的磁场，也称恒定磁场或静磁场。为此，我们先简要介绍一下恒定电流的相关概念，再侧重讨论恒定磁场的基本性质及规律。

7.1 恒定电流和电动势

7.1.1 电流和电流密度

1. 电流

电流是由大量电荷的定向运动形成的。当导体内部的场强不为零时，导体中的自由电荷将受到电场力的作用而做定向运动，电荷的定向运动形成电流。形成电流的带电粒子统称为载流子。载流子可以是电子、质子和离子等。

电流的强弱用电流强度来描述。电流强度是单位时间内通过导体某一横截面的电荷，简称电流，用 I 表示。若在时间间隔 $\mathrm{d}t$ 内，通过导体截面的电荷为 $\mathrm{d}q$，则

$$I=\frac{\mathrm{d}q}{\mathrm{d}t} \tag{7-1}$$

如果电流不随时间变化，则叫作恒定电流。

电流是标量，习惯上将正电荷的定向运动方向规定为电流的方向。在导体中电流的方向从高电势处指向低电势处。在国际单位中，电流的单位是安[培](A)。

2. 电流密度

在实际问题中，电流在导体中各处的分布常常是不均匀的，即导体中各点电流的大小和方向不相同。为了能细致地描述导体中的电流分布情况，需要引入一个新的物理量——电流密度 $\boldsymbol{j}$。

电流密度是矢量，其大小和方向定义如下：导体中任意一点电流密度 $\boldsymbol{j}$ 的大小等于在单位时间内通过该点附近垂直于电流方向的单位面积的电荷，$\boldsymbol{j}$ 的方向为正电荷在该点的运动方向。

如图7-1(a)所示，设想在导体中某处取一面积元 $\mathrm{d}S$，并使 $\mathrm{d}S$ 的法向单位矢量 $\boldsymbol{e}_n$ 与正电荷运动方向(电流密度 $\boldsymbol{j}$ 的方向)相同，在时间 $\mathrm{d}t$ 内通过面积元 $\mathrm{d}S$ 的电荷为 $\mathrm{d}Q$，则

该处的电流密度 $\boldsymbol{j}$ 为

$$\boldsymbol{j}=\frac{\mathrm{d}Q}{\mathrm{d}S\mathrm{d}t}\boldsymbol{e}_{\mathrm{n}}=\frac{\mathrm{d}I}{\mathrm{d}S}\boldsymbol{e}_{\mathrm{n}} \tag{7-2}$$

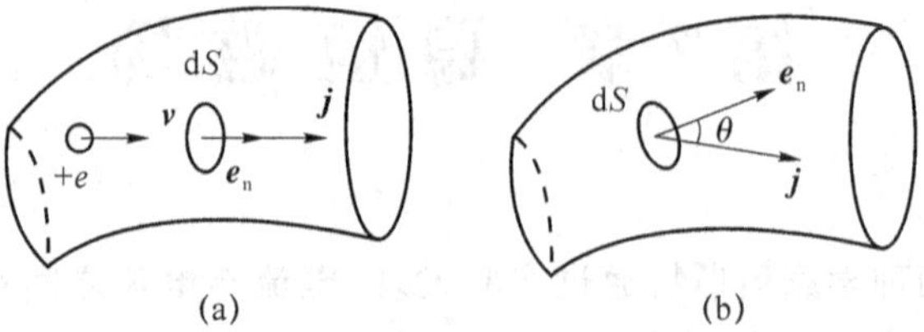

图 7-1 电流密度的定义

如果面积元 $\mathrm{d}S$ 的法向单位矢量 $\boldsymbol{e}_{\mathrm{n}}$ 与正电荷运动方向（电流密度 $\boldsymbol{j}$ 的方向）成 θ 角，如图 7-1(b)所示，则通过面积元 $\mathrm{d}S$ 的电流 $\mathrm{d}I$ 为

$$\mathrm{d}I=j\mathrm{d}S\cos\theta=\boldsymbol{j}\cdot\mathrm{d}\boldsymbol{S}$$

式中，$\mathrm{d}\boldsymbol{S}=\mathrm{d}S\boldsymbol{e}_{\mathrm{n}}$。通过导体中任意有限截面的电流为

$$I=\int_S\boldsymbol{j}\cdot\mathrm{d}\boldsymbol{S} \tag{7-3}$$

电流 I 和电流密度 $\boldsymbol{j}$ 都是描述电荷流动的物理量，电流 I 虽能描述电流的强弱，但它只能反映导体截面的整体电流特征。电流密度则能够精确地描述导体内各点的电流分布情况，它是空间位置的矢量函数。

3. 恒定电流条件

在大块导体内电流密度可以处处不同，还可以随时间变化，在本书中我们只讨论恒定电流。当导体中通过恒定电流时，导体内各点的电流密度大小和方向均不随时间变化。恒定电流有一个很重要的性质：通过任一封闭曲面的恒定电流为零，即

$$I=\oint_S\boldsymbol{j}\cdot\mathrm{d}\boldsymbol{S}=0 \tag{7-4}$$

上式为恒定电流条件的数学表示。它表明，当电流恒定时，从闭合曲面 S 某一部分流入的电流等于从 S 面其他部分流出的电流。这就决定了恒定电流的电路必然是闭合电路，在无分支的恒定电流电路中，通过导线各个截面的电流都相等。

当通过任一封闭曲面的电流为零时，封闭曲面内的总电荷不随时间变化。考虑到封闭曲面的任意性，可得到如下结论：在恒定电流情况下，导体内电荷的分布不随时间变化。不随时间变化的电荷分布会产生一个不随时间变化的电场，这种电场称为恒定电场。导体中恒定的不随时间变化的电荷分布就像固定的静止电荷分布一样，因此恒定电场与静电场有许多相似之处，比如都服从高斯定理和环路定理，电势差的概念也同样适用等。

但是必须注意，在恒定电场中，电荷分布不变并不意味着电荷不移动，否则就没有电流的存在了。另外，静电场中导体内部的场强为零，而恒定电场中导体内部的场强不为零。

7.1.2 电源及其电动势

根据上面的讨论可知，若在导体两端维持恒定的电势差，那么导体中就会有恒定的电流通过。怎样才能维持恒定的电势差呢？

设 A、B 是两个导体板，开始时两极板各带有正、负电荷，两板的电势分别为 U_A 和 U_B，如图 7-2 所示。当用导线将两板连接起来时，正电荷将从 A 板沿导线移向 B 板而形成电流。随着电荷的不断迁移，A、B 间的电势差越来越小，电流也越来越小，当 A、B 两板电势相等时，电流就停止了。

怎样使导线中的电流持续不断呢？如果我们能让流到负极板上的正电荷重新回到正极板上，并维持两极板正、负电荷分布不变，这样两极板间就有恒定的电势差，导线中也就有恒定的电流通过。显然，静电力是不可能把正电荷从负极板移到正极板的。所以人们设法借助机械、化学、热、磁、光的作用，将正电荷从 B 板送回到 A 板。这些作用的机制很复杂，通常将这些作用笼统地称为非静电力。这种能够提供非静电力而把其他形式的能量转换为电能的装置称为**电源**。

通常将电源内部正、负两极之间的电路称为**内电路**，电源外部的电路称为**外电路**，如图 7-3 所示。正电荷从正极板流出，经外电路流入负极板；在电源内部，依靠非静电力 $\boldsymbol{F}_k$ 反抗静电力 $\boldsymbol{F}$ 做功，将正电荷从负极板移到正极板，从而将其他形式的能量转变为电能。

我们可以像定义静电场强 $\boldsymbol{E}$ 那样定义**非静电性电场强度**，用 $\boldsymbol{E}_k$ 表示，即

$$\boldsymbol{E}_k=\frac{\boldsymbol{F}_k}{q} \tag{7-5}$$

非静电性电场强度 $\boldsymbol{E}_k$ 是与静电场强 $\boldsymbol{E}$ 类比的一种等效表示，其大小在量值上等于单位正电荷所受的非静电性电场力。

为了定量描述电源转化能量的本领，我们引入电源电动势的概念。定义**电源的电动势 ε 等于将单位正电荷沿闭合回路移动一周非静电力所做的功**。用 A_k 表示非静电力做的功，则电源的电动势可表示为

$$\varepsilon=\frac{A_k}{q}=\oint\boldsymbol{E}_k\cdot\mathrm{d}\boldsymbol{l} \tag{7-6}$$

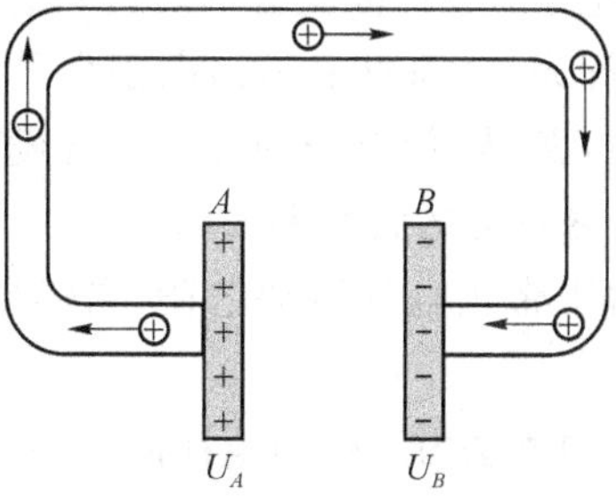

图 7-2 两带电导体板用导线连接后形成的短暂电流

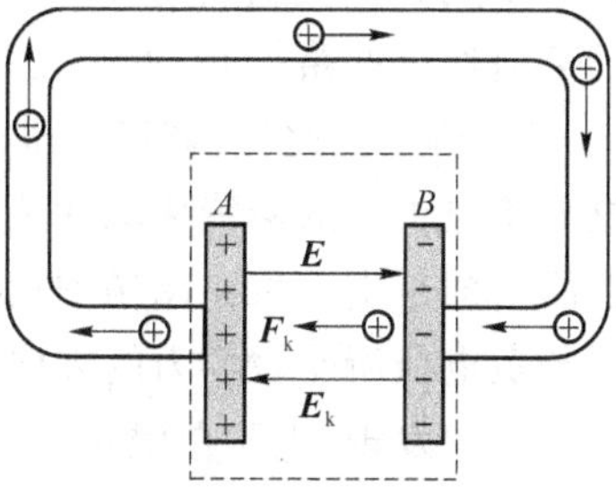

图 7-3 电源电动势

一般非静电性电场强度 $\boldsymbol{E}_k$ 只存在于电源内部，因此式(7-6)又可表示为

$$\varepsilon = \oint \boldsymbol{E}_k \cdot d\boldsymbol{l} = \int_{内} \boldsymbol{E}_k \cdot d\boldsymbol{l} \qquad (7\text{-}7)$$

上式表明，**电源电动势在数值上等于把单位正电荷从电源负极经电源内部移到正极过程中非静电力所做的功。**

电源电动势是标量，但为了便于判断在电流流动时非静电力是做正功还是做负功，通常把电源内部电势升高的方向，即电源内部从负极指向正极的方向，规定为电源电动势的方向。电动势的单位为伏[特](V)，与电势的单位相同。

7.2 磁场和磁感应强度

从静电场的研究中我们已经知道，在静止电荷周围的空间存在着电场，静止电荷间的相互作用是通过电场来传递的。电流间(包括运动电荷间)的相互作用也是通过场来传递的，这种场称为磁场。磁场是存在于运动电荷周围空间除电场以外的一种特殊物质，磁场对位于其中的运动电荷有力的作用。因此，运动电荷与运动电荷之间、电流与电流之间、电流(或运动电荷)与磁铁之间的相互作用都可以看成是它们中任意一个所激发的磁场对另一个施加作用力的结果。

在静电学中，为了考查空间某处是否有电场存在，可以在该处放一静止试验电荷 q_0，若 q_0 受到力 $\boldsymbol{F}$ 的作用，我们就可以说该处存在电场，并以电场强度 $\boldsymbol{E}=\boldsymbol{F}/q_0$ 来定量地描述该处的电场。与此类似，我们将从磁场对运动电荷的作用力引出磁感应强度 $\boldsymbol{B}$ 来定量地描述磁场。但是，磁场作用在运动电荷上的力不仅与电荷的多少有关，而且还与电荷运动的速度大小及方向有关。所以，磁场作用在运动电荷上的力比电场作用在静止电荷上的力要复杂得多。因此，对 $\boldsymbol{B}$ 的定义比对 $\boldsymbol{E}$ 的定义也要复杂些。下面我们以运动电荷在磁场力的作用下发生偏转这一事实为对象，进行分析研究。

在图 7-4(a)所示的实验装置示意图中，1 与 2 为两组匝数较多的平行线圈。当两线圈内通以流向相同的电流时，在两线圈轴线中心附近的区域可获得比较均匀的磁场。其间放置一个充有少量氩气的圆形玻璃泡，泡内有电子枪 M，可发射不同速率的电子束，而在电子束所经过的路径上，由于氩气被电离发出辉光，从而可显示出电子束的偏转情况，如图 7-4(b)所示。此外，玻璃泡也能绕水平轴 OO' 旋转，使电子的运动方向随之改变，这样通过分析电子束的偏转情况就可知道电子所受磁场力的大小和方向了。

上面讲的是电子束在磁场中运动的情况。对于带正电的运动电荷，它们所受磁场力的方向与负电荷所受磁场力的方向相反。

从实验中发现，电荷在磁场中运动时，它所受的磁场力不仅与电荷的正、负有关，而且还与电荷运动速度的大小和方向有密切关系。依此，定义磁感应强度 $\boldsymbol{B}$ 的方向和大小如下：

(1) 正电荷 $+q$ 以速度 $\boldsymbol{v}$ 经过磁场中某点，若它不受磁场力作用(即 $\boldsymbol{F}=0$)，我们规定此时正电荷的速度方向为磁感应强度 $\boldsymbol{B}$ 的方向(如图 7-5(a)所示)。这个方向与将小磁针置于此处时小磁针 N 极的指向是一致的。

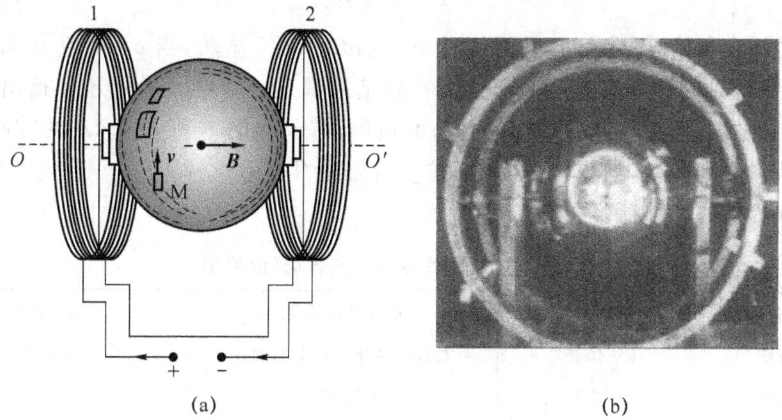

图 7-4　显示运动电荷在磁场中的运动情况

(2) 当正电荷经过磁场中某点的速度 $\boldsymbol{v}$ 的方向与磁感应强度 $\boldsymbol{B}$ 的方向垂直时(如图 7-5(b)所示),它所受的磁场力最大为 $F_{\perp}$,且 $F_{\perp}$ 与乘积 qv 成正比。显然,若电荷经过此处的速率不同,则 $F_{\perp}$ 值也不同;然而,对磁场中某一定点来说,比值 $F_{\perp}/qv$ 却必是一定的。这种比值在磁场中不同位置处有不同的量值,它如实地反映了磁场的空间分布。我们把这个比值规定为磁场中某点的磁感应强度 $\boldsymbol{B}$ 的大小,即

$$B=\frac{F_{\perp}}{qv} \tag{7-8}$$

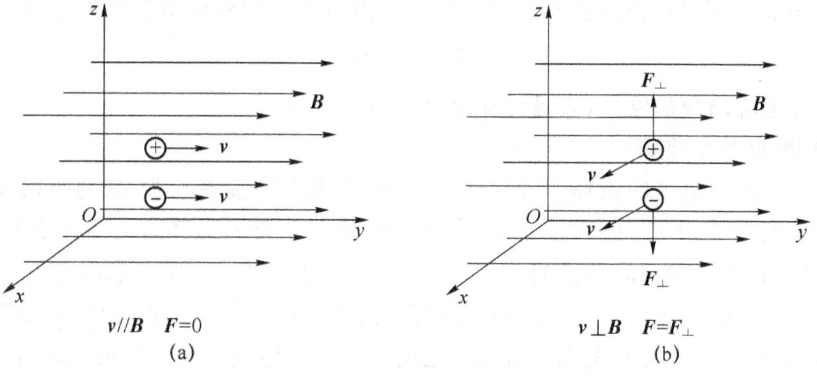

图 7-5　运动电荷在磁场中受的磁场力与电荷的符号及运动方向有关

这就如同用 $E=F/q_0$ 来描述电场的强弱一样,现在我们用 $B=F_{\perp}/qv$ 来描述磁场的强弱。从图 7-5(b)还可以看出,对以速度 $\boldsymbol{v}$ 运动的负电荷来说,其所受磁场力的方向与正电荷受磁场力的方向相反,大小却是相同的。

由上述讨论可以知道，磁场力 $\boldsymbol{F}$ 既与运动电荷的速度 $\boldsymbol{v}$ 垂直，又与磁感应强度 $\boldsymbol{B}$ 相垂直，且相互构成右手螺旋系统，故它们间的矢量关系式可写为

$$\boldsymbol{F}=q\boldsymbol{v}\times\boldsymbol{B} \tag{7-9}$$

如 $\boldsymbol{v}$ 与 $\boldsymbol{B}$ 之间夹角为 θ，那么 $\boldsymbol{F}$ 的大小为 $F=qvB\sin\theta$。显然，当 $\theta=0$ 或 π，即 $\boldsymbol{v}/\!/\boldsymbol{B}$ 时，$\boldsymbol{F}=0$；当 $\theta=\pi/2$，即 $\boldsymbol{v}\perp\boldsymbol{B}$ 时，$\boldsymbol{F}=\boldsymbol{F}_\perp$，这与实验结果都是一致的。最后还需指出，对正电荷$(+q)$来说，$\boldsymbol{F}$ 的方向与 $\boldsymbol{v}\times\boldsymbol{B}$ 的方向相同；而负电荷$(-q)$的 $\boldsymbol{F}$ 则与 $\boldsymbol{v}\times\boldsymbol{B}$ 的方向相反。

在国际单位制中，B 的单位是特[斯拉]，符号为 T。

有关自然界的一些磁场如表 7-1 所示。

表 7-1　有关自然界的一些磁场(近似值)

中子星(估算)	10^8 T	地球两极附近	6×10^{-5} T
超导电磁铁	5～40 T	太阳在地球轨道上的磁场	3×10^{-9} T
大型电磁铁	1～2 T	人体磁场	10^{-12} T
地球赤道附近	3×10^{-5} T		

顺便指出，如果磁场中某一区域内各点的磁感应强度 $\boldsymbol{B}$ 都相同，即该区域内各点 $\boldsymbol{B}$ 的方向一致、大小相等，那么该区域内的磁场就叫作均匀磁场；不符合上述情况的磁场就是非均匀磁场。

7.3　毕奥-萨伐尔定律

实验表明，与电场一样，磁场也遵守叠加原理：若空间有多个电流存在，则空间某点的磁感应强度 $\boldsymbol{B}$ 等于各电流单独存在时分别在该点所产生的磁感应强度 $\boldsymbol{B}_i$ 的矢量和，即

$$\boldsymbol{B}=\sum\boldsymbol{B}_i \tag{7-10}$$

这一规律称为**磁场叠加原理**，它是计算磁感应强度的基础。

1. 毕奥-萨伐尔定律

为了计算任意电流的磁场，可以将电流“分割”成许许多多长为 $\mathrm{d}l$ 的小段元矢量 $\mathrm{d}\boldsymbol{l}$，将电流 I 与元矢量 $\mathrm{d}\boldsymbol{l}$ 的乘积 $I\mathrm{d}\boldsymbol{l}$ 定义为电流元，其大小为 $I\mathrm{d}l$，其方向与电流元处的电流切线方向相同，并指向电流前进的一侧。根据磁场叠加原理，只要先求出电流元 $I\mathrm{d}\boldsymbol{l}$ 在场点产生的磁感应强度 $\mathrm{d}\boldsymbol{B}$，然后对其积分便可得到整个电流在该点产生的总磁场 $\boldsymbol{B}$。1820 年，毕奥和萨伐尔通过实验发现了电流和它所产生的磁感应强度之间的关系，而后拉普拉斯又对他们的发现进行了数学反推，得到了如下的结论：**电流元 $I\mathrm{d}l$ 在真空中某一点 P 处产生的磁感应强度 $\mathrm{d}\boldsymbol{B}$ 的大小与电流元的大小及电流元和它到 P 点的位矢 $\boldsymbol{r}$ 之间的夹角 θ 的正弦乘积成正比，与位矢大小的平方成反比**，即

$$|\mathrm{d}\boldsymbol{B}|=\frac{\mu_0}{4\pi}\frac{I\mathrm{d}l\sin\theta}{r^2} \tag{7-11a}$$

其方向与 $Id\boldsymbol{l}\times\boldsymbol{r}$ 的方向相同(参见图 7-6)。这一结论称为**毕奥-萨伐尔定律**,有时亦称毕-萨定律,其数学表达式为

$$d\boldsymbol{B}=\frac{\mu_0}{4\pi}\frac{Id\boldsymbol{l}\times\boldsymbol{r}}{r^3} \tag{7-11b}$$

式中,$\mu_0=4\pi\times10^{-7}\ \mathrm{N/A^2}$称为真空磁导率。根据磁场叠加原理,将式(7-11b)积分,即可得到整个电流在场点 P 处产生的磁场

$$\boldsymbol{B}=\int d\boldsymbol{B}=\int\frac{\mu_0}{4\pi}\frac{Id\boldsymbol{l}\times\boldsymbol{r}}{r^3} \tag{7-11c}$$

应用毕奥-萨伐尔定律计算载流导体激发的磁场中各点磁感应强度的具体步骤如下。

(1) 在载流导线上任选一段电流元 $Id\boldsymbol{l}$,并标出 $Id\boldsymbol{l}$ 到场点 P 的位矢 $\boldsymbol{r}$,确定两者的夹角。

(2) 根据毕奥-萨伐尔定律,求出电流元在场点 P 所激发的磁感应强度 $d\boldsymbol{B}$ 的大小,并由右手螺旋法则确定 $d\boldsymbol{B}$ 的方向。

(3) 建立坐标系,将 $d\boldsymbol{B}$ 在坐标系中分解,例如在直角坐标系中,$d\boldsymbol{B}$ 可分解为

$$d\boldsymbol{B}=dB_x\boldsymbol{i}+dB_y\boldsymbol{j}+dB_z\boldsymbol{k} \tag{7-12}$$

(4) 分别对各分量进行积分,得

$$\begin{cases}B_x=\int dB_x\\ B_y=\int dB_y\\ B_z=\int dB_z\end{cases} \tag{7-13}$$

对积分结果进行矢量合成,总的磁感应强度为

$$\boldsymbol{B}=B_x\boldsymbol{i}+B_y\boldsymbol{j}+B_z\boldsymbol{k} \tag{7-14}$$

下面应用毕奥-萨伐尔定律来计算一些常见的载流导体激发的磁感应强度。

例 7-1　计算一段载流直导线的磁场。如图 7-7 所示,在长为 L 的载流直导线中通有稳恒电流 I,试求距离载流直导线为 a 处 P 点的磁感应强度 $\boldsymbol{B}$。

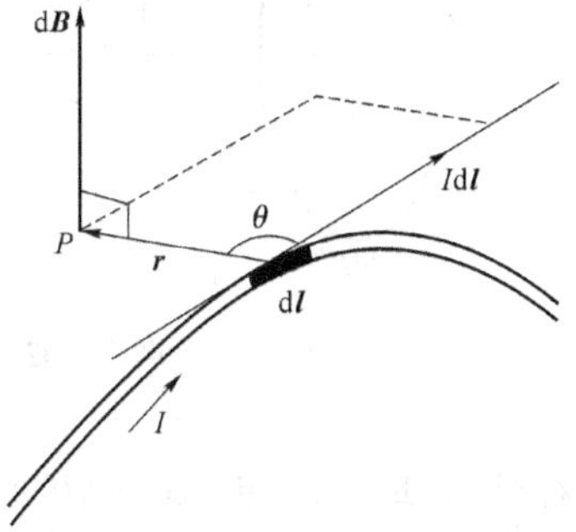

图 7-6　电流元的磁场

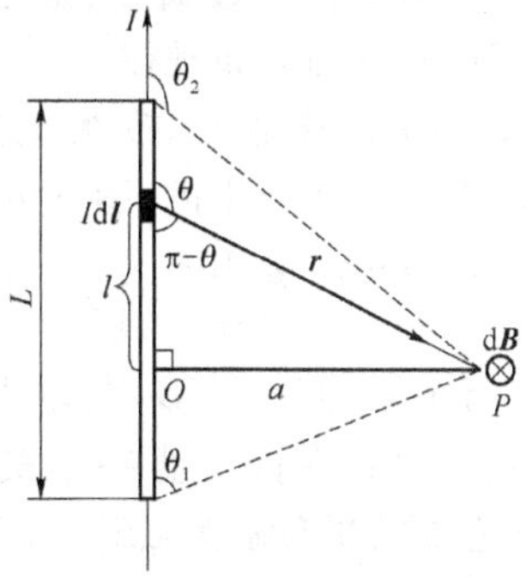

图 7-7　例 7-1 图

解　在导线上任取电流元 $Id\boldsymbol{l}$，到 P 点矢径 $\boldsymbol{r}$，根据右手螺旋定则判断 $d\boldsymbol{B}$ 的方向垂直纸面向内。对于直线上所有 $Id\boldsymbol{l}$ 方向相同，故 $d\boldsymbol{B}$ 在同一方向上，其大小可直接积分。电流元 Idl 在 P 点产生的磁感应强度大小为

$$dB=\frac{\mu_0}{4\pi}\frac{Idl\sin\theta}{r^2}$$

而

$$l=-a\cot\theta$$

所以

$$dl=\frac{a d\theta}{\sin^2\theta}$$

$$r=\frac{a}{\sin\theta}$$

代入则有

$$dB=\frac{\mu_0 I}{4\pi a}\sin\theta d\theta$$

积分可得

$$B=\frac{\mu_0 I}{4\pi a}(\cos\theta_1-\cos\theta_2)$$

方向垂直于纸面向里。

讨论：(1) 当载流导线为无限长时，$\theta_1\approx 0$，$\theta_2\approx\pi$，磁感应强度 $B=\frac{\mu_0 I}{2\pi a}$；

(2) 当 P 点位于导线上或导线延长线上时，$\theta_1=\theta_2=0$ 或 $\theta_1=\theta_2=\pi$，磁感应强度 $B=0$；

(3) 当载流导线为半无限长时，$\theta_1=0$，$\theta_2=\frac{\pi}{2}$；$\theta_1=\frac{\pi}{2}$，$\theta_2=\pi$，磁感应强度 $B=\frac{\mu_0 I}{4\pi a}$；

(4) 无限长载流导线磁场分布规律——轴对称；

(5) 所得的结论可推广到无限长载流柱体、柱面、柱壳、同轴柱面等。

例 7-2　求载流细圆环轴线上的磁感应强度分布。如图 7-8 所示，有一半径为 R 的圆线圈，通有电流 I，试求在通过圆心、垂直圆平面的轴线上磁感应强度的分布规律。

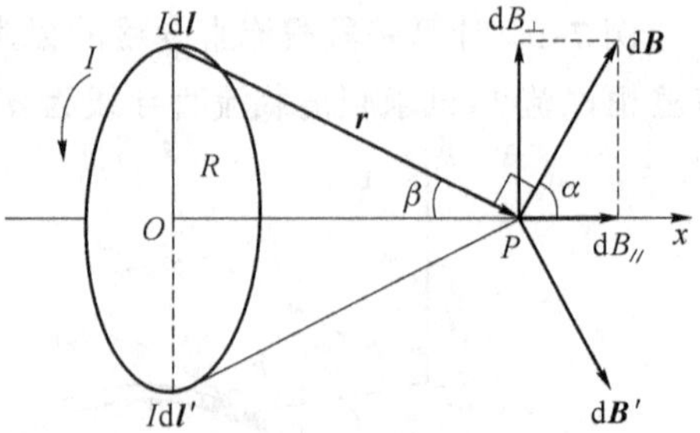

图 7-8　例 7-2 图

解　取 x 轴为线圈轴线，O 为线圈中心，电流元 $Id\boldsymbol{l}$ 在任一点 P 产生的 $d\boldsymbol{B}$ 大小为

$$dB=\frac{\mu_0}{4\pi}\frac{Idl\sin\theta}{r^2}=\frac{\mu_0 Idl}{4\pi r^2}\quad\left(\theta=\frac{\pi}{2}\right)$$

将 $d\boldsymbol{B}$ 分成平行 x 轴的分量 $dB_{/\!/}$ 与垂直 x 轴的分量 $dB_{\perp}$。将与 $Id\boldsymbol{l}$ 在同一直径上的电流元 $Id\boldsymbol{l}'$ 在 P 点产生的 $d\boldsymbol{B}'$ 分解为 $dB'_{/\!/}$、$dB'_{\perp}$，由对称性可知，$dB'_{\perp}$ 与 $dB_{\perp}$ 相互抵消，即 $\boldsymbol{B}_{\perp}=0$。可见，线圈在 P 点产生垂直 x 轴的分量由于两两抵消而为零，故只有平行 x 轴分量。

$$B = B_{/\!/} = \int \mathrm{d}B\cos\alpha = \int_0^{2\pi R} \frac{\mu_0 I \mathrm{d}l}{4\pi r^2}\cos\alpha$$

$$= \frac{\mu_0 I}{4\pi}\int_0^{2\pi R} \frac{\mathrm{d}l}{r^2}\sin\beta = \frac{\mu_0 I}{4\pi}\int_0^{2\pi R} \frac{\mathrm{d}l}{r^2}\frac{R}{r} = \frac{\mu_0 IR}{4\pi r^3}2\pi R = \frac{\mu_0 IR^2}{2(x^2+R^2)^{3/2}}$$

$\boldsymbol{B}$ 的方向沿 x 轴正向。

讨论：(1) $x=0$ 处，$B_0=\dfrac{\mu_0 I}{2R}$；

(2) 若 $x \gg R$，$(x^2+R^2)^{3/2} \approx x^3$，轴线上磁感应强度 $\boldsymbol{B}$ 的大小约为

$$B=\frac{\mu_0 IR^2}{2x^3}=\frac{\mu_0 IS}{2\pi x^3}$$

引入

$$\boldsymbol{m}=IS\boldsymbol{n}$$

式中，$\boldsymbol{m}$ 称为载流线圈的**磁矩**(如图 7-9 所示)，它的大小等于 IS，方向与线圈平面的法线方向相同；$\boldsymbol{n}$ 表示法线方向的单位矢量。

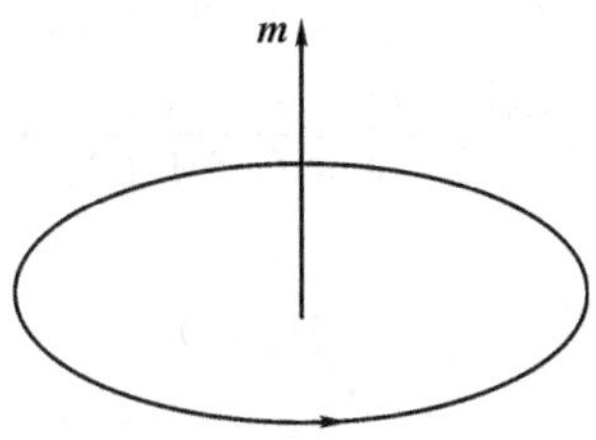

图 7-9　载流线圈的磁矩

如果线圈有 N 匝，则磁场加强 N 倍，有

$$\boldsymbol{m}=NIS\boldsymbol{n}$$

利用磁矩的概念，载流圆线圈轴线上的磁感应强度可写为

$$\boldsymbol{B}=\frac{\mu_0 \boldsymbol{m}}{2\pi(x^2+R^2)^{3/2}}$$

例 7-3　载流螺线管的磁场如图 7-10 所示。已知导线中电流为 I，螺线管单位长度上有 n 匝线圈，并且线圈单层密绕，求螺线管轴线上任一点的 $\boldsymbol{B}$。

解　在距 P 点为 x 处取长为 $\mathrm{d}x$，$\mathrm{d}x$ 上含线圈为 $n\mathrm{d}x$ 匝。因为螺线管上线圈绕得很密，所以 $\mathrm{d}x$ 段相当于一个圆电流，电流强度为 $nI\mathrm{d}x$。因此，宽为 $\mathrm{d}x$ 的圆线圈产生的 $\mathrm{d}\boldsymbol{B}$ 大小为

$$\mathrm{d}B=\frac{\mu_0}{2}\frac{R^2\mathrm{d}I}{(R^2+x^2)^{3/2}}=\frac{\mu_0}{2}\frac{R^2 nI\mathrm{d}x}{(R^2+x^2)^{3/2}}$$

所有线圈在 P 点产生的 $\mathrm{d}\boldsymbol{B}$ 均向右，所以 P 点 $\boldsymbol{B}$ 的大小为

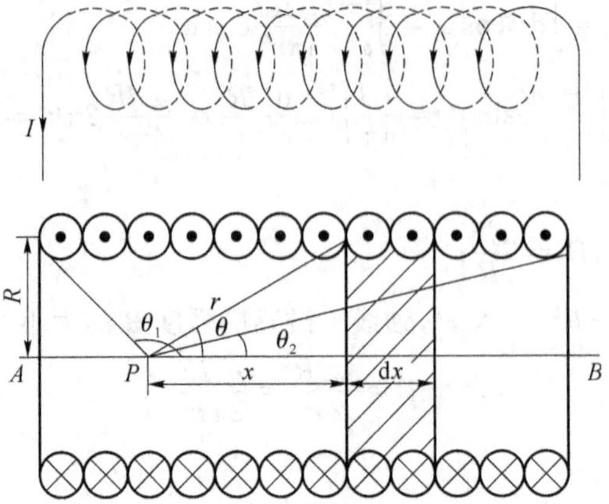

图 7-10　例 7-3 图

$$B=\int \mathrm{d}B=\int_{AB}\frac{\mu_0 R^2 In}{2}\frac{\mathrm{d}x}{(x^2+R^2)^{3/2}}$$

$$=\frac{\mu_0 R^2 In}{2}\int_{AB}\frac{\mathrm{d}x}{(x^2+R^2)^{3/2}}$$

从图 7-10 中可以看出

$$x=R\cot\theta$$

对上式微分得

$$\mathrm{d}x=-R\csc^2\theta\mathrm{d}\theta$$

又

$$x^2+R^2=R^2\csc^2\theta$$

所以

$$B=\frac{\mu_0}{2}nI\int_{\theta_1}^{\theta_2}(-\sin\theta)\mathrm{d}\theta=\frac{\mu_0 nI}{2}(\cos\theta_2-\cos\theta_1)$$

讨论：(1) 螺线管无限长时，$\theta_1\approx\pi,\theta_2\approx 0,B=\mu_0 nI$；

(2) 螺线管为半无限长时，$\theta_1=\pi/2,\theta_2=0,B=\frac{1}{2}\mu_0 nI$。

2. 运动电荷的磁场

电流是大量电荷的定向运动，所以电流的磁场实质上是大量运动电荷所产生的。现在来讨论单个电荷运动时产生的磁场。

如图 7-11 所示是载流导体中的任一电流元，其横截面积为 S，其单位体积内的运动电荷为 n 个，每个运动电荷的带电量均为 $q(q>0)$，每个电荷的定向速度大小为 v。单位时间内通过截面 S 的电流为

$$I=\frac{\mathrm{d}q}{\mathrm{d}t}=\frac{qnSv\mathrm{d}t}{\mathrm{d}t}=qnSv$$

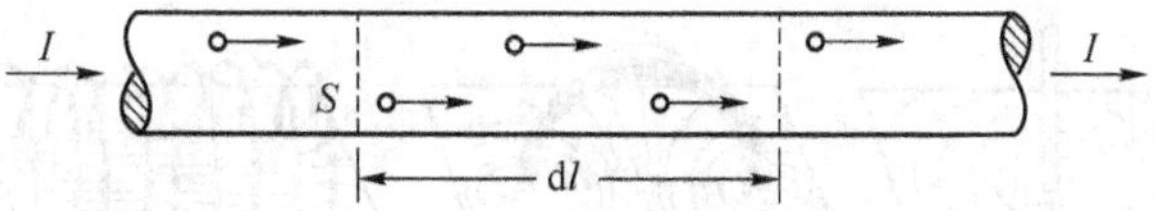

图 7-11 运动电荷磁场的计算

则有

$$I\mathrm{d}\boldsymbol{l}=qnv S\mathrm{d}\boldsymbol{l}=qnS\mathrm{d}l\boldsymbol{v} \quad (\boldsymbol{v}//\mathrm{d}\boldsymbol{l})$$

将其代入式(7-11b)，得到

$$\mathrm{d}\boldsymbol{B}=\frac{\mu_0}{4\pi}\frac{qnS\mathrm{d}l\boldsymbol{v}\times\boldsymbol{e}_{\mathrm{r}}}{r^2}$$

在电流元 $I\mathrm{d}\boldsymbol{l}$ 内，任何时刻都存在着 $\mathrm{d}N=nS\mathrm{d}l$ 个带电粒子，以速度 $\boldsymbol{v}$ 运动着。电流元 $I\mathrm{d}\boldsymbol{l}$ 在 $\boldsymbol{r}$ 处产生的磁场，实质上是这 $\mathrm{d}N$ 个运动带电粒子产生的。因此，一个以速度 $\boldsymbol{v}$ 运动，带电量为 q 的粒子在空间 $\boldsymbol{r}$ 处产生的磁感应强度 $\boldsymbol{B}$ 为

$$\boldsymbol{B}=\frac{\mathrm{d}\boldsymbol{B}}{\mathrm{d}N}=\frac{\mu_0}{4\pi}\frac{q\boldsymbol{v}\times\boldsymbol{e}_{\mathrm{r}}}{r_2}=\frac{\mu_0}{4\pi}\frac{q\boldsymbol{v}\times\boldsymbol{r}}{r^3} \tag{7-15}$$

这里 $\boldsymbol{r}$ 是运动电荷到 P 点的矢径，$\boldsymbol{B}$ 的方向垂直于 $\boldsymbol{v}$ 和 $\boldsymbol{r}$ 所决定的平面，并符合右手螺旋关系。

运动电荷的磁场方向如图 7-12 所示。

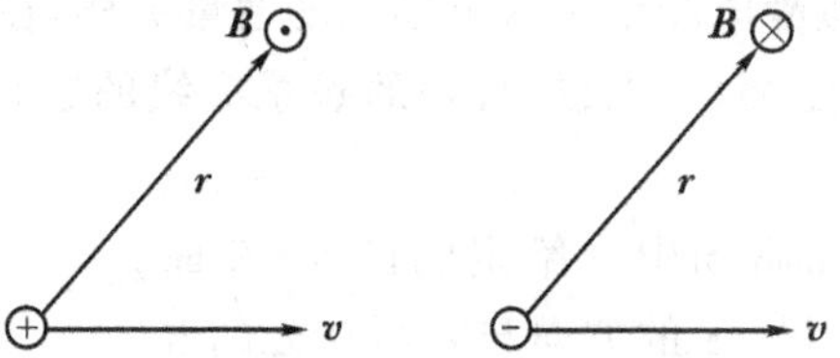

图 7-12 运动电荷的磁场方向

7.4 磁场中的高斯定理

1. 磁感应线

在静电场中可以用电场线来直观地表示电场的分布。同样，也可以用曲线来描述磁场中各处磁感应强度的方向和大小，这样的曲线称为磁感应线。磁感应线上任一点的切线方向都和该点的磁感应强度方向一致。图 7-13 分别为直电流、圆电流和载流螺线管的磁感应线的分布。

为了使磁感应线能定量地描述磁感应强度的大小，规定通过空间某点垂直于 $\boldsymbol{B}$ 的单位面积的磁感应线数目等于该点磁感应强度 $\boldsymbol{B}$ 的数值，即

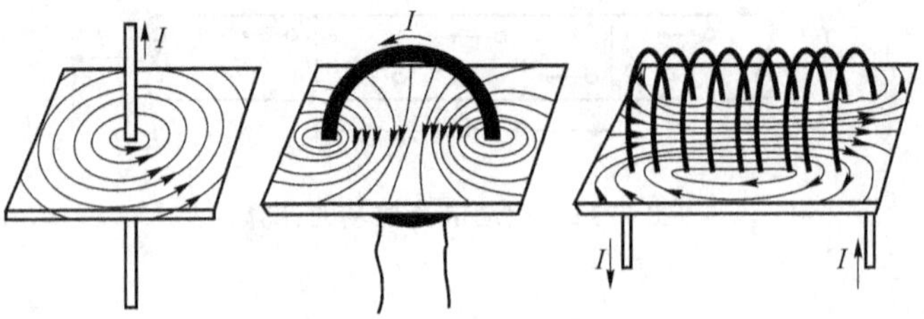

图 7-13　磁感应线示意图

$$\frac{dN}{dS_{\perp}}=B \tag{7-16}$$

因此，磁感应强度 **B** 的数值就等于磁感应线的数密度。**B** 大的地方磁感应线密集，**B** 小的地方磁感应线稀疏。

磁感应线具有以下特性。

(1) 任何磁感应线都不会相交。这一点和电场线是相同的。

(2) 磁感应线是闭合的曲线，既没有起点，也没有终点。这一点和电场线不同，电场线总是从正电荷发出，到负电荷终止的。磁感应线的这个特性说明磁场是与电场性质不同的一种场。

2. 磁通量

为描述磁场性质，类似静电场中引入电场强度通量那样，在稳恒磁场中引入磁通量的概念。通过磁场中任一给定面（平面或曲面）的磁感应线的数目称为通过此面的磁通量，用 Φ_m 表示。

图 7-14 所示为非均匀磁场中一给定的曲面，在曲面上取一面积元矢量 d$\boldsymbol{S}$。设 d$\boldsymbol{S}$ 的方向与其所在处的 $\boldsymbol{B}$ 夹角为 θ，则穿过 d$\boldsymbol{S}$ 的磁通量为

$$d\Phi_m=B\cos\theta dS=\boldsymbol{B}\cdot d\boldsymbol{S}$$

通过整个曲面 S 的磁通量为

$$\Phi_m=\int_S \boldsymbol{B}\cdot d\boldsymbol{S} \tag{7-17}$$

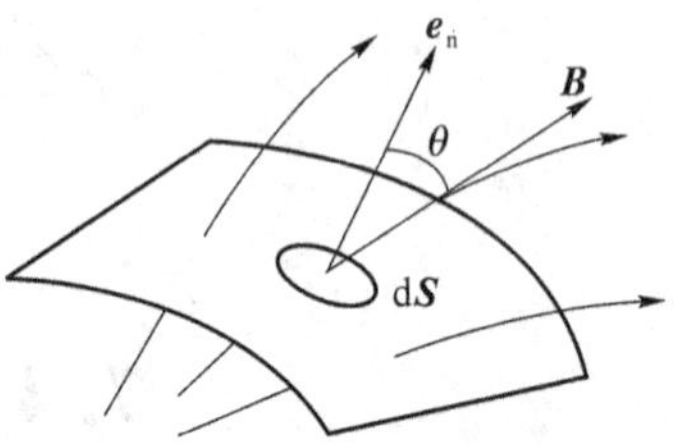

图 7-14　磁通量的计算

由于 $d\Phi_m$ 的正负与 θ 的取值有关，而积分得到的 Φ_m 是所有 $d\Phi_m$ 的叠加，故 Φ_m 的值有可能为正，也有可能为负。

式(7-17)是计算磁通量的一般公式，由此公式可以看出，磁通量的计算最终化为磁感应强度 **B** 对面积的积分。

Φ_m 的单位是韦[伯](Wb)。1 Wb=1 T·m^2。

3. 磁场的高斯定理

对于闭合的曲面，规定各面元的方向指向曲面外部。按照这样的规定，从闭合曲面内部穿出的磁通量为正，从曲面外部穿入的磁通量为负。由于磁感应线是闭合的，任一穿入

封闭曲面的磁感应线一定会穿出。因此,穿入闭合曲面的磁感应线的总数和穿出闭合曲面的磁感应线的总数相等,即

$$\oint_S \boldsymbol{B} \cdot \mathrm{d}\boldsymbol{S} = 0 \tag{7-18}$$

上式可用文字表述为:通过任一闭合曲面的磁通量都等于零。这个结论称为**磁场的高斯定理**。磁场的高斯定理反映了磁场的一个重要性质,即磁场是无源场。

7.5　安培环路定理

对于静电场,电场强度 $\boldsymbol{E}$ 沿任意闭合路径的环流 $\oint \boldsymbol{E} \cdot \mathrm{d}\boldsymbol{l} = 0$,于是得出静电力是保守力,静电场是保守场的结论,从而引入了另一个描写静电场的物理量——电势。对于磁场,磁感应强度 $\boldsymbol{B}$ 沿闭合路径的环流 $\oint \boldsymbol{B} \cdot \mathrm{d}\boldsymbol{l}$ 又怎样呢?

由特殊到一般,先在无限长载流线的磁场中求 $\boldsymbol{B}$ 的环流。长直载流导线周围的磁感应线是一组在与导线垂直的平面内以导线为中心的同心圆。如图 7-15(a)所示,在垂直于导线的平面内任作一包围电流的闭合曲线 L,曲线上任一点 A 到载流线的距离为 r,点 A 处磁感应强度为

$$B=\frac{\mu_0 I}{2\pi r}$$

式中,I 为导线中的电流。$\boldsymbol{B}$ 的方向如图 7-15 所示。沿这条闭合曲线 $\boldsymbol{B}$ 矢量的线积分将为

$$\oint_L \boldsymbol{B} \cdot \mathrm{d}\boldsymbol{l} = \oint_L B\cos\theta \mathrm{d}l = \oint_L Br\mathrm{d}\varphi = \int_0^{2\pi} \frac{\mu_0 I}{2\pi r} r\mathrm{d}\varphi = \frac{\mu_0 I}{2\pi}\int_0^{2\pi}\mathrm{d}\varphi = \mu_0 I$$

这个线积分的结果仅和包围在闭合曲线内的电流有关,而和闭合路径的形状无关。

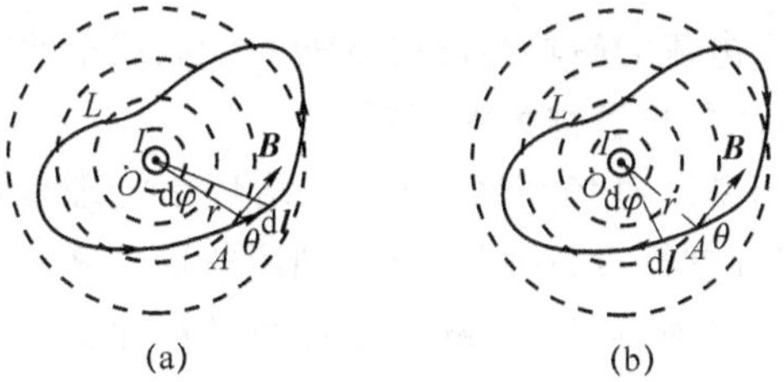

图 7-15　安培环路定理

如果闭合路径 L 不在一个平面内时,可以将 L 上每一小段 $\mathrm{d}l$ 分解为在平行于导线平面内的分矢量 $\mathrm{d}\boldsymbol{l}_{/\!/}$ 与垂直于该平面的分矢量 $\mathrm{d}\boldsymbol{l}_{\perp}$,所以

$$\oint_L \boldsymbol{B}\cdot \mathrm{d}\boldsymbol{l}=\oint_L \boldsymbol{B}\cdot(\mathrm{d}\boldsymbol{l}_{\perp}+\mathrm{d}\boldsymbol{l}_{/\!/})=\oint_L B\cos 90^{\circ}\mathrm{d}l_{\perp}+\oint_L B\cos\theta\mathrm{d}l_{/\!/}$$

$$=0+\oint_L Br\mathrm{d}\varphi=\int_0^{2\pi}\frac{\mu_0 I}{2\pi r}r\mathrm{d}\varphi=\mu_0 I$$

如果沿同一闭合路径反方向积分（如图 7-15(b)所示），则因

$$\oint_L \boldsymbol{B}\cdot \mathrm{d}\boldsymbol{l}=\oint_L B\cos(\pi-\theta)\mathrm{d}l=\oint_L -B\cos\theta\mathrm{d}l=-\int_0^{2\pi}\frac{\mu_0 I}{2\pi}\mathrm{d}\varphi=-\mu_0 I$$

如果闭合回路不环绕载流导线，我们可以用同样的方法求得这时的线积分为

$$\oint_L \boldsymbol{B}\cdot \mathrm{d}\boldsymbol{l}=0$$

总结上述的结果，如果我们把各式中的电流 I 理解为闭合回路所环绕的电流，并且规定，当穿过闭合回路的电流与回路的绕行方向之间服从右手螺旋法则时，$I>0$；反之，$I<0$。如果电流不穿过回路，则 $I=0$。这样我们就可以将以上各式归纳为一条普遍的规律

$$\oint_L \boldsymbol{B}\cdot \mathrm{d}\boldsymbol{l}=\mu_0 I \tag{7-19}$$

这个规律虽然是从长直载流导线的磁场推导出来的，但可以证明，对于任意的稳恒电流所产生的磁场，式(7-19)是普遍适用的。当穿过闭合回路的电流不止一个时，只需将式(7-19)右端的 I 代之以穿过闭合回路 L 的所有电流的代数和 $\sum I$。如图 7-16 所示的情况中，$\sum I=2I_1-I_2$，于是有

$$\oint_L \boldsymbol{B}\cdot \mathrm{d}\boldsymbol{l}=\mu_0\sum I \tag{7-20}$$

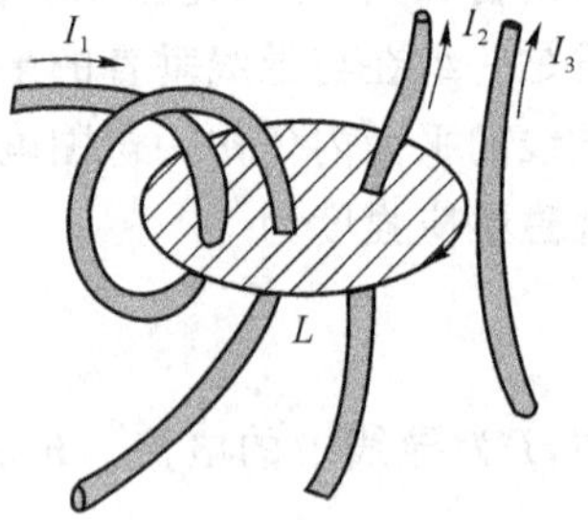

图 7-16　穿过闭合环路的电流

式(7-20)说明磁感应强度沿任何闭合回路的线积分等于穿过该回路的所有电流的代数和的 μ_0 倍。这个结论称为**安培环路定理**。

安培环路定理反映了电流的磁场与静电场的一个截然不同的性质：磁场是非保守场，是涡旋场（环流不等于零的矢量场称为涡旋场）。

如同高斯定理可以用来求电场强度一样，安培环路定理也可以用来求磁感应强度。而且，与高斯定理求电场强度是有条件的一样，利用安培环路定理求磁感应强度也是有条件的。它要求磁场分布具有对称性，而磁场分布的对称性又来源于电流分布的对称性。事实上，只有在电流的分布具有无限长轴对称性或无限大面对称性以及各种圆环形均匀密绕的螺绕环的情况下，才能够利用安培环路定理求 $\boldsymbol{B}$。

利用安培环路定理求磁场的基本步骤如下。

(1) 分析磁场的对称性。

(2) 根据磁场的对称性，选择适当形状的环路，求出 $\oint_l \boldsymbol{B}\cdot \mathrm{d}\boldsymbol{l}$。

(3) 计算出此环路包围电流的代数和 $\sum_i I_i$。

(4) 由安培环路定理 $\oint_l \boldsymbol{B}\cdot d\boldsymbol{l}=\mu_0\sum_i I_i$ 求出 $\boldsymbol{B}$。

例 7-4　通过载流长直螺线管的电流为 I,单位长度的线圈匝数为 n,求螺线管内部任一点的磁感应强度。

解　用磁场叠加原理作对称性分析:可将载流长直密绕螺线管看作由无穷多个共轴的圆电流构成,螺线管的磁场是各个圆电流所激发磁场的叠加结果。在螺线管的内部任选一点 P(不一定的轴线上),在 P 点两侧对称地取两个圆电流。由对称性分析可知,这一对圆电流在 P 点产生的合磁感应强度的方向是与螺线管的轴线平行的。由于长直螺线管可以看成无限长,只要 P 点不是靠近螺线管的两端,就可以在其两侧找到无穷多对如上述那样对称的圆电流,每对圆电流在 P 点的合成磁场都是与轴线平行的。又由于 P 点是任选的,因此可以推知长直载流螺线管内部各点磁场的方向均沿轴线方向。在螺线管的外部,则由于上、下电流方向相反,产生的磁场互相抵消,故磁感应强度为 0。

根据载流长直螺线管中段的磁场分布特征,选择如图 7-17 所示的矩形环路 $abcda$ 及绕行方向。矩形环路的长和宽分别为 l_1 和 l_2。环路 ab 段的 $d\boldsymbol{l}$ 方向与磁场 $\boldsymbol{B}$ 的方向一致,即 $\boldsymbol{B}\cdot d\boldsymbol{l}=Bdl$;环路 bc 段和 da 段的 $d\boldsymbol{l}$ 方向与磁场 $\boldsymbol{B}$ 的方向垂直,即 $\boldsymbol{B}\cdot d\boldsymbol{l}=0$;而环路 cd 段上的 $\boldsymbol{B}=0$。于是,$\boldsymbol{B}$ 沿此闭合路径 l 的环流为

$$\oint_L \boldsymbol{B}\cdot d\boldsymbol{l}=\int_a^b \boldsymbol{B}\cdot d\boldsymbol{l}+\int_b^c \boldsymbol{B}\cdot d\boldsymbol{l}+\int_c^d \boldsymbol{B}\cdot d\boldsymbol{l}+\int_d^a \boldsymbol{B}\cdot d\boldsymbol{l}=\int_a^b B\,dl$$

又由对称性可知,ab 段的磁场是均匀的,故上式成为

$$\oint_l \boldsymbol{B}\cdot d\boldsymbol{l}=B\int_a^b dl=Bl_1$$

环路所包围的电流为 nl_1I,根据右手螺旋法则,其值为正。由安培环路定理有

$$Bl_1=\mu_0 nl_1 I$$

于是,得

$$B=\mu_0 nI$$

如果螺线管不是密绕的,则管内、外的磁场是不均匀的,只有在螺线管的轴线附近,磁感应强度 $\boldsymbol{B}$ 才近乎与轴线平行。

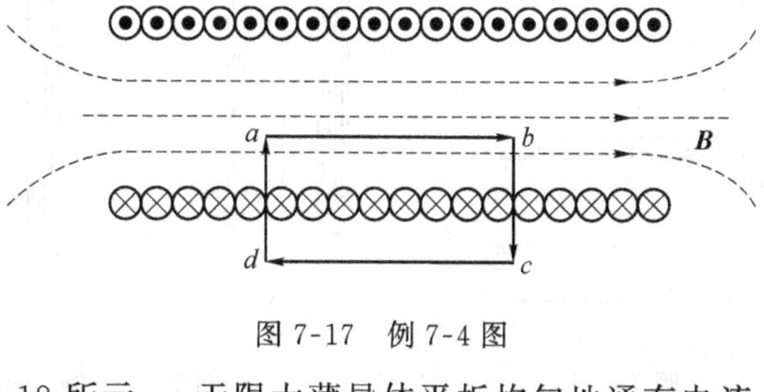

图 7-17　例 7-4 图

例 7-5　如图 7-18 所示,一无限大薄导体平板均匀地通有电流,若导体平板垂直纸

面，电流沿平板垂直纸面向外，设电流沿平板横截面方向单位宽度的电流为 j，试计算空间磁场分布。

解 无限大平面电流可看成由无限多根紧密而平行排列的长直电流所组成。从所求场点 P 向导体平板画一垂直线，垂足为 O，在 O 点两侧对称位置各取一宽为 dl_1 和 dl_2 的长直电流，它们在 P 点产生的磁感应强度的矢量和 $d\boldsymbol{B}_1+d\boldsymbol{B}_2=d\boldsymbol{B}$ 必然平行于导体平面而指向左方。对于整个无限大平面电流而言，相当于有无数对对称于 OP 轴的长直电流，在 P 点产生的合磁场方向最终必然平行平板指向左方。同理，平面电流的下半部分空间 $\boldsymbol{B}$ 的方向必然平行平板而指向右方。而且可以断定在距离平板等远处各点 $\boldsymbol{B}$ 的大小是相等的。

根据空间磁场分布的分析，选择过 P 点的矩形回路 $abcd$ 作积分回路 L，其中 $\overline{ab}$、$\overline{cd}$ 平行导体平板，长为 l，$\overline{bc}$、$\overline{da}$ 垂直导体平板并被等分。回路绕行方向如图 7-18 中箭头指向所示，则根据安培环路定理有

$$\oint_L \boldsymbol{B}\cdot d\boldsymbol{l}=\int_{ab}\boldsymbol{B}\cdot d\boldsymbol{l}+\int_{bc}\boldsymbol{B}\cdot d\boldsymbol{l}+\int_{cd}\boldsymbol{B}\cdot d\boldsymbol{l}+\int_{da}\boldsymbol{B}\cdot d\boldsymbol{l}=2Bl$$

因回路 L 包围的电流为 lj，则

$$2Bl=\mu_0 lj$$

所以

$$B=\frac{\mu_0}{2}j \tag{7-21}$$

式(7-21)表明，无限大均匀平面电流两侧任意点的磁感应强度大小与该点离平板的距离无关，板的两侧均存在着一个匀强磁场区域，两侧磁感应强度 $\boldsymbol{B}$ 的大小相等，方向相反。

例 7-6 均匀载流无限长圆柱导体内外的磁场分布。

解 如图 7-19(a)所示，圆柱体半径为 R，通过电流 I。根据电流分布的对称性，磁感应线是在垂直于轴线平面内以该平面与轴线交点为中心的同心圆环，并与电流 I 组成右手螺旋，如图 7-19(b)所示。

根据磁场分布的上述轴对称性，取通过场点 P 的以轴线为中心的圆作为积分环路 L，运用安培环路定理得

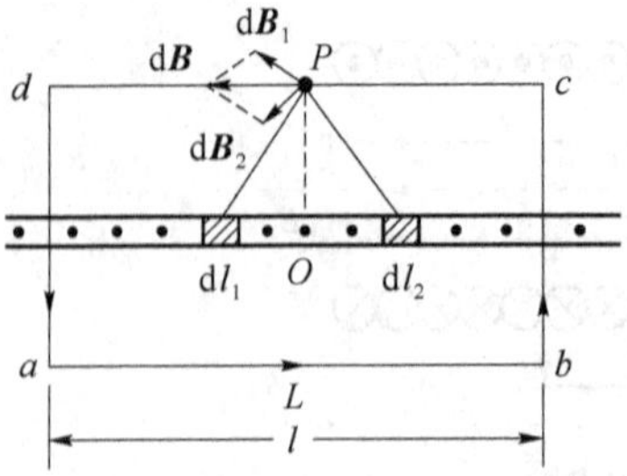

图 7-18　例 7-5 图

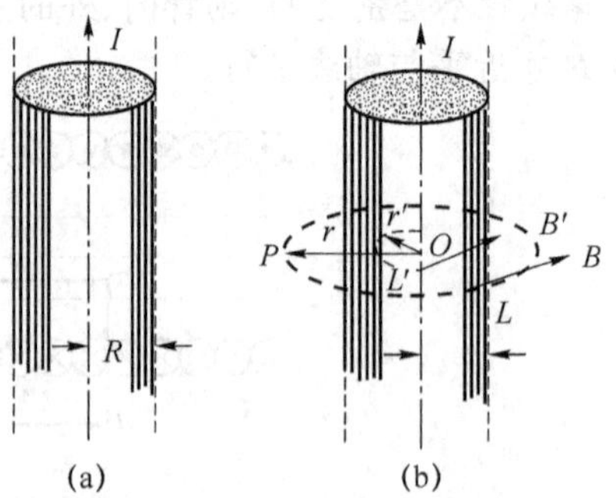

图 7-19　例 7-6 图

$$\oint_L \boldsymbol{B}\cdot \mathrm{d}\boldsymbol{l} = \oint_L B\,\mathrm{d}l = B\oint_L \mathrm{d}l$$
$$= B\times 2\pi r = \mu_0 I$$

可得

$$B=\frac{\mu_0 I}{2\pi r}\quad (r>R) \tag{7-22}$$

圆柱导体内(设导体内磁导率仍为 μ_0)的磁场,用同样的方法,与以上情况不同的是,当 $r<R$ 时导体中电流只有一部分通过积分环路 L',因为导体中的电流密度为 $j=I/\pi R^2$,而环路 L' 所包围的面积为 πr^2,所以穿过环路 L' 的电流为

$$\sum_{(L'内)} I_i = j\pi r^2 = Ir^2/R^2$$

于是,有

$$\oint_{L'} \boldsymbol{B}\cdot \mathrm{d}\boldsymbol{l} = B\times 2\pi r = \mu_0 \sum_{(L'内)} I_i = \mu_0 I r^2/R^2$$

可得

$$B=\frac{\mu_0 I r}{2\pi R^2}\quad (r<R)$$

由此可见,在圆柱导体内,B 与 r 成正比,在圆柱导体外,B 与 r 成反比,在 $r=R$ 处,B 的分布是连续的。B 随 r 的分布如图 7-20 所示。

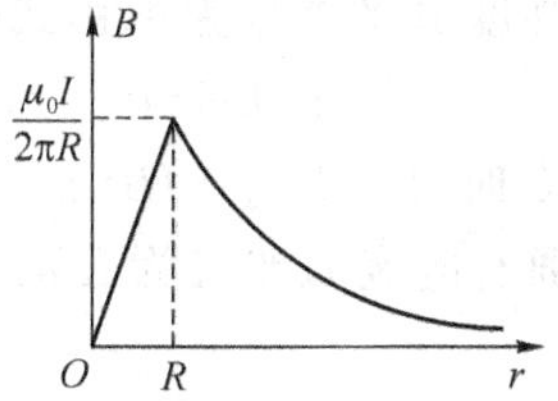

图 7-20 均匀载流无限长圆柱导体的磁场分布

7.6 磁场对载流导线的作用

7.6.1 载流导线在磁场中所受的磁力

载流导线在磁场中将受到磁场力的作用,这个力称为**安培力**。磁场对载流导线的作用实质上是磁场对导线中运动电荷作用的宏观表现。下面将导出载流导线在磁场中受到的安培力,如图 7-21 所示。

设载流导线处在磁场中,导线的截面积为 S,通有电流 I,导线单位体积中的自由电子数为 n,电子的平均漂移速度为 $\boldsymbol{v}$。在导线上任取一电流元 $I\mathrm{d}\boldsymbol{l}$,电流元所在处的磁感应强

度为 $\boldsymbol{B}$，$\boldsymbol{v}$ 与 $\boldsymbol{B}$ 的夹角为 θ。在磁场的作用下，电流元中每个电子受到的洛伦兹力为 $\boldsymbol{F}=-e\boldsymbol{v}\times\boldsymbol{B}$。因该电流元中电子总数为 $\mathrm{d}N=nS\mathrm{d}l$，所以整个电流元受到的磁场力为

$$\mathrm{d}\boldsymbol{F}=-nS\mathrm{d}le(\boldsymbol{v}\times\boldsymbol{B})$$

由于 $I\mathrm{d}\boldsymbol{l}=-enS\boldsymbol{v}$，故上式可写成

$$\mathrm{d}\boldsymbol{F}=I\mathrm{d}\boldsymbol{l}\times\boldsymbol{B} \qquad (7\text{-}23)$$

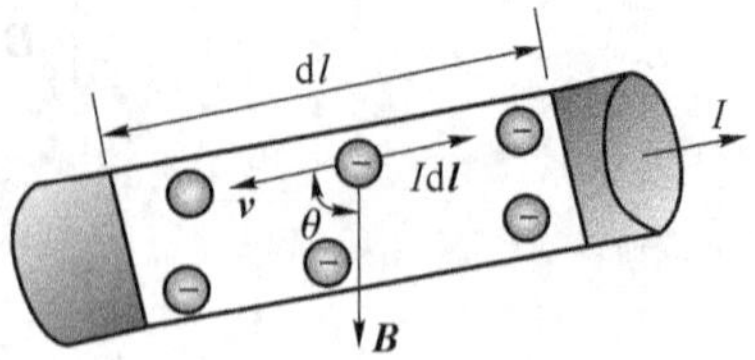

图 7-21　电流元在磁场中受到的安培力

上式称为**安培定律**，是安培首先由实验总结出来的关于一段电流元在磁场中受磁场力作用的基本规律。由式(7-23)可知，安培力的方向垂直电流元 $I\mathrm{d}\boldsymbol{l}$ 和磁感应强度 $\boldsymbol{B}$ 所组成的平面，满足右手螺旋关系，即安培力的方向与矢积 $I\mathrm{d}\boldsymbol{l}\times\boldsymbol{B}$ 的方向相同。

对任意形状的载流导线 L，其在磁场中所受的安培力 $\boldsymbol{F}$ 应等于各个电流元所受安培力 $\mathrm{d}\boldsymbol{F}$ 的矢量和，即

$$\boldsymbol{F}=\int_L \mathrm{d}\boldsymbol{F}=\int_L I\mathrm{d}\boldsymbol{l}\times\boldsymbol{B} \qquad (7\text{-}24)$$

如果任意形状的载流导线在磁场中，各个电流元所受安培力 $\mathrm{d}\boldsymbol{F}$ 的大小和方向不相同，则一般先将 $\mathrm{d}\boldsymbol{F}$ 分解为 $\mathrm{d}F_x$、$\mathrm{d}F_y$、$\mathrm{d}F_z$ 三个分量，分别求得 F_x、F_y、F_z，然后求出合力 $\boldsymbol{F}$。

利用式(7-24)很容易求出载流直导线在均匀磁场中受到的安培力。设直导线长度为 L，电流为 I，其方向与磁感应强度 $\boldsymbol{B}$ 的夹角为 θ，由式(7-24)得

$$F=IBL\sin\theta \qquad (7\text{-}25)$$

当 $\theta=0°$ 或 $180°$ 时，$F=0$；当 $\theta=90°$ 时，$F=F_{\max}=IBL$。

例 7-7　如图 7-22 所示，一通有电流 I、半径为 R 的半圆弧放在磁感应强度为 $\boldsymbol{B}$ 的匀强磁场中，求该导线所受安培力。

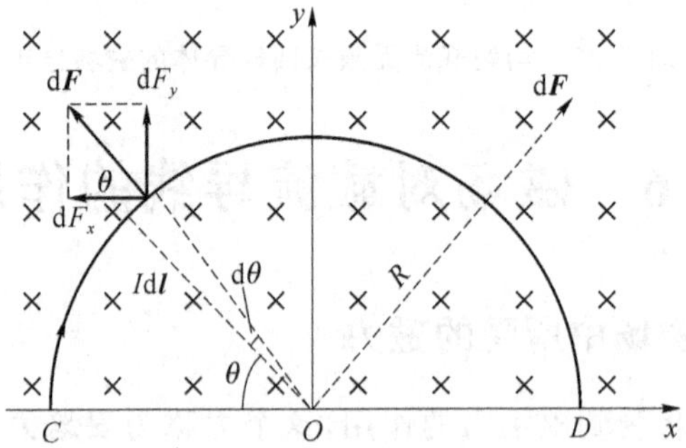

图 7-22　例 7-7 图

解　建立如图 7-22 所示的坐标系，在载流导线上任取一电流元 $I\mathrm{d}\boldsymbol{l}$，$I\mathrm{d}\boldsymbol{l}$ 的大小所对应的圆心角为 $\mathrm{d}\theta$，电流元 $I\mathrm{d}\boldsymbol{l}$ 受到的安培力的大小为

$$\mathrm{d}F=IB\mathrm{d}l\sin 90°=IBR\mathrm{d}\theta$$

$d\boldsymbol{F}$ 的方向如图 7-22 所示。因导线上各电流元所受安培力的方向各不相同，所以需将电流元所受安培力 $d\boldsymbol{F}$ 沿 x 方向和 y 方向分解为

$$dF_x = dF\cos\theta$$

$$dF_y = dF\sin\theta$$

由电流分布的对称性知，各电流元受到的安培力沿 x 轴的分量互相抵消，所以整个载流半圆弧导线受到的安培力大小为

$$F = F_y = \int_L dF\sin\theta = \int_0^{\pi} IBR\sin\theta d\theta = 2IBR$$

从本例所得结果可以推断，**任意形状的平面载流导线在均匀磁场中所受磁场力的总和就等于从起点到终点之间通有相同电流的直导线所受的安培力**。如果载流导线构成闭合回路，由上述讨论的结论可知，闭合的载流回路在均匀磁场中所受的磁场力为零。

例 7-8　一长直导线竖直放置，通有电流 I_1，其旁共面放置另一长度为 b 的刚性水平导线 MN，通有电流 I_2，M 端与竖直导线的距离为 a，如图 7-23(a)所示。试求导线 MN 所受的作用力及对 O 点的力矩。

解　如图 7-23(b)所示，取电流元 $I_2 d\boldsymbol{r}$，根据安培定律

$$dF = I_2 drB\sin\theta = I_2 Bdr$$

$$= \frac{\mu_0 I_1 I_2}{2\pi r}dr$$

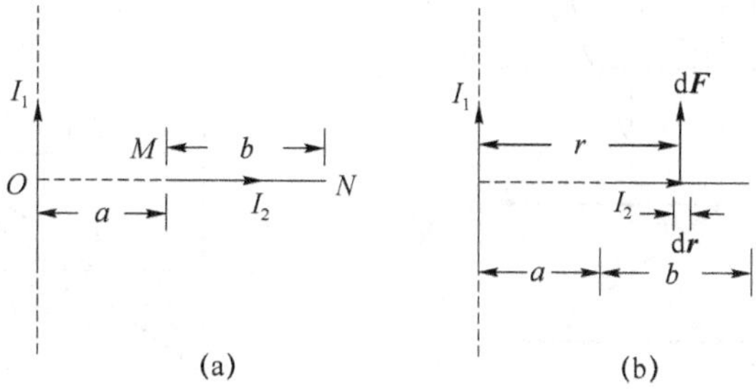

图 7-23　例 7-8 图

$d\boldsymbol{F}$ 的方向向上。因为在 MN 导线上各电流元所受力的方向相同，求合力可用标量积分

$$F = \int dF = \frac{\mu_0 I_1 I_2}{2\pi}\int_a^{a+b}\frac{dr}{r} = \frac{\mu_0 I_1 I_2}{2\pi}\ln\frac{a+b}{a}$$

方向垂直 MN 向上。

对 O 点的力矩，首先计算 $d\boldsymbol{F}$ 对 O 点的力矩 $d\boldsymbol{M}$

$$d\boldsymbol{M} = \boldsymbol{r}\times d\boldsymbol{F}$$

其大小为

$$\mathrm{d}M = r\mathrm{d}F\sin\theta = r\mathrm{d}F = r\frac{\mu_0 I_1 I_2}{2\pi r}\mathrm{d}r$$
$$= \frac{\mu_0 I_1 I_2}{2\pi}\mathrm{d}r$$

d$\boldsymbol{M}$ 的方向垂直纸面向外。由于各电流元所受的力矩 d$\boldsymbol{M}$ 的方向相同，故合力矩可用标量积分

$$M = \int \mathrm{d}M = \frac{\mu_0 I_1 I2}{2\pi}\int_a^{a+b}\mathrm{d}r = \frac{\mu_0 I_1 I_2}{2\pi}b$$

方向垂直纸面向外。

7.6.2 载流线圈在磁场中所受的磁力矩

如图 7-24 所示，在磁感应强度为 $\boldsymbol{B}$ 的匀强磁场中，有一边长分别为 l_1 和 l_2 的刚性矩形载流线圈 $abcd$，线圈中通有电流 I。设线圈平面的单位法线矢量 $\boldsymbol{e}_n$ 与磁感应强度 $\boldsymbol{B}$ 之间的夹角为 θ，线圈平面与 $\boldsymbol{B}$ 之间的夹角为 ϕ（$\phi+\theta=\pi/2$），由式(7-25)可求得导线 da 和 bc 所受的磁场力大小分别为

$$F_3 = BIl_1\sin(\pi-\phi) = BIl_1\sin\phi$$
$$F_4 = BIl_1\sin\phi$$

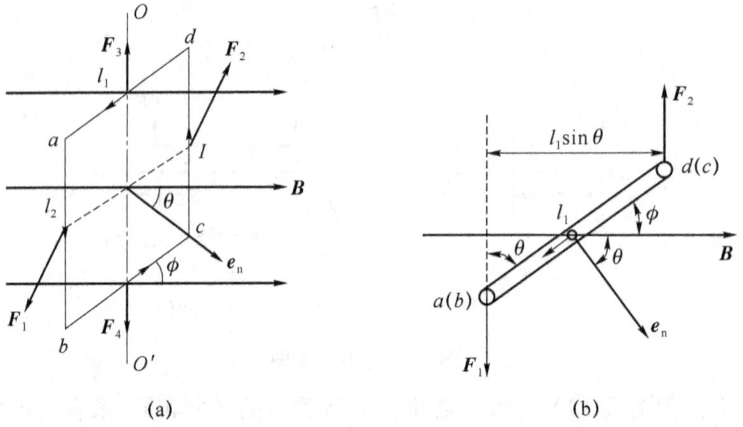

图 7-24　平面矩形载流线圈在匀强磁场中所受的力矩

F_3 和 F_4 这两个力大小相等、方向相反，并且在同一直线上，所以对整个线圈来讲，它们的合力及合力矩都为零。而导线 ab 和 cd 所受的磁场作用力大小分别为

$$F_1 = F_2 = BIl_2$$

这两个力大小相等，方向亦相反，但不在同一直线上，它们的合力虽为零，但对线圈要产生磁力矩的作用，其磁力矩大小为

$$M = F_1 l_1\cos\phi = F_1 l_1\sin\theta = BIl_1 l_2\sin\theta = BIS\sin\theta$$

式中，$S=l_1l_2$ 为线圈的面积。

如果线圈有 N 匝，线圈的磁矩为 $\boldsymbol{m}=NIS\boldsymbol{e}_n$，则线圈所受磁力矩的大小为

$$M=NBIS\sin\theta=mB\sin\theta \tag{7-26}$$

因为角 θ 是线圈平面的单位法线矢量 $\boldsymbol{e}_n$ 与磁感应强度 $\boldsymbol{B}$ 之间的夹角，所以式(7-26)可写成矢量形式

$$\boldsymbol{M}=\boldsymbol{m}\times\boldsymbol{B} \tag{7-27}$$

磁力矩的方向为 $\boldsymbol{m}\times\boldsymbol{B}$ 的方向。

下面讨论几种情况。

(1) 当载流线圈平面法线方向与磁场方向平行(即 $\theta=0°$)时，磁力矩 $M=0$，此时线圈处于稳定平衡状态。

(2) 当载流线圈平面法线方向与磁场方向相反(即 $\theta=180°$)时，磁力矩 $M=0$，但此时为不稳定平衡状态。若有微小扰动，线圈就会在磁力矩的作用下离开这个位置，使线圈转向稳定平衡状态。

(3) 当线圈平面法线方向与磁场方向垂直(即 $\theta=90°$)时，磁力矩 $M=NBIS$，磁力矩最大。

综上所述，**任意形状不变的平面载流线圈作为整体在均匀外磁场中所受到的合力为零，仅受到磁力矩的作用，合力矩使线圈的磁矩转到与外磁场方向相同而达到稳定平衡。**

式(7-27)虽然是从均匀磁场中矩形载流线圈的情形推导出来的，但可以证明它对于均匀磁场中任意形状的平面载流线圈都成立。当载流线圈处在不均匀磁场中时，载流线圈除受磁力矩作用之外，还会受到一个力的作用，力矩的作用使线圈偏转，力的作用使线圈从磁场较弱处移向较强处。

例 7-9 一半径为 R 的薄圆盘放在磁感应强度为 $\boldsymbol{B}$ 的均匀磁场中，$\boldsymbol{B}$ 的方向与盘面平行，如图 7-25 所示。圆盘表面的电荷面密度为 σ，若圆盘以角速度 ω 绕其轴线转动，试求作用在圆盘上的磁力矩大小。

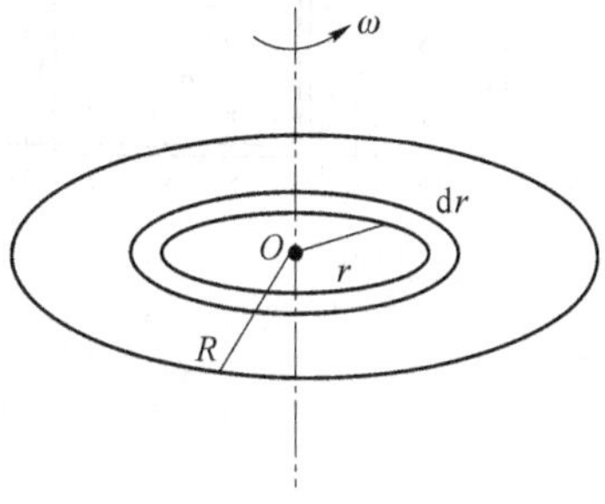

图 7-25 例 7-9 图

解 取半径为 r、宽为 dr 细圆环，其电荷量为 $dq=\sigma\times 2\pi r dr$，转动形成电流

$$dI=\frac{dq}{T}=\frac{\omega dq}{2\pi}=\omega\sigma r dr$$

磁矩

$$dm=\pi r^2 dI=\pi\sigma\omega r^3 dr$$

方向沿轴线向上。

细圆环受的磁力矩为

$$dM=dmB$$

整个圆盘受的磁力矩为

$$M = \int \mathrm{d}M = \int \mathrm{d}mB = \pi\sigma\omega B\int_0^R r^3\,\mathrm{d}r = \frac{\pi\sigma\omega BR^4}{4}$$

7.6.3 磁场力的功

我们当然关心磁场力的功，因为这是电能转换为机械能的途径。

载流导线和载流线圈在磁力和磁力矩的作用下运动时，磁力就要做功。下面从特例出发，导出磁力和磁力矩做功的一般公式。

1. 载流导线在均匀磁场中运动时磁力的功

如图 7-26(a)所示，一可滑动的通电导线 l 在磁力 $\boldsymbol{F}$ 的作用下，由 ab 位置移动到 $a'b'$ 位置时，磁力 $\boldsymbol{F}$ 所做的功为

$$A=\boldsymbol{F}\cdot\Delta\boldsymbol{r}=F\,\overline{aa'}=BIl\,\overline{aa'}=BI\Delta S=I\Delta\Phi \tag{7-28}$$

ΔS 是导线 l 扫过的面积，$\Delta\Phi$ 为导线 l 移动过程中所切割的磁感应线的条数。此式表明：当回路中电流不变时，磁力的功等于回路电流乘以穿过回路所包围面积内磁通量的增量。

2. 载流线圈在磁场中转动时磁力矩所做的功

如图 7-26(b)所示，一载流为 I 的线圈在均匀磁场中顺时针方向转动，当线圈转动 $\mathrm{d}\varphi$ 角时，磁力矩 $\boldsymbol{M}=\boldsymbol{P}_m\times\boldsymbol{B}$ 所做的元功为

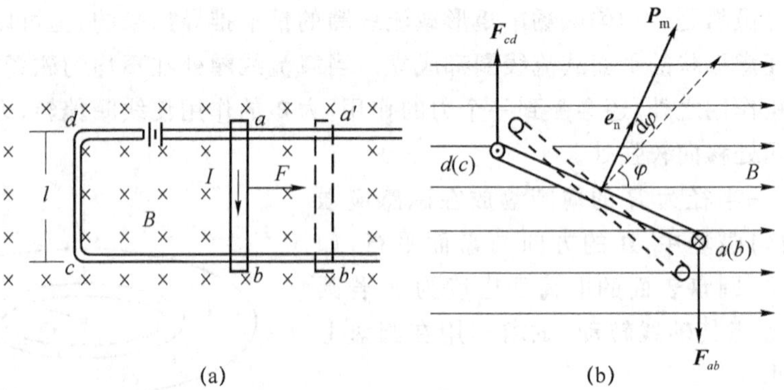

图 7-26 磁场力的功

$$\mathrm{d}A=-M\mathrm{d}\varphi=-BIS\sin\varphi\,\mathrm{d}\varphi=I\mathrm{d}(BS\cos\varphi)$$

负号是由于 $\boldsymbol{M}$ 的方向和角位移方向相反，或理解为因 $\mathrm{d}\varphi<0$，而磁力矩是在做正功，所以前面加一负号。当线圈从 φ_1 转到 φ_2 时，磁力矩所做的总功

$$A=\int\mathrm{d}A=\int_{\Phi_1}^{\Phi_2}I\mathrm{d}\Phi=I(\Phi_2-\Phi_1)=I\Delta\Phi \tag{7-29}$$

式中，Φ_1、Φ_2 分别表示穿过线圈始末位置时的磁通量。式(7-28)和式(7-29)含意一致。

3. 磁力做功的一般表示式

设电流元 $I\mathrm{d}\boldsymbol{l}$ 在磁场中 $\mathrm{d}\boldsymbol{F}$ 的作用下发生位移 $\mathrm{d}\boldsymbol{r}$，则磁力所做的功为

$$\mathrm{d}A=\mathrm{d}\boldsymbol{F}\cdot\mathrm{d}\boldsymbol{r}=(I\mathrm{d}\boldsymbol{l}\times\boldsymbol{B})\cdot\mathrm{d}\boldsymbol{r}$$

上式按矢量运算法则可改写成

$$dA=(Id\boldsymbol{r}\times d\boldsymbol{l})\cdot\boldsymbol{B}=Id\boldsymbol{S}\cdot\boldsymbol{B}=Id\Phi$$

此处 $d\boldsymbol{S}=d\boldsymbol{r}\times d\boldsymbol{l}$，是电流元所扫过的面积元，而 $d\boldsymbol{S}\cdot\boldsymbol{B}$ 即是穿过此面元的磁通量 $d\Phi$，这一结果十分简单，因此磁力做功的一般表达式为

$$A=\int dA=\int_{\Phi_1}^{\Phi_2}Id\Phi \tag{7-30}$$

它与磁场是否均匀无关，磁力的功是由电源提供的能量补偿的。

例 7-10 一矩形载流线圈处于无限长直载流导线的磁场中，线圈平面与直导线共面，且有两边与直电流平行，如图 7-27 所示。已知 I_1、I_2、a 和 b。试求：

(1) 当矩形线圈的近边与直电流相距 d_1 时，I_1 产生的且通过线圈面积的磁通量和磁场对线圈的磁力；

(2) 当线圈从离电流 d_1 平移到 d_2 过程中，磁力对线圈所做的功。

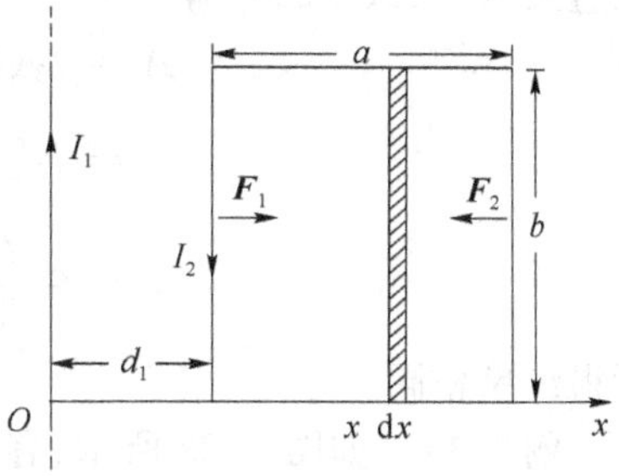

图 7-27 例 7-10 图

解 (1) 建立如图的坐标系，在 x 处取宽度为 dx、长度为 b 的面积元，通过该面积元的磁通量为

$$d\Phi=\boldsymbol{B}\cdot d\boldsymbol{S}$$
$$=-B(x)bdx=-\frac{\mu_0 I_1}{2\pi x}bdx$$

其中负号是由于我们规定沿磁矩方向的磁通量为正。于是通过整个线圈的磁通量为

$$\Phi=\int d\Phi=-\frac{\mu_0 I_1 b}{2\pi}\int_{d_1}^{d_1+a}\frac{dx}{x}$$
$$=\frac{\mu_0 I_1 b}{2\pi}\ln\frac{d_1+a}{d_1}$$

两条垂直长直电流的电流段所受到的磁力相互抵消。平移力等于两平行于长直电流的电流段所受的磁力之差，有

$$F=F_1-F_2=I_2 b\,[B(d_1)-B(d_1+a)]$$
$$=\frac{\mu_0 I_1 I_2 b}{2\pi}\left[\frac{1}{d_1}-\frac{1}{d_1+a}\right]=\frac{\mu_0 I_1 I_2 ab}{2\pi d_1(d_1+a)}$$

(2) 从上式看出平移力 F 的大小是变力。当线圈近边距长直电流为 x 时，有

$$F(x)=\frac{\mu_0 I_1 I_2 ab}{2\pi}\frac{1}{x(x+a)}$$

若该瞬时作位移 dx，此过程中磁场力所做的元功为

$$dA=F(x)dx=\frac{\mu_0 I_1 I_2 ab}{2\pi}\frac{dx}{x(x+a)}$$

因此由 d_1 平移到 d_2 过程中，磁力所做的总功有

$$A=\int \mathrm{d}A=\frac{\mu_0 I_1 I_2 ab}{2\pi}\int_{d_1}^{d_2}\frac{\mathrm{d}x}{x(x+a)}$$
$$=\frac{\mu_0 I_1 I_2 ab}{2\pi}\left[-\frac{1}{a}\ln\frac{x+a}{x}\right]_{d_1}^{d_2}$$
$$=\frac{\mu_0 I_1 I_2 b}{2\pi}\left[\ln\frac{d_1+a}{d_1}-\ln\frac{d_2+a}{d_2}\right]$$

或直接应用式(7-29)，有

$$A=I_2(\Phi_2-\Phi_1)$$
$$=I_2\left[-\frac{\mu_0 I_1 b}{2\pi}\ln\frac{d_2+a}{d_2}+\frac{\mu_0 I_1 b}{2\pi}\ln\frac{d_1+a}{d_1}\right]$$
$$=\frac{\mu_0 I_1 I_2 b}{2\pi}\left[\ln\frac{d_1+a}{d_1}-\ln\frac{d_2+a}{d_2}\right]$$

所得结果相同。

例 7-11 如图 7-28 所示，有一半径为 R，通有电流 I 的半圆形闭合线圈，置于均匀磁场中，磁感应强度 $\boldsymbol{B}$ 的方向与线圈平行。求：

(1) 线圈所受的磁力矩；

(2) 在该力矩作用下线圈转过 $\frac{\pi}{2}$ 过程中，磁力矩所做的功。

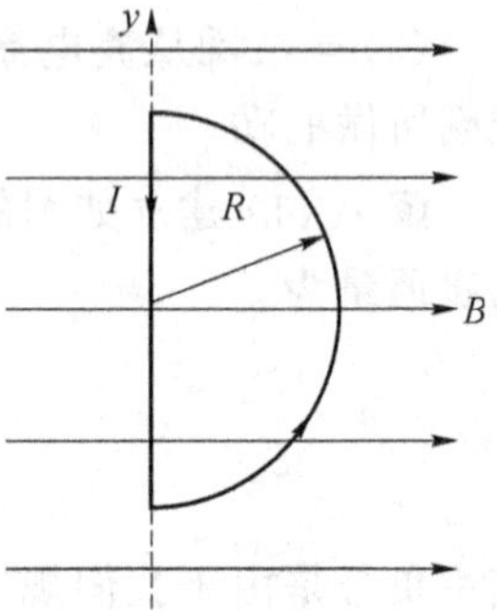

图 7-28 例 7-11 图

解 根据式(7-27)，有

(1) $|\boldsymbol{M}|=|\boldsymbol{m}\times\boldsymbol{B}|=|IS\boldsymbol{n}\times\boldsymbol{B}|=I\times\frac{1}{2}\pi R^2 B$

方向沿 y 轴正向。

(2) 根据式(7-29)，有

$$A=I\Delta\Phi=I\times\frac{1}{2}\pi R^2 B$$

7.7 磁场对运动电荷的作用

7.7.1 洛伦兹力

运动电荷在磁场中受到的磁力称为洛伦兹力，其数学表达式可以由安培定律导出来，其规律已由大量实验所证实。

如图 7-29 所示，设电流元 $I\mathrm{d}\boldsymbol{l}$ 中粒子的电荷量为 q（设 $q>0$），运动速度为 v，粒子数密度为 n；取电流元的长度 $\mathrm{d}l=v\mathrm{d}t$，横截面为 $\mathrm{d}S$，则电流元所含的粒子数 $\mathrm{d}N=n\mathrm{d}V=n\mathrm{d}S\mathrm{d}l$，所含电荷量 $\mathrm{d}Q=q\mathrm{d}N=qn\mathrm{d}S\mathrm{d}l$。电流元中的电流

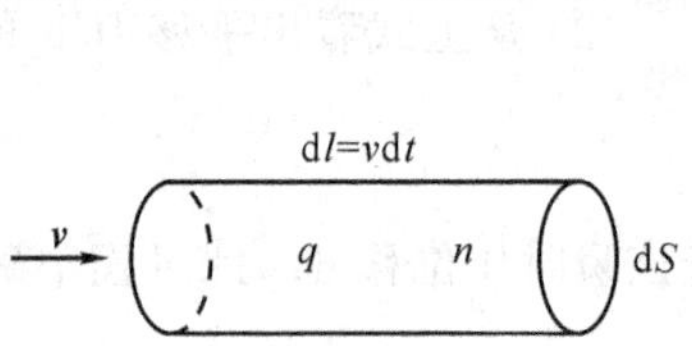

图 7-29 电流元

$$I=\frac{\mathrm{d}Q}{\mathrm{d}t}=qn\mathrm{d}S\,\frac{\mathrm{d}l}{\mathrm{d}t}=qnv\mathrm{d}S$$

注意到 $\mathrm{d}\boldsymbol{l}$ 与 $\boldsymbol{v}$ 同方向，由安培定律可得

$$\mathrm{d}\boldsymbol{F}'=I\mathrm{d}\boldsymbol{l}\times\boldsymbol{B}=qn\mathrm{d}S\mathrm{d}l\boldsymbol{v}\times\boldsymbol{B}$$

故每个运动电荷所受到的磁力——洛伦兹力

$$\boldsymbol{F}=\frac{\mathrm{d}\boldsymbol{F}'}{\mathrm{d}N}=q\boldsymbol{v}\times\boldsymbol{B} \tag{7-31a}$$

其大小

$$F=qvB\sin\theta \tag{7-31b}$$

式中，θ 为 $\boldsymbol{v}$ 与 $\boldsymbol{B}$ 的夹角。其方向由电荷的正负和 $\boldsymbol{v}\times\boldsymbol{B}$ 的方向共同决定：q 为正，$\boldsymbol{F}$ 的方向与 $\boldsymbol{v}\times\boldsymbol{B}$ 的方向一致；q 为负，$\boldsymbol{F}$ 的方向与 $\boldsymbol{v}\times\boldsymbol{B}$ 的方向相反，如图 7-30 所示。

从式(7-31)可以看出，运动电荷受到的洛伦兹力恒与运动方向垂直，因而不对运动电荷做功，不能改变运动电荷速度的大小，只能改变运动电荷速度的方向。

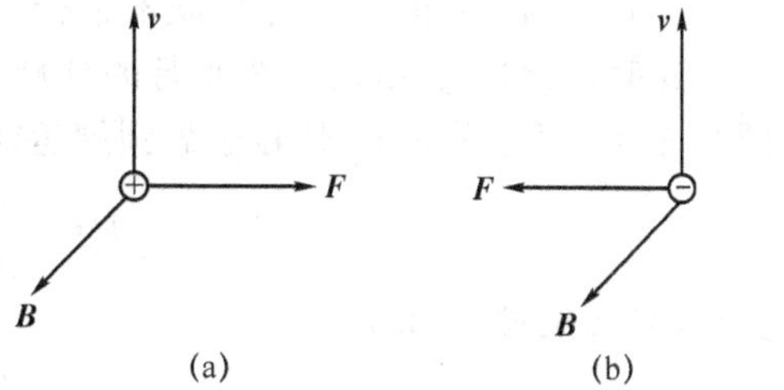

图 7-30　洛伦兹力的方向

前已说明，电流是由大量电荷的定向运动形成的。因此，磁场对电流元的作用实质上是磁场对运动电荷的作用。因而可以认为，洛伦兹力是安培力的微观根源，安培力是洛伦兹力的宏观表现。

7.7.2　带电粒子在均匀磁场中的运动

质量为 m、电荷量为 q、运动速度为 $\boldsymbol{v}$ 的带电粒子在磁感应强度为 $\boldsymbol{B}$ 的均匀磁场中运动时会受到洛伦兹力 $\boldsymbol{F}=q\boldsymbol{v}\times\boldsymbol{B}$ 的作用，其大小为

$$F=qvB\sin\theta$$

式中，θ 为 $\boldsymbol{v}$ 与 $\boldsymbol{B}$ 的夹角。对于给定的粒子及磁场，$\boldsymbol{F}$ 的大小主要取决于 θ，它对粒子的运动状态起着决定的作用。下面分三种情况来讨论。

(1) $\theta=0$，即 $\boldsymbol{v}$ 与 $\boldsymbol{B}$ 同向(平行)

这时，带电粒子受到的洛伦兹力

$$F=qvB\sin\theta=0$$

其运动为匀速直线运动。

(2) $\theta=\frac{\pi}{2}$，即 $\boldsymbol{v}$ 与 $\boldsymbol{B}$ 垂直

这时，粒子受到的洛伦兹力

$$F=qvB\sin\frac{\pi}{2}=qvB$$

由于力为常量，且方向处处与 $\boldsymbol{v}$ 垂直，故粒子做匀速圆周运动，其向心力就是前面提及的

洛伦兹力，即

$$qvB=m\frac{v^2}{R}$$

由此可解得圆周运动的半径

$$R=\frac{mv}{qB} \tag{7-32}$$

圆周运动的周期

$$T=\frac{2\pi R}{v}=\frac{2\pi m}{qB} \tag{7-33}$$

（3）θ 为任意角，即 $\boldsymbol{v}$ 与 $\boldsymbol{B}$ 既不平行，也不垂直

这时，可将 $\boldsymbol{v}$ 分解成与 $\boldsymbol{B}$ 平行的分量 $v_{/\!/}=v\cos\theta$ 和与 $\boldsymbol{B}$ 垂直的分量 $v_{\perp}=v\sin\theta$（参见图 7-31）。垂直分量 $v_{\perp}$ 使粒子做圆周运动，其半径（参见式(7-32)）

$$R=\frac{mv_{\perp}}{qB}=\frac{mv\sin\theta}{qB} \tag{7-34}$$

其周期（参见式(7-33)）

$$T=\frac{2\pi R}{v_{\perp}}=\frac{2\pi m}{qB} \tag{7-35}$$

平行分量 $v_{/\!/}$ 使粒子做匀速直线运动，一周期内通过的水平距离（也称螺距）

$$h=v_{/\!/}T=\frac{2\pi m}{qB}v\cos\theta \tag{7-36}$$

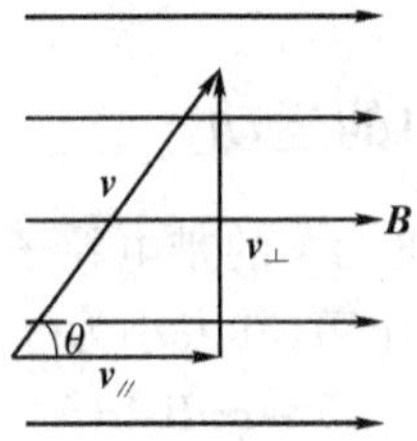

图 7-31　速度 $\boldsymbol{v}$ 的分解

从上面的分析可以看出，θ 为任意角时，带电粒子将做螺旋运动。式(7-36)也称螺旋运动的螺距公式。

7.7.3　带电粒子在非均匀磁场中的运动

在非均匀磁场中，带电粒子的速度方向与磁感应强度方向不同时，该粒子也要做螺旋运动，但半径和螺距都将不断发生变化。特别是当粒子具有一分速度向磁场较强处做螺旋前进时，它受到的磁场力有一个和前进方向相反的分量，如图 7-32 所示。这一分量有可能最终使粒子的前进速度减小到零，并继而沿反方向前进。强度逐渐增加的磁场能使粒子发生“反射”，因而把这种磁场分布称作磁镜。

可以用两个电流方向相同的线圈产生一个中间弱两端强的磁场，如图 7-33 所示。这

一磁场区域的两端就形成两个磁镜，平行于磁场方向的速度分量不太大的带电粒子将被约束在两个磁镜间的磁场内做来回运动而不能逃脱，这种能约束带电粒子的磁场分布叫磁瓶子。在现代研究受控热核反应的实验中，需要把很高温度的等离子体限制在一定空间区域内。在这样的高温下，所有固体材料都将化为气体而不能用作容器。上述磁约束就成了达到这种目的常用方法之一。磁约束现象也存在于宇宙空间中，地球的磁场是一个不均匀磁场，从赤道到地磁的两极逐渐增强，如图 7-34 所示。因此地磁场是一个天然的磁捕集器，它能捕获从外层空间射入的带电粒子，形成一个带电粒子区域。这一区域叫范・艾仑辐射带，如图 7-35 所示。在范・艾仑辐射带中的带电粒子就围绕地磁场的磁感应线做螺旋运动；在靠近两极处被反射回来。这样，带电粒子就在范・艾仑带中来回振荡。在地磁两极附近由于磁感应线与地面垂直，由外层空间入射的带电粒子可直射入高空大气层内，它们和空气分子的碰撞产生的辐射就形成了绚丽多彩的极光。

据宇宙飞行探测器证实，在土星、木星周围也有类似地球的范・艾仑辐射带存在。

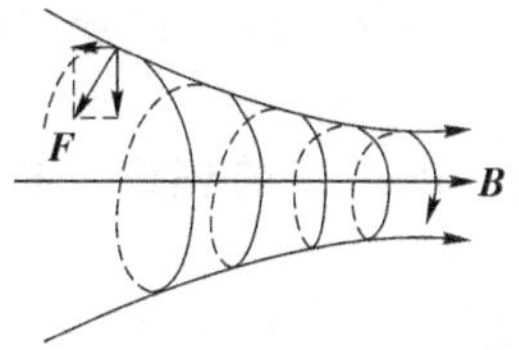

图 7-32　会聚磁场中做螺旋运动的粒子掉向反转

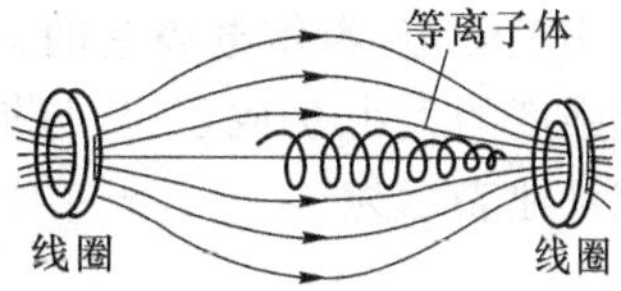

图 7-33　磁约束装置

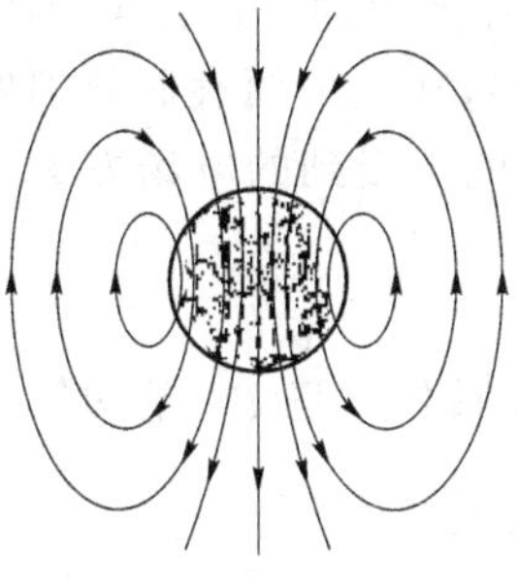

图 7-34　地磁场的磁感应线分布

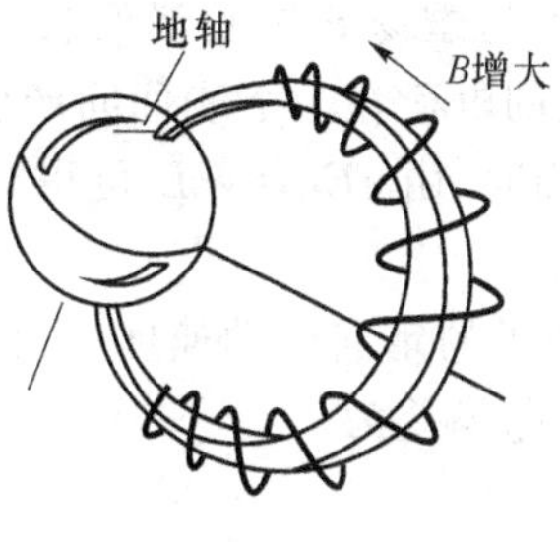

图 7-35　范・艾仑辐射带

7.7.4　带电粒子在电场和磁场中的运动

带有电量 q 的粒子在静电场 $\boldsymbol{E}$ 中受到的电场力为

$$\boldsymbol{F}_e = q\boldsymbol{E}$$

具有速度 $\boldsymbol{v}$ 的带电粒子在磁场中受到的磁场力为

$$\boldsymbol{F}_m = q\boldsymbol{v} \times \boldsymbol{B}$$

因此，如果电场和磁场同时存在，带电粒子所受的总作用力将是 $\boldsymbol{F}_e$ 和 $\boldsymbol{F}_m$ 的矢量和，即

$$\boldsymbol{F} = \boldsymbol{F}_e + \boldsymbol{F}_m = q\boldsymbol{E} + q\boldsymbol{v} \times \boldsymbol{B}$$

根据牛顿第二定律，我们可以写出在这个力作用下，质量为 m 的带电粒子的运动方程（设重力可略去不计）

$$q\boldsymbol{E}+q\boldsymbol{v}\times\boldsymbol{B}=m\boldsymbol{a} \tag{7-37}$$

当带电粒子的运动速度比光速小得多时，对于电场、磁场中的带电粒子可由式(7-37)求得运动方程和轨道方程。

7.7.5 霍尔效应

将高度为 l、厚度为 d 的金属板（或半导体板）置于磁感应强度为 $\boldsymbol{B}$ 的均匀磁场中，如果在板中通过方向与磁场方向垂直的电流 I（如图 7-36 所示），在金属板的上下表面间就会出现电势差 U_H，这种现象称为霍尔效应，U_H 则称为霍尔电势差。

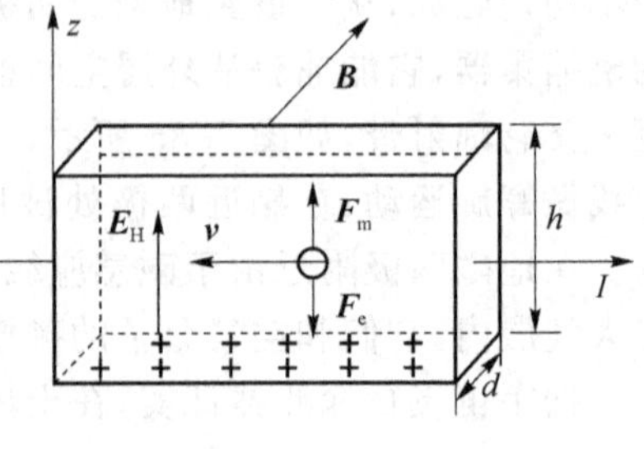

图 7-36 霍尔效应示意图

实验测定，霍尔电势差的大小和电流 I 及磁感应强度的大小 $\boldsymbol{B}$ 成正比，与板的厚度 d 成反比。进一步的理论分析表明，霍尔电势差可定量地表示为

$$U_H=R_H\frac{IB}{d} \tag{7-38}$$

式中，R_H 称为霍尔系数。

霍尔效应是由于运动的带电粒子受磁场力的作用而产生的。在金属导体中通有电流时，电子在均匀磁场 $\boldsymbol{B}$ 中受洛伦兹力的作用而发生偏转，在上下两表面分别聚集起正、负电荷。积累的电荷在上下表面间产生霍尔电场 $\boldsymbol{E}_H$，当电子受到的电场力 $\boldsymbol{F}_e$ 与洛伦兹力 $\boldsymbol{F}_m$ 达到平衡时，由 $eE_H=evB$ 可得

$$E_H=vB$$

式中，v 是电子的定向运动速度（又称漂移速度）。因为霍尔电场 $\boldsymbol{E}_H$ 是均匀的，故上下表面间的霍尔电势差为

$$U_H=E_Hl=vBl$$

若导体中载流子的电荷为 q，数密度（即单位体积中的载流子数目）为 n，导体横截面积为 S，则可由电流的公式

$$I=qnvS=qnvld$$

得到载流子的平均漂移速度为

$$v=\frac{I}{qnld}$$

则霍尔电势差为

$$U_H=\frac{1}{nq}\frac{IB}{d} \tag{7-39}$$

比较式(7-38)和式(7-39)，可得霍尔系数

$$R_H=\frac{1}{nq} \tag{7-40}$$

金属导体中自由电子的数密度很大,故金属导体的霍尔系数很小,霍尔效应不明显。而半导体中的载流子数密度远小于金属中自由电子的数密度,故半导体的霍尔系数比金属导体大得多,能产生很强的霍尔效应。

利用霍尔效应可以测量电流、磁感应强度、载流子数密度等,还可以用霍尔效应判断半导体中载流子的类型(p 型或 n 型)。

7.8* 磁场中的磁介质

7.8.1 磁介质及其磁化

1. 磁介质

前面讨论了运动电荷或电流在真空中所激发磁场的性质和规律。而在实际情形中,运动电荷或电流的周围一般都存在着各种各样的物质,这些物质与磁场是会互有影响的。处于磁场中的物质要被磁场磁化。一切能够磁化的物质称为磁介质。而磁化了的磁介质也要引起附加磁场,对原磁场产生影响。

应当指出的是,磁介质对磁场的影响远比电介质对电场的影响要复杂得多。不同的磁介质在磁场中的表现则是很不相同的。假设在真空中某点的磁感应强度为 $\boldsymbol{B}_0$,放入磁介质后,因磁介质被磁化而建立的附加磁感应强度为 $\boldsymbol{B}'$,那么该点的磁感应强度 $\boldsymbol{B}$ 应为这两个磁感应强度的矢量和,即

$$\boldsymbol{B}=\boldsymbol{B}_0+\boldsymbol{B}'$$

实验表明,附加磁感应强度 $\boldsymbol{B}'$ 的方向和大小随磁介质而异。有一些磁介质 $\boldsymbol{B}'$ 的方向与 $\boldsymbol{B}_0$ 的方向相同,使得 $B>B_0$,这种磁介质叫作顺磁质,如铝、氧、锰等;还有一类磁介质 $\boldsymbol{B}'$ 的方向与 $\boldsymbol{B}_0$ 的方向相反,使得 $B<B_0$,这种磁介质叫作抗磁质,如铜、铋、氢等。但无论是顺磁质还是抗磁质,附加磁感应强度的值 B' 都较 B_0 要小得多(约几万分之一或几十万分之一),它对原来磁场的影响极为微弱。所以,顺磁质和抗磁质统称为弱磁性物质。实验还指出,另外有一类磁介质,它的附加磁感应强度 $\boldsymbol{B}'$ 的方向虽与顺磁质一样,是和 $\boldsymbol{B}_0$ 的方向相同的,但 $\boldsymbol{B}'$ 的值却要比 $\boldsymbol{B}_0$ 的值大很多(可达 $10^2 \sim 10^4$ 倍),即 $B\gg B_0$,并且不是常量,这类磁介质能显著地增强磁场,是强磁性物质。我们把这类磁介质叫作铁磁质,如铁、镍、钴及其合金等。

2. 顺磁质和抗磁质的磁化

下面用安培的分子电流学说简单说明顺磁性和抗磁性的起源。

在物质的分子中,每个电子都绕原子核做轨道运动,从而使之具有轨道磁矩;此外,电子本身还有自旋,因而也会具有自旋磁矩。一个分子内所有电子全部磁矩的矢量和称为分子的固有磁矩,简称分子磁矩,用符号 $\boldsymbol{m}$ 表示。分子磁矩可用一个等效的圆电流 I 来

表示，这就是安培当年为解释磁性起源而设想的分子电流的现代解释，如图 7-37 所示。这里需要明确的是，分子电流与导体中导电的传导电流是有区别的，构成分子电流的电子只做绕核运动，它们不是自由电子。

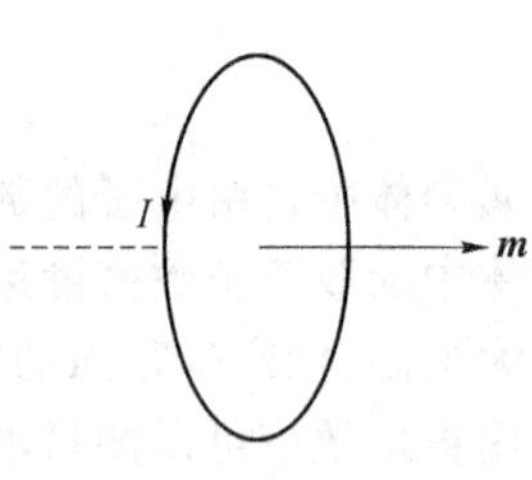

图 7-37　分子圆电流与分子磁矩

在顺磁性物质中，虽然每个分子都具有磁矩 $\boldsymbol{m}$，在没有外磁场时，各分子磁矩 $\boldsymbol{m}$ 的取向是无规律的，因而在顺磁质中任一宏观小体积内，所有分子磁矩的矢量和为零，致使顺磁质对外不显现磁性，处于未被磁化的状态，如图 7-38(a)所示。

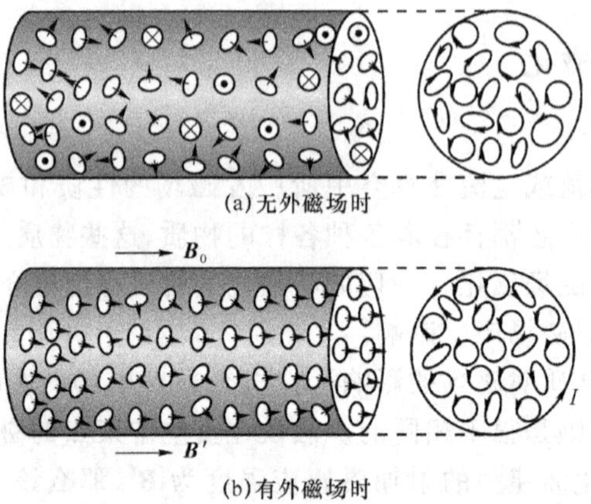

图 7-38　顺磁质中分子磁矩的取向

当顺磁性物质处在外磁场中时，各分子磁矩都要受到磁力矩的作用。从式(7-39)可知，在磁力矩作用下，各分子磁矩的取向都具有转到与外磁场方向相同的趋势（如图 7-38(b)所示），这样顺磁质就被磁化了。显然，在顺磁质中因磁化而出现的附加磁感应强度 $\boldsymbol{B}'$ 与外磁场的磁感应强度 $\boldsymbol{B}_0$ 的方向相同。于是，在外磁场中，顺磁质内的磁感应强度 $\boldsymbol{B}$ 的大小为

$$B=B_0+B'$$

对抗磁质来说，在没有外磁场作用时，虽然分子中每个电子的轨道磁矩与自旋磁矩都不等于零，但分子中全部电子的轨道磁矩与自旋磁矩的矢量和却等于零，即分子固有磁矩为零($\boldsymbol{m}=0$)。所以，在没有外磁场时，抗磁质并不显现出磁性。但在外磁场作用下，分子中每个电子的轨道运动和自旋运动都将发生变化，从而引起附加磁矩 $\Delta\boldsymbol{m}$，而且附加磁矩 $\Delta\boldsymbol{m}$ 的方向必是与外磁场 $\boldsymbol{B}_0$ 的方向相反。

如图 7-39(a)所示，设一电子以半径 r、角速度 $\boldsymbol{\omega}$ 绕核做逆时针轨道运动，电子的磁矩 $\boldsymbol{m}'$ 的方向与外磁场的磁感应强度 $\boldsymbol{B}_0$ 的方向相反。可以证明，电子在洛伦兹力 $\boldsymbol{F}$ 的作用下，其附加磁矩 $\Delta\boldsymbol{m}'$ 与 $\boldsymbol{B}_0$ 的方向相反。如果上述电子以角速度 $\boldsymbol{\omega}$ 绕核做顺时针转动，同

样可以证明，其 $\Delta \boldsymbol{m}'$ 亦与 $\boldsymbol{B}_0$ 的方向相反（如图 7-39(b)所示）。由于分子中每个电子的附加磁矩 $\Delta \boldsymbol{m}'$ 都与外磁场的磁感应强度 $\boldsymbol{B}_0$ 的方向相反，所有分子的附加磁矩 $\Delta \boldsymbol{m}$ 的方向也与 $\boldsymbol{B}_0$ 的方向相反。因此，在抗磁质中，就要出现与外磁场 $\boldsymbol{B}_0$ 方向相反的附加磁场 $\boldsymbol{B}'$。于是，抗磁质内的磁感应强度 $\boldsymbol{B}$ 的值要比 $\boldsymbol{B}_0$ 略小一点，即

$$B = B_0 - B'$$

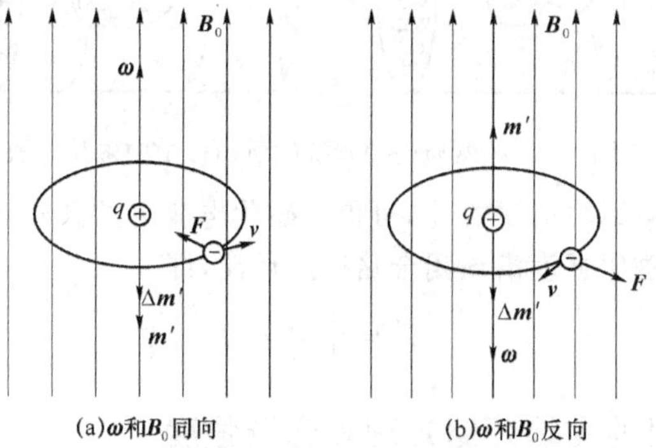

图 7-39　抗磁质中附加磁矩与外磁场方向相反

7.8.2　磁化强度

为了从宏观上描述磁介质的磁化方向和磁化强弱的程度，引入一个新的物理量——磁化强度 $\boldsymbol{M}$。它的定义是单位体积的介质内所有分子磁矩的矢量和，即

$$\boldsymbol{M} = \frac{\sum \boldsymbol{m}_i}{\Delta V} \tag{7-41}$$

顺磁质和抗磁质中的磁化强度方向是不同的。顺磁质磁化时，分子磁矩的矢量和沿外磁场 $\boldsymbol{B}_0$ 方向，故由磁化强度 $\boldsymbol{M}$ 的定义可知，$\boldsymbol{M}$ 也沿外磁场 $\boldsymbol{B}_0$ 方向。外磁场越强，分子磁矩在沿外磁场方向排列越整齐，故 $\boldsymbol{M}$ 越强。抗磁质磁化时，分子磁矩的矢量和等于分子附加磁矩的矢量和，而分子附加磁矩的矢量和与外磁场 $\boldsymbol{B}_0$ 的方向相反，故由磁化强度 $\boldsymbol{M}$ 的定义可知，$\boldsymbol{M}$ 也沿外磁场 $\boldsymbol{B}_0$ 的反方向。同样，外磁场越强，$\boldsymbol{M}$ 越强。

实验证明：不论是顺磁质还是抗磁质的磁化强度 $\boldsymbol{M}$ 都随外磁场的增强而增大，各向同性磁介质的磁化强度 $\boldsymbol{M}$ 和介质内的总磁场 $\boldsymbol{B}$ 成正比：

$$\boldsymbol{M} = \frac{\mu_r - 1}{\mu_0 \mu_r} \boldsymbol{B} \tag{7-42}$$

式中，μ_r 为磁介质的相对磁导率。

不论是顺磁质还是抗磁质，磁化后都会在磁介质的表面产生一层等效的电流 I'，称为磁化电流。从宏观上看，磁介质中的附加磁场 $\boldsymbol{B}'$ 就是由这一层磁化电流 I' 产生的。

以顺磁质为例，当介质磁化后，各分子磁矩沿外磁场方向排列，分子电流与分子磁矩的方向成右手螺旋。在介质内部，相邻的分子电流方向彼此相反，相互抵消；而在介质表面下一薄层内，各分子电流只有靠着介质内部的部分被抵消，靠着表面的部分未被抵消，

在宏观上形成了绕表面流动的等效大圆形电流，这一等效电流称为磁化电流或束缚电流。抗磁质磁化电流的形成机理与此相仿，但磁化电流的方向与顺磁质磁化电流方向相反（如图 7-40所示）。

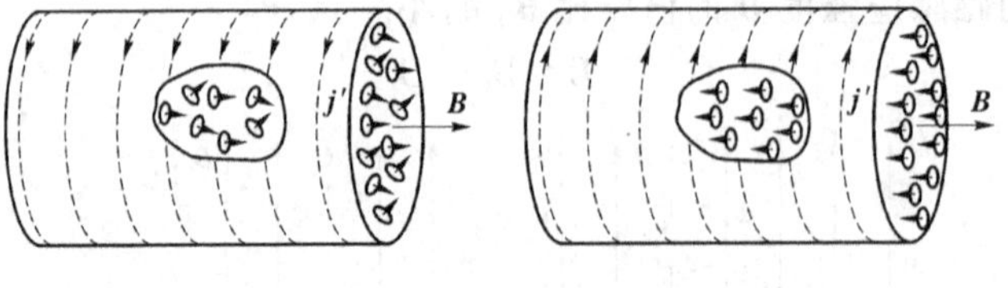

图 7-40　顺磁质（左）和抗磁质（右）中的磁化电流

将磁化电流 I'和束缚电荷 q'类比，可得到磁化电流 I'的公式，即任意闭合路径 l 包含的总磁化电流 I'等于磁化强度沿该闭合路径的环流，即

$$I' = \oint_l \boldsymbol{M} \cdot \mathrm{d}\boldsymbol{l} \tag{7-43}$$

7.8.3　有磁介质时的安培环路定理和磁场强度

前面已介绍了安培环路定理：磁感应强度 $\boldsymbol{B}$ 沿任意路径的环流等于此路径所包围的所有电流代数和的 μ_0 倍。安培环路定理的数学表达式是

$$\oint_l \boldsymbol{B} \cdot \mathrm{d}\boldsymbol{l} = \mu_0 \sum_i I_i$$

在存在磁介质的情况下，上式右端对电流的求和应当包含导体中的电流（传导电流）I_c 和磁介质中的磁化电流 I'。因此，安培环路定理成为如下形式：

$$\oint_l \boldsymbol{B} \cdot \mathrm{d}\boldsymbol{l} = \mu_0 \sum (I_c + I')$$

将式(7-43)带入上式有

$$\oint_l \left(\frac{\boldsymbol{B}}{\mu_0} - \boldsymbol{M}\right) \cdot \mathrm{d}\boldsymbol{l} = \sum I_c$$

类似电介质中的高斯定理引入辅助量 $\boldsymbol{D}$，在此也引入辅助量——磁场强度 $\boldsymbol{H}$，令

$$\boldsymbol{H} = \frac{\boldsymbol{B}}{\mu_0} - \boldsymbol{M} \tag{7-44}$$

则上式可简化为

$$\oint_L \boldsymbol{H} \cdot \mathrm{d}\boldsymbol{l} = \sum I_c \tag{7-45}$$

上式就是**磁介质中的安培环路定理**：磁场强度 $\boldsymbol{H}$ 沿任意闭合路径 l 的环流等于该回路所包含传导电流的代数和。

由式(7-42)和式(7-44)可得

$$\boldsymbol{H} = \frac{\boldsymbol{B}}{\mu_0 \mu_r}$$

令

$$\mu=\mu_0\mu_r \tag{7-46}$$

μ 称为介质的磁导率，上式可写成

$$\boldsymbol{H}=\frac{\boldsymbol{B}}{\mu} \tag{7-47}$$

在具体运用时，先用安培环路定理求出磁场强度 $\boldsymbol{H}$ 的分布，再利用上式求磁感应强度 $\boldsymbol{B}$ 的分布。

7.8.4　铁磁质

铁磁质是另一类磁介质，在实际中经常使用它。在电磁铁、电视、变压器和电表的线圈中都要放置铁磁性物质，借以增强磁性及增强磁场。为什么铁磁质能大大地增强磁场呢？下面我们用磁畴概念加以说明。

1. 磁畴

从物质的原子结构观点来看，铁磁质内电子间因自旋引起的相互作用是非常强烈的，在这种作用下，铁磁质内部形成了一些微小的自发磁化区域，叫作磁畴。每一个磁畴中，各个电子的自旋磁矩排列得很整齐，因此它具有很强的磁性。磁畴的体积约为 $10^{-12}\sim10^{-9}\ \text{m}^3$，内含 $10^{17}\sim10^{20}$ 个原子。在没有外磁场时，铁磁质内各个磁畴的排列方向是无序的，所以铁磁质对外不显磁性（如图 7-41(a)所示）。当铁磁质处于外磁场中时，各个磁畴的磁矩在外磁场的作用下都趋向于沿外磁场方向排列（如图 7-41(b)所示），使整个磁畴趋向外磁场方向。所以铁磁质在外磁场中的磁化程度非常大，它所建立的附加磁感应强度 $\boldsymbol{B}'$ 比外磁场的磁感应强度 $\boldsymbol{B}_0$ 在数值上一般要大几十倍到数千倍，甚至达数百万倍。

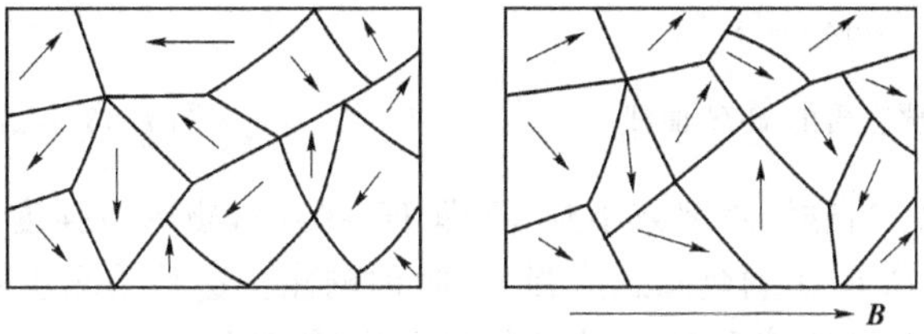

(a)无外磁场　　(b)有外磁场

图 7-41　磁畴

从实验中还知道，铁磁质的磁化和温度有关。随着温度的升高，它的磁化能力逐渐减小，当温度升高到某一温度时，铁磁性就完全消失，铁磁质退化成顺磁质。这个温度叫作居里温度或居里点。这是因为铁磁质中自发磁化区域因剧烈的分子热运动而遭破坏，磁畴也就瓦解了，铁磁质的铁磁性消失，过渡到顺磁质。从实验知道，铁的居里温度是 1 043 K，78％坡莫合金的居里温度是 873 K，45％坡莫合金的居里温度是 673 K。

2. 磁化曲线和磁滞回线

顺磁质的磁导率 μ 很小，是一个常量，不随外磁场的改变而改变，故顺磁质的 B 与 H 的关系是线性关系（如图 7-42 所示）。但铁磁质却不是这样，不仅它的磁导率比顺磁质的

磁导率大得多，而且当外磁场改变时，它的磁导率 μ 还随磁场强度 $\boldsymbol{H}$ 的改变而变化。图 7-43 中的 ONP 线段是从实验得出的某一铁磁质开始磁化时的 B-H 曲线，也叫初始磁化曲线。从曲线中可以看出 B 与 H 之间是非线性关系。当 H 从零（即点 O）逐渐增大时，B 急剧地增加，这是因为磁畴在磁场作用下迅速沿外磁场方向排列的缘故；到达点 N 以后，再增大 H 时，B 增加得就比较慢了；当达到点 P 以后，再增加外磁场强度 H 时，B 的增加就十分缓慢，呈现出磁化已达饱和的程度。点 P 所对应的 B 值一般叫作饱和磁感应强度 B_m，这时在铁磁质中，几乎所有磁畴都已沿着外磁场方向排列了，这时的磁场强度用 $+H_m$ 表示。

当磁场强度达到 $+H_m$ 后就开始减小，那么在 H 减小的过程中，B-H 曲线是否仍按原来的起始磁化曲线退回来呢？实验表明，当外磁场由 $+H_m$ 逐渐减小时，磁感应强度 B 并不沿起始曲线 ONP 减小，而是沿图 7-43 中另一条曲线 PQ 比较缓慢地减小。这种 B 的变化落后于 H 的变化的现象，叫作磁滞现象，简称磁滞。

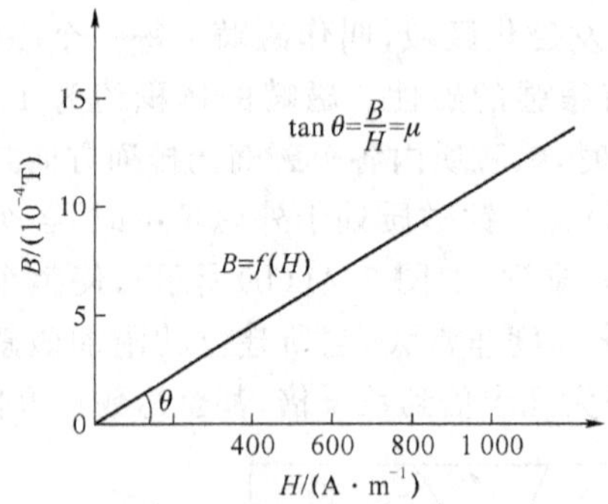

图 7-42　顺磁质的 B-H 曲线

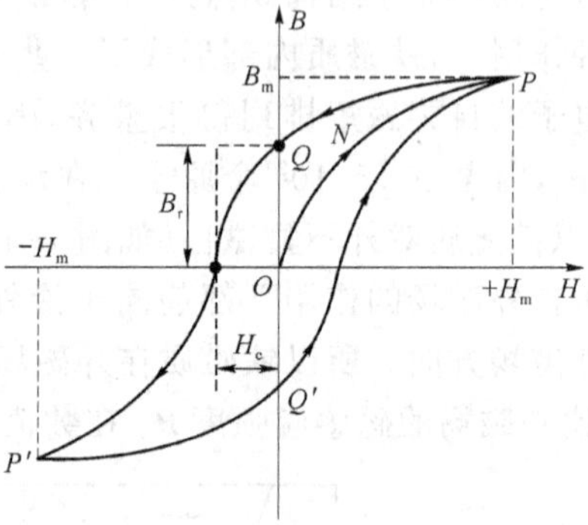

图 7-43　磁滞回线

由于磁滞的缘故，当磁场强度减小到零（即 $H=0$）时，磁感应强度 B 并不等于零，而是仍有一定的数值 B_r，B_r 叫作剩余磁感应强度，简称剩磁。这是铁磁质所特有的性质。如果一铁磁质有剩磁存在，这就表明它已被磁化过。由图 7-43 可以看出，随着反向磁场的增加，B 逐渐减小，当达到 $H=-H_c$ 时，B 等于零，这时铁磁质的剩磁就消失了，铁磁质也就不显现磁性。通常把 H_c 叫作矫顽力，它表示铁磁质抵抗去磁的能力。当反向磁场继续不断增强到 $-H_m$ 时，材料的反向磁化同样能达到饱和点 P'。此后，反向磁场逐渐减弱到零，B-H 曲线便沿 $P'Q'$ 变化。以后，正向磁场增强到 $+H_m$ 时，B-H 曲线就沿 $Q'P$ 变化，从而完成一个循环。所以，由于磁滞，B-H 曲线就形成一个闭合曲线，这个闭合曲线叫作磁滞回线。研究磁滞现象不仅可以了解铁磁质的特性，而且也有实用价值，因为铁磁材料往往是应用于交变磁场中的。需要指出，铁磁质在交变磁场中被反复磁化时，磁滞效应是要损耗能量的，而所损耗的能量与磁滞回线所包围的面积有关，面积越大，能量的损耗也越多。

阅读材料七

科学家简介:安培

安德烈·玛丽·安培(1775—1836 年):法国物理学家,对数学和化学也有贡献。

主要成就:发现了安培定则;发现电流的相互作用规律;发明了电流计;提出分子电流假说;总结了电流元之间的作用规律——安培定律;著有《电动力学的观察汇编》、《电动力学现象的数学理论》等。

1775 年 1 月 22 日,安培生于里昂一个富商家庭,安培小时候记忆力极强,数学才能出众。他父亲受卢梭教育思想的影响很深,决定让安培自学,经常带他到图书馆看书。安培自学了《科学史》、《百科全书》等著作。他对数学最着迷,13 岁就发表了第一篇数学论文,论述了螺旋线。1799 年安培在里昂的一所中学教数学。1802 年 2 月安培离开里昂去布尔格学院讲授物理学和化学,同年 4 月他发表一篇论述赌博的数学理论,显露出极好的数学根底,引起了社会上的注意。后来应聘在拿破仑创建的法国公学任职。1808 年被任命为法国帝国大学总学监,此后一直担任此职;1814 年被选为帝国学院数学部成员;1819 年主持巴黎大学哲学讲座。

安培最主要的成就是在 1820—1827 年对电磁作用的研究。1820 年 7 月,奥斯特发表了关于电流磁效应的论文。8 月末,法国物理学家阿拉果在瑞士听到奥斯特成功的消息,立即赶回法国,9 月 11 日就向法国科学院报告了奥斯特的实验细节。安培听了报告之后,第二天就重复了奥斯特的实验,并于 9 月 18 日向法国科学院报告了第一篇论文,提出了磁针转动方向和电流方向的关系服从右手定则,以后这个定则被命名为安培定则。9 月 25 日安培向科学院报告了第二篇论文,提出了电流方向相同的两条平行载流导线互相吸引,电流方向相反的两条平行载流导线互相排斥。10 月 9 日报告了第三篇论文,阐述了各种形状的曲线载流导线之间的相互作用。后来,安培又做了许多实验,并运用高度的数学技巧于 1826 年总结出电流元之间作用力的定律,描述两电流元之间的相互作用同两电流元的大小、间距以及相对取向之间的关系,后来人们把这个定律称为安培定律,1826 年 12 月 4 日,安培向科学院报告了这个成果。安培并不满足于这些实验研究的成果。1821 年 1 月,他提出了著名的分子电流的假设,他根据磁是由运动的电荷产生的这一观点来说明地磁的成因和物质的磁性。安培的分子电流假说在当时物质结构知识甚少的情况下无法证实,它带有相当大的臆测成分;在今天已经了解到物质由分子组成,而分子由原子组成,原子中有绕核运动的电子,安培的分子电流假说有了实在的内涵,已成为认识物质磁性的重要依据。安培还对比了静力学和动力学的名称,第一个把研究动电的理论称为“电动力学”，并于1822年出版了《电动力学的观察汇编》一书。此外，安培还发现，电流在线圈中流动的时候表现出来的磁性和磁铁相似，他创制出了第一个螺线管，在这个基础上发明了探测和量度电流的电流计。1827年，安培将他的电磁现象的研究综合在《电动力学现象的数学理论》一书中，这是电磁学史上一部重要的经典论著，对以后电磁学的发展产生了深远的影响。

安培的研究范围很广。数学方面，他曾研究过概率论和积分偏微方程。化学方面，他几乎与戴维同时认识元素氯和碘，导出过阿伏伽德罗定律，论证过恒温下体积和压强之间的关系，还试图寻找各种元素的分类和排列顺序关系。他的研究还涉及哲学，甚至植物学上的复杂问题。

安培在他的一生中，只有很短的时期从事物理工作，可是他却能以独特的、透彻的分析，论述带电导线的磁效应，因此我们称他是电动力学的先创者，他是当之无愧的。麦克斯韦称赞安培的工作是“科学上最光辉的成就之一”，还把安培誉为“电学中的牛顿”。安培的钻研精神也是值得我们后人学习的。据说有一次，安培正慢慢地向他任教的学校走去，边走边思索着一个电学问题。经过塞纳河的时候，他随手拣起一块鹅卵石装进口袋。过一会儿，又从口袋里掏出来扔到河里。到学校后，他走进教室，习惯地掏怀表看时间，拿出来的却是一块鹅卵石。原来，怀表已被扔进了塞纳河。还有一次，安培在街上行走，走着走着，想出了一个电学问题的算式，正为没有地方运算而发愁。突然，他见到面前有一块“黑板”，就拿出随身携带的粉笔，在上面运算起来。那“黑板”原来是一辆马车的车厢背面。马车走动了，他也跟着走，边走边写；马车越来越快，他就跑了起来，一心一意要完成他的推导，直到他实在追不上马车了才停下脚步。安培这个失常的行为使街上的人笑得前仰后合。

1836年，安培以大学学监的身份外出巡视工作，不幸途中染上急性肺炎，医治无效，于6月10日在马赛去世，终年61岁。后人为了纪念安培在电学上的杰出贡献，以他的姓氏命名电流的单位——安培，简称“安”。

思考题

7-1　安培定律的三个矢量中哪两个矢量是始终正交的？哪两个矢量之间可以有任意角度？

7-2　为什么不把作用于运动电荷的磁力方向定义为磁感应强度的方向？

7-3　若闭合曲线内不包围电流，曲线上各点的磁感应强度为零吗？为什么？

7-4　能否用安培环路定理求出有限长载流直导线或无限长任意形状的载流导线周围的磁场分布？为什么？

7-5　能否利用磁场对带电粒子的作用力来增大粒子的动能？

7-6　一有限长的载流直导线在均匀磁场中沿着磁感应线运动，磁力对它是否总是做功？什么情况下磁力做功？什么情况下磁力不做功？

7-7　说明 B 和 H 的联系和区别。

7-8　如何使一根磁针的磁场反转过来？

7-9　磁场能被屏蔽吗？

练习题

7-1　半径为 0.01 m 的无限长半圆柱形金属薄片，沿轴线方向的电流为 5.0 A，求轴线上任一点的磁感应强度的大小。

7-2　已知横截面为 $1.0\times10^{-5}\ \mathrm{m^2}$ 的裸铜线允许通过 50 A 电流而不致过热，电流在导线横截面上均匀分布。求：

(1) 导线内、外磁感应强度的分布；

(2) 导线表面的磁感应强度。

7-3　一电子以 $v=10^5\ \mathrm{m/s}$ 的速率在垂直于均匀磁场的平面内做半径 $R=1.2\ \mathrm{cm}$ 的圆周运动，求此圆周所包围的磁通量(忽略电子运动产生的磁场，已知基本电荷 $e=1.6\times10^{-19}\ \mathrm{C}$，电子质量 $m_e=9.11\times10^{-31}\ \mathrm{kg}$)。

7-4　已知地面上空某处地磁场的磁感应强度 $B=0.4\times10^{-4}\ \mathrm{T}$，方向向北。若宇宙射线中有一速率 $v=5.0\times10^7\ \mathrm{m/s}$ 的质子垂直地通过该处，求：

(1) 洛伦兹力的方向；

(2) 洛伦兹力的大小，并与该质子受到的万有引力相比较。

7-5　在一个显像管的电子束中，电子有 $1.2\times10^4\ \mathrm{eV}$ 的能量，这个显像管的取向使电子水平地由南向北运动。设地球磁场的垂直分量向下，大小 $B=5.5\times10^{-5}\ \mathrm{Wb/m^2}$。问：

(1) 电子束偏向什么方向？

(2) 电子在磁场中的加速度是多少？

(3) 在显像管内电子束在南北方向上通过 20 cm 时偏转多远？

7-6　一直流变电站将电压 500 kV 的直流电通过两条截面不计的平行输电线输向远方。已知两输电导线间单位长度的电容为 $3.0\times10^{-11}\ \mathrm{F/m}$，若导线间的静电力与安培力正好抵消，求：

(1) 通过输电线的电流；

(2) 输送的功率。

7-7　通有电流 I 的长直导线在一平面内被弯成如习题 7-7 图所示形状，放于垂直进入纸面的均匀磁场 $\boldsymbol{B}$ 中，求整个导线所受的安培力(R 为已知)。

7-8　如习题 7-8 图所示，N 匝线圈均匀密绕在截面为长方形的中空骨架上，求通入电流 I 后环内外磁场的分布。

7-9　无限长直导线通过电流 I_1，在其旁放一导电棒 AB，长为 l，与 I_1 共面并互相垂直，如习题 7-9 图所示，若在 AB 内通以电流 I_2，试求：

(1) AB 导电棒受到的力的大小和方向；

(2) 若棒 A 端固定，则导线棒 AB 的 A 点的磁力矩等于多少？

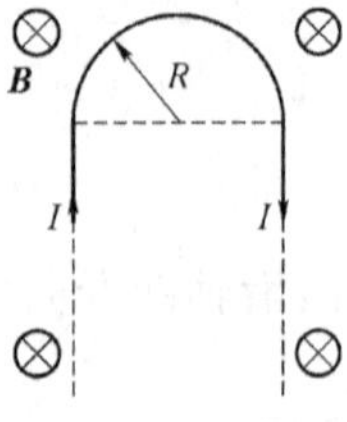

习题 7-7 图

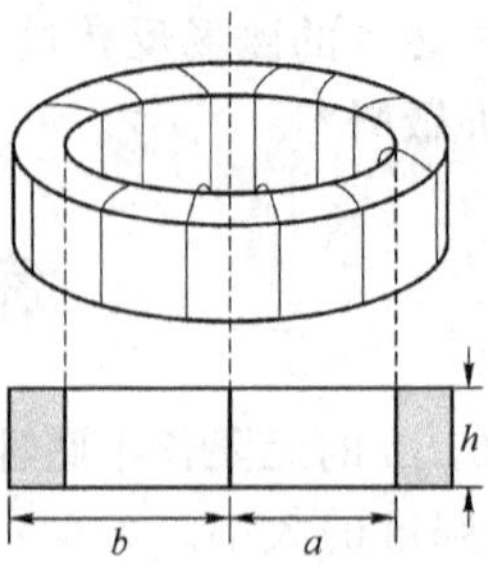

习题 7-8 图

7-10 一半径为 4.0 cm 的圆环放在磁场中，磁场的方向对环而言是对称发散的，如习题 7-10 图所示。圆环所在处的磁感应强度的大小为 0.10 T，磁场的方向与环面法向成 60°角。求当圆环中通有电流 $I=15.8$ A 时，圆环所受磁力的大小和方向。

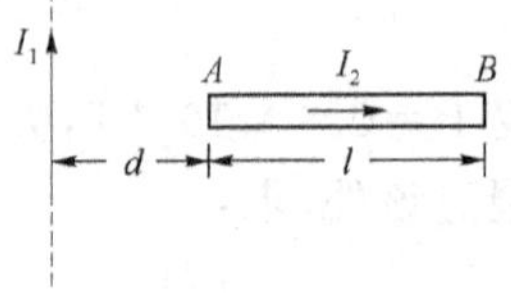

习题 7-9 图

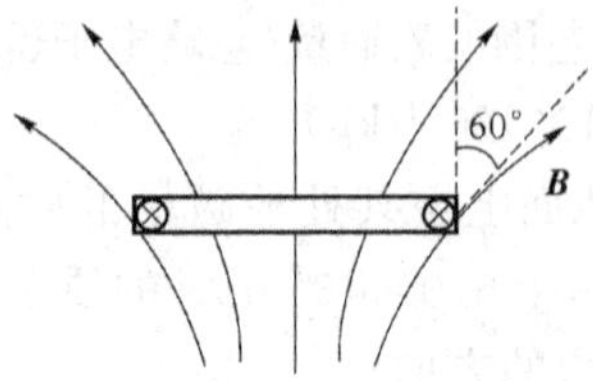

习题 7-10 图

7-11 如习题 7-11 图所示，两线圈半径同为 R，且平行共轴放置，所载电流为 I，并同方向，设两线圈圆心之间的距离为 a。

(1) 求轴线上距两圆心连线中点 O 为 x 远处的 P 点的磁感应强度；

(2) 证明 $a=R$（这样的线圈称为亥姆霍兹线圈）时，O 点附近的磁场最均匀（$\boldsymbol{B}$ 线与 x 轴平行，$\frac{\mathrm{d}^2B}{\mathrm{d}x^2}=0$）。

7-12 一个电子射入 $\boldsymbol{B}=(0.2\boldsymbol{i}+0.5\boldsymbol{j})$T 的均匀磁场中，当电子速度为 $\boldsymbol{v}=5\times10^6\boldsymbol{j}$ m/s 时，求电子所受的力。

7-13 在氢原子中，设电子以轨道角动量 $L=h/2\pi$ 绕质子做圆周运动，其半径为 $a_0=5.29\times10^{-11}$ m。求质子所在处的磁感应强度（h 为普朗克常量，其值为 6.63×10^{-34} J·s）。

7-14 测定离子质量的质谱仪如习题 7-14 图所示，离子源 S 产生质量为 m、电荷为 q 的离子。离子的初速度很小，可看作静止，经电势差 U 加速后进入磁感应强度为 $\boldsymbol{B}$ 的均匀磁场，并沿一半圆形轨道到达离入口 x 处的感光底板上。试证明离子的质量为

$$m=\frac{B^2q}{8U}x^2$$

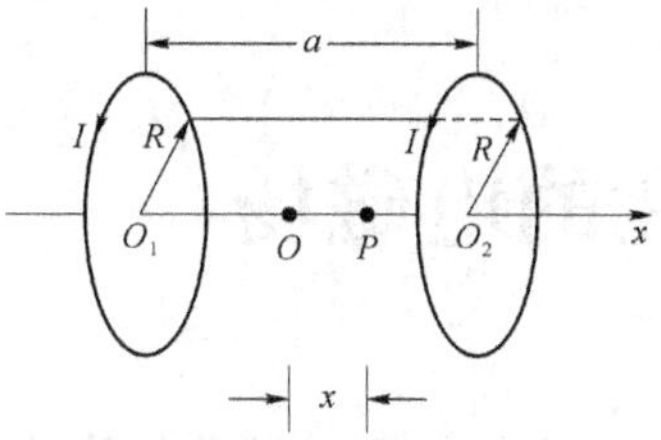

习题 7-11 图

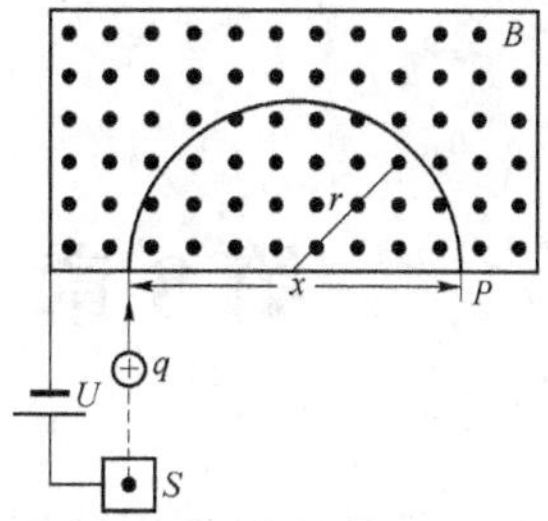

习题 7-14 图

7-15　霍尔效应可用来测量血流的速度，其原理如习题 7-15 图所示。在动脉血管两侧分别安装电极并加以磁场。设血管直径为 2.00 mm，磁场为 0.080 T，毫伏表测出血管上下两端的电压为 0.10 mV，求血流的流速为多大？

7-16　半径为 R 的半圆线圈 ABC 通有电流 I_2，置于电流为 I_1 的无限长直线电流的磁场中，直线电流 I_1 恰过半圆的直径，两导线相互绝缘，如习题 7-16 图所示。求半圆线圈受到长直线电流 I_1 的磁力。

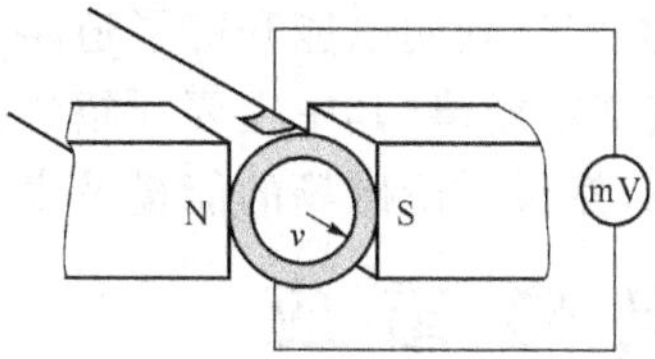

习题 7-15 图

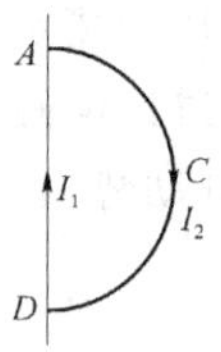

题 7-16 图

7-17　一封闭曲面如习题 7-17 图所示，置于 $B=2.0\times10^{-2}$ T 的均匀磁场中，$\boldsymbol{B}$ 的方向沿 x 轴正向。求：

(1) 穿过面 $ABCD$、$BFEC$ 及 $AFED$ 的磁通量；

(2) 穿过整个封闭曲面的磁通量(图中，$AB=0.4$ m，$BF=0.3$ m，$FE=0.5$ m)。

7-18　有一闭合回路由半径为 a 和 b 的两个同心共面半圆连接而成，如习题 7-18 图所示。其上均匀分布线密度为 λ 的电荷，当回路以匀角速度 ω 绕过 O 点垂直于回路平面的轴转动时，求圆心 O 点处的磁感应强度的大小。

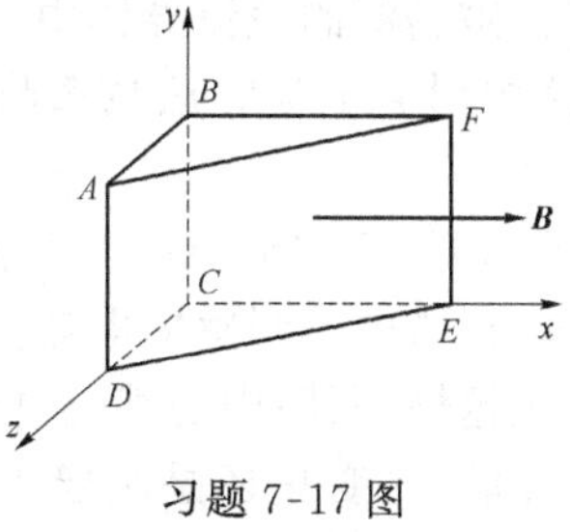

习题 7-17 图

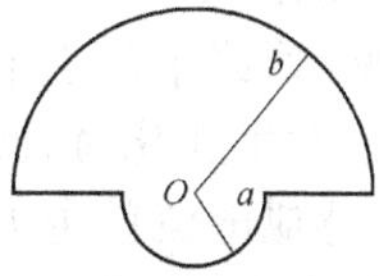

习题 7-18 图

7-19　一长直导线所载电流为 8 A，在离它 5 cm 处有一电子以 1.0×10^{7} m/s 的速率运动，求在下列情况下作用在电子上的洛伦兹力的大小：

(1) 电子平行长直导线方向运动；

(2) 电子垂直并指向长直导线方向运动。

第 8 章　变化的电磁场

前几章我们讨论了静电场和稳恒磁场的基本规律，在表达这些规律的公式中，电场和磁场是各自独立、相互无关的。然而，激发电场和磁场的源——电荷和电流却是相互关联的，这就提醒我们：电场和磁场之间必然存在着相互联系、相互制约的关系。

电磁感应现象的发现阐明了变化的磁场可以激发电场这一关系，为麦克斯韦电磁场理论的建立奠定了坚实的基础。

电磁感应现象的发现在科学和技术上都具有划时代的意义，它不仅深刻地提示了电场与磁场之间相互联系和相互转化的重要内容，促进了电磁理论的发展，而且为现代电工技术和无线电通信技术奠定了基础，为人类广泛利用电能开辟了道路。

本章我们主要讨论电磁感应现象及其基本规律，其中主要介绍法拉第电磁感应定律、动生电动势、感生电动势、自感和互感现象，然后讨论磁场的能量及麦克斯韦方程组。

8.1 电 磁 感 应

8.1.1 电磁感应现象

1820 年奥斯特发现电流的磁效应后，人们一直设法寻找其逆效应，即由磁产生电流的现象。1822 年法拉第开始对这一问题进行有目的的实验研究，经过 10 年的艰苦探索，终于于 1831 年取得了突破性的进展，发现了处在随时间而变化的电流附近的闭合回路中有电流产生。在兴奋之余，法拉第又做了一系列实验，并归纳出以下事实：在磁场源（永磁体或载流导体）产生的磁场中放置一导体回路，如果使(1)磁场源静止，导体回路（或其部分）运动；(2)导体回路静止，磁场源运动；(3)作为磁场源的载流导体中电流发生变化——则无论属于哪一种情况，一般地都会在导体回路中引起电流。法拉第将这些现象与静电感应类比，把它们称作“电磁感应”现象。

以上三种情况，回路中产生电流的原因似乎不同，但它们有一个共同的特点，就是穿过回路的磁场通量发生变化时，回路中就出现电流，该电流叫感应电流。而且磁场通量变化越快，回路中的感应电流就越大，磁场通量变化越慢，回路中的感应电流就越小。不过，回路中的电流究竟是决定于磁场强度通量（$\boldsymbol{H}$ 通量）的变化还是决定于磁感应强度通量（$\boldsymbol{B}$ 通量）的变化呢？实验作出了回答。图 8-1 所示的电路，用螺绕环通电流来产生磁场。当电流作同样的变化时，可以看到环中有铁芯时在副线圈闭合回路 A 中产生的电流要比环中无铁芯时产生的电流大得多。两种情况下穿过回路 A 的 $\boldsymbol{H}$ 通量相同时，但 $\boldsymbol{B}$ 通量却不同。这就表明，回路 A 中产生的电流的大小不是由 $\boldsymbol{H}$ 通量而是由 $\boldsymbol{B}$ 通量（磁通量）

的变化来决定的。

闭合回路中有感应电流，说明回路中存在相应的电动势，由磁通量变化所引起的电动势称为感应电动势。感应电动势比感应电流更能体现电磁感应现象的本质，因为感应电流仅在回路闭合时才存在，并且它的大小还取决于回路的电阻，而感应电动势不管回路闭合与否，它都存在，电动势的大小与电路电阻无关。因此更确切地说，电磁感应现象就是：穿过回路的磁通量发生变化时，回路中就产生感应电动势。这是把对电磁感应现象的认识从感性认识推向了理性认识。下面要讨论的问题是感应电动势（及感应电流）的方向和大小如何确定。

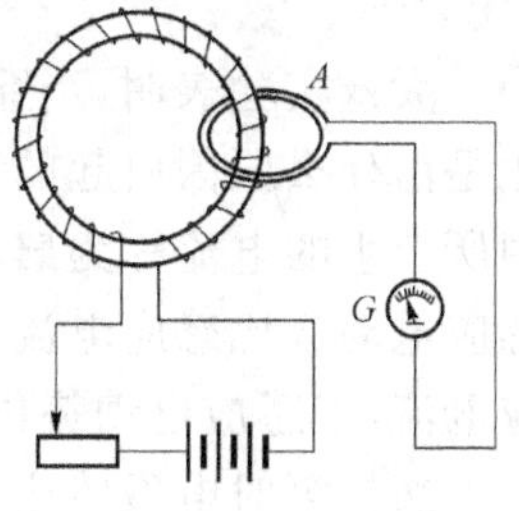

图 8-1　电磁感应

8.1.2　楞次定律

1833 年，俄国物理学家楞次在进一步概括大量实验结果的基础上，总结出了确定感应电流方向的法则，称为**楞次定律**。这就是：**闭合回路中感应电流具有确定的方向，它总是使得感应电流所产生的、通过回路面积的磁通量去补偿或反抗引起感应电流的磁通量的变化。**

这里所谓补偿回路面积磁通量的变化，是指当磁通量增加时，感应电流所产生的磁通量方向与原来磁通量的方向相反（反抗它的增加）；当磁通量减小时，感应电流所产生的磁通量与原来磁通量的方向相同（补偿它的减小）。

实质上，楞次定律是能量守恒定律在电磁感应现象中的具体体现。为理解这一点，我们从功和能的角度分析图 8-2 所示的实验。当磁棒插入时，按照楞次定律，出现感应电流的线圈可看作另一磁棒（电磁铁），其右端相当于 N 极，正好与向左插入的磁棒 N 极相斥。为使磁棒匀速向左插入，就必须借用外力克服这一斥力做功。另一方面，感应电流流过线圈及电流计时必然要发热，这个热量正是外力的功转化而成的。可见，楞次定律符合能量守恒和转化这一普遍规律。假设如果感应电流的方向与楞次定律的结论相反，图 8-2(a)所示线圈右端相当于 S 极，它与向左插入的磁棒左端的 N 极相吸引，磁棒在这个吸引力的作用下将加速向左运动（无须其他向左的外力），线圈的感应电流越来越大，线圈与磁棒的吸引力也越来越强。如此循环，在没有任何外力做功的情况下，磁棒的动能不断增加，而感应电流放出越来越多的热能，这显然违反了能量守恒定律。可见，能量守恒定律要求感应电流的方向服从楞次定律。

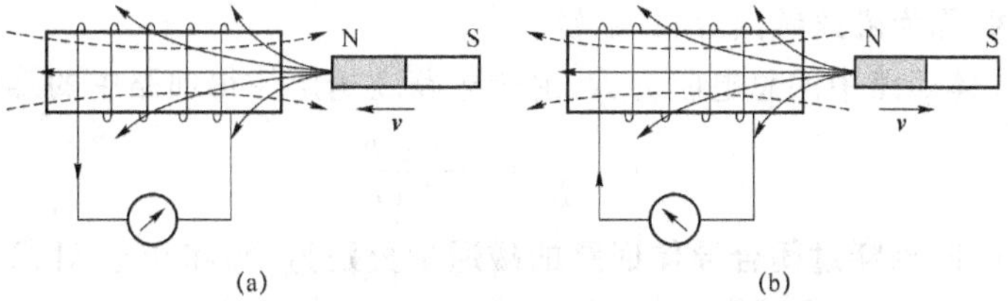

图 8-2　利用楞次定律判断感应电流的方向

8.1.3 法拉第电磁感应定律

大量实验表明，当穿过闭合导体回路所包围面积内的磁通量发生变化时（不论这种变化是由什么原因引起的），在导体回路中就产生电流。这种现象称为**电磁感应现象**。回路中所产生的电流称为**感应电流**，用 I_i 表示。相应的电动势则称为**感应电动势**，用 ε_i 表示。感应电动势比感应电流更能反映电磁感应现象的本质。如果导体回路不闭合就不会有感应电流，但感应电动势仍然会存在。

法拉第对电磁感应现象作了定量的研究，总结出了电磁感应的基本规律：**当穿过回路所包围面积的磁通量发生变化时，回路中产生的感应电动势与磁通量对时间的变化率成正比**。这一结论称为**法拉第电磁感应定律**。在国际单位制中，其数学形式为

$$\varepsilon_i=-\frac{d\Phi}{dt} \tag{8-1}$$

式中，负号反映了感应电动势的方向，是法拉第电磁感应定律的数学表示。

应用式(8-1)判断感应电动势的方向时，如图 8-3 所示，首先在回路上任意选定一个绕行正方向，当穿过回路的磁感应线方向与回路绕行方向满足右手螺旋关系时，通过回路面积的磁通量 Φ 为正，反之为负。然后，考虑 Φ 的变化，如果穿过回路的磁通量增大，有 $\frac{d\Phi}{dt}>0$，则 $\varepsilon_i<0$，表明感应电动势的方向与回路绕行方向相反；如果穿过回路的磁通量减小，有 $\frac{d\Phi}{dt}<0$，则 $\varepsilon_i>0$，表明感应电动势的方向与回路绕行方向相同。

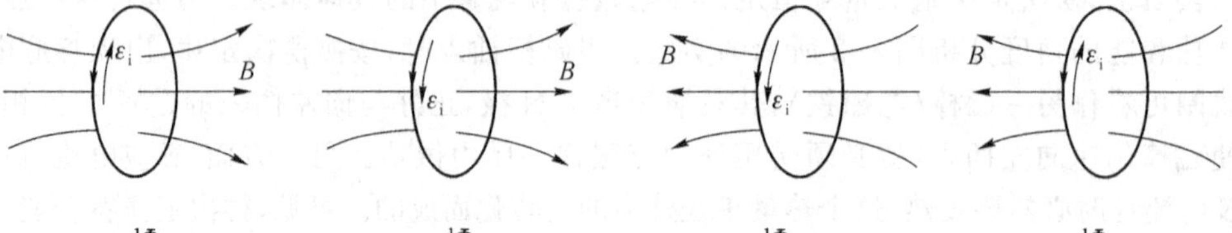

(a) $\Phi>0,\frac{d\Phi}{dt}>0,\varepsilon_i<0$ (b) $\Phi>0,\frac{d\Phi}{dt}<0,\varepsilon_i>0$ (c) $\Phi<0,\frac{d\Phi}{dt}<0,\varepsilon_i>0$ (d) $\Phi<0,\frac{d\Phi}{dt}>0,\varepsilon_i<0$

图 8-3 感应电动势的方向与磁通量变化之间的关系

如果回路由 N 匝密绕线圈串联而成，那么整个线圈的总电动势就等于各匝线圈所产生的电动势之和，即有

$$\varepsilon_i=-N\frac{d\Phi}{dt}=-\frac{d\Psi}{dt} \tag{8-2}$$

式中，$\Psi=N\Phi$，Ψ 称为**磁通链数**，简称磁链。

如果闭合导体回路中的总电阻为 R，由全电路欧姆定律得回路中的感应电流为

$$I_i=\frac{\varepsilon_i}{R}=-\frac{1}{R}\frac{d\Psi}{dt} \tag{8-3}$$

设在 t_1 和 t_2 时刻穿过闭合导体回路的磁通量分别为 Φ_1 和 Φ_2。对式(8-3)积分就可得在 t_1 到 t_2 时间内通过回路导体任一截面的感应电荷量 q 为

$$q=\int_{t_1}^{t_2}I_i\mathrm{d}t=-\frac{1}{R}\int_{\Phi_1}^{\Phi_2}\mathrm{d}\Phi=\frac{1}{R}(\Phi_1-\Phi_2) \tag{8-4}$$

上式表明，在 t_1 到 t_2 时间内的感应电荷量仅与回路中磁通量的变化量成正比，而与磁通量的变化快慢无关。在实验中通过测量线圈回路截面的感应电荷量和线圈的电阻，就可以知道相应的磁通量的变化。常用的磁通计就是根据这个原理设计制成的。

例 8-1 如图 8-4 所示，一长直载流导线所载电流 $I=A\cos\omega t$，旁有一 N 匝矩形线圈 $ABCD$ 与其共面。设线圈的长为 l_1，宽为 l_2，且 AD 边与导线平行，相距为 x_0。求线圈中感应电动势的大小。

解 建立如图 8-4 所示的坐标轴 x，在距导线 x 远处取一面元（如图中阴影所示），其面积 $\mathrm{d}S=l_1\mathrm{d}x$，面元内 $\boldsymbol{B}$ 的大小为

$$B=\frac{\mu_0}{2\pi}\frac{I}{x}$$

通过线圈的磁链

$$\begin{aligned}\Psi=N\Phi&=N\int_S\boldsymbol{B}\cdot\mathrm{d}\boldsymbol{S}=N\int_{x_0}^{x_0+l_2}\frac{\mu_0}{2\pi}\frac{I}{x}l_1\mathrm{d}x\\&=\frac{N\mu_0Il_1}{2\pi}\ln\frac{x_0+l_2}{x_0}\end{aligned}$$

故

$$\begin{aligned}\varepsilon_i&=-\frac{\mathrm{d}\Psi}{\mathrm{d}t}=-N\frac{\mu_0l_1}{2\pi}\left(\ln\frac{x_0+l_2}{x_0}\right)\frac{\mathrm{d}I}{\mathrm{d}t}\\&=\frac{NA\omega\mu_0l_1}{2\pi}\ln\frac{x_0+l_2}{x_0}\sin\omega t\end{aligned}$$

例 8-2 设有一无铁芯的螺绕环，单位长度上的匝数为每米 5 000 匝，螺绕环的截面积$S=2\times10^{-3}\ \mathrm{m}^2$，金属导线的两端和电源及可变电阻串联成闭合电路（如图 8-5 所示）。在环上再绕一线圈 A，其匝数 $N=5$ 匝，电阻为 $R=2\ \Omega$，调节可变电阻 R 使通过螺绕环的电流 I 每秒减少 20 A。求：

(1) 线圈 A 中产生的感应电动势 ε_i 及感应电流 I_i；

(2) 2 s 内通过线圈 A 的感应电量 q_i。

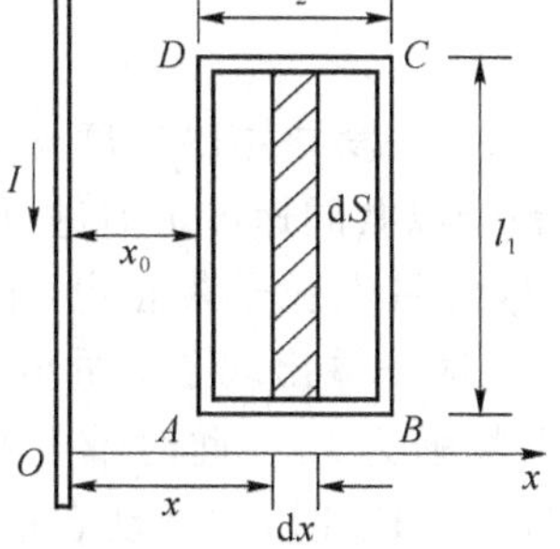

图 8-4 例 8-1 图

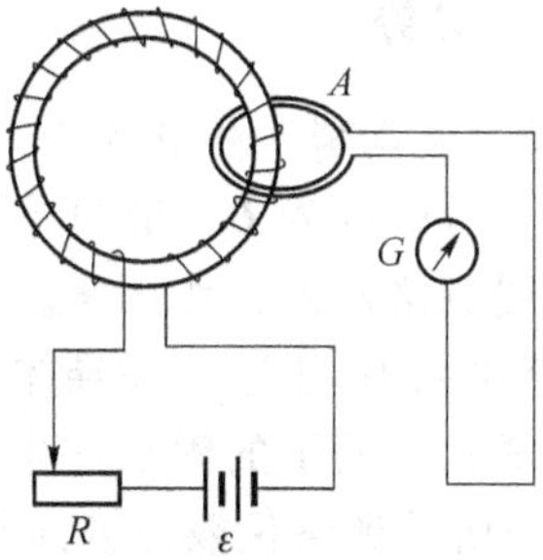

图 8-5 例 8-2 图

解 (1) 螺绕环截面积很小，可认为磁场全部集中在环内，而且是均匀磁场，故有

$$B=\mu_0 nI$$

线圈 A 所包围的面积上只有螺绕环的截面部分有磁场，故通过线圈 A 的磁通量 Φ 为

$$\Phi=BS=\mu_0 nIS$$

线圈 A 中的感应电动势为

$$\varepsilon_i=-N\frac{d\Phi}{dt}=-\mu_0 nNS\frac{dI}{dt}$$

将 $n=5\,000$ 匝/m，$N=5$ 匝，$S=2\times10^{-3}\ m^2$，$\frac{dI}{dt}=-20$ A/s 代入上式，得

$$\begin{aligned}\varepsilon_i&=4\pi\times10^{-7}\times5\,000\times5\times2\times10^{-3}\times20\ V\\&=1.26\times10^{-3}\ V\end{aligned}$$

线圈 A 中的感应电流为

$$I_i=\frac{\varepsilon_i}{R}=\frac{1.26\times10^{-3}}{2}A=6.30\times10^{-4}\ A$$

(2) 在 2 s 内通过线圈 A 截面的感应电量 q_i 为

$$q_i=\int_{t_1}^{t_2}I_i dt=6.30\times10^{-4}\times2\ C=1.26\times10^{-3}\ C$$

8.2 动生电动势和感生电动势

上一节我们曾指出，不论什么原因，只要使穿过回路的磁通量发生变化，回路中就会有感应电动势。这样，从表达磁通量的式(7-17)可以看出，穿过回路所围面积 S 的磁通量是由磁感应强度、回路面积的大小以及面积在磁场中的取向三个因素决定的。因此，只要这三个因素中任一因素发生变化，都可使磁通量变化，从而引起感应电动势。为便于区分，通常把由于磁感应强度变化而引起的感应电动势，称为感生电动势；而把由于回路所围面积的变化或面积取向变化而引起的感应电动势，称为动生电动势。下面分别讨论这两种电动势。

8.2.1 动生电动势

首先分析动生电动势产生的原因。在图 8-6 中，一段导体以速度 $\boldsymbol{v}$ 在恒定磁场中垂直磁场运动，磁感应强度为 $\boldsymbol{B}$。带动导体内带电粒子以共同速度 $\boldsymbol{v}$ 前进，而带电粒子在磁场中运动，必然受到洛伦兹力作用 $\boldsymbol{F}_m=q\boldsymbol{v}\times\boldsymbol{B}$。假设带电粒子带正电，电荷量为 q，则受到从下到上的洛伦兹力，正电荷在导体上端聚集，同时下端出现了等量负电荷。随着正负电荷的累积，形成自上而下的附加静电场，设静电场强为 $\boldsymbol{E}_e$。此时带电粒子受到附加电场力 $\boldsymbol{F}_e=q\boldsymbol{E}_e$，与所受到洛伦兹力方向相反，当 $\boldsymbol{F}_e=-\boldsymbol{F}_m$ 时，达到动态平衡，不再有定向宏观运动，并在导体上下两端出现稳定电压 $U_{ab}=U_a-U_b$。若把导体看成等效电源，这个电势差是电源正负极间差值，就是电源电动势，由于是导线切割磁感应线产生的，故称动

生电动势。导体 ab 相当于电源，搬运电荷的非静电力 $\boldsymbol{F}_k$ 是洛伦兹力 $\boldsymbol{F}_m$，即 $\boldsymbol{F}_k=\boldsymbol{F}_m=q\boldsymbol{v}\times\boldsymbol{B}=q\boldsymbol{E}_k$，则有

$$\boldsymbol{E}_k=\boldsymbol{v}\times\boldsymbol{B} \tag{8-5}$$

根据电源电动势的定义

$$\varepsilon=\int_{-}^{+}\boldsymbol{E}_k\cdot d\boldsymbol{l}=\int_{-}^{+}(\boldsymbol{v}\times\boldsymbol{B})\cdot d\boldsymbol{l} \tag{8-6a}$$

写成微分式

$$d\varepsilon=(\boldsymbol{v}\times\boldsymbol{B})\cdot d\boldsymbol{l} \tag{8-6b}$$

其含义是导体线元 $d\boldsymbol{l}$ 在磁场中以速度 $\boldsymbol{v}$ 切割磁感应线时产生的电动势，当 $d\varepsilon>0$ 时，$d\varepsilon$ 与 $d\boldsymbol{l}$ 方向相同，当 $d\varepsilon<0$ 时，$d\varepsilon$ 与 $d\boldsymbol{l}$ 方向相反，利用这种方式可以判定动生电动势的方向。对于一个任意形状的一段导线 ab，在恒定的非均匀磁场中做任意运动时，可以把导线看成由许多线元 $d\boldsymbol{l}$ 构成，在任意线元 $d\boldsymbol{l}$ 上，各点的速度 $\boldsymbol{v}$ 和磁感应强度 $\boldsymbol{B}$ 处处相同，则 $d\boldsymbol{l}$ 上的动生电动势 $d\varepsilon=(\boldsymbol{v}\times\boldsymbol{B})\cdot d\boldsymbol{l}$，导线上总的电动势 $\varepsilon=\int_a^b\boldsymbol{E}_k\cdot d\boldsymbol{l}=\int_a^b(\boldsymbol{v}\times\boldsymbol{B})\cdot d\boldsymbol{l}$。如果直线导体处在均匀磁场中，且 $\boldsymbol{B}$、$\boldsymbol{L}$、$\boldsymbol{v}$ 相互垂直，则有 $\varepsilon=BLv$；若 $\boldsymbol{v}$ 与 $\boldsymbol{B}$ 成 θ 角，则 $\varepsilon=BLv\sin\theta$。

例 8-3　如图 8-7 所示，一长直导线中通电流 $I=10$ A，有一长为 $l=0.2$ m 的金属棒 AB 与导线垂直并且共面。当棒 AB 以速度 $v=2$ m/s 平行于直导线匀速运动时，求棒 AB 产生的动生电动势。已知 $a=0.1$ m。

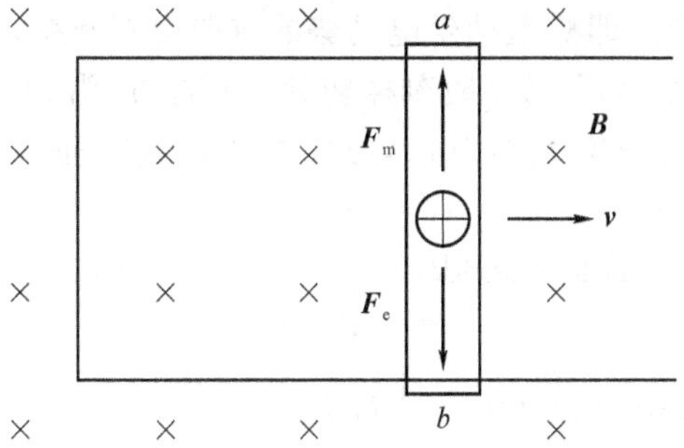

图 8-6　动生电动势的推导

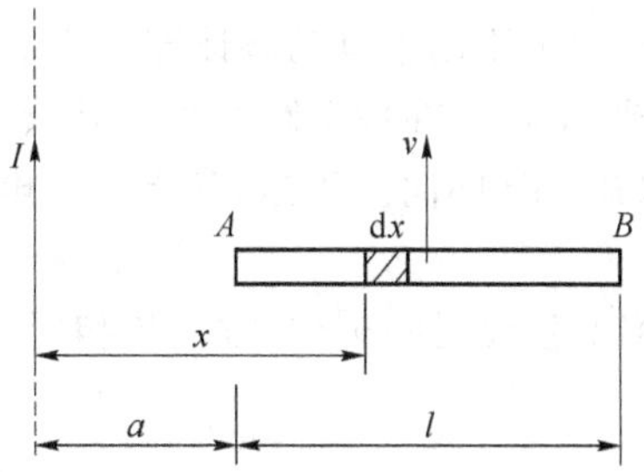

图 8-7　例 8-3 图

解　当金属棒 AB 在长直导线产生的非均匀磁场中运动时，尽管满足 $\boldsymbol{v}$、$\boldsymbol{B}$ 和棒长方向三者互相垂直，但棒上各段 $\boldsymbol{B}$ 的大小不等，也不能直接应用式(8-6)求解。而应该取线元 $d\boldsymbol{x}$，方向由 B 指向 A，每个线元 $d\boldsymbol{x}$ 所在处磁场可以看作是均匀的。在图 8-7 所示坐标中，dx 处的磁场为

$$B=\frac{\mu_0 I}{2\pi x}$$

则线元 $d\boldsymbol{x}$ 上产生的动生电动势

$$d\varepsilon_i=(\boldsymbol{v}\times\boldsymbol{B})\cdot d\boldsymbol{x}=vB\,dx=\frac{\mu_0 I}{2\pi x}v\,dx$$

整个金属棒 AB 中产生的动生电动势大小为

$$\varepsilon_i=\int d\varepsilon_i=\int_a^{a+l}\frac{\mu_0 I}{2\pi x}v\,dx=\frac{\mu_0 I}{2\pi}v\ln\frac{a+l}{a}$$

将数值代入后可得 $\varepsilon_i=4.4\times10^{-6}$ V。

ε_i 的方向可借用 $\boldsymbol{v}\times\boldsymbol{B}$ 表示，即从 B 指向 A，A 点电势高。

例 8-4 如图 8-8 所示，一长为 L 的铜棒在磁感应强度为 $\boldsymbol{B}$ 的均匀磁场中绕其一端 O 以角速度 ω 转动。设转轴与 $\boldsymbol{B}$ 平行，求棒上的动生电动势。

解 (1) 用法拉第电磁感应定律求解：设经过一段时间后，棒由 OA 位置转至 OA' 位置，转过的角度为 θ，扫过的面积 $S=\frac{\pi L^2\theta}{2\pi}=\frac{1}{2}L^2\theta$；因此，穿过此面积的磁通量

$$\Phi=BS=\frac{1}{2}BL^2\theta$$

由法拉第定律可得回路的动生电动势

$$\varepsilon_i=\varepsilon_{OA}+\varepsilon_{AA'}+\varepsilon_{A'O}=-\frac{d\Phi}{dt}=-\frac{1}{2}BL^2\frac{d\theta}{dt}=-\frac{1}{2}BL^2\omega$$

式中，负号表示 ε_i 的方向与回路 $OAA'O$ 的绕向相反，由 $O\to A'$。

由式(8-6)可以推知，$\varepsilon_{OA}=0$，$\varepsilon_{AA'}=0$，故

$$\varepsilon_{A'O}=-\frac{1}{2}BL^2\omega$$

式中，负号表示 O 端电势 U_O 低于 A' 端电势 $U_{A'}$，即棒上动生电动势的方向由 $O\to A'$。

(2) 用动生电动势计算公式求解：如图 8-9 所示，设 t 时刻棒转到 OA' 位置，沿 OA' 棒取坐标轴 L，在棒上距 O 为 l 处取一线元 dl，其速度大小为 ωl，方向与棒及 $\boldsymbol{B}$ 均垂直，且 $\boldsymbol{v}\times\boldsymbol{B}$ 与 $d\boldsymbol{l}$ 同向。于是，$d\boldsymbol{l}$ 上的元电动势

$$d\varepsilon_i=(\boldsymbol{v}\times\boldsymbol{B})\cdot d\boldsymbol{l}=vB\,dl=\omega lB\,dl$$

OA' 上各线元的 $\boldsymbol{v}\times\boldsymbol{B}$ 方向均相同，故得

$$\varepsilon_{OA'}=\varepsilon_i=\int(\boldsymbol{v}\times\boldsymbol{B})\cdot d\boldsymbol{l}=B\omega\int_0^L l\,dl=\frac{1}{2}B\omega L^2$$

由洛伦兹力的方向 $q(\boldsymbol{v}\times\boldsymbol{B})$ 知，A' 端的电势将高于 O 端的电势。所以 ε_i 的方向为 $O\to A'$。

相比之下，方法(2)要比方法(1)简便得多。

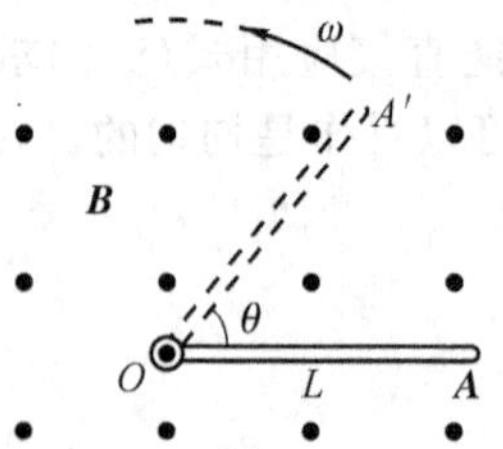

图 8-8 例 8-4 图 1

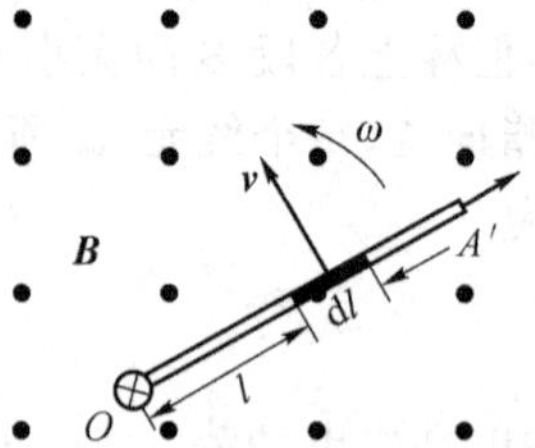

图 8-9 例 8-4 图 2

例 8-5 如图 8-10 所示，一长直载流导线所载电流为 I，其旁有一共面单匝矩形线

圈，其长为 l_1，宽为 l_2；初始时，线圈的一边与导线重合，后以匀速度 $\boldsymbol{v}$ 垂直离导线而去，求 t 时刻线圈中的动生电动势。

解　求闭合线圈中的动生电动势大致可分两步进行，先求线圈的磁通量（或磁链），然后对其求导。

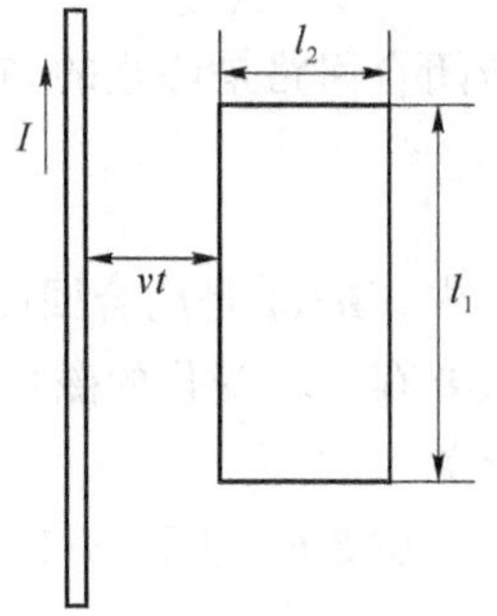

图 8-10　例 8-5 图

设 t 时刻线圈移动距离 $d=vt$（如图 8-10 所示），t 时刻通过线圈的磁通量

$$\Phi=\frac{\mu_0 I l_1}{2\pi}\ln\frac{vt+l_2}{vt}$$

故 t 时刻线圈中产生的动生电动势

$$\varepsilon=-\frac{\mathrm{d}\Phi}{\mathrm{d}t}=-\frac{\mu_0 I l_1}{2\pi}\frac{vt}{vt+l_2}\frac{vvt-v(vt+l_2)}{(vt)^2}$$

$$=\frac{\mu_0 I l_1 l_2}{2\pi(vt+l_2)t}$$

8.2.2　感生电动势

电磁感应实验中，我们已看到，把一闭合导体回路放置在变化的磁场中时，穿过此闭合回路的磁通量发生变化，从而在回路中要引起感应电流。大家知道，要形成电流，不仅要有可以移动的电荷，而且还要有迫使电荷做定向运动的电场。但是由穿过闭合导体回路的磁通量变化而引起的电场不可能是静电场，于是麦克斯韦在分析了一些电磁感应现象以后，提出了如下假设：变化的磁场在其周围空间要激发一种电场，这种电场叫作感生电场，用符号 $\boldsymbol{E}_k$ 表示。感生电场与静电场一样都对电荷有力的作用。它们之间的不同之处是：静电场存在于静止电荷周围的空间内，感生电场则是由变化磁场所激发，不是由电荷所激发；静电场的电场线是始于正电荷、终于负电荷的，而感生电场的电场线则是闭合的。正是由于感生电场的存在，才在闭合回路中形成感生电动势。由电动势的定义，感生电动势等于感生电场 $\boldsymbol{E}_k$ 沿任意闭合回路的线积分，即

$$\varepsilon_i=\oint_l \boldsymbol{E}_k\cdot \mathrm{d}\boldsymbol{l}=-\frac{\mathrm{d}\Phi}{\mathrm{d}t} \tag{8-7}$$

应当明确，这个由麦克斯韦感生电场的假设而得到的感生电动势表达式不只对由导体所构成的闭合回路，甚至对真空，全都是适用的。这就是说，只要穿过空间内某一闭合回路所围面积的磁通量发生变化，那么此闭合回路上的感生电动势总是等于感生电场 $\boldsymbol{E}_k$ 沿该闭合回路的环流。

由此，可以进一步说明感生电场的性质。我们记得，静电场是一种保守场，沿任意闭合回路静电场的电场强度环流恒为零。而感生电场与静电场不同，它沿任意闭合回路的环流一般不等于零。这就是说，感生电场不是保守场。由于静电场的电场线是有头有尾的，而感生电场的电场线是闭合的，故感生电场也称为有旋电场。

最后由于磁通量为

$$\Phi=\int_S \boldsymbol{B}\cdot \mathrm{d}\boldsymbol{S}$$

所以，式(8-7)也可写成

$$\varepsilon_i = \oint_l \boldsymbol{E}_k \cdot d\boldsymbol{l} = -\frac{d}{dt}\int_S \boldsymbol{B} \cdot d\boldsymbol{S}$$

若闭合回路是静止的，它所围的面积 S 也不随时间变化，则上式亦可写成

$$\varepsilon_i = \oint_l \boldsymbol{E}_k \cdot d\boldsymbol{l} = -\int_S \frac{d\boldsymbol{B}}{dt} \cdot d\boldsymbol{S} \tag{8-8}$$

式中，$d\boldsymbol{B}/dt$ 是闭合回路所围面积内某点的磁感应强度随时间的变化率。式(8-8)表明，只要存在着变化的磁场，就一定会有感生电场；而且 $d\boldsymbol{B}/dt$ 与 $\boldsymbol{E}_k$ 在方向上应遵从左手螺旋关系。

例 8-6 如图 8-11 所示，在半径为 R 的圆柱形空间存在有一均匀磁场，其磁感应强度的方向与圆柱轴线平行。今将一长为 l 的导体杆 AB 置于磁场中，求当$\frac{dB}{dt}>0$ 时杆中的感生电动势。

解 取杆的中心为坐标原点建立 x 轴，如图 8-11 所示。在杆上取一线元 dx，该处感生电场的大小

$$E_k = \frac{r}{2}\frac{dB}{dt}$$

方向如图。故 AB 杆上的感生电动势

$$\varepsilon_i = \int_A^B \boldsymbol{E}_k \cdot dx\boldsymbol{i} = \int_{-l/2}^{l/2} \frac{r}{2}\frac{dB}{dt}\cos\theta dx$$

$$= \int_{-l/2}^{l/2} \frac{r}{2}\frac{dB}{dt}\frac{h}{r}dx = \frac{1}{2}l\sqrt{R^2-\left(\frac{l}{2}\right)^2}\frac{dB}{dt}$$

由楞次定律知，ε_i 的方向由 $A \rightarrow B$。

例 8-7 如图 8-12 所示，在垂直于纸面内非均匀的随时间变化的磁场 $B=kx\cos\omega t$ 中，有一弯成 θ 角的金属架 COD，OD 与 x 轴重合，一导体棒 MN 垂直于 OD，并以恒定速度 v 沿 OD 方向向右滑动。设 $t=0$ 时 $x=0$（即 $t=0$ 时 MN 在 $x=0$ 处）。求框架内感应电动势的变化规律。

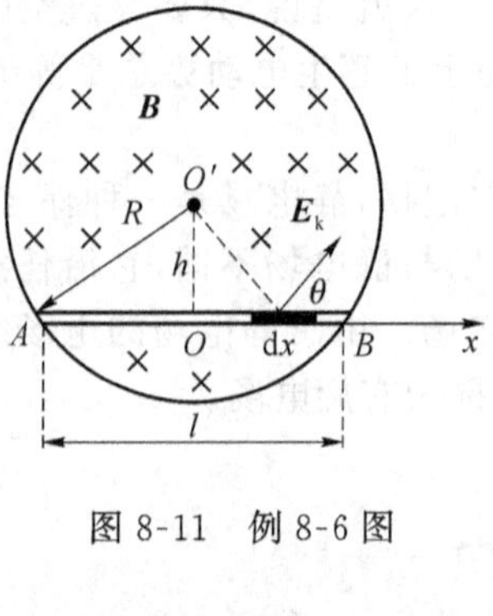

图 8-11 例 8-6 图

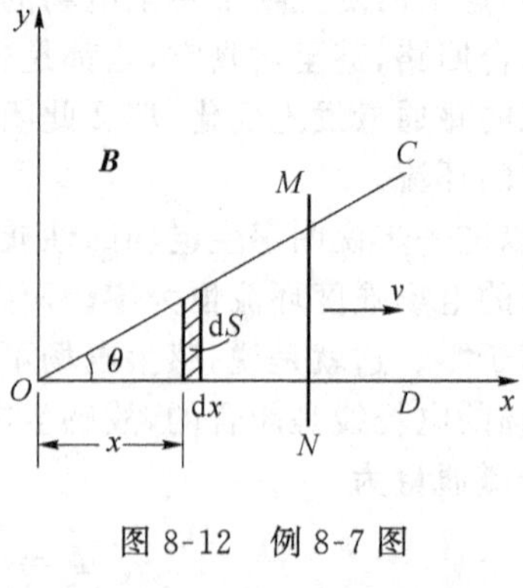

图 8-12 例 8-7 图

解 显然,本例磁场随时间和空间同时变化,导体又运动,根据分析,感应电动势必然既有动生电动势又有感生电动势。

在图中取面积元 dS,则

$$\mathrm{d}S = y\mathrm{d}x = x\tan\theta\mathrm{d}x$$

任意时刻 t,穿过回路 OMN 的总磁通量为

$$\Phi = \int_S \boldsymbol{B}\cdot\mathrm{d}\boldsymbol{S} = \int_0^x kx\cos\omega tx\tan\theta\mathrm{d}x = \frac{1}{3}kx^3\tan\theta\cos\omega t$$

由法拉第电磁感应定律

$$\varepsilon_i = -\frac{\mathrm{d}\Phi}{\mathrm{d}t} = \frac{1}{3}kx^3\tan\theta\omega\sin\omega t - kx^2\frac{\mathrm{d}x}{\mathrm{d}t}\tan\theta\cos\omega t$$

$$= \frac{1}{3}kv^3t^2\tan\theta(\omega t\sin\omega t - 3\cos\omega t)$$

式中,$x=vt$。从结果可以看出,金属框架上总的感应电动势包括第一项感生电动势和第二项动生电动势。

8.3 自感和互感

法拉第电磁感应定律指出,只要使穿过闭合回路所围面积的磁通量发生变化,回路中就会产生感应电动势。由于引起磁通量变化的原因很多,所以必须根据具体情况具体分析。作为法拉第电磁感应定律的特例,下面讨论自感和互感。

8.3.1 自感

由于回路中的电流发生变化而在自身回路中产生感应电动势的现象叫作**自感现象**。其电动势称为自感电动势。

根据毕奥-萨伐尔定律,载流回路在空间任意一点产生的磁感应强度 $\boldsymbol{B}$ 的大小都与回路中的电流强度 I 成正比。因此,通过回路的磁通链(设回路有 N 匝线圈)Ψ 也与 I 成正比,即

$$\Psi = LI \tag{8-9}$$

式中,比例系数 L 称为回路的自感系数(简称自感)。实验表明,自感 L 的数值决定于回路的大小、形状以及它周围磁介质的磁导率和分布情况。由式(8-9)可以看出,如果 I 为单位电流,则 $L=\Psi$。可见,某回路的自感在数值上等于单位电流引起的穿过此回路所围面积的磁通链。

根据法拉第电磁感应定律,回路中的自感电动势

$$\varepsilon_L = -\frac{\mathrm{d}\Psi}{\mathrm{d}t} = -\frac{\mathrm{d}(LI)}{\mathrm{d}t} = -L\frac{\mathrm{d}I}{\mathrm{d}t} \tag{8-10}$$

由上式可以看出,自感的意义也可以这样来理解:某回路的自感在数值上等于回路中的电流随时间的变化率为一个单位时,在回路中所引起的自感电动势的绝对值。以上我们仅

考虑 L 是常数的情况。

式(8-10)中的负号是楞次定律的数学表示，它表明，自感电动势将反抗回路中电流的改变，即电流增加时，自感电动势与原来的电流方向相反；电流减小时，自感电动势与原来的电流方向相同。必须强调指出，自感电动势所反抗的是电流的变化，而不是电流本身。另外由式(8-10)还可以看出，L 越大，在同样的电流变化条件下 ε_L 就越大，亦即反抗作用越强烈，回路电流越不容易改变。可见，自感作用有维持原有电路状态的能力，这一特性与力学中物体的惯性有些相似，因此自感系数也可以看作是电路中“电磁惯性”的量度。

式(8-9)和式(8-10)分别给出了自感的两种定义。在国际单位制中，自感的单位是亨[利]，符号为 H，它是由自感的上述两种定义来规定的，即

$$1\ \mathrm{H}=1\ \mathrm{Wb/A}=1\ \mathrm{V\cdot s/A}$$

并有

$$1\ \mathrm{H}=10^3\ \mathrm{mH}=10^6\ \mu\mathrm{H}$$

mH、μH 分别称为毫亨和微亨。

在工程技术和日常生活中，自感现象的应用是很广泛的，如无线电技术和电工中常用的高频整流圈、日光灯上用的镇流器等就是实例。但是，自感作用也有不利的一面。例如，具有很大自感系数的电路（如电机和强力电磁铁等）在断开时，由于电路中的电流变化很快，可以产生很大的自感电动势，以致可以击穿线圈的绝缘层，或者在断开的间隙中产生强烈的电弧，烧坏开关，特别是在大功率的电力系统中尤为严重。因此，在实际应用中应该采取适当的措施，消除自感作用的不利影响。

自感系数 L 的计算是比较复杂的，一般采用实验测定，只有某些简单的情况才可由其定义计算出来。

例 8-8 设一单层密绕螺线管长 $l=50\ \mathrm{cm}$，横截面积 $S=10\ \mathrm{cm}^2$，匝数 $N=3\,000$ 匝，管内充满相对磁导率 $\mu_r=100$ 的均匀磁介质。求螺线管的自感系数。

解 设螺线管的电流为 I，则其内的磁感应强度大小

$$B=\mu_r B_0=\mu_r\mu_0 nI=\mu\frac{N}{l}I$$

通过每匝线圈的磁通量

$$\Phi=BS=\mu\frac{N}{l}IS$$

通过整个线圈的磁链

$$\Psi=N\Phi=\mu\frac{N^2}{l}SI$$

由式(8-9)得

$$L=\frac{\Psi}{I}=\mu\frac{N^2}{l}S=\mu n^2 V$$

式中，$V=lS$ 为螺线管体积。将已知数据代入上式，得

$$L=4\pi\times10^{-7}\times100\times\left(\frac{3\ 000}{0.5}\right)^2\times0.5\times10\times10^{-4}\ \text{H}$$
$$=2.3\ \text{H}$$

8.3.2　互感

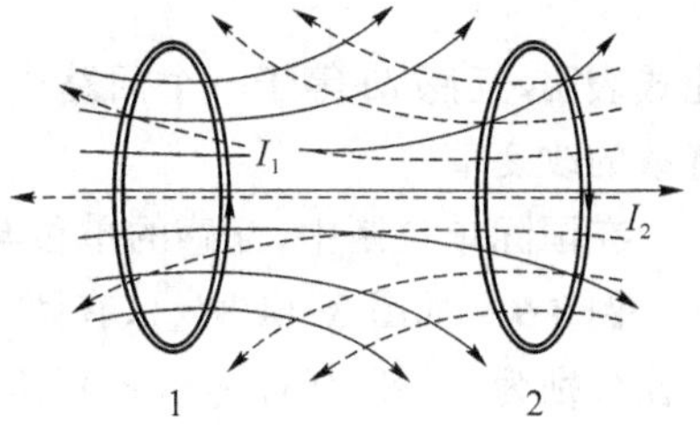

图 8-13　互感

设有两个彼此邻近的导体回路 1 和 2，分别通有电流 I_1 和 I_2，如图 8-13 所示。I_1 激发的磁场有一部分磁感应线要穿过回路 2 所围面积，用磁通量 Φ_{21} 表示；当回路 1 中的电流 I_1 发生变化时，Φ_{21} 也要变化，因而在回路 2 中产生感应电动势 ε_{21}。类似地，回路 2 中的电流 I_2 变化时，它也使穿过回路 1 所围面积的磁通量 Φ_{12} 变化，因而在回路 1 中也产生感应电动势 ε_{12}。这种由于一个回路中的电流变化而在另一个回路中产生感应电动势的现象，称为**互感现象**，相应的感应电动势称为互感电动势，用 ε_M 表示。

假设上面两个回路的形状、大小、相对位置和周围磁介质的磁导率都不改变，则根据毕奥-萨伐尔定律，由电流 I_1 在空间任何一点激发磁场的磁感强度与 I_1 成正比，相应穿过回路 2 的磁通量 Φ_{21} 也必然与 I_1 成正比，即

$$\Phi_{21}=M_{21}I_1$$

式中，M_{21} 是比例系数。同理，对于电流 I_2，有

$$\Phi_{12}=M_{12}I_2$$

式中，M_{12} 是比例系数。理论和实验都证明，M_{21} 和 M_{12} 只与两个回路的形状、大小、相对位置、线圈匝数及其周围磁介质的磁导率有关，而且 $M_{21}=M_{12}=M$，M 称为两个回路的互感系数，简称互感。则上两式可写为

$$\begin{cases}\Phi_{21}=MI_1\\ \Phi_{12}=MI_2\end{cases}\tag{8-11}$$

由式(8-11)可见，两个导体回路的互感在数值上等于其中一个回路通过单位电流时，穿过另一个回路所围面积的磁通量。

根据法拉第电磁感应定律，可以计算互感电动势。若上述回路 1 中电流强度 I_1 发生变化，在回路 2 中产生的互感电动势为

$$\varepsilon_{21}=-\frac{\mathrm{d}\Phi_{21}}{\mathrm{d}t}=-M\frac{\mathrm{d}I_1}{\mathrm{d}t}\tag{8-12a}$$

同理，若回路 2 中电流强度 I_2 发生变化，在回路 1 中产生的互感电动势为

$$\varepsilon_{12}=-\frac{\mathrm{d}\Phi_{12}}{\mathrm{d}t}=-M\frac{\mathrm{d}I_2}{\mathrm{d}t}\tag{8-12b}$$

由式(8-12)可以看出，当一个回路中的电流随时间的变化率一定时，互感系数越大，则通过互感的另一回路中引起的互感电动势也越大；反之亦然。因此，互感系数是表征两

个回路相互感应强弱的物理量。

由式(8-12)可得

$$M=\frac{\mathrm{d}\Phi_{12}}{\mathrm{d}I_2}=\frac{\mathrm{d}\Phi_{21}}{\mathrm{d}I_1} \tag{8-13}$$

此式表明，互感 M 等于一个回路中的电流改变单位值时，在另一回路所围面积中引起磁链数的改变值。

在国际单位制中，互感的单位与自感相同，都是亨[利](H)。

例 8-9 如图 8-14 所示，有两个长度均为 l、半径分别为 r_1 和 r_2(且 $r_1<r_2$)、匝数分别为 N_1 和 N_2 的同轴长直密绕螺线管。试计算它们的互感。

解 从题意知，这两个同轴直螺线管是半径不等的密绕螺线管，而且它们的形状、大小、磁介质和相对位置均固定不变。因此，我们可以先设想在某一线圈中通以电流 I，再求出穿过另一线圈的磁通量 Φ，然后按互感的定义式 $M=\Phi/I$，求出它们的互感。

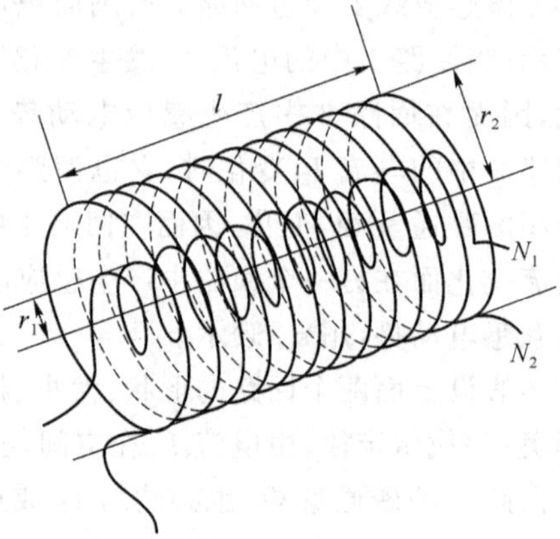

图 8-14 例 8-9 图

按以上分析，设有电流 I_1 通过半径为 r_1 的螺线管，此螺线管内的磁感应强度为

$$B_1=\mu_0\frac{N_1}{l}I_1=\mu_0 n_1 I_1 \quad ①$$

应当注意，考虑到螺线管是密绕的，所以在两螺线管之间的区域内的磁感应强度为零。于是，穿过半径为 r_2 的螺线管的磁通匝数

$$N_2\Phi_{21}=N_2B_1(\pi r_1^2)=n_2 lB_1(\pi r_1^2)$$

把式①代入，有

$$N_2\Phi_{21}=\mu_0 n_1 n_2 l(\pi r_1^2)I_1$$

可得互感为

$$M_{21}=\frac{N_2\Phi_{21}}{I_1}=\mu_0 n_1 n_2 l(\pi r_1^2) \quad ②$$

我们还可以设电流 I_2 通过半径为 r_2 的螺线管，从而来计算互感 M_{12}。当电流 I_2 通过半径为 r_2 的螺线管时，在此螺线管内的磁感应强度为

$$B_2=\mu_0\frac{N_2}{l}I_2=\mu_0 n_2 I_2$$

而穿过半径为 r_1 的螺线管的磁通匝数为

$$N_1\Phi_{12}=N_1B_2(\pi r_1^2)=\mu_0 n_1 n_2(\pi r_1^2)I_2$$

同样亦得

$$M_{12}=\frac{N_1\Phi_{12}}{I_2}=\mu_0 n_1 n_2 l(\pi r_1^2) \quad ③$$

从式②和式③可以看出，不仅 $M_{12}=M_{21}=M$，而且对两个大小、形状和相对位置给定的同轴密绕长直螺线管来说，它们的互感是确定的。

8.4　磁场的能量

与电场一样，磁场也有能量。电场的能量储存在电场中，磁场的能量亦应储存在磁场中。下面以通电长直螺线管为例来加以说明。

8.4.1　通电螺线管中的磁能

如图 8-15(a)所示，将一自感系数为 L 的长直螺线管与电源相连。接入电源后，回路中的电流 i 便逐渐增加，最后达到稳定值 I，如图 8-15(b)所示。在这一过程中，回路中始终存在有与电源 ε 反向的自感电动势，阻碍回路电流的增加，因此电源必须反抗自感电动势而做功。设 $\mathrm{d}t$ 时间内通过线圈的电荷为 $\mathrm{d}q$，则电源反抗自感电动势做的元功

$$\mathrm{d}A=-\varepsilon_{\mathrm{L}}\mathrm{d}q=-\varepsilon_{\mathrm{L}}i\mathrm{d}t=Li\mathrm{d}i$$

当电流由零变化到恒定值 I 时，电源反抗自感电动势做的总功

$$A=\int\mathrm{d}A=\int_0^I Li\,\mathrm{d}i=\frac{1}{2}LI^2$$

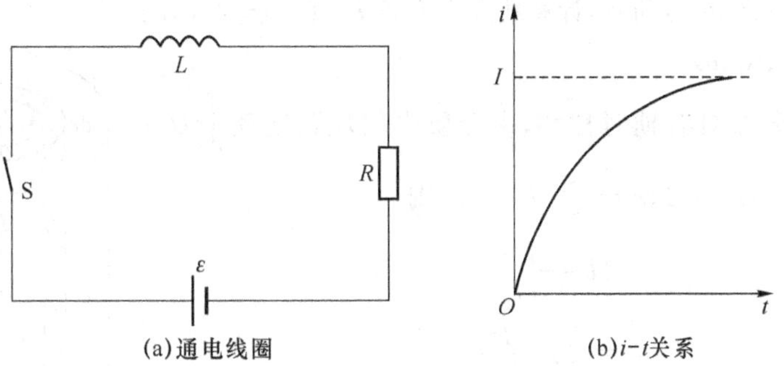

图 8-15　通电螺线管中的磁能

由于电源在反抗自感电动势做功的过程中，只是在线圈中逐渐建立起磁场而无其他变化，根据功能原理可知，这一部分功必定转化为线圈中磁场的能量(简称磁能)

$$W_{\mathrm{m}}=W_{\mathrm{L}}=A=\frac{1}{2}LI^2 \tag{8-14a}$$

8.4.2　磁场的能量

前已求出，长直螺线管的自感系数 $L=\mu n^2 V$，当螺线管内充满磁导率为 μ 的均匀介质

时，管内的磁场 $B=\mu nI_0$，即 $I_0=\dfrac{B}{\mu n}$。将 L 及 I_0 的数值代入式(8-14a)，得

$$W_m=\frac{1}{2}\mu n^2V\left(\frac{B}{\mu n}\right)^2=\frac{B^2}{2\mu}V \tag{8-14b}$$

式中，V 为长直螺线管内部空间的体积，即磁场存在的空间。由于长直螺线管内的磁场可以认为是均匀分布的，管内单位体积中的磁能（即磁能密度）为

$$w_m=\frac{W_m}{V}=\frac{B^2}{2\mu}$$

注意到 $B=\mu H$，上式又可写为

$$w_m=\frac{B^2}{2\mu}=\frac{1}{2}\mu H^2=\frac{1}{2}\boldsymbol{B}\cdot\boldsymbol{H} \tag{8-15}$$

应该指出，式(8-15)虽然是从特例中导出的，但它对任何磁场都适用。

如果磁场是非均匀的，则可将磁场存在空间划分成无限多个体积元 $\mathrm{d}V$，使其中的 $\boldsymbol{B}$ 和 $\boldsymbol{H}$ 均可看作是均匀的。于是，体积元内的磁能

$$\mathrm{d}W_m=w_m\mathrm{d}V$$

磁场中的磁能

$$W_m=\int\mathrm{d}W_m=\int_V w_m\mathrm{d}V \tag{8-16}$$

从上面的讨论可以看出，磁能的计算大致可分三步进行：第一步，求磁场 B 或 H（多用环路定理）；第二步，用 B 或 H 写出磁能密度表达式；第三步，积分求总磁能。

例 8-10 如图 8-16 所示，计算载流为 I、长为 l 的直电缆内的磁场能（已知 R_1、R_2、μ）。

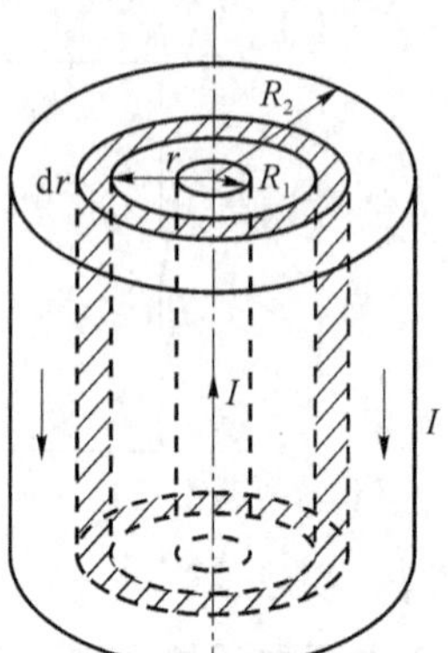

图 8-16 例 8-10 图

解 电流分布具有轴对称性，由介质中的环路定理 $\oint_L \boldsymbol{H}\cdot\mathrm{d}\boldsymbol{l}=\sum I_0$ 可知，$H\times 2\pi r=\sum I_0=I$，则

$$H=\frac{I}{2\pi r}$$

$$w_m=\frac{1}{2}\mu\frac{I^2}{4\pi^2r^2}$$

不均匀分布 $\mathrm{d}W_m=w_m\mathrm{d}V$，其中 $\mathrm{d}V=2\pi r\mathrm{d}rl$，则

$$\mathrm{d}W_m=\frac{\mu I^2l}{4\pi}\frac{\mathrm{d}r}{r}$$

$$W_m=\int_{R_1}^{R_2}\frac{\mu I^2l}{4\pi}\frac{\mathrm{d}r}{r}=\frac{\mu I^2l}{4\pi}\ln\frac{R_2}{R_1}$$

由于 $W_m=\dfrac{1}{2}LI^2$，则 $L=\dfrac{\mu l}{2\pi}\ln\dfrac{R_2}{R_1}$，因此已知线圈内的磁场能，可以求自感。

8.5* 位移电流和麦克斯韦电磁场方程组

在研究电磁感应现象时，我们讨论了麦克斯韦提出的随时间变化的磁场产生感生电场的问题，那么随时间变化的电场能否产生磁场呢？麦克斯韦于 1862 年提出了位移电流的假设，即变化的电场能产生磁场，从而进一步揭示了电场和磁场之间的内在联系，建立了完整的电磁场理论。

8.5.1 位移电流和全电流安培环路定理

前面我们曾讨论了在恒定电流磁场中的安培环路定理

$$\oint_l \boldsymbol{H} \cdot \mathrm{d}\boldsymbol{l} = I = \int_S \boldsymbol{j} \cdot \mathrm{d}\boldsymbol{S}$$

这个定理表明，磁场强度沿任一闭合回路的环流等于此闭合回路所围传导电流的代数和。在非恒定电流的情况下，这个定律是否仍可适用呢？讨论这个问题可以先从电流连续性的问题谈起。

在一个不含电容器的闭合电路中，传导电流是连续的。这就是说，在任一时刻，流过导体上某一截面的电流与流过任何其他截面的电流是相等的。但在含有电容器的电路中情况就不同了。无论电容器被充电还是放电，传导电流都不能在电容器的两极板之间流过，这时传导电流不连续了。

如图 8-17(a)所示，电容器在放电过程中，电路导线中的电流 I 是非恒定电流，它随时间而变化。如图 8-17(b)所示，若在极板 A 的附近取一个闭合回路 L，则以此回路 L 为边界可作两个曲面 S_1 和 S_2。其中 S_1 与导线相交，S_2 在两极板之间，不与导线相交；S_1 和 S_2 构成一个闭合曲面。现以曲面 S_1 作为衡量有无电流穿过 L 所包围面积的依据，则由于它与导线相交，故知穿过 L 所围面积即 S_1 面的电流为 I，所以由安培环路定理有

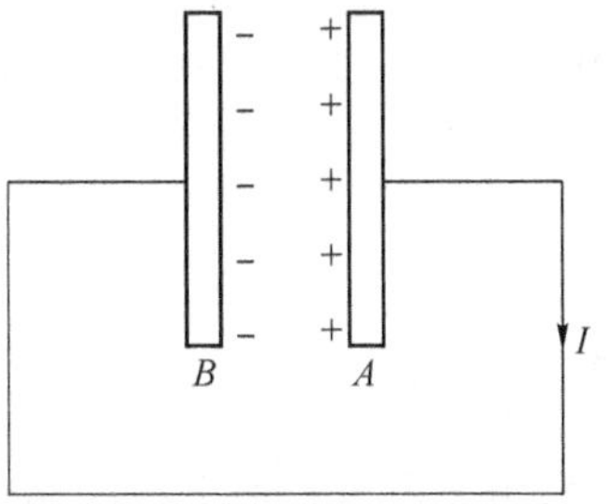

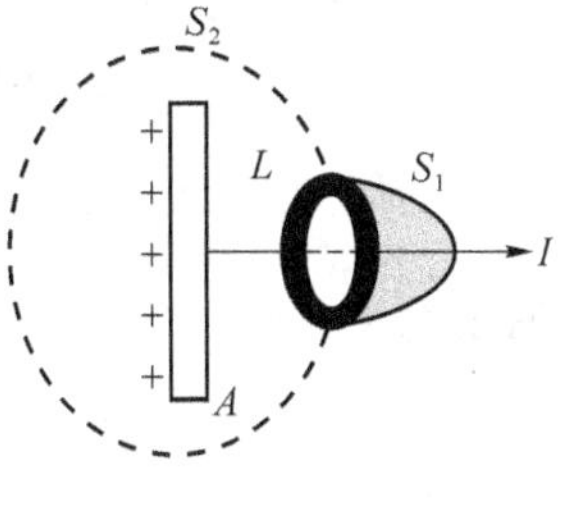

图 8-17　含有电容的电路中，传导电流不连续

$$\oint_L \boldsymbol{H} \cdot \mathrm{d}\boldsymbol{l} = I$$

而若以曲面 S_2 为依据，则没有电流通过 S_2，于是由安培环路定理便有

$$\oint_L \boldsymbol{H} \cdot \mathrm{d}\boldsymbol{l} = 0$$

这就突出表明，在非恒定电流的磁场中，磁场强度沿回路 L 的环流与如何选取以闭合回路 L 为边界的曲面有关。选取不同的曲面，环流有不同的值。这说明，在非恒定电流的情况下，安培环路定理是不适用的，必须寻求新的规律。

在科学史上，解决这类问题一般有两条途径：一是在大量实验事实的基础上，提出新概念，建立与实验事实相符合的新理论；另一是在原有理论的基础上，提出合理的假设，对原有的理论作必要的修正，使矛盾得到解决，并用实验检验假设的合理性。而在科学发展的一定阶段上，往往遵循第二条途径。麦克斯韦提出位移电流的假设，就是为了修正安培环路定理，使之也适合非恒定电流的情形。

在图 8-18 的电容器放电电路中，设某一时刻电容器的板 A 上有电荷 $+q$，其电荷面密度为 $+\sigma$；板 B 上有电荷 $-q$，其电荷面密度为 $-\sigma$。当电容器放电时，设正电荷由板 A 沿导线向板 B 流动，则在 $\mathrm{d}t$ 时间内通过电路中任一截面的电荷为 $\mathrm{d}q$，而这个 $\mathrm{d}q$ 也就是电容器极板上失去（或获得）的电荷。所以，极板上电荷对时间的变化率 $\mathrm{d}q/\mathrm{d}t$ 也即是电路中的传导电流。若板的面积为 S，则极板内的传导电流为

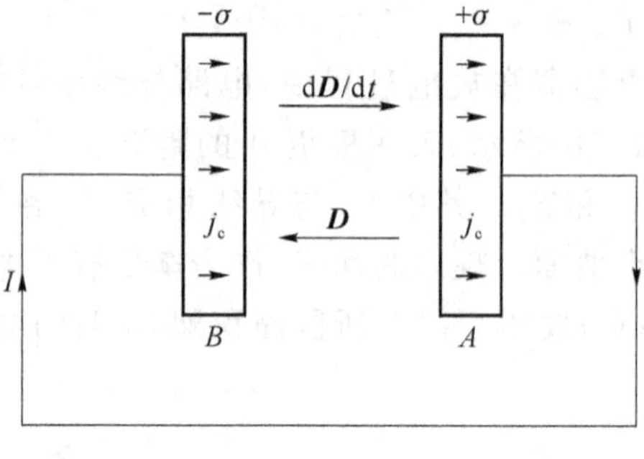

图 8-18　位移电流

$$I_c = \frac{\mathrm{d}q}{\mathrm{d}t} = \frac{\mathrm{d}(S\sigma)}{\mathrm{d}t} = S\,\frac{\mathrm{d}\sigma}{\mathrm{d}t}$$

传导电流密度为

$$j_c = \frac{\mathrm{d}\sigma}{\mathrm{d}t}$$

至于在电容器两板之间的空间（真空或电介质）中，由于没有自由电荷的移动，传导电流为零，即对整个电路来说，传导电流是不连续的。

但是，在电容器的放电过程中，板上的电荷面密度 σ 随时间变化的同时，两板间电场中电位移矢量的大小 $D=\sigma$ 和电位移通量 $\Psi = SD$ 也随时间而变化。它们随时间的变化

率分别为

$$\frac{\mathrm{d}D}{\mathrm{d}t}=\frac{\mathrm{d}\sigma}{\mathrm{d}t},\quad \frac{\mathrm{d}\Psi}{\mathrm{d}t}=S\,\frac{\mathrm{d}\sigma}{\mathrm{d}t}$$

从上述结果可以明显看出：板间电位移矢量随时间的变化率 $\mathrm{d}\boldsymbol{D}/\mathrm{d}t$ 在数值上等于板内传导电流密度；板间电位移通量随时间的变化率 $\mathrm{d}\Psi/\mathrm{d}t$ 在数值上等于板内传导电流。并且当电容器放电时，由于板上电荷面密度 σ 减小，两板间的电场减弱，$\mathrm{d}\boldsymbol{D}/\mathrm{d}t$ 的方向与 $\boldsymbol{D}$ 的方向相反。在图 8-18 中，$\boldsymbol{D}$ 的方向是由右向左的，而 $\mathrm{d}\boldsymbol{D}/\mathrm{d}t$ 的方向则是由左向右，恰与板内传导电流密度的方向相同。因此，可以设想，如果以 $\mathrm{d}\boldsymbol{D}/\mathrm{d}t$ 表示某种电流密度，那么它就可以代替在两板间中断了的传导电流密度，从而保持了电流的连续性。

麦克斯韦把电位移 $\boldsymbol{D}$ 的时间变化率 $\mathrm{d}\boldsymbol{D}/\mathrm{d}t$ 称为位移电流密度 $\boldsymbol{j}_{\mathrm{d}}$；电位移通量 Ψ 的时间变化率 $\mathrm{d}\Psi/\mathrm{d}t$ 称为位移电流 I_{d}，有

$$\boldsymbol{j}_{\mathrm{d}}=\frac{\partial \boldsymbol{D}}{\partial t},\quad I_{\mathrm{d}}=\frac{\mathrm{d}\Psi}{\mathrm{d}t} \tag{8-17}$$

麦克斯韦并假设位移电流和传导电流一样，也会在其周围空间激起磁场。这样，在有电容器的电路中，在电容器极板表面中断了的传导电流 I_{c} 可以由位移电流 I_{d} 继续下去，两者一起构成电流的连续性。

就一般性质来说，麦克斯韦认为电路中可同时存在传导电流 I_{c} 和位移电流 I_{d}，那么它们之和为

$$I_{\mathrm{s}}=I_{\mathrm{c}}+I_{\mathrm{d}}$$

I_{s} 叫作全电流。于是，在一般情况下，安培环路定理可修正为

$$\oint_L \boldsymbol{H}\cdot\mathrm{d}\boldsymbol{l}=I_{\mathrm{s}}=I_{\mathrm{c}}+\frac{\mathrm{d}\Psi}{\mathrm{d}t} \tag{8-18a}$$

或

$$\oint_L \boldsymbol{H}\cdot\mathrm{d}\boldsymbol{l}=\int_S\left(\boldsymbol{j}_{\mathrm{c}}+\frac{\partial \boldsymbol{D}}{\partial t}\right)\cdot\mathrm{d}\boldsymbol{S} \tag{8-18b}$$

这就表明，磁场强度 $\boldsymbol{H}$ 沿任意闭合回路的环流等于穿过此闭合回路所围曲面的全电流，这就是**全电流安培环路定理**。从式(8-18)可以看出传导电流和位移电流所激发的磁场都是有旋磁场。所以，麦克斯韦关于位移电流假设的实质就是认为变化的电场要激发有旋磁场。应当强调指出，在麦克斯韦的位移电流假设基础上所导出的结果都与实验符合得很好。

例 8-11　电容为 C、极板面积为 S、板间距为 d 的圆形平板电容器有漏电现象，两板间介质的介电常数为 ε、磁导率为 μ、电导率为 γ，充电到电压 U_0 和极板上带电 q_0 时，撤去电源，如图 8-19 所示。试计算：

(1) 极板上的电量变化关系 $q(t)$；

(2) 位移电流 I_{d}；

(3) 全电流；

（4）两板间的磁场。

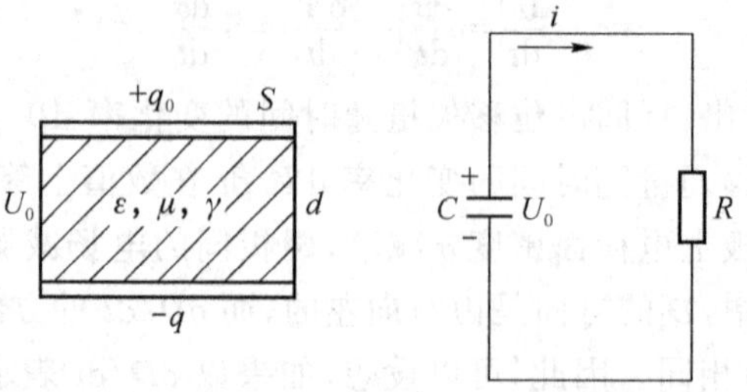

(a)圆形平板电容器　　(b)等效放电电路

图 8-19　例 8-11 图

解　(1) 设漏电电流为 i，由等效放电电路图 8-19(b)可得

$$U_0-iR=0$$

即

$$\frac{q}{C}-i\frac{1}{\gamma}\frac{d}{S}=0$$

又 $C=\varepsilon\frac{S}{d}$，代入上式可得

$$q-i\frac{\varepsilon}{\gamma}=0$$

放电时 $i=-\frac{\mathrm{d}q}{\mathrm{d}t}$，代入得

$$\frac{\varepsilon}{\gamma}\frac{\mathrm{d}q}{\mathrm{d}t}+q=0$$

对上式积分，初始条件为 $t=0$ 时，$q=q_0=CU_0$，代入得

$$q(t)=CU_0\mathrm{e}^{-\frac{\gamma}{\varepsilon}t}$$

(2) 板间电位移 D 的大小为

$$D=\sigma=\frac{q}{S}=\frac{CU_0}{S}\mathrm{e}^{-\frac{\gamma}{\varepsilon}t}$$

于是得

$$I_\mathrm{d}=S\frac{\partial D}{\partial t}=-\frac{CU_0\gamma}{\varepsilon}\mathrm{e}^{-\frac{\gamma}{\varepsilon}t}$$

(3) 传导电流即为漏电流 i，则得

$$I_0=i=-\frac{\mathrm{d}q}{\mathrm{d}t}=\frac{\gamma CU_0}{\varepsilon}\mathrm{e}^{-\frac{\gamma}{\varepsilon}t}$$

于是得

$$I_{全}=I_0+I_\mathrm{d}=0$$

(4) 由全电流定律 $\oint \boldsymbol{H} \cdot \mathrm{d}\boldsymbol{l} = I_{全} = 0$ 得 $\boldsymbol{H} = \boldsymbol{0}$,则

$$\boldsymbol{B}=0$$

8.5.2　电磁场和麦克斯韦电磁场方程组

麦克斯韦从法拉第电磁感应定律出发提出了涡旋电场假说,揭示了随时间变化的磁场激发电场的规律;又从安培环路定律出发提出了位移电流假说,揭示了随时间变化的电场激发磁场的规律。存在变化电场的空间必然存在变化磁场;同样,存在变化磁场的空间也必然存在变化电场。可见,变化的电场和变化的磁场不是彼此孤立的,它们互相联系,相互激发,组成一个统一的电磁场。这就是麦克斯韦关于电磁场的基本思想。

当电磁场中存在介质时,电场会使介质极化,产生极化电荷,极化电荷要产生附加电场;磁场也会使介质磁化,产生磁化电流,磁化电流要产生附加磁场。通过引入辅助物理量电位移矢量 $\boldsymbol{D}$ 和磁场强度矢量 $\boldsymbol{H}$,极化电荷与磁化电流将不出现在描述电磁场的基本方程式中,介质对场的影响可以反映在表征介质电磁学性质的相对介电常数 ε_r 和相对磁导率 μ_r 中。1865 年,麦克斯韦总结提出了表述电磁场普遍规律的四个基本方程式,即

$$\oint \boldsymbol{D} \cdot \mathrm{d}\boldsymbol{S} = \sum q_i \tag{8-19}$$

$$\oint_S \boldsymbol{B} \cdot \mathrm{d}\boldsymbol{S} = 0 \tag{8-20}$$

$$\oint_L \boldsymbol{E} \cdot \mathrm{d}\boldsymbol{l} = -\int_S \frac{\partial \boldsymbol{B}}{\partial t} \cdot \mathrm{d}\boldsymbol{S} \tag{8-21}$$

$$\oint_L \boldsymbol{H} \cdot \mathrm{d}\boldsymbol{l} = I_c + \int_S \frac{\partial \boldsymbol{D}}{\partial t} \cdot \mathrm{d}\boldsymbol{S} \tag{8-22}$$

上述四个方程就是**麦克斯韦方程组的积分形式**。

麦克斯韦方程组的物理意义简述如下。

式(8-19)是电场中的高斯定理。它说明 $\boldsymbol{D}$ 通量只和自由电荷有关,但式中的电场是电荷和变化的磁场共同激发的。

式(8-20)是磁场中的高斯定理。它说明磁感应线总是闭合的曲线。式中的 $\boldsymbol{B}$ 是由位移电流与传导电流共同激发的。

式(8-21)是法拉第电磁感应定律,也是推广后电场的环路定理。它说明变化的磁场产生涡旋电场。式中的 $\boldsymbol{E}$ 是由电荷和变化的磁场共同激发的,由于静电场的环流为零,所以总电场的环流仅与变化的磁场有关。

式(8-22)是全电流安培环路定理。它说明传导电流和位移电流都能激发磁场。

麦克斯韦方程组实际上是在静电场方程和恒定磁场方程中增加了涡旋电场和位移电流的贡献,并把使用范围从静止、恒定推广到一般运动、变化的情况,从而建立了描绘电磁场运动变化规律的完备方程组。这是一个完整的电磁场理论体系,它的建立开辟了许多

新的研究课题和新的研究方向。在物理学史中，麦克斯韦电磁场理论是继牛顿力学之后又一具有划时代意义的卓越贡献。

麦克斯韦方程组中的两个环路定理反映了电场和磁场的密切关系。变化的电场能够激发磁场，电场和磁场相互激发，以波动的形式在空间传播，从而形成了**电磁波**。麦克斯韦预言电磁波的存在完全是凭借它的理论推断，当时并没有得到实验的支持。直到20年后，才由德国的物理学家赫兹从实验上证实了电磁波的存在。

阅读材料八

科学家简介：法拉第

迈克尔·法拉第（1791—1867年）：英国实验物理学家、化学家。

主要成就：物理方面，发现、解释电磁感应现象，提出电磁感应定律；提出了场的概念，并引入电力线（即电场线）、磁力线（即磁感线）的概念；发现了抗磁性；预见了电、磁作用传播的波动性和它们传播的非瞬时性。化学方面，从实验中得出电解定律；得出六氯乙烷、四氯乙烯等碳化合物；发现苯。著有《电学试验研究》、《化学操作》等书。

1791年9月22日，法拉第生于伦敦附近的纽因格顿，父亲是铁匠，家里人都没什么文化，而且家境贫寒。他只读过两年小学，12岁开始当报童，13岁在一家书店当了装订书的学徒。他喜欢读书，因而利用在书店的条件，读了许多科学书籍，并动手做了一些简单的化学实验。他的努力得到了书店老板的支持，还有一位顾客送给他一些伦敦皇家学院讲演的听讲证。那一段时间属于他的科学启蒙时期。

1812年秋，法拉第有机会听了4次著名化学家戴维的演讲，这几次演讲激起了他对科学研究的极大兴趣。这一年的冬天，他把戴维的演讲精心整理并附上插图后寄给戴维，同时寄去一封他的自荐信，希望戴维帮助他实现科学研究的愿望。这本精美的笔记给戴维留下了很好的印象，当时戴维也正缺少一位助手，于是1813年3月，戴维推荐法拉第到皇家研究院实验室做了自己的助理实验员，不久后，法拉第成为皇家学院一员。1813年10月，法拉第作为秘书跟随戴维到欧洲大陆游历。这次旅行进行了18个月，法拉第的收获很大，他有机会参观了各国科学家的实验室，结交了安德烈·玛丽·安培、盖·吕萨克等著名科学家，了解了他们的科学研究方法，有几位学者都发现了戴维这个朴实青年助手的才华。游历回国后，法拉第就开始了独立的研究工作，几年内他都致力于化学分析。1816年，他发表了第一篇论文，论文论述的是托斯卡纳生石灰的性质。以后又接连发表了几篇论文。1830年以前，法拉第的主要研究都集中在化学方面，这是他的第一个科学活动期，他成为很有成就的专业分析化学家和实践顾问，赢得了国际声誉。这时期的主要成就有:铁合金的研究、氯和碳的化合物、气体液化、光学玻璃、苯的发明、电化学分解等。1827 年,他出版了 600 多页的巨著《化学操作》,该书总结了他多年来丰富的实践经验,就是在今天仔细阅读它,也会给人一种直接和新颖的非凡印象。

法拉第成就最大的时期是 1830—1839 年,这段时间内他是对现代电学发现作出贡献的第一流的科学家。法拉第对电学发现的兴趣最早开始于 1821 年,即在奥斯特发现电流的磁效应之后的第二年,美国《哲学年鉴》的主编约请戴维撰写一篇文章,评述奥斯特发现以来电磁学实验的理论发展概况,戴维把这一工作交给了法拉第。法拉第在收集资料的过程中,对电磁现象的研究产生了极大的热情,并开始转向电磁学的研究。他仔细地分析了电流的磁效应等现象,作出了一项重大发现:磁作用的方向是与产生磁作用的电流的方向垂直的。法拉第坚信,电与磁的关系必须被推广,如果电流能产生磁场,磁场也一定能产生电流。法拉第为此冥思苦想了 10 年。起初,他试图用强磁铁靠近闭合导线或用强电流使另一闭合导线中产生电流,做了大量的实验,都失败了。经过历时 10 年的失败、再实验,直到 1831 年 8 月 29 日才取得成功。他接连又做了几十个这类实验。在 1831 年 11 月 24 日的论文中,他把产生感应电流的情况概括成 5 类:变化着的电流、变化着的磁场、运动的恒定电流、运动的磁场、在磁场中运动的导体。他指出:感应电流与原电流的变化有关,而不是与原电流本身有关。他将这一现象与导体上的静电感应类比,把它取名为“电磁感应”。为了解释电磁感应现象,法拉第曾提出过“电张力”的概念,后来在考虑了电磁感应的各种情况后,认为可以把感应电流的产生归因于导体“切割磁力线”。从电磁感应现象发现到 1851 年得出电磁感应定律,法拉第花费了近一年的时间。在发现电磁感应现象的同时,法拉第还发明了一种电磁电流发生器(这就是最原始的发电机),为未来电力工业的发展奠定了基础。曾有一个政治家问法拉第,他的发明有什么用处。他回答说:“我现在还不知道,但有一天你将从它们身上去抽税。”这一时期,法拉第的另一个贡献是从实验得出了电解定律,这是电荷不连续性的最早的有力证据,这一实验定律的得出也花费了他 1833—1834 年间的好几个月的时间。

19 世纪 50 年代,法拉第的记忆力有所下降,科学活动能力也有所减弱,他为此而苦恼,但仍坚持进行科学实验。这时期他提出了场的概念,他设想带电体、磁体周围空间存在一种物质,起到传递电、磁力的作用,他把这种物质称为电场、磁场,他的观点可以概括为近距作用。1852 年,他引入了电力线(即电场线)、磁力线(即磁感线)的概念,并且用铁粉显示了磁棒周围的磁力线形状。场的概念和力线的模型对当时的传统观念是一个重大的突破,也是现在我们仍然使用的一个重要的描述和分析电场、磁场的方法。

法拉第是靠自学成才的科学家,在科学的征途上辛勤奋斗半个多世纪,不求名利,把全身心献给了科学研究事业。1825 年,他参与冶炼不锈钢材和折光性能良好的玻璃的工作,不少公司和厂家出重金聘请法拉第作为他们的技术顾问,面对 15 万英镑的财富和没有报酬的学问,法拉第选择了后者。1851 年,法拉第被一致推选为英国皇家学会会长,他也坚决推辞掉了这个职务。他在任实验室主任期间创办了一个定期的“星期五晚讲座”,至今仍延续下来,除了星期五晚讲座外,法拉第还为儿童设立了专门的通俗演讲,在圣诞节期间举行。他的圣诞节讲座的主题之一是“蜡烛的化学史”,一个多世纪以来,曾经鼓舞了无数青年，使他们从中获得快乐。

1855 年他从皇家学院退休，1860 年发表了最后一次圣诞讲演，1867 年 8 月 25 日在伦敦去世，终年 76 岁。遵照他“一辈子当一个平凡的迈克尔·法拉第”的遗愿，他的遗体被安葬在海格特公墓，他的墓碑上只有他的姓名和生日。为了纪念他，用他的名字命名电容的单位——法拉。法拉第被公认为最伟大的“自然哲学家”之一。

“他太伟大了，电磁感应和电动机是当今和未来都不可或缺的。”开尔文在他纪念法拉第的文章中说：“他的敏捷和活跃的品质，难以用言语形容。他的天才光辉四射，使他的出现呈现出智慧之光，他的神态有一种独特之美。这是有幸在他家里——皇家学院见过他的任何人——从思想最深刻的哲学家到最质朴的儿童，都会感觉到的。”

科学家简介：麦克斯韦

詹姆斯·克拉克·麦克斯韦（1831～1879 年）：伟大的英国物理学家，经典电磁理论的创始人。

主要成就：创建英国第一个专门的物理实验室，建立了麦克斯韦方程组，创立了经典电动力学，预言了电磁波的存在，提出了光的电磁说。

麦克斯韦 1831 年 6 月 13 日生于苏格兰古都爱丁堡，麦克斯韦的父亲约翰是一名不随流俗的机械设计师，他对麦克斯韦的影响非常大。他是长老会教友，但思路开阔，思想敏锐，讲求实际，特别能干。家里的事情不分巨细，他都料理得很好。修缮房屋，打扫庭院，给孩子们制作玩具，乃至裁剪衣服，他样样都能胜任。1847 年，麦克斯韦 16 岁，中学毕业，进入爱丁堡大学学习。这里是苏格兰的最高学府。他是班上年纪最小的学生，但考试成绩却总是名列前茅。他在这里专攻数学、物理，并且显示出非凡的才华。他读书非常用功，但并非死读书，在学习之余他仍然写诗，读课外书，积累了相当广泛的知识。

在爱丁堡大学，麦克斯韦获得了攀登科学高峰所必备的基础训练。其中两个人对他影响最深，一个是物理学家和登山家福布斯，另一个是逻辑学和形而上学教授哈密顿。福布斯是一个实验家，他培养了麦克斯韦对实验技术的浓厚兴趣，一个从事理论物理的人很难有这种兴趣。他强制麦克斯韦写作要条理清楚，并把自己对科学史的爱好传给麦克斯韦。哈密顿教授则用广博的学识影响着他，并用出色、怪异的批评能力刺激麦克斯韦去研究基础问题。在这些有真才实学的人的影响下，加上麦克斯韦个人的天才和努力，麦克斯韦的学识一天天进步，他用 3 年时间就完成了 4 年的学业，相比之下，爱丁堡大学这个摇篮已经不能满足麦克斯韦的求知欲。为了进一步深造，1850 年，他征得了父亲的同意，离开爱丁堡，到人才济济的剑桥去求学，1854 年以第二名的成绩获史密斯奖学金，毕业留校任职两年。

麦克斯韦主要从事电磁理论、分子物理学、统计物理学、光学、力学、弹性理论方面的研究。尤其是他建立的电磁场理论,将电学、磁学、光学统一起来,是 19 世纪物理学发展的最光辉的成果,是科学史上最伟大的综合之一。他预言了电磁波的存在。这种理论预见后来得到了充分的实验验证。他为物理学树起了一座丰碑。造福于人类的无线电技术就是以电磁场理论为基础发展起来的。

麦克斯韦的电学研究始于 1854 年,当时他刚从剑桥毕业不过几星期。他读到了法拉第的《电学实验研究》,立即被书中新颖的实验和见解吸引住了。在当时人们对法拉第的观点和理论看法不一,有不少非议。最主要原因就是当时"超距作用"的传统观念影响很深。另一方面的原因就是法拉第的理论严谨性还不够。法拉第是实验大师,有着常人所不及之处,但唯独欠缺数学功底,所以他的创见都是以直观形式来表达的。一般的物理学家恪守牛顿的物理学理论,对法拉第的学说感到不可思议。有位天文学家曾公开宣称:"谁要在确定的超距作用和模糊不清的力线观念中有所迟疑,那就是对牛顿的亵渎!"在剑桥的学者中,这种分歧也相当明显。汤姆孙也是剑桥里一名很有见识的学者之一。麦克斯韦对他敬佩不已,特意给汤姆孙写信,向他求教有关电学的知识。汤姆孙比麦克斯韦大 7 岁,对麦克斯韦从事电学研究给予过极大的帮助。在汤姆孙的指导下,麦克斯韦得到启示,相信法拉第的新论中有着不为人所了解的真理。认真地研究了法拉第的著作后,他感受到力线思想的宝贵价值,也看到法拉第在定性表述上的弱点。于是这个刚刚毕业的青年科学家决定用数学来弥补这一点。他在前人成就的基础上,对整个电磁现象作了系统、全面的研究,凭借他高深的数学造诣和丰富的想象力接连发表了电磁场理论的三篇论文:《论法拉第的力线》(1855 年 12 月—1856 年 2 月)、《论物理的力线》(1861—1862 年)、《电磁场的动力学理论》(1864 年 12 月 8 日),对前人和他自己的工作进行了综合概括,将电磁场理论用简洁、对称、完美的数学形式表述出来,经后人整理和改写,成为经典电动力学主要基础的麦克斯韦方程组。据此,1865 年他预言了电磁波的存在,电磁波只可能是横波,并计算了电磁波的传播速度等于光速,同时得出结论:光是电磁波的一种形式,揭示了光现象和电磁现象之间的联系。麦克斯韦于 1873 年出版了科学名著《电磁理论》,系统、全面、完美地阐述了电磁场理论。这一理论成为经典物理学的重要支柱之一。

在热力学与统计物理学方面麦克斯韦也作出了重要贡献,他是气体动理论的创始人之一。1859 年他首次用统计规律得出麦克斯韦速度分布律,从而找到了由微观量求统计平均值的更确切的途径。1866 年他给出了分子按速度分布函数的新推导方法,这种方法是以分析正向和反向碰撞为基础的。他引入了弛豫时间的概念,发展了一般形式的输运理论,并把它应用于扩散、热传导和气体内摩擦过程。1867 年引入了"统计力学"这个术语。麦克斯韦是运用数学工具分析物理问题和精确地表述科学思想的大师,他非常重视实验,由他负责建立起来的卡文迪什实验室在他和以后几位主任的领导下,发展成为举世闻名的学术中心之一。

科学史上,称牛顿把天上和地上的运动规律统一起来,是实现第一次大综合,麦克斯韦把电、光统一起来,是实现第二次大综合,因此应与牛顿齐名。1873 年出版的《论电和磁》也被尊为继牛顿《自然哲学的数学原理》之后的一部最重要的物理学经典。没有电磁学就没有现代电工学，也就不可能有现代文明。

思考题

8-1　在电磁感应定律中，负号的含义是什么？如何根据负号确定感应电动势的方向？

8-2　感应电动势是标量，不是矢量，通常所说的“感应电动势的方向”是什么意思？

8-3　什么叫位移电流？它与传导电流有什么区别？

8-4　在磁场变化的空间里，如果没有导体，在空间里是否存在电场？是否存在感生电动势？

8-5　自感是由 $L=\Phi/I$ 规定的，能否由此式说明，通过线圈中的电流越小，自感 L 就越大？

8-6　自感、互感与哪些因素有关？

8-7　变化的电场所产生的磁场是否也一定随时间发生变化？变化的磁场所产生的电场是否也一定随时间发生变化？

8-8　在不存在实物粒子的空间里能否产生电流？

8-9　麦克斯韦方程组中各方程的物理意义是什么？

练习题

8-1　用线圈的自感 L 来表示载流线圈磁场能量的公式 $W_{\mathrm{m}}=\frac{1}{2}LI^2$（　　）。

A. 只适用于无限长密绕螺线管

B. 只适用于单匝圆线圈

C. 只适用于一个匝数很多，且密绕的螺线环

D. 适用于自感 L 一定的任意线圈

8-2　如习题 8-2 图所示，空气中有一无限长金属薄壁圆筒，在表面上沿圆周方向均匀地流着一层随时间变化的面电流 $i(t)$，则（　　）。

A. 圆筒内均匀地分布着变化的磁场和变化的电场

B. 任意时刻通过圆筒内假想的任一球面的磁通量和电通量均为零

C. 沿圆筒外任意闭合环路上磁感应强度的环流不为零

D. 沿圆筒内任意闭合环路上电场强度的环流为零

8-3　用导线制成一半径为 $r=10\ \mathrm{cm}$ 的闭合圆形线圈，其电阻 $R=10\ \Omega$，均匀磁场垂直于线圈平面。欲使电路中有一稳定的感应电流 $i=0.01\ \mathrm{A}$，B 的变化率应为 $\mathrm{d}B/\mathrm{d}t$ =________。

8-4　有一根无限长直导线绝缘地紧贴在矩形线圈的中心轴 OO' 上，如习题 8-4 图所示，则直导线与矩形线圈间的互感为________。

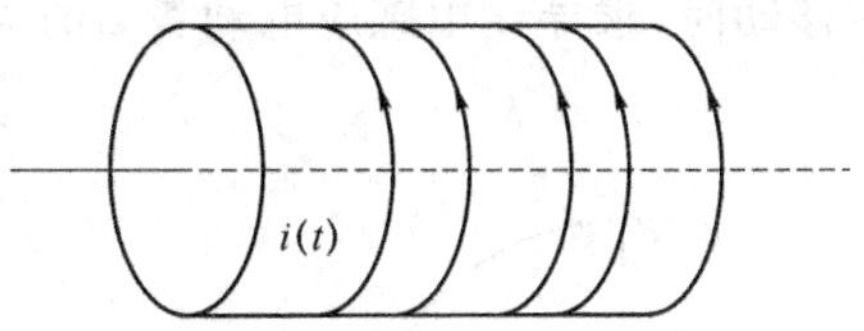

习题 8-2 图

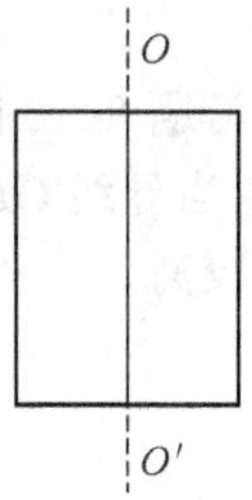

习题 8-4 图

8-5　有一测量磁感应强度的线圈，其截面积 $S=4.0\ \mathrm{cm}^2$，匝数 $N=16$ 匝，电阻 $R=50\ \Omega$。线圈与一内阻 $R_i=30\ \Omega$ 的冲击电流计相连。若开始时线圈的平面与均匀磁场的磁感应强度 $\boldsymbol{B}$ 相垂直，然后线圈的平面很快地转到与 $\boldsymbol{B}$ 平行的方向，此时从冲击电流计中测得电荷值 $q=4.0\times10^{-5}$ C，问此均匀磁场的磁感应强度 $\boldsymbol{B}$ 的值为多少？

8-6　如习题 8-6 图所示，两长直导线相距为 d，载有等大反向电流 I，其变化率 $\frac{\mathrm{d}I}{\mathrm{d}t}=\alpha>0$。一边长为 d 的正方形线圈位于导线平面内。求线圈中感应电动势 ε 的大小及方向。

8-7　长为 L 的铜棒以距端点 r 处为支点，并以角速率 ω 绕通过支点且垂直于铜棒的轴转动，如习题 8-7 图所示，设磁感强度为 B 的均匀磁场与轴平行，求棒两端的电势差。

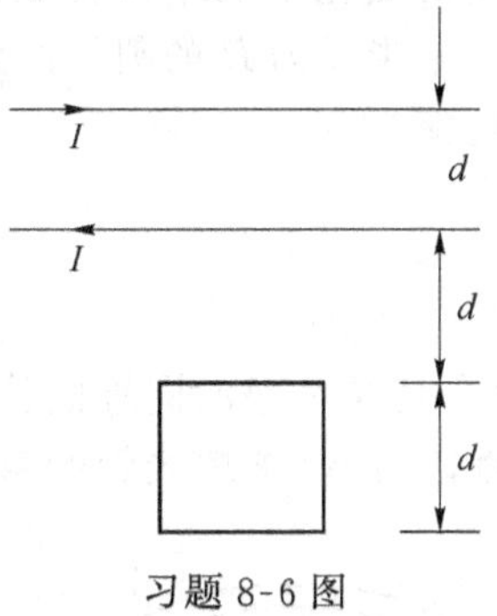

习题 8-6 图

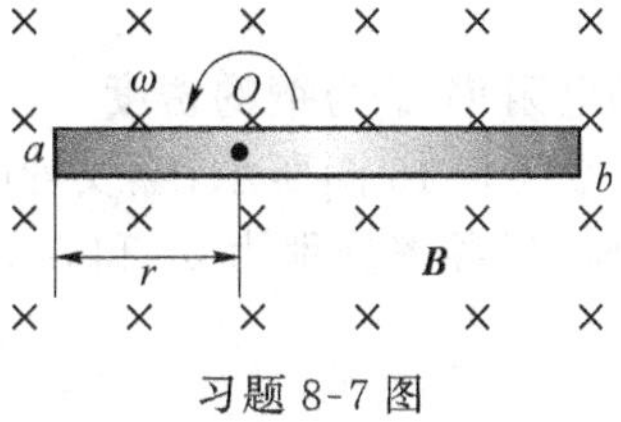

习题 8-7 图

8-8　半径 $R=2.0$ cm 的“无限长”直载流密绕螺线管内磁场可视为均匀磁场，管外磁场可近似看作零。若通电电流均匀变化，使得磁感强度 B 随时间的变化率 $\frac{\mathrm{d}B}{\mathrm{d}t}$ 为常量，且为正值，试求：

(1) 管内外由磁场变化而激发的感生电场分布；

(2) 如 $\frac{\mathrm{d}B}{\mathrm{d}t}=0.010$ T/s，求距螺线管中心轴 $r=5.0$ cm 处感生电场的大小和方向。

8-9　一长直导线通以电流 $I=5$ A，在其右方放一长方形线圈，两者共面，线圈长 $b=0.06$ m，宽 $a=0.04$ m，如习题 8-9 图所示。当线圈以速度 $v=0.03$ m/s 沿着垂直于长直导线方向远离导线运动时，求当线圈与导线相距 $d=0.05$ m 时，线圈中的感应电动势的大小和方向。

8-10　如习题 8-10 图所示，把一半径为 R 的半圆形导线 OP 置于磁感应强度为 $\boldsymbol{B}$ 的均匀磁场中，当导线 OP 以匀速率 v 向右移动时，求导线中感应电动势 ε_i 的大小，并判断哪一端电势较高。

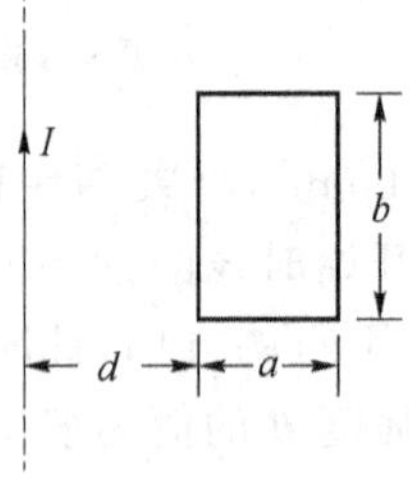

习题 8-9 图

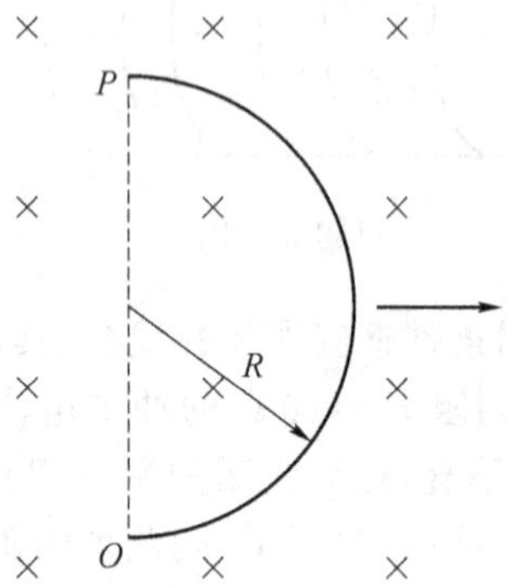

习题 8-10 图

8-11　如习题 8-11 图所示，棒 AB 长为 l，在磁感应强度为 $\boldsymbol{B}$ 的均匀磁场中绕过 O 点的轴以角速度 ω 逆时针转动。设 O 轴与磁场平行，且 $OB=2OA$，求 AB 上的感应电动势的大小，并指出 A、O、B 三点中哪一点的电势最高。

8-12　有一磁感应强度为 B 的均匀磁场，以恒定的变化率 $\mathrm{d}B/\mathrm{d}t$ 在变化。把一块质量为 m 的铜拉成截面半径为 r 的导线，并用它做成一个半径为 R 的圆形回路。圆形回路的平面与磁感强度 B 垂直。试证：此回路中的感应电流为

$$I=\frac{m}{4\pi\rho d}\frac{\mathrm{d}B}{\mathrm{d}t}$$

式中，ρ 为铜的电阻率，d 为铜的密度。

8-13　如习题 8-13 图所示，螺线管的管心是两个套在一起的同轴圆柱体，其截面积分别为 S_1 和 S_2，磁导率分别为 μ_1 和 μ_2，管长为 l，匝数为 N，求螺线管的自感（设管的截面很小）。

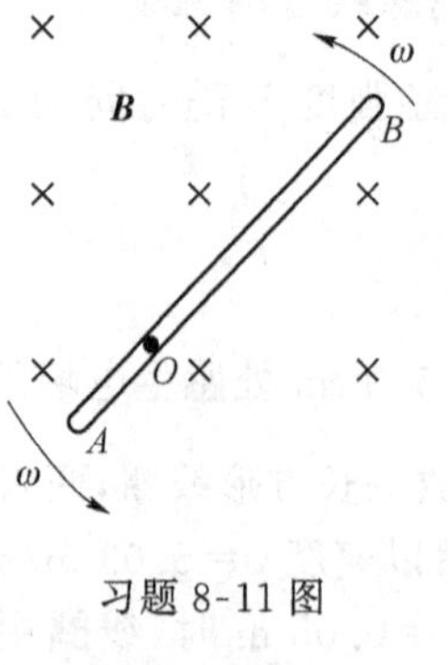

习题 8-11 图

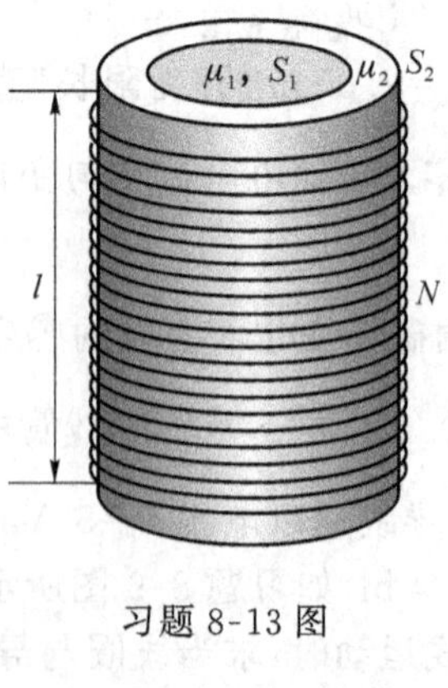

习题 8-13 图

8-14　一根细导线弯成直径为 d 的半圆形状(如习题 8-14 图所示)。均匀磁场 $\boldsymbol{B}$ 垂直于半圆形导线所在平面,当导线绕着 A 点在垂直于 $\boldsymbol{B}$ 的平面内以角速度 ω 逆时针旋转时,求导线 AC 间的电动势 ε_{AC}。

8-15　如习题 8-15 图所示,在一"无限长"直载流导线的近旁放置一个矩形导体线框。该线框在垂直于导线方向上以匀速率 v 向右移动,求在图示位置处线框中的感应电动势的大小和方向。

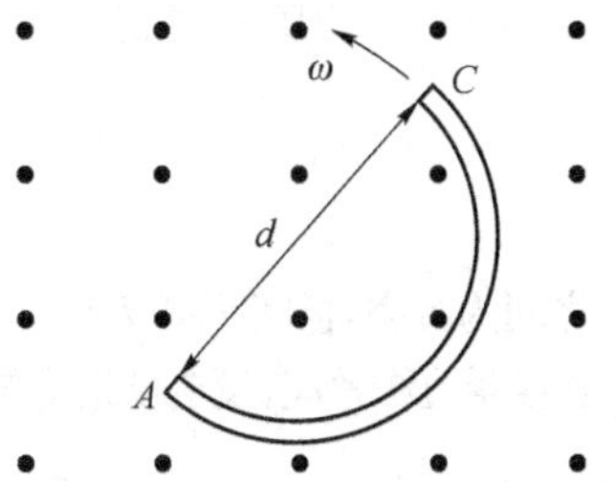

习题 8-14 图

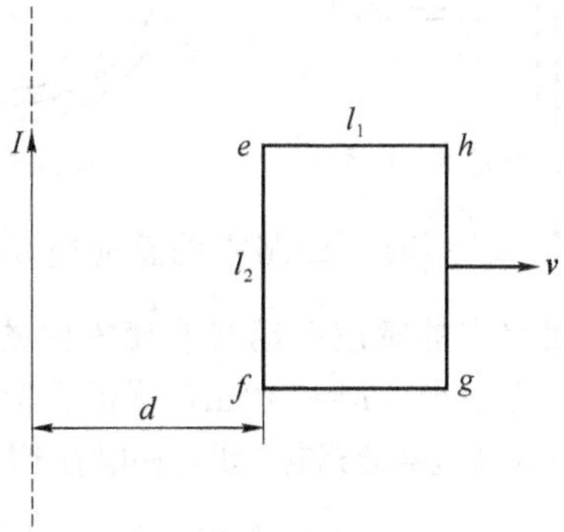

习题 8-15 图

8-16　如习题 8-16 图所示,在长直导线近旁有一矩形平面线圈与长直导线共面。设线圈共有 N 匝,其边长分别为 a、b;线圈的一边与长直导线平行,相距为 d。

(1) 求导线与线圈的互感系数;

(2) 若长直导线中的电流在 1 s 内由 0 均匀变化到 10 A,求线圈中的互感电动势。

8-17　有一长为 0.50 m、横截面积为 10.0 cm^2 的空心长直螺线管,若其上密绕线圈 3 000 匝。则:

(1) 自感为多少?

(2) 若其中电流随时间的变化率为 10 A/s,自感电动势的大小和方向如何?

8-18　未来可能会利用超导线圈中持续大电流建立的磁场来储存能量。要储存 1 kW·h的能量,利用 1.0 T 的磁场,需要多大体积的磁场?若利用线圈中 500 A 的电流储存上述能量,则该线圈的自感系数应该多大?

8-19　如习题 8-19 图所示,一面积为 4.0 cm^2 共 50 匝的小圆形线圈 A 放在半径为 20 cm 共 100 匝的大圆形线圈 B 的正中央,此两线圈同心且同平面。设线圈 A 内各点的磁感应强度可看作是相同的。求:

(1) 两线圈的互感;

(2) 当线圈 B 中电流的变化率为 -50 A/s 时,线圈 A 中感应电动势的大小和方向。

8-20　半径为 R 的无限长实心圆柱导体载有电流 I,电流沿轴向流动,并均匀分布在导体横截面上。一宽为 R、长为 l 的矩形回路(与导体轴线同平面)以速度 v 向导体外运动(设导体内有一根小的缝隙,但不影响电流及磁场的分布),如习题 8-20 图所示。设初始时刻矩形回路一边与导体轴线重合,求:

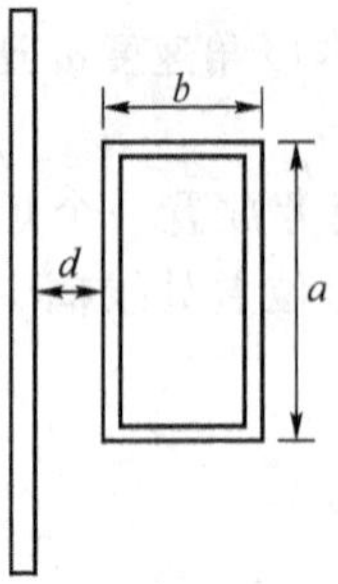

习题 8-16 图

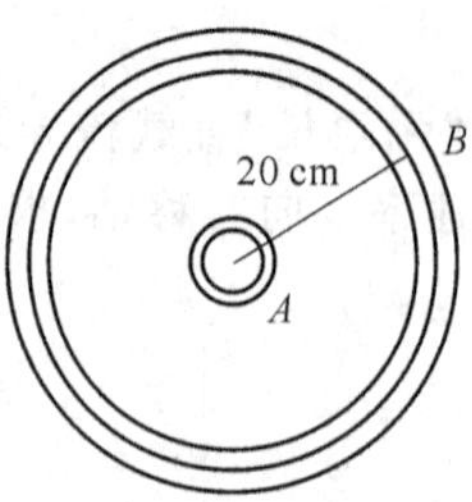

习题 8-19 图

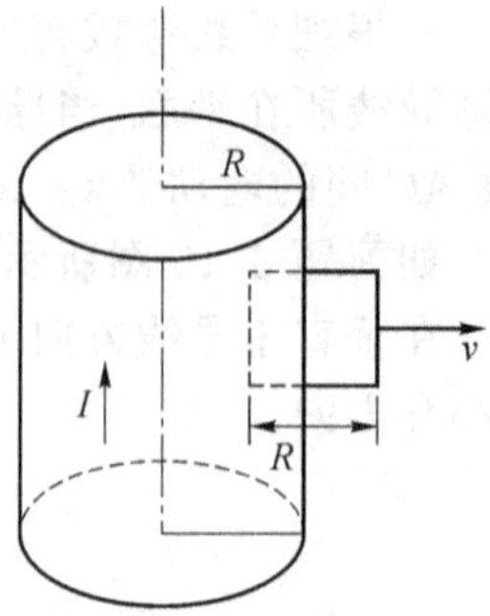

习题 8-20 图

(1) $t\left(t<\dfrac{R}{v}\right)$时刻回路中的感应电动势；

(2) 回路中的感应电动势改变方向的时刻。

8-21　设有半径$R=0.20\,\text{m}$的平行平板电容器，两板之间为真空，板间距离$d=0.50\,\text{cm}$，以恒定电流$I=2.0\,\text{A}$对电容器充电。求位移电流密度(忽略平板电容器边缘效应，设电场是均匀的)。

8-22　半径为a的长直螺线管中，有$\dfrac{\mathrm{d}B}{\mathrm{d}t}=C(C>0)$的磁场。一直导线弯成等腰梯形的闭合回路$ABCDA$，总电阻为$R$，上底为$a$，下底为$2a$，如习题 8-24 图放置，求：

(1) AD段和BC段的感应电动势；

(2) 闭合回路中的总电动势。

8-23　一边长为a及b的矩形导线框，它的长为b的边与一载有电流为I的长直导线平行，其中一条边与长直导线相距为c，$c>a$，如习题 8-25 图所示。今线框以此边为轴以角速度ω匀速旋转，求框中的感应电动势ε。

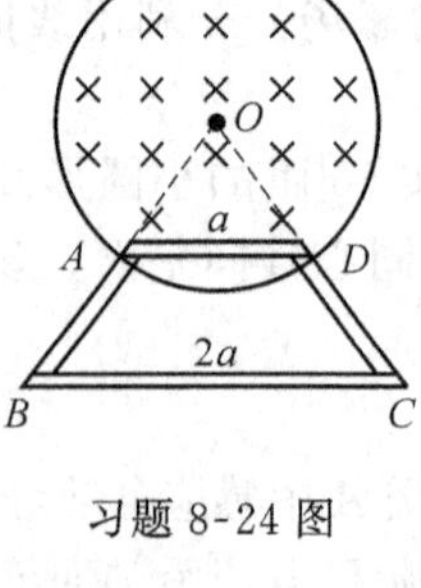

习题 8-24 图

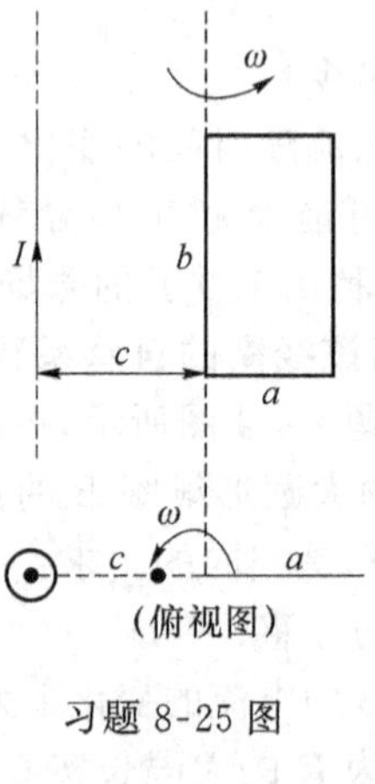

习题 8-25 图

8-24　一环状铁芯绕有 100 匝线圈，环的平均半径$R=8.0\ \text{cm}$，截面积$S=1.0\ \text{cm}^2$；铁芯的相对磁导率$\mu_r=500$。当线圈中通有电流$I=1.0\ \text{A}$时，铁芯内的磁能密度和总磁能各为多少？

附录A　矢　　量

1. 标量和矢量

在物理学中，有一类物理量，如时间、质量、功、能量、温度等，只有大小和正负，而没有方向，这类物理量称为**标量**。另一类物理量，如位移、速度、加速度、力、动量、冲量等，既有大小又有方向，而且相加减时遵从平行四边形的运算法则，这类物理量称为**矢量**（也称为**向量**）。通常书写时用带箭头的字母（例如$\vec{a}$）或印刷品中用黑体斜字母（例如$\boldsymbol{a}$）来表示矢量，以区别于标量。在作图时，我们可以在空间用一有向线段来表示，如图A-1所示。线段的长度表示矢量的大小，而箭头的指向则表示矢量的方向。

因为矢量具有大小和方向这两个特征，所以只有大小相等、方向相同的两个矢量才相等（如图A-2(a)所示）。如果有一矢量和另一矢量$\boldsymbol{a}$大小相等而方向相反，这一矢量就称为$\boldsymbol{a}$矢量的负矢量，用$-\boldsymbol{a}$来表示（如图A-2(b)所示）。

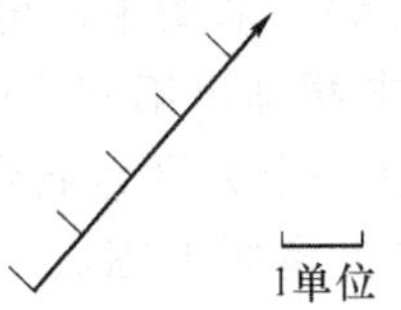

图A-1　矢量的图示

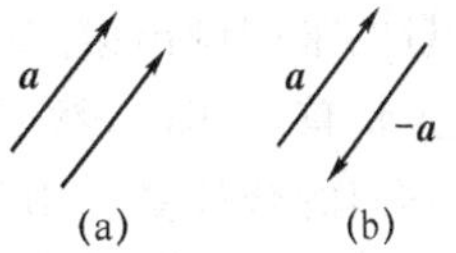

图A-2　等矢量和负矢量

将一矢量平移后，它的大小和方向都保持不变。这样，在考察矢量之间的关系或对它们进行运算时，往往根据需要将矢量进行平移，如图A-3所示。

2. 矢量的模和单位矢量

矢量的大小称为矢量的模。矢量$\boldsymbol{a}$的模常用符号$|\boldsymbol{a}|$或a表示。

如果矢量$\boldsymbol{e}_a$的模等于1，且方向与矢量$\boldsymbol{a}$相同，则$\boldsymbol{e}_a$称为矢量$\boldsymbol{a}$方向上的单位矢量。引进了单位矢量之后，矢量$\boldsymbol{a}$可以表示为

$$\boldsymbol{a}=|\boldsymbol{a}|\boldsymbol{e}_a$$

这种表示方法实际上是把矢量$\boldsymbol{a}$的大小和方向这两个特征分别地表示出来。

对于空间直角坐标系$Oxyz$来说，通常用$\boldsymbol{i}$、$\boldsymbol{j}$、$\boldsymbol{k}$分别表示沿z、y、z三个坐标轴正方向的单位矢量。

3. 矢量的加法和减法

矢量的运算不同于标量的运算。例如，一个物体同时受到几个不同方向的力作用时，在计算合力时，不能简单地运用代数相加，而必须遵从平行四边形法则。因此矢量相加的方法常称为**平行四边形法则**。

设有两个矢量 $\boldsymbol{a}$ 和 $\boldsymbol{b}$，如图 A-4 所示。将它们相加时，可将两矢量的起点交于一点，再以这两个矢量 $\boldsymbol{a}$ 和 $\boldsymbol{b}$ 为邻边作平行四边形，从两矢量的交点作平行四边形的对角线，此对角线即代表 $\boldsymbol{a}$ 和 $\boldsymbol{b}$ 两矢量之和，用矢量式表示为

$$\boldsymbol{c}=\boldsymbol{a}+\boldsymbol{b}$$

$\boldsymbol{c}$ 称为**合矢量**，而 $\boldsymbol{a}$ 和 $\boldsymbol{b}$ 则称为 $\boldsymbol{c}$ 的**分矢量**。

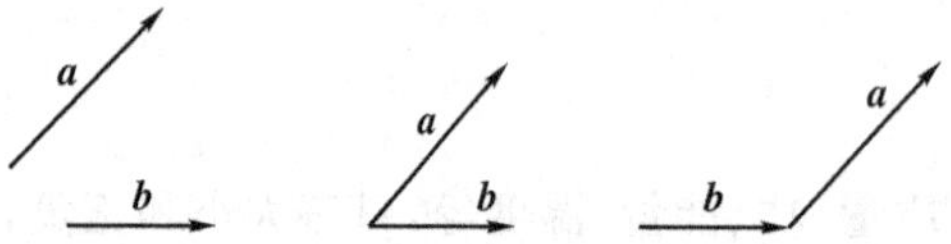

图 A-3　矢量的平移

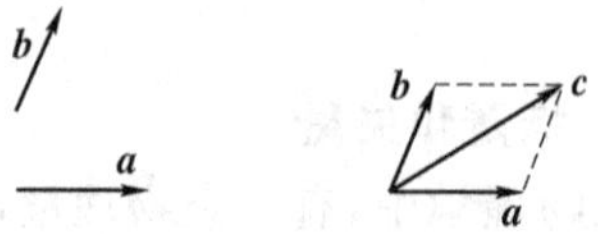

图 A-4　矢量的加法

因为平行四边形的对边平行且相等，所以两矢量合成的平行四边形法则可简化为**三角形法则**，即以矢量 $\boldsymbol{a}$ 的末端为起点，作矢量 $\boldsymbol{b}$（如图 A-5 所示），则不难看出，由 $\boldsymbol{a}$ 的起点画到 $\boldsymbol{b}$ 的末端的矢量就是合矢量 $\boldsymbol{c}$。同样，如以矢量 $\boldsymbol{b}$ 的末端为起点，作矢量 $\boldsymbol{a}$，由 $\boldsymbol{b}$ 的起点画到 $\boldsymbol{a}$ 的末端的矢量也就是合矢量 $\boldsymbol{c}$。

对于两个以上的矢量相加，例如求 $\boldsymbol{a}$、$\boldsymbol{b}$、$\boldsymbol{c}$ 和 $\boldsymbol{d}$ 的合矢量，则可根据三角形法则，先求出其中两个矢量的合矢量，然后将该合矢量与第三个矢量相加，求出这三个矢量的合矢量，依此类推，就可以求出多个矢量的合矢量（如图 A-6 所示）。从图中还可以看出，如果在第一个矢量的末端画出第二个矢量，再在第二个矢量的末端画出第三个矢量……即把所有相加的矢量首尾相连，然后由第一个矢量的起点到最后一个矢量的末端作一矢量，这个矢量就是它们的合矢量。由于所有的分矢量与合矢量在矢量图上围成一个多边形，所以这种求合矢量的方法常称为**多边形法则**。

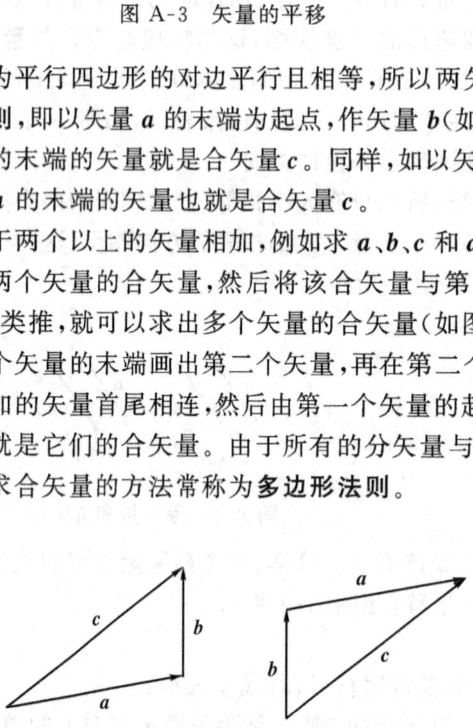

图 A-5　矢量合成的三角形法则

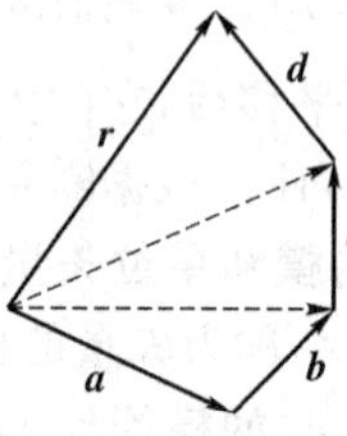

图 A-6　多矢量的合成

合矢量的大小和方向，也可以通过计算求得。如图 A-7 中，矢量 $\boldsymbol{a}$、$\boldsymbol{b}$ 之间的夹角为 θ，那么合矢量 $\boldsymbol{c}$ 的大小和方向很容易从图上看出

$$c=\sqrt{(a+b\cos\theta)^2+(b\sin\theta)^2}=\sqrt{a^2+b^2+2ab\cos\theta}$$

$$\varphi=\arctan\frac{b\sin\theta}{a+b\cos\theta}$$

矢量的减法是按矢量加法的逆运算来定义的。例如，我们问 $\boldsymbol{a}$、$\boldsymbol{b}$ 两矢量之差 $\boldsymbol{a}-\boldsymbol{b}$ 为何？它将是另一个矢量 $\boldsymbol{d}$，我们记作 $\boldsymbol{d}=\boldsymbol{a}-\boldsymbol{b}$，如果把 $\boldsymbol{d}$、$\boldsymbol{b}$ 相加起来就应该得到 $\boldsymbol{a}$。由图

A-8(a)还可以看出，$\boldsymbol{a}-\boldsymbol{b}$ 也等于 $\boldsymbol{a}$ 和 $-\boldsymbol{b}$ 的合矢量，即

$$\boldsymbol{a}-\boldsymbol{b}=\boldsymbol{a}+(-\boldsymbol{b})$$

所以求矢量差 $\boldsymbol{a}-\boldsymbol{b}$ 可按图 A-8(a)中所示的三角形法或平行四边形法。

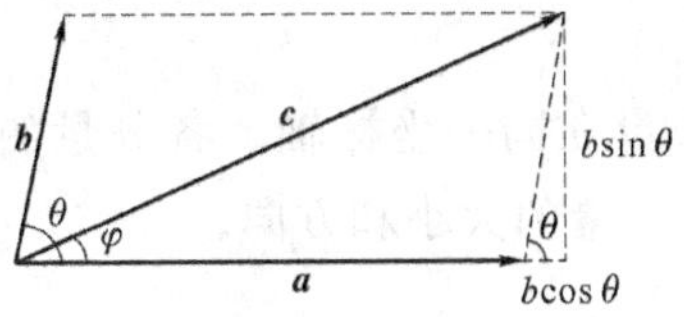

图 A-7 两矢量合成的计算

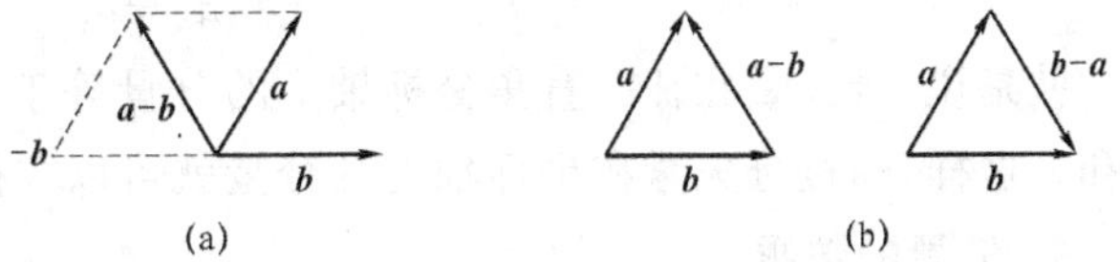

图 A-8 矢量的减法

如果求矢量差 $\boldsymbol{b}-\boldsymbol{a}$，用同样的方法可以知道，等于由 $\boldsymbol{a}$ 的末端到达 $\boldsymbol{b}$ 的末端的矢量(如图 A-8(b)所示)，它的大小同 $\boldsymbol{a}-\boldsymbol{b}$ 的大小相等，但方向相反。

4. 矢量合成的解析法

两个或两个以上的矢量可以合成为一个矢量。同样，一个矢量也可以分解为两个或两个以上的分矢量。但是，一个矢量分解为两个分矢量时，则有无限多组解答(如图 A-9 所示)。如果先限定了两个分矢量的方向，则解答是唯一的。我们常将一矢量沿直角坐标轴分解。由于坐标轴的方向已确定，所以任一矢量分解在各轴上的分矢量只需用带有正号或负号的数值表示即可，这些分矢量的量值都是标量，一般叫作分量。如图 A-10 所示，矢量 $\boldsymbol{a}$ 在 x 轴和 y 轴上的分量分别为

$$a_x=a\cos\theta, a_y=a\sin\theta$$

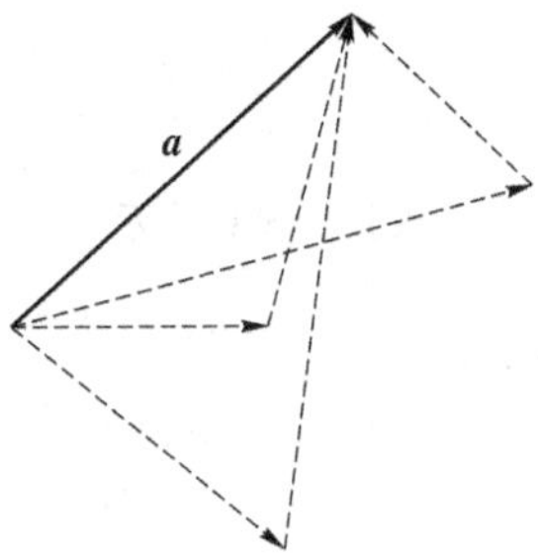

图 A-9 矢量的分解

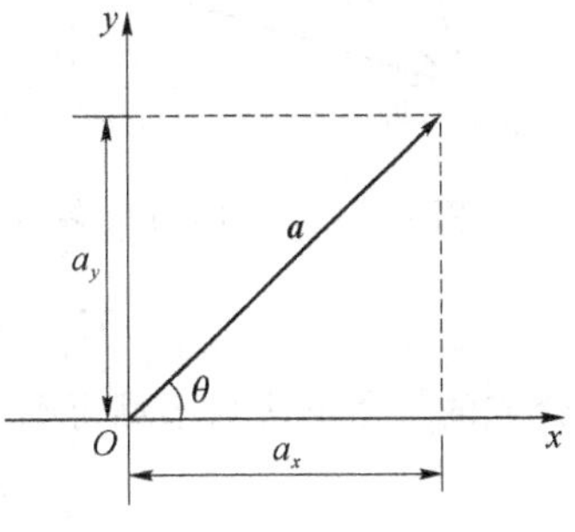

图 A-10 矢量的正交分解

显然，矢量 $\boldsymbol{a}$ 的模与分量 a_x、a_y 之间的关系为

$$|\boldsymbol{a}|=\sqrt{a_x^2+a_y^2}$$

矢量 $\boldsymbol{a}$ 的方向可用与 x 轴的夹角 θ 来表示，即

$$\theta=\arctan\frac{a_y}{a_x}$$

运用矢量的分量表示法，可以使矢量的加减运算得到简化。如图 A-11 所示，设有两矢量

$\boldsymbol{a}$ 和 $\boldsymbol{b}$，其合矢量 $\boldsymbol{c}$ 可由平行四边形求出。如矢量 $\boldsymbol{a}$ 和 $\boldsymbol{b}$ 在坐标轴上的分量分别为 a_x、a_y 和 b_x、b_y，由图中很容易得出，合矢量 $\boldsymbol{c}$ 在坐标轴上的分量满足关系式

$$c_x = a_x + b_x$$

$$c_y = a_y + b_y$$

就是说，合矢量在任一直角坐标轴上的分量等于分矢量在同一坐标轴上各分量的代数和。这样，通过分矢量在坐标轴上的分量就可以求得合矢量的大小和方向。

5. 矢量的数乘

一个数 m 和矢量 $\boldsymbol{a}$ 相乘，那么得到另一个矢量 $m\boldsymbol{a}$，其大小是 ma。如果 $m>0$，其方向与 $\boldsymbol{a}$ 相同；如果 $m<0$，其方向与 $\boldsymbol{a}$ 相反。

6. 矢量的坐标表示

矢量的合成与分解是密切相连的。在空间直角坐标系中，任一矢量 $\boldsymbol{a}$ 都可沿坐标轴方向分解为 3 个分矢量(如图 A-12 所示)，即

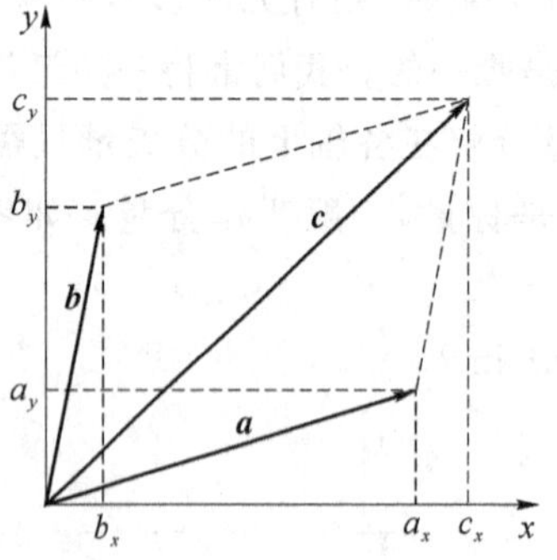

图 A-11　矢量合成的解析法

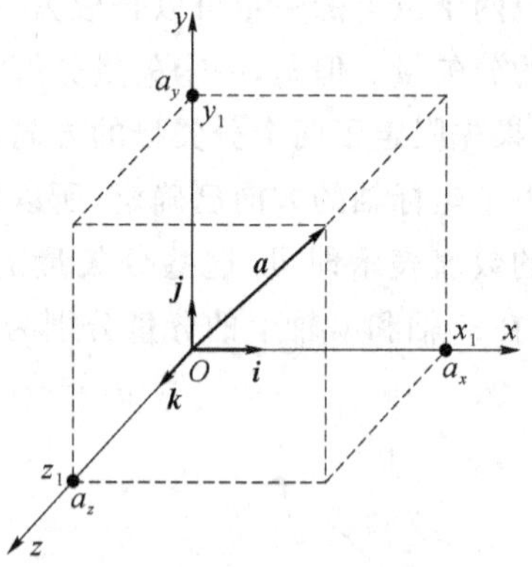

图 A-12　矢量的坐标表示

$$\overrightarrow{Ox_1} = a_x\boldsymbol{i}, \overrightarrow{Oy_1} = a_y\boldsymbol{j}, \overrightarrow{Oz_1} = a_z\boldsymbol{k}$$

由矢量合成的三角形法则不难得到

$$\boldsymbol{a} = a_x\boldsymbol{i} + a_y\boldsymbol{j} + a_z\boldsymbol{k}$$

其中 a_x、a_y、a_z 为矢量 $\boldsymbol{a}$ 在坐标轴上的分量，上式即为矢量的坐标表示。于是矢量 $\boldsymbol{a}$ 的模为

$$|\boldsymbol{a}| = \sqrt{a_x^2 + a_y^2 + a_z^2}$$

而矢量 $\boldsymbol{a}$ 的方向则由该矢量与坐标轴的夹角 α、β、γ 来确定：

$$\cos\alpha = \frac{a_x}{|\boldsymbol{a}|}$$

$$\cos\beta = \frac{a_y}{|\boldsymbol{a}|}$$

$$\cos\gamma=\frac{a_z}{|\boldsymbol{a}|}$$

由此，又可得到矢量加减法的坐标表示式。设 $\boldsymbol{a}$ 和 $\boldsymbol{b}$ 两矢量的坐标表达式为

$$\boldsymbol{a}=a_x\boldsymbol{i}+a_y\boldsymbol{j}+a_z\boldsymbol{k},\boldsymbol{b}=b_x\boldsymbol{i}+b_y\boldsymbol{j}+b_z\boldsymbol{k}$$

于是

$$\boldsymbol{a}\pm\boldsymbol{b}=(a_x\pm b_x)\boldsymbol{i}+(a_y\pm b_y)\boldsymbol{j}+(a_z\pm b_z)\boldsymbol{k}$$

7. 矢量的标积和矢积

在物理学中，我们常常遇到两个矢量相乘的情形。例如，功 W 与力 $\boldsymbol{F}$ 和位移 $\boldsymbol{s}$ 的关系为

$$W=Fs\cos\theta$$

其中，θ 是力与位移之间的夹角。力 $\boldsymbol{F}$ 和位移 $\boldsymbol{s}$ 都是矢量，而功 W 是只有大小与正负、没有方向的量，即标量。又如力矩 $\boldsymbol{M}$ 的大小为

$$M=Fd=Fr\sin\theta$$

其中，d 是力臂，$\boldsymbol{r}$ 是力的作用点的位置矢量，θ 是 $\boldsymbol{r}$ 和 $\boldsymbol{F}$ 之间的夹角；$\boldsymbol{r}$ 和 $\boldsymbol{F}$ 也都是矢量，而力矩 $\boldsymbol{M}$ 也是矢量。由此可知，两矢量相乘有两种结果：两矢量相乘得到一个标量的叫作标积(或称点积)；两矢量相乘得到一个矢量的叫作矢积(或称叉积)。

设 $\boldsymbol{a}$、$\boldsymbol{b}$ 为任意两个矢量，它们的夹角为 θ，则它们的标积通常用 $\boldsymbol{a}\cdot\boldsymbol{b}$ 来表示，定义为

$$\boldsymbol{a}\cdot\boldsymbol{b}=ab\cos\theta$$

上式说明，标积 $\boldsymbol{a}\cdot\boldsymbol{b}$ 等于矢量 $\boldsymbol{a}$ 在 $\boldsymbol{b}$ 矢量方向上的投影 $a\cos\theta$ 矢量 $\boldsymbol{b}$ 的模的乘积(如图A-13(a)所示)，也等于矢量 $\boldsymbol{b}$ 在 $\boldsymbol{a}$ 矢量方向上的投影 $b\cos\theta$ 与矢量 $\boldsymbol{a}$ 的模的乘积(如图A-13(b)所示)。

引进了矢量的标积以后，功就可以用力和位移的标积来表示，即

$$W=\boldsymbol{F}\cdot\boldsymbol{s}$$

根据标积的定义，可以得出下列结论。

(1) 当 $\theta=0$，即 $\boldsymbol{a}$、$\boldsymbol{b}$ 两矢量平行时，$\cos\theta=1$，所以 $\boldsymbol{a}\cdot\boldsymbol{b}=ab$。当 $\boldsymbol{a}$ 和 $\boldsymbol{b}$ 相等时，$\boldsymbol{a}\cdot\boldsymbol{b}=a^2$。

(2) 当 $\theta=\frac{\pi}{2}$，即 $\boldsymbol{a}$、$\boldsymbol{b}$ 两矢量垂直时，$\cos\theta=0$，所以 $\boldsymbol{a}\cdot\boldsymbol{b}=0$。

(3) 根据以上两点结论可知，直角坐标系的单位矢量 $\boldsymbol{i}$、$\boldsymbol{j}$、$\boldsymbol{k}$ 具有正交性，即

$$\boldsymbol{i}\cdot\boldsymbol{i}=\boldsymbol{j}\cdot\boldsymbol{j}=\boldsymbol{k}\cdot\boldsymbol{k}=1$$

$$\boldsymbol{i}\cdot\boldsymbol{j}=\boldsymbol{j}\cdot\boldsymbol{k}=\boldsymbol{k}\cdot\boldsymbol{i}=0$$

利用上述性质，对 $\boldsymbol{a}$、$\boldsymbol{b}$ 两矢量求标积有

$$\begin{aligned}\boldsymbol{a}\cdot\boldsymbol{b}&=(a_x\boldsymbol{i}+a_y\boldsymbol{j}+a_z\boldsymbol{k})\cdot(b_x\boldsymbol{i}+b_y\boldsymbol{j}+b_z\boldsymbol{k})\\&=a_xb_x+a_yb_y+a_zb_z\end{aligned}$$

矢量 $\boldsymbol{a}$ 和 $\boldsymbol{b}$ 的矢积 $\boldsymbol{a}\times\boldsymbol{b}$ 是另一矢量 $\boldsymbol{c}$，即

$$\boldsymbol{c}=\boldsymbol{a}\times\boldsymbol{b}$$

其定义如下：矢量 $\boldsymbol{c}$ 的大小为

$$c=ab\sin\theta$$

其中，θ 为 $\boldsymbol{a}$、$\boldsymbol{b}$ 两矢量间的夹角，$\boldsymbol{c}$ 矢量的方向则垂直于 $\boldsymbol{a}$、$\boldsymbol{b}$ 两矢量所组成的平面，指向由右手法则，即从 $\boldsymbol{a}$ 经由小于 180°的角转向 $\boldsymbol{b}$ 时大拇指伸直时所指的方向决定（如图 A-14 所示）。

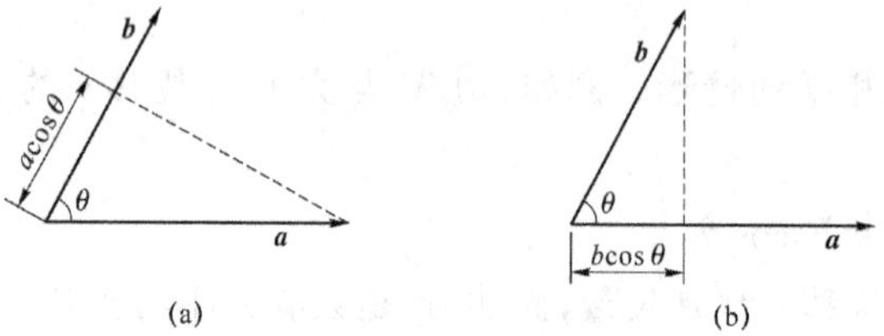

图 A-13　矢量的标积

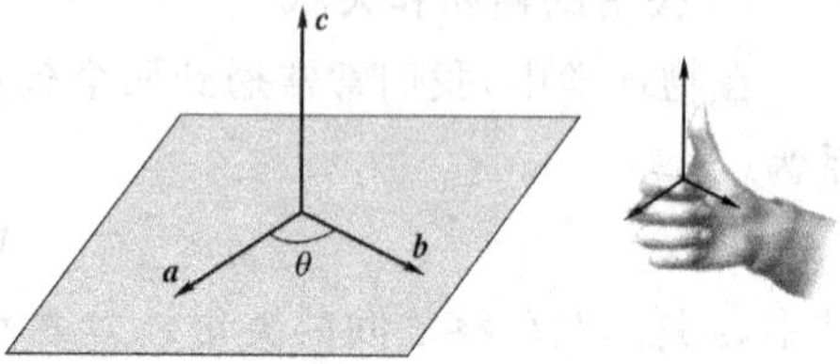

图 A-14　矢量的矢积

引进了矢量的矢积以后，力矩就可以用力作用点的位置矢量 $\boldsymbol{r}$ 与力 $\boldsymbol{F}$ 的矢积来表示，即

$$\boldsymbol{M}=\boldsymbol{r}\times\boldsymbol{F}$$

根据矢量矢积的定义，可以得出下列结论。

（1）当 $\theta=0$，即 $\boldsymbol{a}$、$\boldsymbol{b}$ 两矢量平行时，$\sin\theta=0$，所以 $\boldsymbol{a}\times\boldsymbol{b}=0$。

（2）当 $\theta=\frac{\pi}{2}$，即 $\boldsymbol{a}$、$\boldsymbol{b}$ 两矢量垂直时，$\sin\theta=1$，矢积 $\boldsymbol{a}\times\boldsymbol{b}$ 具有最大值，它的大小为 ab。

（3）矢积 $\boldsymbol{a}\times\boldsymbol{b}$ 的方向与 $\boldsymbol{a}$、$\boldsymbol{b}$ 两矢量的次序有关。$\boldsymbol{a}\times\boldsymbol{b}$ 与 $\boldsymbol{b}\times\boldsymbol{a}$ 所表示的两矢量的方向正好相反，即

$$\boldsymbol{a}\times\boldsymbol{b}=-(\boldsymbol{b}\times\boldsymbol{a})$$

（4）在直角坐标系中，单位矢量之间的矢积为

$$\boldsymbol{i}\times\boldsymbol{i}=\boldsymbol{j}\times\boldsymbol{j}=\boldsymbol{k}\times\boldsymbol{k}=0$$

$$\boldsymbol{i}\times\boldsymbol{j}=\boldsymbol{k},\ \boldsymbol{j}\times\boldsymbol{k}=\boldsymbol{i},\ \boldsymbol{k}\times\boldsymbol{i}=\boldsymbol{j}$$

利用上述性质，对 $\boldsymbol{a}$、$\boldsymbol{b}$ 两矢量求积有

$$\begin{aligned}\boldsymbol{a}\times\boldsymbol{b}&=(a_x\boldsymbol{i}+a_y\boldsymbol{j}+a_z\boldsymbol{k})\times(b_x\boldsymbol{i}+b_y\boldsymbol{j}+b_z\boldsymbol{k})\\&=(a_yb_z-a_zb_y)\boldsymbol{i}+(a_zb_x-a_xb_z)\boldsymbol{j}+(a_xb_y-a_yb_x)\boldsymbol{k}\end{aligned}$$

利用行列式的表达式，上式可写成

$$\boldsymbol{a}\times\boldsymbol{b}=\begin{vmatrix}\boldsymbol{i}&\boldsymbol{j}&\boldsymbol{k}\\a_x&a_y&a_z\\b_x&b_y&b_z\end{vmatrix}$$

矢量计算中，有时会遇到 3 个矢量所构成的乘积，如 $\boldsymbol{a}\cdot(\boldsymbol{b}\times\boldsymbol{c})$ 和 $\boldsymbol{a}\times(\boldsymbol{b}\times\boldsymbol{c})$。前者

是求两矢量 $\boldsymbol{a}$ 和 $\boldsymbol{b}\times\boldsymbol{c}$ 的标积,结果是一标量;后者是求两矢量 $\boldsymbol{a}$ 和 $\boldsymbol{b}\times\boldsymbol{c}$ 的矢积,结果是一矢量。不难证明:

(1) $\boldsymbol{a}\cdot(\boldsymbol{b}\times\boldsymbol{c})=a_x(b_yc_z-b_zc_y)+a_y(b_zc_x-b_xc_z)+a_z(b_xc_y-b_yc_x)$

$$=\begin{vmatrix} a_x & a_y & a_z \\ b_x & b_y & b_z \\ c_x & c_y & c_z \end{vmatrix}$$

此式在数值上恰好等于以 $\boldsymbol{a}$、$\boldsymbol{b}$、$\boldsymbol{c}$ 3 矢量为棱边的平行六面体的体积。

(2) $\boldsymbol{a}\cdot(\boldsymbol{b}\times\boldsymbol{c})=\boldsymbol{b}\cdot(\boldsymbol{c}\times\boldsymbol{a})=\boldsymbol{c}\cdot(\boldsymbol{a}\times\boldsymbol{b})$

(3) $\boldsymbol{a}\times(\boldsymbol{b}\times\boldsymbol{c})=\boldsymbol{b}(\boldsymbol{a}\cdot\boldsymbol{c})-\boldsymbol{c}(\boldsymbol{a}\cdot\boldsymbol{b})$

8. 矢量函数的导数

在物理上遇见的矢量常常是参量 t(时间)的函数,因而写作 $\boldsymbol{a}(t)$、$\boldsymbol{b}(t)$等,这是一元函数的情况。下面只介绍一元函数的求导。一般地说,如果某一矢量是多个标量变量(例如空间坐标 z、y、z 和时间 t)的函数,则是多元函数的情况。多元函数的求导比较复杂一些,可由一元函数的求导作推广,这里不作介绍。

矢量函数 $\boldsymbol{a}(t)$可表示为

$$\boldsymbol{a}(t)=a_x(t)\boldsymbol{i}+a_y(t)\boldsymbol{j}+a_z(t)\boldsymbol{k}$$

这里要注意:$\boldsymbol{i}$、$\boldsymbol{j}$、$\boldsymbol{k}$ 是常矢量,而 $a_x(t)$、$a_y(t)$、$a_z(t)$是 t 的函数。现假定这三个函数都是可导的,当自变量 t 改变为 $t+\Delta t$ 时,$\boldsymbol{a}$ 和 $a_x(t)$、$a_y(t)$、$a_z(t)$便相应地有增量:

$$\Delta\boldsymbol{a}=\boldsymbol{a}(t+\Delta t)-\boldsymbol{a}(t)$$

$$\Delta a_x=a_x(t+\Delta t)-a_x(t)$$

$$\Delta a_y=a_y(t+\Delta t)-a_y(\Delta t)$$

$$\Delta a_z=a_z(t+\Delta t)-a_z(\Delta t)$$

于是

$$\Delta\boldsymbol{a}=\Delta a_x\boldsymbol{i}+\Delta a_y\boldsymbol{j}+\Delta a_z\boldsymbol{k}$$

以 Δt 相除,并令 $\Delta t\to 0$,求极限,便得

$$\lim_{\Delta t\to 0}\frac{\Delta\boldsymbol{a}}{\Delta t}=\lim_{\Delta t\to 0}\frac{\Delta a_x}{\Delta t}\boldsymbol{i}+\lim_{\Delta t\to 0}\frac{\Delta a_y}{\Delta t}\boldsymbol{j}+\lim_{\Delta t\to 0}\frac{\Delta a_z}{\Delta t}\boldsymbol{k}$$

即

$$\frac{\mathrm{d}\boldsymbol{a}}{\mathrm{d}t}=\frac{\mathrm{d}a_x}{\mathrm{d}t}\boldsymbol{i}+\frac{\mathrm{d}a_y}{\mathrm{d}t}\boldsymbol{j}+\frac{\mathrm{d}a_z}{\mathrm{d}t}\boldsymbol{k}$$

高阶导数的概念也可应用到矢量函数上,例如 $\boldsymbol{a}(t)$的二阶导数可写作

$$\frac{\mathrm{d}^2\boldsymbol{a}}{\mathrm{d}t^2}=\frac{\mathrm{d}^2a_x}{\mathrm{d}t^2}\boldsymbol{i}+\frac{\mathrm{d}^2a_y}{\mathrm{d}t^2}\boldsymbol{j}+\frac{\mathrm{d}^2a_z}{\mathrm{d}t^2}\boldsymbol{k}$$

下面列出一些有关矢量函数的导数的简单公式。

(1) $\dfrac{\mathrm{d}}{\mathrm{d}t}(\boldsymbol{a}+\boldsymbol{b})=\dfrac{\mathrm{d}\boldsymbol{a}}{\mathrm{d}t}+\dfrac{\mathrm{d}\boldsymbol{b}}{\mathrm{d}t}$

(2) 若 C 是常量，即 $\dfrac{\mathrm{d}}{\mathrm{d}t}(C\boldsymbol{a})=C\dfrac{\mathrm{d}\boldsymbol{a}}{\mathrm{d}t}$

(3) 若 $f(t)$ 是 t 的可微函数，则

$$\frac{\mathrm{d}}{\mathrm{d}t}[f(t)\boldsymbol{a}(t)]=f(t)\frac{\mathrm{d}\boldsymbol{a}}{\mathrm{d}t}+\frac{\mathrm{d}f(t)}{\mathrm{d}t}\boldsymbol{a}$$

(4) $\dfrac{\mathrm{d}}{\mathrm{d}t}(\boldsymbol{a}\cdot\boldsymbol{b})=\boldsymbol{a}\cdot\dfrac{\mathrm{d}\boldsymbol{b}}{\mathrm{d}t}+\dfrac{\mathrm{d}\boldsymbol{a}}{\mathrm{d}t}\cdot\boldsymbol{b}$

(5) $\dfrac{\mathrm{d}}{\mathrm{d}t}(\boldsymbol{a}\times\boldsymbol{b})=\boldsymbol{a}\times\dfrac{\mathrm{d}\boldsymbol{b}}{\mathrm{d}t}+\dfrac{\mathrm{d}\boldsymbol{a}}{\mathrm{d}t}\times\boldsymbol{b}$

这些公式的证明是很简单的，不再一一加以证明。例如公式(4)可证明如下：

令

$$u(t)=\boldsymbol{a}(t)\cdot\boldsymbol{b}(t)$$

这里 $u(t)$ 是两矢量 $\boldsymbol{a}$ 和 $\boldsymbol{b}$ 的标积，是 t 的标量函数。令

$$u(t+\Delta t)=u(t)+\Delta u(t)$$

$$\boldsymbol{a}(t+\Delta t)=\boldsymbol{a}(t)+\Delta\boldsymbol{a}(t),\boldsymbol{b}(t+\Delta t)=\boldsymbol{b}(t)+\Delta\boldsymbol{b}(t)$$

于是

$$\Delta u=(\boldsymbol{a}+\Delta\boldsymbol{a})\cdot(\boldsymbol{b}+\Delta\boldsymbol{b})-\boldsymbol{a}\cdot\boldsymbol{b}$$

$$=\Delta\boldsymbol{a}\cdot\boldsymbol{b}+\boldsymbol{a}\cdot\Delta\boldsymbol{b}+\Delta\boldsymbol{a}\cdot\Delta\boldsymbol{b}$$

$$\frac{\Delta u}{\Delta t}=\frac{\Delta\boldsymbol{a}}{\Delta t}\cdot\boldsymbol{b}+\boldsymbol{a}\cdot\frac{\Delta\boldsymbol{b}}{\Delta t}+\Delta\boldsymbol{a}\cdot\frac{\Delta\boldsymbol{b}}{\mathrm{d}t}$$

当 $\Delta t\to 0$ 时，$\Delta\boldsymbol{a}\to\boldsymbol{0}$，所以得到

$$\frac{\mathrm{d}u}{\mathrm{d}t}=\frac{\mathrm{d}\boldsymbol{a}}{\mathrm{d}t}\cdot\boldsymbol{b}+\boldsymbol{a}\cdot\frac{\mathrm{d}\boldsymbol{b}}{\mathrm{d}t}$$

矢量函数的导数在物理上有很多应用，首先是用于计算质点运动的瞬时速度和瞬时加速度。如图 A-15 所示，一质点在一曲线上运动，其位置 M 可用位置矢量 $\overrightarrow{OM}=\boldsymbol{r}$ 来表示，即

$$\boldsymbol{r}=x\boldsymbol{i}+y\boldsymbol{j}+z\boldsymbol{k}$$

当质点沿曲线移动时，其坐标 x、y、z 将是时间 t 的函数：

$$x=x(t)$$

$$y=y(t)$$

$$z=z(t)$$

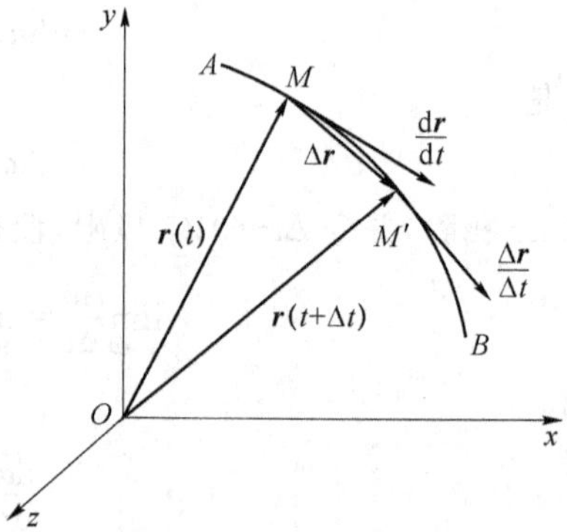

图 A-15 位置矢量的导数

因而

$$\boldsymbol{r}=\boldsymbol{r}(t)=x(t)\boldsymbol{i}+y(t)\boldsymbol{j}+z(t)\boldsymbol{k}$$

此式是质点运动的运动方程。将上式对时间 t 求导，得

$$\frac{\mathrm{d}\boldsymbol{r}}{\mathrm{d}t}=\frac{\mathrm{d}x}{\mathrm{d}t}\boldsymbol{i}+\frac{\mathrm{d}y}{\mathrm{d}t}\boldsymbol{j}+\frac{\mathrm{d}z}{\mathrm{d}t}\boldsymbol{k}$$

从导数的定义和图 A-15 可以看到，在 M 点处，有

$$\begin{aligned}\frac{\mathrm{d}\boldsymbol{r}}{\mathrm{d}t}&=\lim_{\Delta t\to 0}\frac{\boldsymbol{r}(t+\Delta t)-\boldsymbol{r}(t)}{\Delta t}=\lim_{\Delta t\to 0}\frac{\Delta\boldsymbol{r}}{\Delta t}=\lim_{\Delta t\to 0}\frac{\overrightarrow{MM}}{\Delta t}\\&=\boldsymbol{v}_M\end{aligned}$$

用 $\boldsymbol{v}$ 表示瞬时速度，于是

$$\boldsymbol{v}=\boldsymbol{v}(t)=\frac{\mathrm{d}\boldsymbol{r}}{\mathrm{d}t}=\frac{\mathrm{d}x}{\mathrm{d}t}\boldsymbol{i}+\frac{\mathrm{d}y}{\mathrm{d}t}\boldsymbol{j}+\frac{\mathrm{d}z}{\mathrm{d}t}\boldsymbol{k}$$

一般地说，对矢量函数 $\boldsymbol{a}(t)$ 而言，$\frac{\mathrm{d}\boldsymbol{a}}{\mathrm{d}t}$ 表示该矢量在各瞬时的时间变化率，它包含 3 个分矢量：$\frac{\mathrm{d}a_x}{\mathrm{d}t}\boldsymbol{i}$、$\frac{\mathrm{d}a_y}{\mathrm{d}t}\boldsymbol{j}$、$\frac{\mathrm{d}a_z}{\mathrm{d}t}\boldsymbol{k}$。以上述质点的位置矢量 $\boldsymbol{r}(t)$ 来说，位置矢量 $\boldsymbol{r}$ 对时间的变化率 $\frac{\mathrm{d}\boldsymbol{r}}{\mathrm{d}t}$ 等于质点的瞬时速度 $\boldsymbol{v}$，而瞬时速度 $\boldsymbol{v}$ 对时间的变化率 $\frac{\mathrm{d}\boldsymbol{v}}{\mathrm{d}t}$ 等于质点的瞬时加速度 $\boldsymbol{a}$。

9. 矢量函数的积分

这里，先说明上述导数的逆问题。这就是，当某矢量函数 $\boldsymbol{a}(t)$ 的导数 $\frac{\mathrm{d}\boldsymbol{a}}{\mathrm{d}t}$ 已知时，如何求得这个原函数 $\boldsymbol{a}(t)$。我们把 $\frac{\mathrm{d}\boldsymbol{a}}{\mathrm{d}t}$ 记作矢量函数 $\boldsymbol{b}(t)$，即已知

$$\frac{\mathrm{d}\boldsymbol{a}}{\mathrm{d}t}=\boldsymbol{b}(t)=b_x(t)\boldsymbol{i}+b_y(t)\boldsymbol{j}+b_z(t)\boldsymbol{k}$$

这里 3 个标量函数 $b_x(t)$、$b_y(t)$、$b_z(t)$ 分别代表 $\frac{\mathrm{d}a_x}{\mathrm{d}t}$、$\frac{\mathrm{d}a_y}{\mathrm{d}t}$、$\frac{\mathrm{d}a_z}{\mathrm{d}t}$。所以，将 $\boldsymbol{b}(t)$ 对时间 t 求积分，可改变为将 $b_x(t)$、$b_y(t)$、$b_z(t)$ 分别对时间 t 求积分，即

$$\boldsymbol{a}=\int\boldsymbol{b}\mathrm{d}t=a_x\boldsymbol{i}+a_y\boldsymbol{j}+a_z\boldsymbol{k}$$

上式中的 a_x、a_y、a_z 分别是下面的 3 个积分，即

$$a_x=\int b_x(t)\mathrm{d}t,\ a_y=\int b_y(t)\mathrm{d}t,\ a_z=\int b_z(t)\mathrm{d}t$$

例如，质点在空间运动时的速度设为

$$\boldsymbol{v}(t)=v_x(t)\boldsymbol{i}+v_y(t)\boldsymbol{j}+v_z(t)\boldsymbol{k}$$

我们将速度函数 $\boldsymbol{v}(t)$ 对时间 t 求定积分，便可求得质点在空间的位移和位置，其位移(从 0 时刻到 t 时刻)是

$$\int_0^t\boldsymbol{v}(t)\mathrm{d}t=\left(\int_0^t v_x(t)\mathrm{d}t\right)\boldsymbol{i}+\left(\int_0^t v_y(t)\mathrm{d}t\right)\boldsymbol{j}+\left(\int_0^t v_z(t)\mathrm{d}t\right)\boldsymbol{k}$$

其位置矢量 $\boldsymbol{r}$ 为

$$\boldsymbol{r}(t)=\int_0^t \boldsymbol{v}(t)\mathrm{d}t+\boldsymbol{r}_0$$

式中,$\boldsymbol{r}_0$ 是一个由初始条件决定的常矢量,即 $t=0$ 时刻质点的位置矢量。又如,质点所受的变力 $\boldsymbol{F}(t)$设为

$$\boldsymbol{F}(t)=F_x(t)\boldsymbol{i}+F_y(t)\boldsymbol{j}+F_z(t)\boldsymbol{k}$$

将 $\boldsymbol{F}(t)$对时间 t 求定积分,便可求得质点所受到的冲量为

$$\boldsymbol{I}=\int_0^t \boldsymbol{F}(t)\mathrm{d}t=\left(\int_0^t F_x(t)\mathrm{d}t\right)\boldsymbol{i}+\left(\int_0^t F_y(t)\mathrm{d}t\right)\boldsymbol{j}+\left(\int_0^t F_z(t)\mathrm{d}t\right)\boldsymbol{k}$$

上式中 3 个标量积分分别是冲量 $\boldsymbol{I}$ 的 3 个分量,即 I_x、I_y 和 I_z。

关于矢量函数的积分,尤其是当这个函数是空间坐标 x、y、z 的多元函数时,还有如线积分、面积分、体积分等其他较复杂的积分计算(要按不同的定义式进行)。例如,功的计算就是对一个矢量函数求线积分的问题。我们知道,当力 $\boldsymbol{F}$ 作用在一个物体上,在力的作用下质点移动一个微小位移 $\mathrm{d}\boldsymbol{s}$ 时(如图 A-16 所示),该力 $\boldsymbol{F}$ 所做的微功 $\mathrm{d}W=\boldsymbol{F}\cdot\mathrm{d}\boldsymbol{s}$,所以当质点移动一段路程 ab 时,该力 $\boldsymbol{F}$ 所做的总功应为

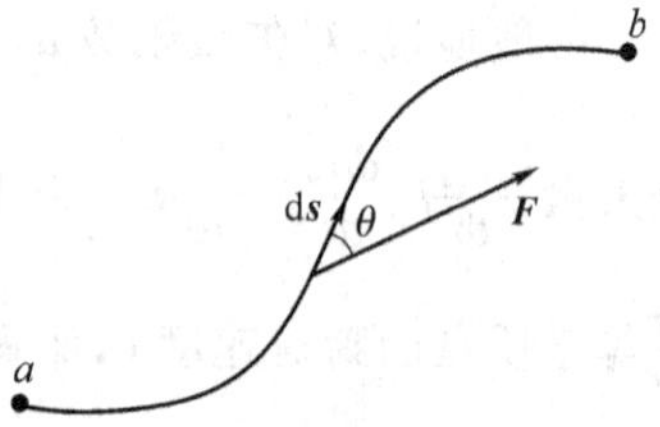

图 A-16　矢量函数的线积分

$$W=\int_a^b \boldsymbol{F}\cdot\mathrm{d}\boldsymbol{s}=\int_a^b F\cos\theta\mathrm{d}s=\int_a^b F_s\mathrm{d}s$$

式中,θ 是力 $\boldsymbol{F}$ 和位移 $\mathrm{d}\boldsymbol{s}$ 之间的夹角,F_s 是 $\boldsymbol{F}$ 沿 $\mathrm{d}\boldsymbol{s}$ 方向的分量。这种形式的积分叫作 $\boldsymbol{F}$ 沿曲线 ab 的线积分。如果该积分沿着封闭曲线进行(即从 a 点出发仍旧回到 a 点),则该积分可写为 $\oint \boldsymbol{F}\cdot\mathrm{d}\boldsymbol{s}$ 。

一般地说,对一矢量函数 $\boldsymbol{b}(x,y,z)$沿某一曲线 C(起点 a,终点 b)求线积分,可写成

$$\int_{C_{ab}} \boldsymbol{b}\cdot\mathrm{d}\boldsymbol{s}$$

由于 $\boldsymbol{b}=b_x\boldsymbol{i}+b_y\boldsymbol{j}+b_z\boldsymbol{k}$,$\mathrm{d}\boldsymbol{s}=\mathrm{d}x\boldsymbol{i}+\mathrm{d}y\boldsymbol{j}+\mathrm{d}z\boldsymbol{k}$,则

$$\boldsymbol{b}\cdot\mathrm{d}\boldsymbol{s}=b_x\mathrm{d}x+b_y\mathrm{d}y+b_z\mathrm{d}z$$

所以

$$\int_{C_{ab}} \boldsymbol{b}\cdot\mathrm{d}\boldsymbol{s}=\int_{C_{ab}} b_x\mathrm{d}x+\int_{C_{ab}} b_y\mathrm{d}y+\int_{C_{ab}} b_z\mathrm{d}z$$

即化为计算三个标量函数的积分的总和。对于力 $\boldsymbol{F}$ 而言,这样 3 个积分式 $\int_{C_{ab}} F_x\mathrm{d}x$、$\int_{C_{ab}} F_y\mathrm{d}y$ 和 $\int_{C_{ab}} F_z\mathrm{d}z$ 就是分力 F_x、F_y 和 F_z 所做的功。

习题答案

第1章

1-1 (1) $\boldsymbol{r}=(12\boldsymbol{i}+4\boldsymbol{j})$ m;

(2) $(12\boldsymbol{i}+8\boldsymbol{j})$ m, $(6\boldsymbol{i}+4\boldsymbol{j})$ m/s;

(3) $(12\boldsymbol{i}+12\boldsymbol{j})$ m/s, $(6\boldsymbol{i}+12\boldsymbol{j})$ m/s^2

1-2 (1) 0.25 m/s^2; (2) 5.0×10^{-4} rad/s^2

1-3 $a_n=0.4$ m/s^2, $a\approx0.44$ m/s^2

1-4 D

1-5 (1) 30.6 m; (2) 35.3 m

1-6 (1) 426 m, 7.1 s; (2) 74.9 m/s, $-36.6°$

1-7 (1) 18 m; (2) 1.875 s, 28.125 m; (3) 38.25 m

1-8 22.5 s

1-9 (1) $v=6t\boldsymbol{i}+4t\boldsymbol{j}$, $\boldsymbol{r}=(10+3t^2)\boldsymbol{i}+2t^2\boldsymbol{j}$; (2) $3y=2x-20$ m,轨迹示意图略

1-10 B

1-11 210亿年

1-12 $\dfrac{v_0}{s}\sqrt{h^2+s^2}$, $\dfrac{h^2v_0^2}{s^3}$

1-13 (1) 不能; (2) 12.3 m

1-14 $y\approx5.76$ m

1-15 $v_{n\tau}=\dfrac{1}{2}n(n+2)a_0\tau$; $s_{n\tau}=\dfrac{1}{6}n^2(n+3)a_0\tau^2$

1-16 7.72 m

1-17 $a_0t+\dfrac{a_0}{2\tau}t^2$, $\dfrac{a_0}{2}t^2+\dfrac{a_0}{6\tau}t^3$

1-18 $v_2=5.36$ m/s

1-19 南偏西30°

1-20 40π rad/s, 40π rad/s, 12.6 m/s, 31.4 m/s

1-21 (1) 230.4 m/s^2, 4.8 m/s^2; (2) 2.67 rad

第 2 章

2-1　C

2-2　9

2-3　C

2-4　C

2-5　D

2-6　$\frac{mg}{k}(1-e^{-\frac{kt}{m}})$

2-7　$F=29.4\ \mathrm{N}, F_T=9.8\ \mathrm{N}$

2-8　(1) 15.1 N；(2) 83.9 N

2-9　$F_{fA}=m_2(g\sin\theta-\mu g\cos\theta)\cos\theta$

$F_{NA}=(m_1+m_2)g-m_2g(\sin\theta-\mu\cos\theta)\sin\theta$

2-10　$\theta=\arctan\frac{v^2}{Rg}$

2-11　$a_1=\frac{(m_1-m_2)g+m_2a_2}{m_1+m_2}, a_2'=\frac{(m_1-m_2)g-m_2a_2}{m_1+m_2}, F_f=\frac{(2g-a_2)m_1m_2}{m_1+m_2}$

2-12　$\frac{mv_0}{k}$

2-13　A

2-14　-480 N

2-15　(1) 420 N·s；(2) 210 N

2-16　C

2-17　-2.22×10^3 N

2-18　0

2-19　(1) 0.003 s；(2) 0.6 N·s；(3) 2 g

2-20　$-3\times10^2\boldsymbol{i}$ m/s

2-21　7.08 m/s，西偏北 arctan 1.12

2-22　4.33 m/s，与 A 原先运动方向成 $-30°$

2-23　(1) -0.2 m/s；(2) 不守恒；(3) 前非后是

2-24　$\alpha=26°34'$

2-25　(1) 1.8×10^3 N；(2) 22 m/s

2-26　B

2-27　A

2-28　C

2-29　C

2-30 $Gm_Em\left(\frac{1}{3R}-\frac{1}{R}\right)$或$-\frac{2Gm_Em}{3R}$

2-31 $\frac{kl\left(\frac{kl}{m}-2v_0\right)}{2}$

2-32 0.92 m

2-33 $x=\frac{mg}{k}+\sqrt{\left(\frac{mg}{k}\right)^2+\frac{2mgh}{k}}$

2-34 $\frac{1}{2}\frac{k_1k_2(\Delta l)^2}{k_1+k_2}$

2-35 (1) $\boldsymbol{p}=0.28\boldsymbol{i}$； (2) 44.5%,碰撞是非弹性碰撞

2-36 0.41 cm

2-37 $E_{kA}:E_{kB}=m_B:m_A$

2-38 $\sqrt{5gl}$,6 mg

2-39 319.2 m/s

第 3 章

3-1 $\sqrt{11}\pi$ rad/s

3-2 (1) $\omega=\frac{mv_0}{\left(\frac{1}{2}m_0+m\right)R}$； (2) $t=\frac{3Rmv_0}{2\mu m_0 g}$

3-3 11 mg/8

3-4 kt

3-5 (1) 4.9 t m/s； (2) 80 m； (3) 4.9 mN

3-6 2.89 m/s

3-7 $v_0=\sqrt{\frac{2k}{3m}}a$

3-8 $2g/7$

3-9 2.12×10^2 rad/s

3-10 (1) 3.92×10^{-3} N·m； (2) 0.242 kg·m^2； (3) 48.6 N

3-11 4.17 r/s

3-12 $x=1$ m

3-13 $\frac{T_0}{4}$

3-14 (1) 0,420 kg·m^2/s； (2) 5.33 rad/s

3-15 (1) $\frac{3v}{8l}$； (2) $\frac{1}{3}k\omega l^3$； (3) $\frac{m}{2kl}$

3-16 (1) $M=-\pi k\omega R^4$； (2) $N=\dfrac{m\omega_0}{4\pi^2 kR^2}$

3-17 $\dfrac{2(v_2-v_1)}{9\mu g}$

3-18 0.58 m, 57.3 N·m, 197.6 N

3-19 $\omega_1=\dfrac{J_1\omega_0 r_2^2}{J_1 r_2^2+J_2 r_1^2}, \omega_2=\dfrac{J_1\omega_0 r_1 r_2}{J_1 r_2^2+J_2 r_1^2}$

3-20 11.3 rad/s

第4章

4-1 $c, -c$

4-2 $x=93$ m, $t=2.5\times10^{-7}$ s

4-3 (1) $\Delta t_1=2.25\times10^{-7}$ s； (2) $\Delta t_2=3.75\times10^{-7}$ s

4-4 B

4-5 $t_1=2.25\times10^{-7}$ s, $t_2=3.75\times10^{-7}$ s

4-6 (1) 2.00×10^8 m/s； (2) 找不到

4-7 (1) $v=-\dfrac{c}{2}$； (2) $x_2'-x_1'=5.2\times10^4$ m

4-8 C

4-9 c

4-10 能到达

4-11 (1) $v=1.8\times10^8$ m/s； (2) $x_1'-x_2'=9\times10^8$ m

4-12 (1) $l'=60$ m； (2) $\Delta x'=-4.9\times10^9$ m; $\Delta t'=16.6$ s；
(3) $u'=-2.4\times10^8$ m/s

4-13 $L=v\tau=9.46$ km; μ 子的飞行距离大于高度，有可能到达地面

4-14 2.24×10^8 m/s

4-15 $0.93c$; $-c$

4-16 $v=\dfrac{4}{5}c$

4-17 $L=9.46$ km, μ 子的飞行距离大于高度，有可能到达地面

4-18 (1) $0.5c$； (2) $\dfrac{\sqrt{3}x_0}{c}$

4-19 $0.875c$; 2.066

第 5 章

5-1 $E=\begin{cases}\dfrac{\rho R^2}{2\varepsilon_0 r} & r>R\\[2mm] \dfrac{r\rho}{2\varepsilon_0} & r<R\end{cases}$

5-2 3.78 N

5-3 (1) 略； (2) $q=\pm 9.23\times 10^{-8}$ C； (3) $\dfrac{\mathrm{d}x}{\mathrm{d}t}=-3.61\times 10^{-4}$ m/s

5-4 $-\dfrac{q}{\sqrt{3}}$

5-5 $s=1.74$ m

5-6 球体内 $\boldsymbol{E}(r)=\dfrac{kR^4}{4\varepsilon_0}\boldsymbol{e}_r$；球体外 $\boldsymbol{E}(r)=\dfrac{kR^4}{4\varepsilon_0 r^2}\boldsymbol{e}_r$

5-7 $E=\begin{cases}\dfrac{\rho x}{\varepsilon_0} & |x|<\dfrac{d}{2}\\[2mm] \dfrac{\rho d}{2\varepsilon_0} & |x|>\dfrac{d}{2}\end{cases}$

5-8 略

5-9 (1) $\dfrac{a\lambda \boldsymbol{i}}{2\pi\varepsilon_0 x(x-a)}$； (2) $\dfrac{\lambda^2}{2\pi\varepsilon_0 a}$

5-10 $A=2pE\cos\theta$

5-11 (1) $W_{OD}=\dfrac{qq_0}{6\pi\varepsilon_0 R}$； (2) $W_{D\infty}=\dfrac{qq_0}{6\pi\varepsilon_0 R}$

5-12 $E_P=E_{Px}=\dfrac{\sigma_0}{2\varepsilon_0}\left(1-\dfrac{x}{R}\ln\dfrac{R+\sqrt{R^2+x^2}}{x}\right)$

5-13 $\dfrac{\sqrt{2}\lambda}{4\pi\varepsilon_0 R}$

5-14 (1) $\rho=4.43\times 10^{-13}$ C/m^3； (2) $\sigma=-8.9\times 10^{-10}$ C/m^3

5-15 $U=\dfrac{q}{4\pi\varepsilon_0}\left(\dfrac{1}{r}-\dfrac{1}{R}\right)$若 $r>R$，P 点的电势为负；若 $r<R$，P 点的电势为正

5-16 $\dfrac{U_{12}}{r^2}\dfrac{R_1R_2}{(R_2-R_1)}$

5-17 略

5-18 $E_1=\rho x/\varepsilon_0\left(-\dfrac{1}{2}d\leqslant x\leqslant\dfrac{1}{2}d\right)$

$E_2=\rho d/(2\varepsilon_0)\left(x>\dfrac{1}{2}d\right)$，$E_2=-\rho d/(2\varepsilon_0)\left(x<-\dfrac{1}{2}d\right)$

5-19 $U=\frac{Q}{8\pi\varepsilon_0 l}\ln\frac{\sqrt{\gamma^2+4l^2}+2l}{\gamma},E_\gamma=\frac{Q}{4\pi\varepsilon_0\gamma\sqrt{\gamma^2+4l^2}}$

5-20 1.6×10^7 V,2.4×10^7 V

5-21 $0,E_2a^2,-E_2a^2,-E_1a^2,(E_1+ka)a^2$； ka^3

5-22 $\frac{1}{8\pi\varepsilon_0}\frac{Q^2}{d}$

5-23 $\boldsymbol{E}=0(r<R_1)$；$\boldsymbol{E}=\frac{\rho}{3\varepsilon_0}\left(r-\frac{R_1^3}{r^2}\right)\boldsymbol{e}_r(R_1<r<R_2)$；$\boldsymbol{E}=\frac{\rho}{3\varepsilon_0}\frac{R_2^3-R_1^3}{r^2}\boldsymbol{e}_r(r>R_2)$

5-24 (1) $2.26\times10^4\ \mathrm{N\cdot m^2/C}$； (2) $3.77\times10^3\ \mathrm{N\cdot m^2/C}$

5-25 略

5-26 $\frac{\sigma}{\varepsilon_0}a\ (x<-a)$；$-\frac{\sigma}{\varepsilon_0}x\quad(-a<x<a)$；$-\frac{\sigma}{\varepsilon_0}a\quad(x>a)$

5-27 (1) $Q=\int_V\rho\mathrm{d}V=(4q/R^4)\int_0^r r^3\mathrm{d}r=q$；

(2) $E_1=\frac{qr_1^2}{4\pi\varepsilon_0R^4}(r_1\leqslant R)$,$E_1$ 方向沿半径向外；$E_2=\frac{q}{4\pi\varepsilon_0r_2^2}(r_2>R)$,$E_2$ 方向沿半径向外；

(3) 球内电势 $U_1=\frac{q}{12\pi\varepsilon_0R}\left(4-\frac{r_1^3}{R^3}\right)(r_1\leqslant R)$，球外电势 $U_2=\frac{q}{4\pi\varepsilon_0r_2}(r_2>R)$

5-28 $E=0(r<R_1)$；$E=\frac{Q_1(r^3-R_1^3)}{4\pi\varepsilon_0(R_2^3-R_1^3)r^2}(R_1<r<R_2)$；

$E=\frac{Q_1}{4\pi\varepsilon_0r^2}(R_2<r<R_3)$；$E=\frac{Q_1+Q_2}{4\pi\varepsilon_0r^2}(r>R_3)$

5-29 $\boldsymbol{E}=\frac{\sigma}{2\varepsilon_0}\boldsymbol{e}_\mathrm{n}$，$\boldsymbol{e}_\mathrm{n}$ 为沿平面外法线的单位矢量

5-30 (1) $U=\frac{\sigma}{2\varepsilon_0}(\sqrt{R^2+x^2}-x)$； (2) $E_x=-\frac{\sigma}{2\varepsilon_0}\left(\frac{x}{\sqrt{R^2+x^2}}-1\right)$

第6章

6-1 $2U/3$

6-2 D

6-3 $q_1=6\times10^{-9}$C；$q_2=4\times10^{-9}$C

6-4 (1) $U_1=\frac{1}{4\pi\varepsilon_0}\left(\frac{q}{R_1}-\frac{q}{R_2}+\frac{q+Q}{R_3}\right)$,$U_2=\frac{q+Q}{4\pi\varepsilon_0R_3}$； (2) $U=\frac{q}{3\pi\varepsilon_0}\left(\frac{1}{R_1}-\frac{1}{R_2}\right)$；

(3) $U_1=U_2=\frac{q+Q}{4\pi\varepsilon_0R_3}$,$U=0$； (4) $U_2=0,U_1=U=\frac{q}{4\pi\varepsilon_0}\left(\frac{1}{R_1}-\frac{1}{R_2}\right)$

6-5 C_2C_3/C_1

6-6 增加,减少

6-7 (1) 从左至右:$\frac{Q}{2},-\frac{Q}{2},\frac{Q}{2},\frac{Q}{2},-\frac{Q}{2},\frac{Q}{2},-\frac{Qd_1}{2\varepsilon_0 S},\frac{Qd_2}{2\varepsilon_0 S}$;

(2) 从左至右:0;$-\frac{d_2Q}{d_1+d_2},\frac{d_2Q}{d_1+d_2},\frac{d_1Q}{d_1+d_2},-\frac{d_1Q}{d_1+d_2}$,0;

$-\frac{Q}{\varepsilon_0 S}\frac{d_1d_2}{d_1+d_2},\frac{Q}{\varepsilon_0 S}\frac{d_1d_2}{D_1+d_2}$

6-8 (1) 3×10^{-8} C,-3×10^{-8} C,5×10^{-8} C,5.6×10^3 V,4.5×10^2 V;

(2) 2.1×10^{-8} C,-2.1×10^{-8} C,-0.9×10^{-8} C,-7.92×10^2 V

6-9 8.05×10^{-13} F

6-10 25∶16

6-11 (1) -1.0×10^{-7} C,-2.0×10^{-7} C

(2) 2.26×10^3 V

6-12 4.58×10^{-2} F

6-13 (1) $\frac{Qd}{2\varepsilon_0 S}$; (2) $\frac{Qd}{\varepsilon_0 S}$

6-14 略

6-15 略

6-16 (1) $\frac{\frac{q}{R_1}-\frac{q}{R_2}+\frac{q+Q}{R_3}}{4\pi\varepsilon_0},\frac{q+Q}{4\pi\varepsilon_0 R_3}$; (2) $\frac{\frac{q}{R_1}-\frac{q}{R_2}}{4\pi\varepsilon_0}$,0

6-17 (1)9.8×10^6 V/m,方向指向细胞外;(2)5.1×10^{-2} V

6-18 (1) $A=\frac{Q^2d}{2\varepsilon_0 S}$; (2) $F=\frac{Q^2}{2\varepsilon_0 S}$

6-19 (1) B 球表面处的场强最大,这里先达到击穿场强面击穿,$E_{2\max}=\frac{Q_2}{4\pi\varepsilon_0 R_2^2}=3\times10^6$ V/m; (2) $Q=3.77\times10^{-4}$ C

6-20 8.85×10^{-6} C/m^2

6-21 190 V

6-22 (1) 2; (2) 3

6-23 (1) $W_e=1.82\times10^{-4}$ J; (2) $W_e=8.1\times10^{-5}$ J

6-24 (1) 4 μF; (2) 4 V,6 V,2 V

6-25 $\varepsilon_r^*=(\varepsilon_r-1)=\frac{h}{a}+1$

6-26 $W=\frac{1}{8\pi\varepsilon_0}\left[Q_1^2\left(\frac{1}{a}-\frac{1}{b}\right)+(q_1+q_2)^2\left(\frac{1}{b}-\frac{1}{c}\right)+\frac{(q_1+q_2+q_3)^2}{c}\right]$

第7章

7-1 6.4×10^{-5} T

7-2 (1) $\frac{\mu_0 Ir}{2\pi R^2}$, $\frac{\mu_0 I}{2\pi r}$; (2) 5.6×10^{-3} T

7-3 $\Phi=2.14\times10^{-8}$ Wb

7-4 (1) 略;(2) 3.2×10^{-16} N, 1.64×10^{-26} N

7-5 (1) 向东; (2) $a=6.2\times10^{14}$ m/s^2; (3) $\Delta x=0.31$ m

7-6 (1) $I=4.5\times10^3$ A; (2) $P=2.25\times10^9$ W

7-7 $F=2RIB$,方向沿 y 油正向

7-8 $0(r<a)$;$\frac{\mu_0 NI}{2\pi r}(a<r<b)$;$0(r>b)$

7-9 (1) $F=\frac{\mu_0 I_1 I_2}{2\pi}\ln\frac{d+l}{d}$; (2) $M=\frac{\mu_0 I_1 I_2}{2\pi}\left(1-d\ln\frac{d+l}{d}\right)$

7-10 $F=F_1=0.34$ N,方向垂直环面向上

7-11 (1) $\frac{\mu_0 IR^2}{2\left[R^2+\left(\frac{a}{2}+x\right)^2\right]^{\frac{3}{2}}}+\frac{\mu_0 IR^2}{2\left[R^2+\left(\frac{a}{2}-x\right)^2\right]^{\frac{3}{2}}}$,方向沿轴线向右; (2) 略

7-12 -1.6×10^{-13} kN

7-13 12.5 T

7-14 略

7-15 $v=0.63$ m/s

7-16 $F=\frac{\mu_0 I_1 I_2}{2}$,方向垂直 I_1 向右

7-17 (1) -4×10^{-3} Wb, 0, 4×10^{-3} Wb; (2) 0

7-18 $B=\frac{\mu_0\lambda\omega}{2\pi}\left(\pi+\ln\frac{b}{a}\right)$

7-19 (1) 5.12×10^{-17} N; (2) 5.12×10^{-17} N

第8章

8-1 D

8-2 B

8-3 $\frac{10}{\pi}$

8-4 0

8-5 $B=0.5$ T

8-6 $\frac{\mu_0 d}{2\pi}\alpha \ln\frac{4}{3}$,顺时针

8-7 $U_{AB}=\frac{1}{2}\omega BL(L-2r)$,当 $L>2r$ 时,端点 A 处的电势较高

8-8 (1) $-\frac{r}{2}\frac{dB}{dt}(r<R)$,$-\frac{R^2}{2r}\frac{dB}{dt}(r>R)$; (2) -4.0×10^{-5} V/m

8-9 $\varepsilon=1.6\times10^{-8}$ V,顺时针方向

8-10 $\varepsilon_i=2BRv$,P 点电势较高

8-11 $\frac{1}{6}B\omega l^2$,O 点

8-12 略

8-13 $\frac{N^2(\mu_1 S_1+\mu_2 S_2)}{l}$

8-14 $\varepsilon_{AC}=\frac{1}{2}B\omega d^2$

8-15 $\varepsilon_i=\frac{\mu_0 I l_1 l_2 v}{2\pi d(d+l_1)}$,顺时针方向

8-16 (1) $\frac{\mu_0 a N}{2\pi}\ln\frac{d+b}{d}$; (2) $-\frac{5\mu_0 a N}{\pi}\ln\frac{d+b}{d}$,逆时针

8-17 (1) $L=2.26\times10^{-2}$ H;

(2) $\varepsilon_L=-0.226$ V,负号表明,当电流增加时,自感电动势的方向与回路中电流 I 的方向相反

8-18 28.8 H,9.0 m^3

8-19 (1) $M=6.28\times10^{-6}$ H;

(2) $\varepsilon_A=3.14\times10^{-4}$ V,ε_A 的方向与线圈 B 中的电流方向相同

8-20 (1) $\varepsilon=v\frac{\mu_0 Il}{2\pi}\left(\frac{1}{R+vt}-\frac{vt}{R^2}\right)$; (2) $t=\frac{(\sqrt{5}-1)R}{2v}$

8-21 15.9 A/m^2

8-22 (1) $\varepsilon_{AD}=\frac{\sqrt{3}}{4}a^2\frac{dB}{dt}$,方向:$A\rightarrow D$;$\varepsilon_{BC}=\frac{\pi a^2}{6}\frac{dB}{dt}$,方向:$B\rightarrow C$;

(2) $\left(\frac{\pi}{6}-\frac{\sqrt{3}}{4}\right)a^2\frac{dB}{dt}$,方向:逆时针

8-23 $\varepsilon=\frac{\mu_0 Ib}{2\pi}\frac{ac\omega\sin\omega t}{a^2+c^2+2ac\cos\omega t}$

8-24 12.4 J/m^3,6.23×10^{-4} J

参考文献

[1] 吴百诗.大学物理学(上册)[M].北京:科学出版社,2001.
[2] 张三慧.大学物理学[M].2版.北京:清华大学出版社,1999.
[3] 程守洙,江之永.普通物理学[M].5版.北京:高等教育出版社,1998.
[4] 马文蔚,谢希顺,谈漱梅,等.物理学[M].北京:高等教育出版社,2005.
[5] 王少杰,顾牡,毛骏健.大学物理学[M].2版.上海:同济大学出版社,2002.
[6] 郑永令,贾起民,方小敏.力学[M].北京:高等教育出版社,1999.
[7] 陆果.基础物理学教程(上卷)[M].北京:高等教育出版社,1998.
[8] 戴坚舟,等.大学物理学[M].2版.上海:华东理工大学出版社,2002.
[9] 莫文玲,盛嘉茂,魏环,等.简明大学物理[M].北京:北京大学出版社,2005.
[10] 毛骏健,顾牡.大学物理学[M].高等教育出版社,2006.
[11] 任敦亮.大学物理学.北京:机械工业出版社,2011.
[12] 赵近芳.大学物理学[M].北京:北京邮电大学出版社,2002.
[13] 朱荣华.基础物理学[M].北京:高等教育出版社,2000.
[14] 黄祝明,吴锋.大学物理学[M].北京:化学工业出版社,2008.
[15] 范中和.大学物理学.西安:陕西师范大学出版社,2008.
[16] 王建邦.大学物理学[M].北京:机械工业出版社,2004.
[17] 陈义成.电磁学[M].北京:科学出版社,2002.
[18] 朱荣华.基础物理学[M].北京:高等教育出版社,2000.
[19] 赵凯华,陈熙谋.新概念物理学教程:电磁学[M].北京:高等教育出版社,2004.
[20] 严导淦.物理学(上册)[M].4版.北京:高等教育出版社,2003.
[21] 罗圆圆.大学物理[M].5版.江西:江西高校出版社,2007.